汽车功能安全工程手册

主编　龚进峰
副主编　戎辉　李波　孙航

U0913929

中国质量标准出版传媒有限公司
中　国　标　准　出　版　社

北　京

图书在版编目（CIP）数据

汽车功能安全工程手册 / 龚进峰主编 . -- 北京：中国质量标准出版传媒有限公司，2025.3. --ISBN 978-7-5026-5501-3

Ⅰ. U461.91-62

中国国家版本馆 CIP 数据核字第 2024L8R489 号

中国质量标准出版传媒有限公司
中　国　标　准　出　版　社　出版发行

北京市朝阳区和平里西街甲 2 号（100029）

北京市西城区三里河北街 16 号（100045）

网址：www.spc.net.cn

总编室：（010）68533533　发行中心：（010）51780238

读者服务部：（010）68523946

北京联兴盛业印刷股份有限公司印刷

各地新华书店经销

*

开本 787×1092　1/16　印张 25.5　字数 532 千字

2025 年 3 月第 1 版　2025 年 3 月第 1 次印刷

*

定价：125.00 元

如有印装差错　由本社发行中心调换

本书编委会

主　编	龚进峰	中国汽车技术研究中心有限公司
副主编	戎　辉　　李　波　　孙　航	中国汽车技术研究中心有限公司
编　委	尚世亮	华为技术有限公司
	闻继伟	东软睿驰汽车技术（上海）有限公司
	宋炜瑾	知行汽车科技（苏州）股份有限公司
	蔡　香	爱芯元智半导体股份有限公司
	刘　畅	苏州汇川联合动力系统股份有限公司
	付　越	中国汽车技术研究中心有限公司
	余建业	上海海拉电子有限公司
	邵海贺	中国长安汽车集团有限公司
	杨　虎	地平线征程（上海）科技有限公司
	陈　磊	索恩格汽车电动系统有限公司
	李鸿鹏	中汽研华诚认证（天津）有限公司
	王潇屹	上海机动车检测认证技术研究中心有限公司
	钟京华	舍弗勒贸易（上海）有限公司
	王方方	浙江大学
	吴含冰	中国汽车技术研究中心有限公司
	陈都好	东软睿驰汽车技术（上海）有限公司
	王　斌	中国汽车技术研究中心有限公司
	张立君	一汽解放汽车有限公司
	李珍珍	泛亚汽车技术中心有限公司
	徐福祥	中国长安汽车集团有限公司
	金玲芳	地平线征程（杭州）科技有限公司
	张伟谦	上海蔚来汽车有限公司
	王喜洋	中汽研（天津）汽车工程研究院有限公司
	胡国强	东软睿驰汽车技术（上海）有限公司

王丽娟	中汽研（天津）汽车工程研究院有限公司
黄　军	惠州市德赛西威汽车电子股份有限公司
魏　斌	北京芯驰半导体科技股份有限公司
宋雪莉	奇瑞汽车股份有限公司
孟　鑫	东软睿驰汽车技术（沈阳）有限公司
薛剑波	舍弗勒贸易（上海）有限公司
奚文霞	中汽研（天津）汽车工程研究院有限公司
付　悦	东软睿驰汽车技术（上海）有限公司
易恩镁	爱芯元智半导体股份有限公司
徐　强	东软睿驰汽车技术（上海）有限公司
郭　伟	中汽研（天津）汽车工程研究院有限公司
章　阳	东软睿驰汽车技术（上海）有限公司
陈秋生	惠州市德赛西威汽车电子股份有限公司
李　馨	东软睿驰汽车技术（沈阳）有限公司
唐沙南	英飞凌科技资源中心(上海)有限公司
马雪寒	上海机动车检测认证技术研究中心有限公司
刘　威	东软睿驰汽车技术（上海）有限公司
邹　涛	上海机动车检测认证技术研究中心有限公司
王艳华	中北大学
张力伟	中检西部检测有限公司
张子鹏	中汽研汽车试验场股份有限公司
张宏伟	河北石油职业技术大学
张煜栋	中国汽车技术研究中心有限公司
包俊江	中国汽车技术研究中心有限公司
王双全	中国长安汽车集团有限公司
尹博文	中国汽车技术研究中心有限公司
王焰孟	中国汽车技术研究中心有限公司
魏晓辰	中国汽车技术研究中心有限公司
储小勤	AISIN
刘利明	东软睿驰汽车技术（沈阳）有限公司
韩　杰	中国汽车技术研究中心有限公司
马　达	东软睿驰汽车技术（大连）有限公司

前 言

随着汽车工业的不断发展壮大，其在全球经济发展中的地位越来越突出，逐渐成为各主要汽车生产国的支柱产业，并对经济发展和社会进步产生巨大的推动作用和深远的积极影响。据相关统计，我国汽车行业从业人员总数约为 2200 万，日本和德国汽车行业从业人口分别约为 550 万和 1000 万，汽车行业在中国、日本和德国国内生产总值中的占比均达到 10% 左右，由此可见，汽车产业对国家和国民的重要性。

智能网联汽车是全球汽车产业发展的战略方向，是各国实现汽车产业转型升级的战略举措。随着车辆上电气 / 电子系统、软件，及功能的数量、集成度、复杂度日趋增加，因系统故障、功能不足引发的安全风险和事故成为全球广泛关注的热点。在标准法规及政策方面，联合国世界车辆法规协调论坛（UN/WP.29）、欧盟、美国、日本等发布的一系列技术法规、标准、政策文件均将功能安全和预期功能安全上升为核心技术要求。我国政府主管部门对功能安全、预期功能安全技术标准高度重视，发布了《汽车产业中长期发展规划》等一系列政策文件，确立了以功能安全、网络安全为重点，加强智能网联汽车标准体系建设的战略定位。在《关于加强智能网联汽车生产企业及产品准入管理的意见》《智能网联汽车准入和上路通行试点实施指南（试行）》等智能网联汽车准入管理文件中，明确提出了功能安全、预期功能安全相关要求。

如何理解功能安全、预期功能安全方法论并将其应用到产品设计开发中，提出合理且具体的技术要求、安全接受准则、测试评价方法及审核评估方法，是当前行业亟需解决的热点和难点问题。基于此行业现状，2023 年 6 月，中国汽车标准化研究院依托国家技术标准创新基地 (汽车)，组织成立了我国汽车领域第一个以功能安全和预期功能安全标准化为研究目标的技术组织，率先开展了功能安全和预期功能安全相关标准前期预研和推广工作，陆续公布的系列研究成果为解决行业痛点和难点问题，提升我国汽车产业自主研发能力奠定了坚实基础。

本书旨在基于 GB/T 34590（修改采用 ISO 26262）、GB/T 43267（修改采用 ISO 21448），全面系统阐述功能安全和预期功能安全方法论，并辅以案例给出应用实践指导。针对行业从业人员对标准的了解不够系统、查询困难等问题，本书为从业人员提供了较为系统、全面的参考，为从业人员提供更加便利的标准查询工具。在编写过程中，我们力求做到内容全面、结构清晰、方便易查、简单实用。

本书共分为13章。第1章介绍了汽车功能安全技术及标准的由来，国内外汽车功能安全发展历史及当前现状和面临的挑战。本章由余建业主编，李波、刘畅参编。

第2章围绕功能安全管理体系的构建，阐述了构建功能安全体系的目标、基本原则和重要性。详细介绍了功能安全管理体系的组织架构、职责分工、流程设计以及资源配置等方面内容。同时，探讨了如何确保管理体系的有效性和持续改进，以适应不断变化的内外部环境和技术发展需求。本章由闻继伟主编，刘畅、陈都好、胡国强、孟鑫、付悦、徐强、刘威、薛剑波参编。

第3章给出了功能安全概念阶段主要活动的指导，包括定义作为功能安全开发输入的相关项；开展危害分析与风险评估以识别危害事件、ASIL等级及安全目标；将安全目标分配给初步架构要素以开发功能安全概念。本章由邵海贺主编，张立君、徐福祥、吴含冰参编。

第4章聚焦于系统功能安全开发，着重讲述了系统层面功能安全开发与其他活动的关系，系统层面各功能安全开发各活动之间的相互关系，详细介绍了系统技术安全要求及架构设计，系统安全分析的方法，软硬件接口的开发，相关项的集成和测试，以及安全确认等内容并辅以示例说明。本章由宋炜瑾主编，李珍珍、闻继伟、章阳、陈秋生、黄军、张伟谦、王斌参编。

第5章聚焦于软件功能安全开发，阐述了软件功能安全开发在整个汽车功能安全体系中的关键地位和重要意义。详细介绍了软件功能安全开发的全流程，涵盖软件需求分析、软件设计、软件实现及软件测试的流程和要点，确保软件最终满足功能安全要求。本章由杨虎主编，金玲芳、闻继伟、王焰孟参编。

第6章聚焦于硬件功能安全开发。首先介绍了硬件功能安全开发的目的、过程以及与传统硬件开发的区别，随后对硬件安全要求进行了说明，并以电机控制器为例介绍了硬件架构设计和硬件详细设计的方法，重点阐述了FMEDA、DFA等硬件安全分析工具及应用示例，最后介绍了硬件集成与测试和硬件要素评估等内容。本章由陈磊主编，李馨、刘利明、马达、蔡香、魏晓辰、储小勤参编。

第7章聚焦于芯片功能安全开发，着重介绍了芯片功能安全开发，包括芯片常见故障、功能安全开发流程、安全分析方法和安全机制，并通过ADAS芯片应用案例使读者对芯片功能安全实际应用有所了解。本章由蔡香主编，易恩镁、魏斌参编。

第8章聚焦于产品在生产、运行、服务和报废阶段如何满足功能安全的要求，阐述了过程开发阶段和生产阶段的主要功能安全活动及其要求，阐述了运行、服务和报废阶段的主要功能安全活动及其要求。本章由刘畅主编，李波、王双全、张子鹏、韩杰、王艳华参编。

第 9 章详细介绍了支撑功能安全开发活动有序和保质运作的支持过程的要求，包括如何将分布式开发、需求管理、配置管理、变更管理和文档管理与功能安全产品的开发相结合，针对产品开发所使用的软件组件和硬件要素如何进行功能安全的鉴定和评估，针对产品开发过程中所使用的软件工具置信度是否满足功能安全要求应如何鉴定，针对产品开发中复用的已经量产的功能安全组件或者方案如何证明其符合功能安全要求。本章由李鸿鹏主编，刘畅、王喜洋、王丽娟、奚文霞、郭伟参编。

第 10 章阐述了功能安全审核、评估、认可评审等活动的区别、联系和侧重点，以及对于活动开展阶段、人员能力、独立性的不同要求；对不同层面的审核和评估工作，从共性方面、硬件层面、软件层面、系统层面、概念阶段、整车层面功能安全发布等，分别阐述了关注要点。本章由王潇屹主编，宋炜瑾、宋雪莉、魏斌、马雪寒和邹涛参编。

第 11 章介绍了功能安全开发的专门活动，包括如何通过在用证明对功能安全进行论证，基于独立环境设计的安全要素在系统功能安全开发中的应用，进行 ASIL 等级分解的原则及方法，以及关于系统可用性的论证及冗余方案。本章由钟京华主编，薛剑波、唐沙南、包俊江参编。

第 12 章针对自动驾驶汽车的功能安全特点，引入预期功能安全技术，阐述其与功能安全的关系，并针对人工智能（AI）安全技术给出了参考。本章由尚世亮主编，李波、王方方参编。

第 13 章关注功能安全在摩托车领域的适用性，针对其特殊性给出了功能安全简化实施的指导。本章由付越主编，张力伟、尹博文、张宏伟参编。

本书旨在凝聚行业智慧，提升行业整体安全技术水平，健全产品安全体系，推动汽车产业安全健康发展，对给予本书出版和发行大力支持的行业同仁，在此表示诚挚的谢意。特别感谢本田公司技术专家铃木喜雄、水尾真彦、广中慎司，爱信公司技术专家中地一彰、稻仓恒一等国际友人给予的悉心指导。

由于编者水平有限，书中难免存在一些不足之处，恳请广大读者批评指正。

编写委员会

2024 年 10 月

目 录

第1章 汽车功能安全的背景及现状

1.1 汽车功能安全综述

自 21 世纪以来，特别是 2010 年以来，汽车的电动化、智能化和网联化发展趋势已经成为必然，汽车零部件的电气化程度愈来愈高，软件定义汽车的概念提出也成为汽车技术革命性的发展标志。上述汽车技术的发展趋势使得汽车的电气电子部件数量增多、系统复杂度变高和软件代码数量级激增。电气 / 电子系统可能因为如下原因导致失效：1）设计与验证不充分；2）生产制造缺陷；3）器件或者原材料缺陷；4）电子元器件本身老化带来的随机失效等。而这些电气电子系统通常与整车安全相关，比如动力总成系统、电子转向系统、车身稳定系统、刹车系统和动力电池系统等，如果这些系统出现故障很有可能引起整车安全问题，造成交通参与者的人身安全受到伤害，因此，如何降低这些电气 / 电子系统的失效概率，或者避免这些失效带来的安全风险，成为当前汽车行业技术研究的重点和热点之一。

为了规范汽车安全相关的电气 / 电子系统的开发与管理过程，国际标准化组织基于应用于工业场合的 IEC 61508《安全相关电气 / 电子 / 可编程电子系统功能安全》，制定了适用于汽车行业的功能安全标准 ISO 26262，该标准于 2011 年首次发布。需要注意的是，ISO 26262 仅针对安全相关的电气 / 电子系统，包含电机、电子与软件零件，不适用于非电气 / 电子系统（如机械、液压等）。ISO 26262 第一次修订版于 2018 年发布。相较于 2011 年版，2018 年版进行了许多重要的技术更新，以适应汽车行业的最新发展。修订的技术变化内容主要包括扩大受标准约束的对象车辆，对象车辆扩大到卡车、公共汽车及两轮机动车，增加了两轮机动车相关的规定，增加了半导体器件的功能安全开发指南，增加了对工具的开发与使用的详尽说明，以及加强软件组件鉴定要求，针对开发和测试过程的实施细节要求进行了更贴近实际开发过程的优化，比如对系统开发阶段技术安全需求和技术安全概念的整合等。

由于电气 / 电子系统的失效原因是非常复杂的，涉及产品开发、生产制造和运行维护全生命周期，因此降低这些失效发生的概率要从产品全生命周期发力。而 ISO 26262 覆盖了汽车电气 / 电子系统的整个安全生命周期，包括产品开发设计验证，过程开发与验证，供应商管理、运行、维护、报废和安全管理等维度，针对每个维度都提出了详实的设计或者管理要求，其目标是避免因汽车电气 / 电子系统故障所导致的不可接受的安全风险。

ISO 26262 提供了一个基于危害分析和风险评估的整车级安全分析方法，基于该方法可以推导出整车层面的功能安全需求，同时可以评估车辆的安全风险等级即汽车安全完整性等级（Automotive Safety Integrity Level，ASIL）。针对不同 ASIL 等级的安全需求，ISO 26262 针对整车和零部件开发提出了对应的设计、验证和管理要求，以及提供了不同 ASIL 等级可接受残余风险的评判准则。

ISO 26262 针对系统、硬件和软件层面安全相关功能的开发与验证提供了详细的要求与指导，包括需求定义、架构设计、详细设计与实现，包括从单元测试、集成测试到整车级的系统测试，如何基于不同等级的安全需求进行针对性的设计与验证，以确保产品开发过程符合功能安全需求。ISO 26262 针对开发过程还提供了系统性的安全分析方法指导，包括整车层面的危害分析和风险评估、定性和定量的故障树分析、硬件层面的随机硬件失效的评估方法以及相关性的失效分析（共因失效和级联失效），以充分地识别产品设计方案中的违背安全需求的失效原因，并找到改善这些失效的安全措施。

ISO 26262 针对生产、运行、维护和报废过程提供了详细的要求与指导，包括在生产过程中如何将安全相关的特殊特性转化为控制方法，通过生产过程中负责的相关生产者、人员或组织（汽车生产商、供应商、二级供应商等）实现此过程中的功能安全，包括在运行、维护和报废过程中考虑潜在违背功能安全相关要求的安全措施，对用户、维保人员予以相应的使用和维护指导。

ISO 26262 提供了公司层级的功能安全管理体系建设与持续优化的指导，从公司级的安全文化、安全管理指南到项目级的开发流程，包括功能安全开发的流程、工具和方法论，客观独立的功能安全评估与审核体系要求，开发过程的文档管理、配置管理、变更管理等支持过程。ISO 26262 要求企业通过全面体系化构建功能安全管理体系，为产品的功能安全开发过程保驾护航。

1.2 国内外汽车功能安全发展历史

ISO 26262 在国内外的发展可以追溯到其起源和演变。该标准最初是由欧洲整车厂推动而制定，主要定位在汽车行业中特定的电气器件、电子设备、可编程电子器件等专门用于汽车领域的部件。随着电动化、智能化、网联化的发展，汽车电气 / 电子系统越来越走向集成和复杂，其安全性的要求便尤为突显。因此，ISO 26262 成为满足车企生产安全汽车的一大“通用准则”和汽车供应链厂商的准入准则之一。同时，ISO 26262 自 2011 年发布以来也迅速得到了美国、日本、韩国等国家的跟进。这些国家也在不断推动 ISO 26262 的进一步发展。例如，在韩国，ISO 26262 已经被广泛应用于汽车安全领域，包括车辆的电子控制系统、安全气囊、刹车系统等。不仅仅是整车厂和汽车零部件供应商在积极应用功能安全标准，第三方的一些权威认证机构也在推动功能安全标准的普及、应用和发展，例如提供企业功能安全咨询、功能安全人员培训和功能安全产品评估认证服务。

在国内，主流整车厂已对重要的汽车电子控制单元（Electronics Control Unit，ECU）要求其满足功能安全标准，并将供应商的功能安全开发能力和产品是否满足功能安全要求作为供应链准入的准则之一。自 2017 年以来，国内多家整车厂和供应商都与第三方咨询公司或者认证机构进行合作，通过了功能安全管理体系认证，国内多个电子控制单元（如电机控制器，电池管理系统等），甚至复杂半导体器件（如微控制器）、商业软件产品都通过了功能安全产品认证。这表明 ISO 26262 在国内已经得到了广泛的认可和应用。

由 ISO 26262 转化而来的 GB/T 34590 已于 2018 年 5 月 1 日首次发布实施，在 2022 年修订后发布并于 2023 年 7 月 1 日实施。归口于全国汽车标准化技术委员会，在汽车功能安全领域具有重要的地位，为国内汽车行业的发展提供了有力的支持。

汽车功能安全在国内外发展的异同主要体现在以下几个方面：

（1）法规和标准

在欧盟，根据通用产品安全指令 2001/95/EC，终端用户的所有产品必须是安全的。相应的德国法律要求，如果汽车制造商无法证明其产品是根据最先进的技术和方法开发的，他们将赔偿损失。

在美国，尽管没有强制性的联邦法规，但许多州已经引入了类似 ISO 26262 的功能安全标准。此外，日本也正在努力跟进 ISO 26262。

在我国，ISO 26262 已经被引入，但是并没有像欧洲和美国那样成为强制性的要求，尽管如此，由于产品责任的“无过错责任”原则（无过错责任，指即便没有过错也要根据法律的规定来承担损害责任），如缺陷产品对第三方造成了缺陷产品以外的人身伤害或财产损失，生产者应当对被侵权人承担侵权赔偿责任，无论其主观过错如何，但《中华人民共和国产品质量法》第四十一条规定的免责事由除外。此外，如果产品缺陷是由另一方造成的，生产者和销售者有权要求对方赔偿。同时，安全强相关产品的功能安全针对性标准不断出台，例如 2023 年发布的 GB/T 43254—2023《电动汽车用驱动电机系统功能安全要求及试验方法》，功能安全标准的实际意义也已经等同于强制性标准。

（2）功能安全技术

ISO 26262 在各国的技术发展具体情况可能会因国家、地区和行业而不同，但一般来说，该标准在各国都得到了广泛的认可和应用。

在欧洲，ISO 26262 已经成为汽车行业的法规要求，所有汽车制造商必须遵守该标准。因此，欧洲在汽车功能安全技术方面相对较为成熟，积累了丰富的经验和实践案例，针对特定的应用场景还发展出了广泛应用的功能安全技术概念，比如由大众、宝马等知名车企联合提出的著名的三层监控功能安全架构 *Standardized E-Gas Monitoring Concept for Gasoline and Diesel Engine Control Units*，现在不仅应用于最初的发动机控制器，还广泛应用于驱动电机控制器、电池管理系统等其他 ECU。

在美国许多州已经引入了类似 ISO 26262 的功能安全标准。美国在汽车功能安全技术方面也一直在不断发展和跟进。

中国作为电动汽车和智能汽车的先行者和引导者，也在积极推进甚至引领汽车功能安全技术的发展，特别是针对电池管理系统、制动系统、辅助驾驶和驱动电机系统等细分领域的技术进行了深入的定性和定量研究，并且针对这些产品领域的功能安全测试技术进行了大量的试验研究和总结，形成了相关领域的技术要求和试验方法的国家标准，对汽车安全相关的重要电气 / 电子系统的设计和测试提供了非常有指导意义的规范性要求，有助于行业的健康发展。同时近年来国内汽车行业的多位功能安全专家也已经开始作为主要起草人参与全球功能安全技术标准的制定，中国功能安全技术在全球行业的影响力逐步提高。

国内外整车厂和零部件供应商认可并逐步提高对产品功能安全的要求，不断优化包括开发流程、电气 / 电子架构和测试确认的方法，同时也已经把人工智能、网络安全、高级辅助驾驶、自动驾驶以及与其他汽车相关领域的技术纳入考虑范围。

（3）大众认知

国内外消费者对于功能安全的认知差异可能受到多种因素的影响，包括知识水平、消费习惯、文化背景和社会环境等。由于上述因素的不同，不同国家的消费者可能对于购买产品的侧重点会有差异，比如一部分消费者会比较重视产品外观、性能、价格和油耗等，他们更注重产品的性价比和实用性，而有一部分消费者会更愿意为产品的可靠性以及安全性买单。当然，如果安全性是已经被政府强制监管且严格把控的话，安全的要求会更多地直接作用到汽车工业的参与者身上，那么产品被批准上市，就意味着安全性达到了要求，这样功能安全可能就在终端消费者眼中淡化。因此，为了更好地满足消费者的需求和提高产品的安全性，企业需要深入了解目标市场的消费者特征和文化背景，并根据不同消费者的需求和期望来设计和改进产品。

近年来，电动汽车的自燃事件和刹车失灵事件引起了公众对于汽车安全性的深深担忧，消费者在选购汽车时潜移默化地会选择具有安全口碑的品牌，这也会倒逼汽车制造商重视功能安全。

汽车功能安全在国内外的发展都呈现出逐步上升的趋势，但欧洲在法规和标准方面较为领先，同时消费者对于汽车功能安全的认知程度也相对较高。而美国和日本，尽管技术和应用也在不断发展，但相对于欧洲存在一定的差距。

总之，ISO 26262 作为汽车功能安全标准，已经成为在国际上被广泛认可的准则之一，并在国内外得到了广泛应用和发展。

1.3 汽车功能安全发展现状及挑战

功能安全标准 ISO 26262 从首次发布至今已经过去了十几年，中国从学习标准、执行标准到参与制修订甚至主导制定标准也有了丰厚的实践经验，功能安全标准在中国汽车行业中已经成为保证产品安全性的行业共识以及最佳实践方法。

然而中国汽车市场庞大、参与汽车设计与生产的供应商众多，由于成本、能力、复杂度以及文化和市场环境等因素，功能安全标准的落地实施也存在诸多的挑战和障碍，现实场景中功能安全标准的执行情况并不完美。

首先功能安全标准在执行过程中企业的成本压力很大，不仅是产品物料成本的增加，还包括设计、测试和管理成本的增加。ISO 26262 是一套非常复杂的标准，其要求贯穿整个工程的始末，大量的相关活动需要在原有传统的开发过程中新增较大的时间、人力（包括培训培养）和物力（产品 BOM 以及研发测试生产）成本，这样的现象在企业刚开始开展功能安全或者尚未建立满足功能安全要求的成熟产品平台的时候尤其明显。由于市场竞争，行业一直在比拼更低的价格成本和更短的开发周期，而这与贯彻功能安全要求的“慢工出细活”理念相矛盾。在这样的环境下，功能安全往往要进行必要的妥协，但过多的妥协将失去安全保障的意义，为功能安全投入的人力、财力也会变得劳而无功，对后续的安全活动因为无用的“被妥协”埋下伏笔，长此以往，形成恶性循环，最终导致功能安全要求在开发过程中流于形式。

满足功能安全的设计是有难度的，这是另一个较大的挑战。由于汽车电子控制单元的复杂性，实现功能安全需要解决许多技术难题，例如如何对安全相关的失效进行有效诊断，以及如何确保在硬件故障或软件有误的情况下系统仍能保持安全运行。此外再加上汽车技术高速迭代更新，大量新功能的产生（如自动驾驶）以及新技术的运用（如机器学习等），这需要企业具有先进的电子控制单元的设计开发能力，在此基础上还需要搭建满足功能安全的流程体系，培养有功能安全意识、掌握相关方法和实操经验的团队。

法规遵从和人员文化是另一个挑战。汽车行业有严格的法规和标准要求，实施ISO 26262或者GB/T 34590是保障汽车功能安全的基本要求，还需要从业者进一步了解与汽车电子系统相关的其他法规和标准，例如汽车网络安全和预期功能安全等，同时国家正在组织和开展更多功能安全的细分标准，这些标准涵盖了汽车的主要系统和主要技术方向，对设计方法、测试方法以及评价标准等提出了更具体的要求。行业的从业者需要了解和学习这些方法，融会贯通并实施落地。然而现实情况是一个企业内很少有人对所有标准都熟知且有充分的、融合的实践经验，同时在汽车产业高速发展的时候，市场的监管和处罚相对滞后，这使得部分企业对功能安全的执行必要性存在误解，为实现企业盈利甘愿“冒险”。可能是整个企业高层的战略决策，也可能是中层管理者在面对绩效指标时做出的项目决策，甚至是基层在实际操作过程中由于面对自身能力不足、管理层压力或客户 / 供应商配合度等多方面困难做出的违背功能安全文化的妥协。

功能安全标准执行过程中矛盾出现较多的是供应链协作过程。ISO 26262的要求使得整车厂和供应商之间有了一个框架来确保汽车ECU可以根据统一的安全目标进行开发设计。然而，目前一辆汽车通常拥有数百个电气 / 电子系统及子系统，同时还有众多外包和工程公司的介入，部分参与者甚至可能还不是汽车产品的传统参与者。这使得ISO 26262的实施成为一项艰巨的任务。以上提到的技术和文化问题可能出现在供应链中的任何一个组织，而任何一方的不配合或敷衍就可能导致整个车辆的功能安全目标无法达成。

功能安全标准的实施需要克服许多困难和挑战，包括系统复杂性、人力资源、成本、技术难度、法规遵从、组织文化以及行业协同等方面的问题。但是，通过加强培训、提高认识、完善流程和加强管理等措施，可以有效地推动功能安全标准的实施，提高汽车电子系统的安全性和可靠性。

第2章 功能安全管理体系的构建

2.1 概述

安全文化是功能安全达成的原动力。

随着汽车产业的飞速发展和技术变革，汽车电子、电气、软件和机电一体化得到了广泛应用，来自系统性失效和随机硬件失效的风险逐渐增加，GB/T 34590.1 ~ 34590.12—2022（分别修改采用 ISO 26262-1 ~ 26262-12：2018）正越来越多地被各大整车、零部件企业重视，我国基于当前的功能安全技术标准体系也在紧锣密鼓地制定和修订更具可操作性和可落地的汽车功能安全标准，以期将因电气 / 电子系统失效引起的安全风险降至用户、社会、舆论可接受的更小程度。其中，GB/T 34590.2—2022《道路车辆　功能安全　第 2 部分：功能安全管理》规定了应用于汽车领域的功能安全管理要求，包括独立于项目的关于所涉及组织的要求（整体安全管理），及项目特定的在安全生命周期内关于管理活动的要求，例如在概念阶段、产品开发、生产、运行、服务和报废期间的安全管理，旨在将功能安全活动整合到企业特定的开发框架中。

功能安全的标准体系越来越完善，企业也对功能安全日益重视，不仅仅只是停留在空喊口号、探索阶段，也开始实际去开展功能安全的活动。但是，目前国内功能安全实施现状是企业能将功能安全活动做到非常扎实有效的企业相对较少。当功能安全与功能性能、成本目标、用户体验和开发周期相冲突时，功能安全要求的执行效果往往会打折扣。例如：在开发资源受限的情况下，在满足功能安全目标和满足产品功能性能目标相冲突的时候，往往会优先把开发资源投入到满足功能性能目标上。“没有功能何谈安全”的思想在大多数开发工程师甚至管理层心中根深蒂固。这种现象从本质上而言是因为功能安全标准中提到的一些概念，例如安全文化还未深入人心。这里的安全文化是个很广泛的概念，也是企业文化的重要组成部分，体现了企业对产品安全的重视程度，企业只有在建立良好的功能安全文化的基础上，再去谈构建何种功能安全管理体系才真正有意义。因此，在本章节的开始部分，我们就提出安全文化的概念。构建良好的安全文化，只有将本章中定义的内容真正去践行，安全文化也才会顺其自然地在公司内蔚然成风。但是安全文化的建立，也就是功能安全管理体系的构建不是一朝一夕的，需要在项目实践中持续总结和优化。

本章讲述构建何种功能安全体系，才能够更好地约束企业将功能安全活动有效落实，且在不违背功能性能指标、有效控制目标成本、保证开发周期和兼顾用户体验的同时，顺利达成功能安全的目标。

2.2 满足功能安全要求的跨学科融合开发流程

ISO 26262 和 GB/T 34590 针对功能安全管理体系所覆盖的内容有明确的定义，如图 2–1 和图 2–2 所示，总结起来应覆盖以下方面。

（1）功能安全方针

企业的功能安全方针是决定企业功能安全文化的根本，是决定企业在处理业务矛盾和进行业务决策的顶层原则。功能安全方针由管理层制定才有利于贯彻到企业的各个领域，才有利于功能安全文化深入人心。“安全第一，质量优先”是一个明确而精准的功能安全方针案例。

（2）功能安全保障组织

企业应建立专职的功能安全保障组织，明确功能安全相关活动的决策机制和决策链条，明确哪些组织和个人为功能安全管理活动和产品开发活动负责，明确功能安全保障体系的维护和优化责任主体，明确功能安全从业人员的培养机制。目前国内有越来越多的整车厂设立专职的安全团队来承担相应职责，有的甚至是建立了融合的数字安全（功能安全、预期功能安全、网络安全、数据安全、信息安全）并直接汇报给公司职能相对更重要的独立部门，以确保将安全切实落地到产品中。

（3）功能安全管理体系

企业应建立产品全生命周期的功能安全管理体系。功能安全管理体系涵盖了产品功能安全开发活动和管理活动系统性的要求，包括流程体系及其支撑功能安全开发的工具链。根据企业所经营生产的产品或者服务范围，开发体系至少要覆盖图 2–2 中“3. 概念阶段”到“8. 支持过程”的相应要求，例如对于大部分一级零部件供应商所生产的产品（整车控制器、发动机控制器、变速箱控制器、驱动电机系统等），其开发范围通常既包含软件又包含硬件，其开发体系一般要覆盖从“4. 产品开发：系统层面”到“8. 支持过程”的内容，对于一些工程软件服务公司，其产品开发范围通常只涉及软件，则“5. 产品开发：硬件层面”硬件开发相关的内容无需开发体系覆盖。

功能安全管理体系应当与企业原有的产品开发流程体系相融合，以确保产品开发和功能安全开发活动的紧密沟通和互动，降低沟通成本，提高运行效率，避免因沟通衔接不畅导致的开发质量隐患。

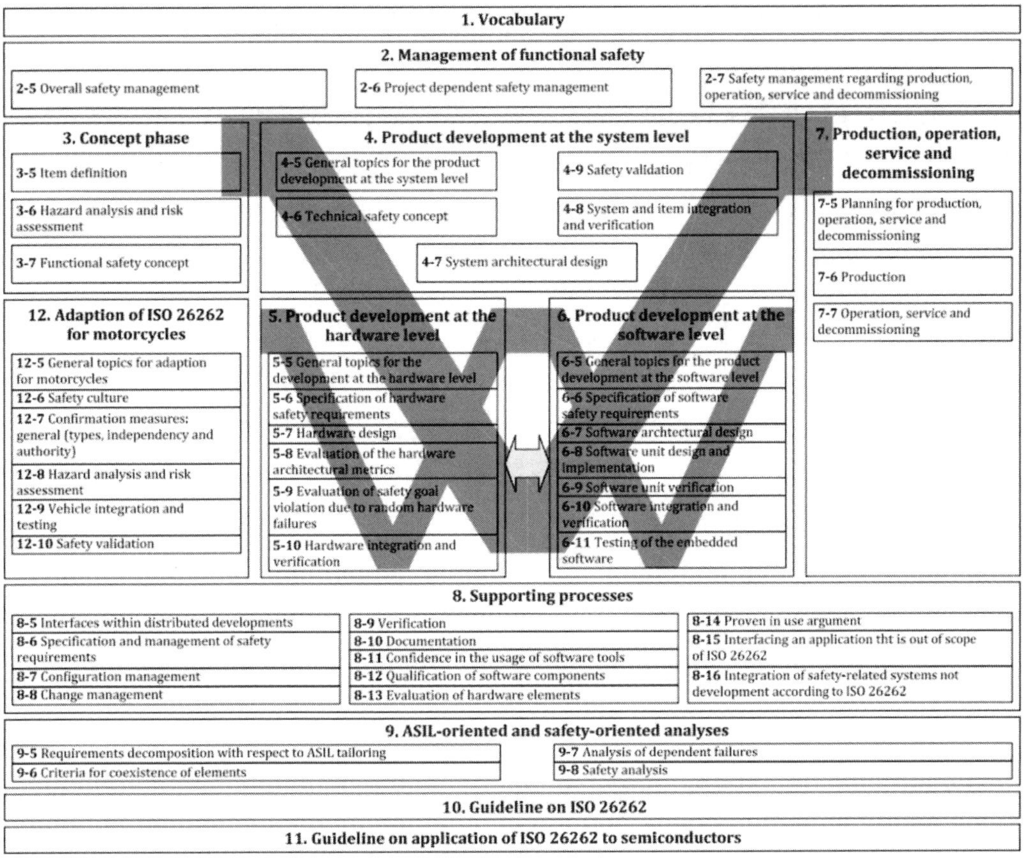

图 2-1 ISO 26262 概览

功能安全活动需要较高的专业性，从实践经验来看，整车级和系统级的功能安全活动建议是由专职的功能安全岗位人员来承担，例如整车和系统级的安全分析和方案设计、整车和系统级的安全验证、确认和评估等活动，对从业人员在实际运行环境下的风险理解、系统间的交互、集成和验证策略及方案、安全确认策略方案、验证和确认实施、风险量化评估等方面具有较高的专业要求，建议是设立专职的团队来承担这些职责，同时通过构建敏捷且融合的产品 - 功能安全开发模式来确保体系的高效运行。

对于整车和系统级以下的功能安全活动，需要区分不同的情况。

对于操作系统相关的功能安全岗位，由于一般自研操作系统服务于多个领域的产品，其自身属于架构层面的产物，具有承上启下的属性，建议设置专门的功能安全岗位来承担这些职责，同样也需要构建敏捷且融合的操作系统 - 功能安全开发模式来确保体系的高效运行。

对于系统软件、应用层软件、硬件相关的功能安全岗位，可以不设置专门的功能安全岗位承担这些职责，例如硬件安全分析活动要求从业人员能够掌握失效模式影响与诊断分析（FMEDA）和定量故障树分析（FTA）的能力，但可能硬件工程师并不具备这些能力，此时如果设置硬件功能安全工程师岗位专门负责这些工作，这个新岗位并不是电路设计和器件选型的负责人，需要花费一定时间理解硬件需求、方案和详细设计，才能够正确地进行硬件安全分析工作，因此，在这些层级中的功能安全活动可以通过培养和赋能原有岗位的人员掌握相关功能安全开发和管理相关的能力。

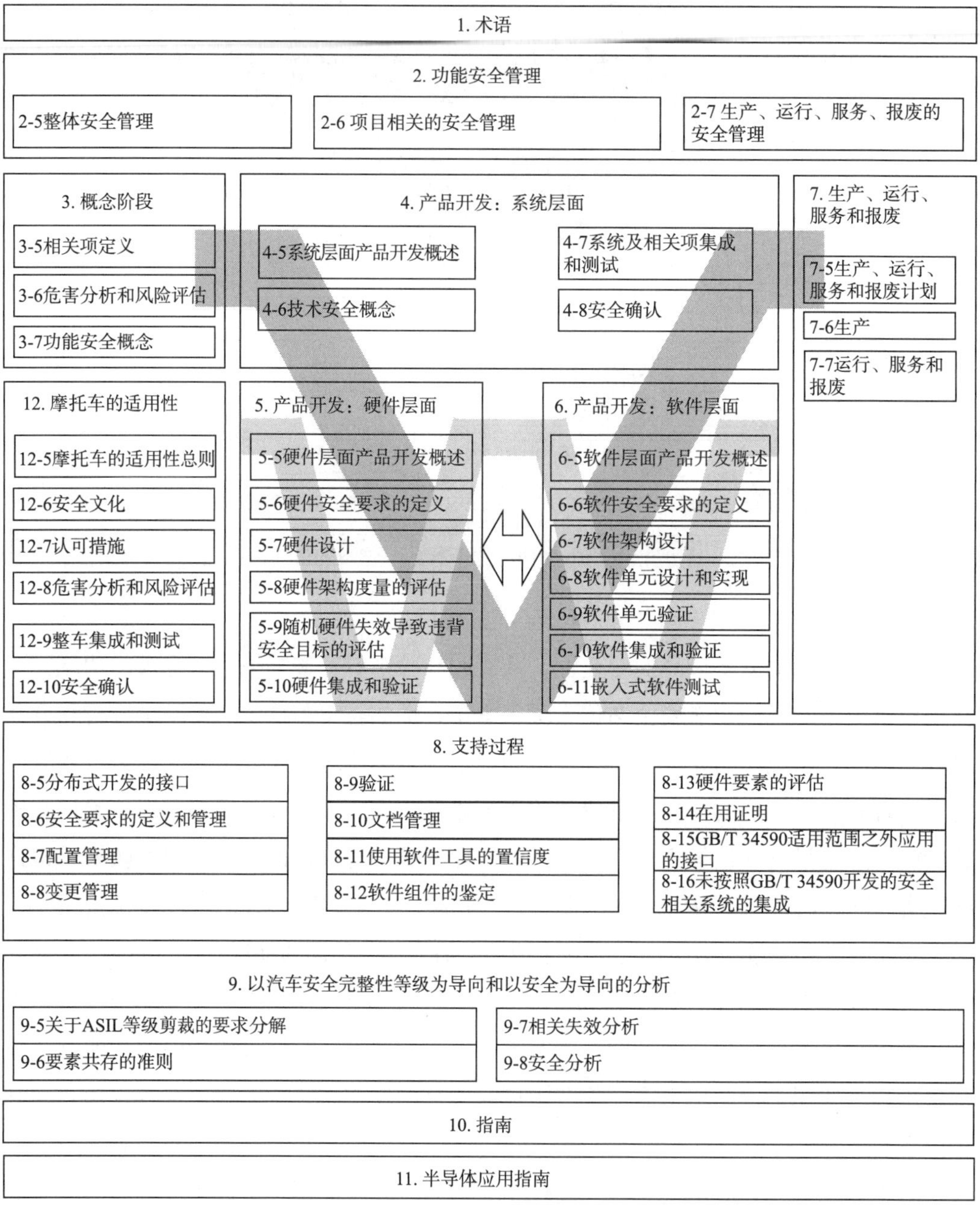

图 2-2　GB/T 34590 概览

功能安全管理体系与原有产品开发流程体系的融合建设，包括如下方面：

1）功能安全管理与项目管理的融合，比如安全计划与开发计划融合，进度计划中的安全活动与原有项目活动的衔接，安全活动与原有项目活动监控的融合，功能安全审核、评估与项目管理质量阀的融合等；

2）功能安全开发活动与产品开发活动的融合，比如技术安全概念与系统架构设计的融合，系统安全分析与“设计失效模式与影响分析（DFMEA）”的融合，硬件安全分析与硬件详细设计的融合，故障注入测试与原有测试活动的融合等；

3）功能安全支持过程与原有开发管理过程的融合，比如开发与测试工具的融合，需求管理、文档管理和变更管理的工具如何支撑功能安全所要求的一致性与追溯性。

功能安全管理体系的建设，应包含过程定义、工具链和相关方法论（指南、模版和工作检查单）的建设，例如针对系统安全分析活动应有对应的流程文件，定义系统安全分析活动在整个系统开发活动中的上下游、输入与输出、流程的关键活动及其责任人，制定安全分析指南、模版和工作检查单，构建安全分析所需要的工具链例如失效模式与影响分析（FMEA）软件和 FTA 软件，其他的功能安全活动流程也是按照类似的方式进行构建。

与其他流程管理体系类似，功能安全管理体系也需要根据项目实践的复盘总结持续进行优化，确保功能安全管理体系因时因地的适用性。像多数汽车行业的企业所遵循的 IATF 16949 质量管理体系，每年都会由第三方的咨询认证公司或者内部的体系改进组织对管理体系进行例行审核评估，提出改进意见，建议企业应每年例行对功能安全管理体系进行审核，促进管理体系改进。企业应定义一个明确的组织负责功能安全管理体系的建设与优化，如果企业有多种产品类型，该组织还需要具有跨产品线的功能安全管理成员参与。

除了现有的产品开发流程和功能安全开发管理体系外，近年来汽车行业引入了较多新技术和新管理的要求，像网络安全、预期功能安全和汽车软件过程改进与能力评定（ASPICE）等，这些新的流程体系要求也要与原有开发流程体系和功能安全开发管理体系融合。为了便于企业提升运行效率并保证满足各类标准要求，对于企业而言，有必要将这些跨学科的流程体系融合成一个流程体系。

目前汽车行业所涉及的标准体系包括：

1）保证质量的标准：ISO 9001、IATF 16949、ASPICE；

2）保证功能安全的标准：ISO 26262、GB/T 34590；

3）保证预期功能安全的标准：ISO 21448；

4）保证网络安全的标准：ISO/SAE 21434。

下面简要介绍一下上述标准：

1）ISO 9001：一个各行业广泛适用的质量管理体系认证标准；

2）IATF 16949：基于 ISO 9001 并具有汽车行业的特定要求；

3）ASPICE：一种基于 ISO/IEC 15504 开发的汽车行业过程能力评估模型，旨在评估汽车软件开发过程的成熟度和质量，图 2-3 为 Automotive SPICE 过程参考模型概览；

4）ISO 21448：预期功能安全的国际标准，解决产品的功能局限和性能不足导致的人身伤害的问题；

5）ISO/SAE 21434：提供网络安全工程相关的目标、要求和指南，旨在使 E/E 系统的工程能够跟上最先进的技术和免疫不断发展的网络安全攻击方法。

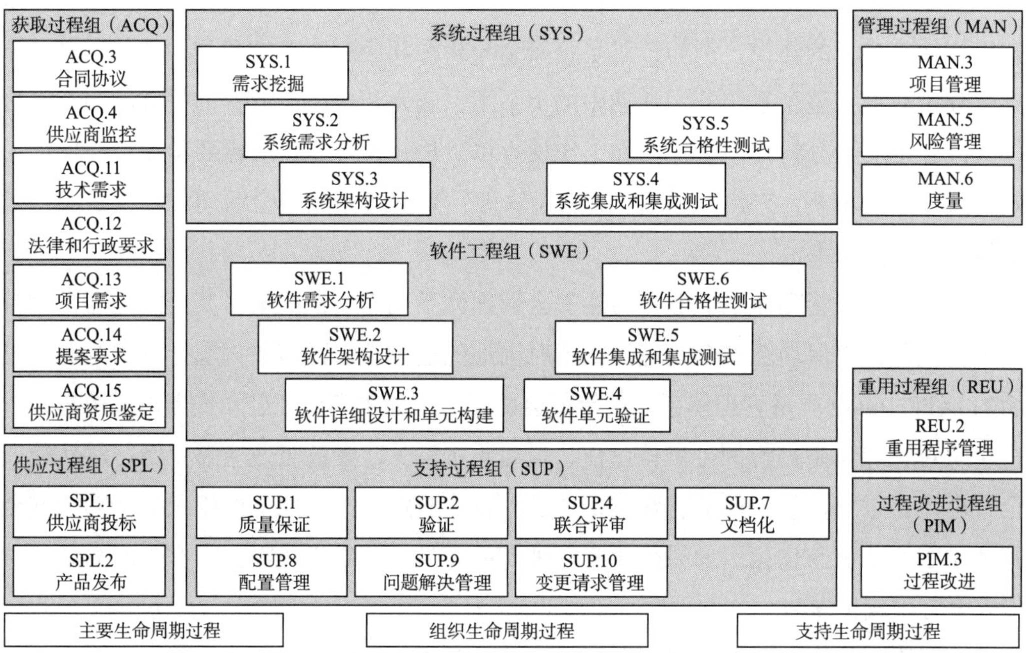

图 2-3　Automotive SPICE 过程参考模型概览

针对上面提到的每个标准都需要一套完整的流程体系来保证其符合性。为了确保其产品和过程达到质量和安全性的要求，企业需要同时遵循这些标准。但在实际的产品开发过程中，各体系内的负责人员往往只关注本体系的要求。比如有些国际企业会采取质量管理体系和功能安全管理体系相互独立的方式去开展开发工作。这样做的好处是对体系内人员的要求相对较低，各体系和对应的标准比较容易对标。但缺点却有很多：其一，对各体系在流程中存在关联的开发活动，本可以制定融合的计划，在同一时间点或同一工作步骤就能完成相应的活动，但实际却在不同体系内分别去制定计划，分别管理各自开发活动的实施，可能会造成项目时间成本、人力成本的大幅增加。

其二，开发人员要同时对接质量管理体系、功能安全管理体系、预期功能安全管理体系和网络安全管理体系下分别传递的需求，对开发人员的能力要求存在很大挑战，同时可能还会存在不同体系需求实现的冲突。其三，在开发资源受限的情况下，功能安全开发的优先级可能会被安排为低优先级，最终功能安全无法实现或带偏差实现。考虑到上述三个缺点，更推荐企业搭建跨学科融合的体系。

搭建跨学科融合的体系，需要先厘清各体系之间存在哪些联系。总体而言，这些标准之间均或多或少存在一定的联系，其中 ASPICE 与 ISO 26262 涉及汽车软件开发过程的质量和安全性，而 IATF 16949、ISO 9001 与 ISO 26262 之间的联系则更侧重于汽车行业的质量管理系统。对于各个领域之间的潜在交互，可以在各个标准中找到指导或指南。

图 2–4 可以整体说明这些标准与 ISO 26262 之间的联系。

ASPICE 3.1 定义了系统工程和软件工程的开发活动。GB/T 34590 除了定义了系统工程和软件工程的开发活动外，还包括硬件工程的开发活动。其中系统工程和软件工程的流程要求和 APSICE 是高度一致的（见图 2–4 两个流程的描述对比），可以充分借鉴甚至复用。功能安全标准在技术层面提出了更高的要求，例如：安全分析的方法要求、设计方案的定量化功能安全要求、测试覆盖度有明确的指标、测试环境有明确的要求等。图 2–5 为 GB/T 34590 和 ASPICE 之间的开发过程联系。

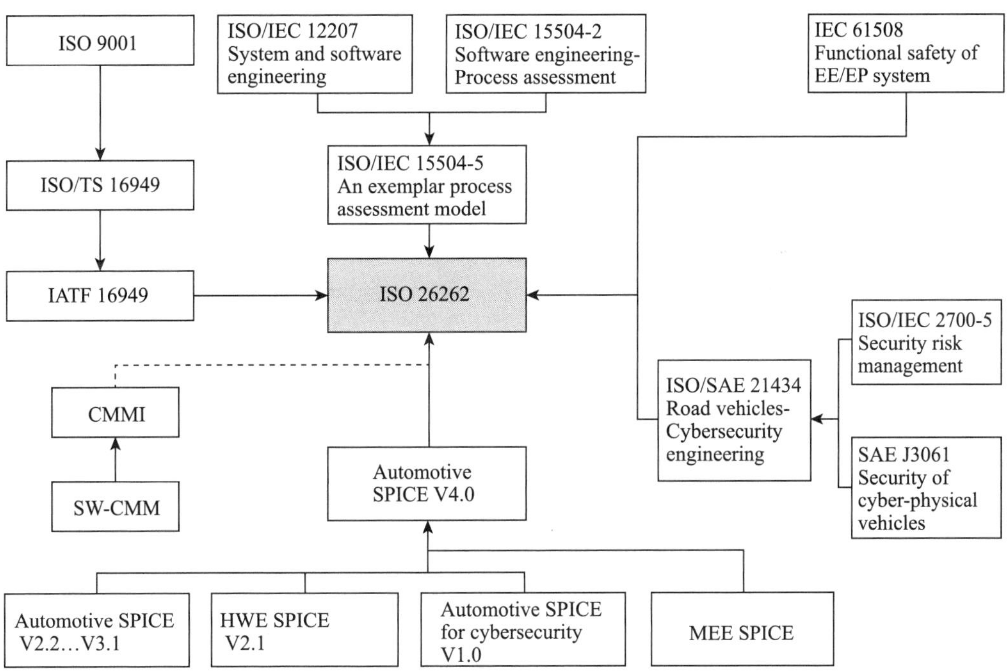

图 2–4　不同标准与 ISO 26262 之间的联系

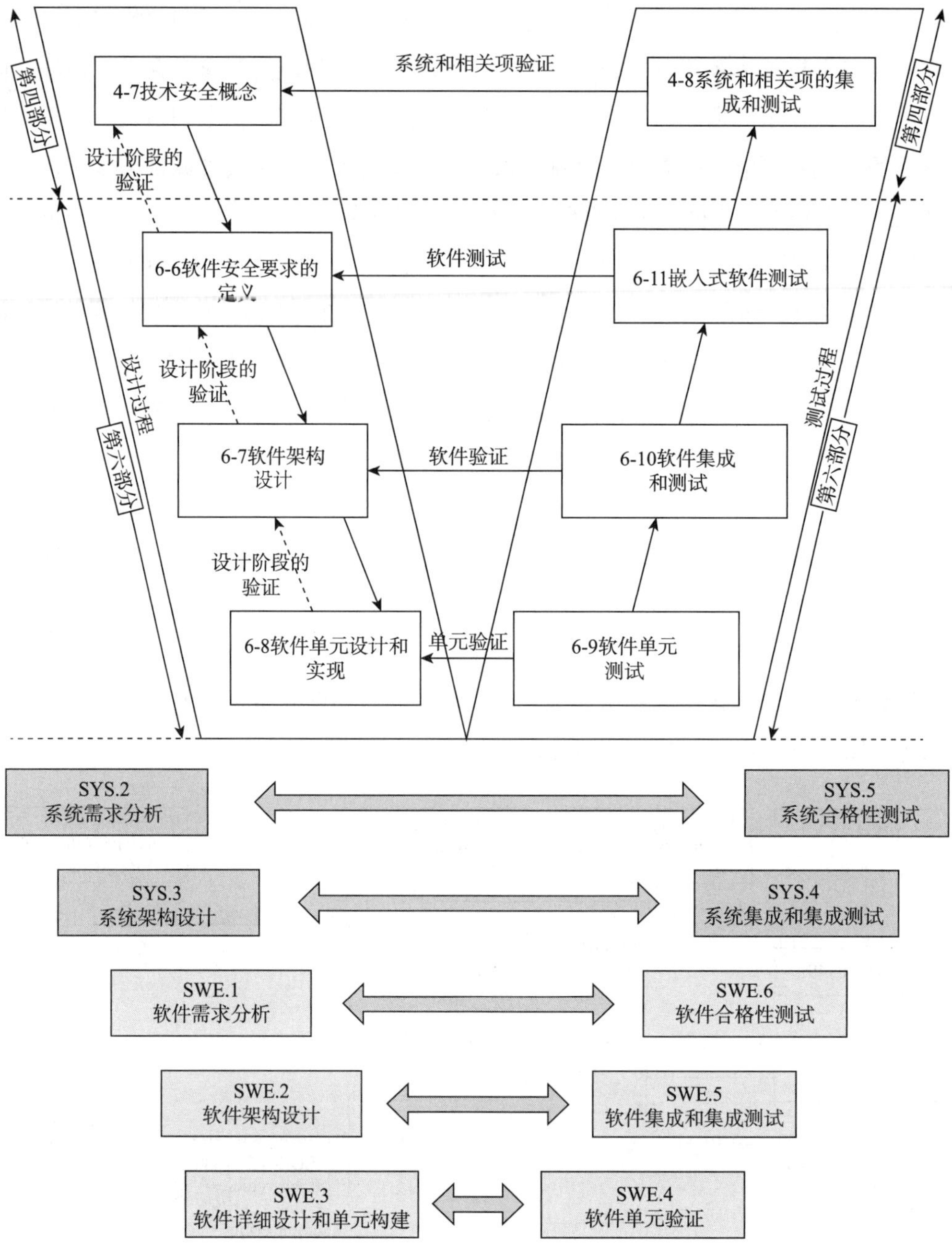

图 2-5　GB/T 34590 和 ASPICE 之间的开发过程联系

同时考虑到 IATF 16949 质量管理体系，IATF 16949 涵盖了产品开发的各个层面，与 GB/T 34590 相比，还增加了机械工程的质量管控流程。图 2-6 展示了三个体系之间覆盖的工程领域图。

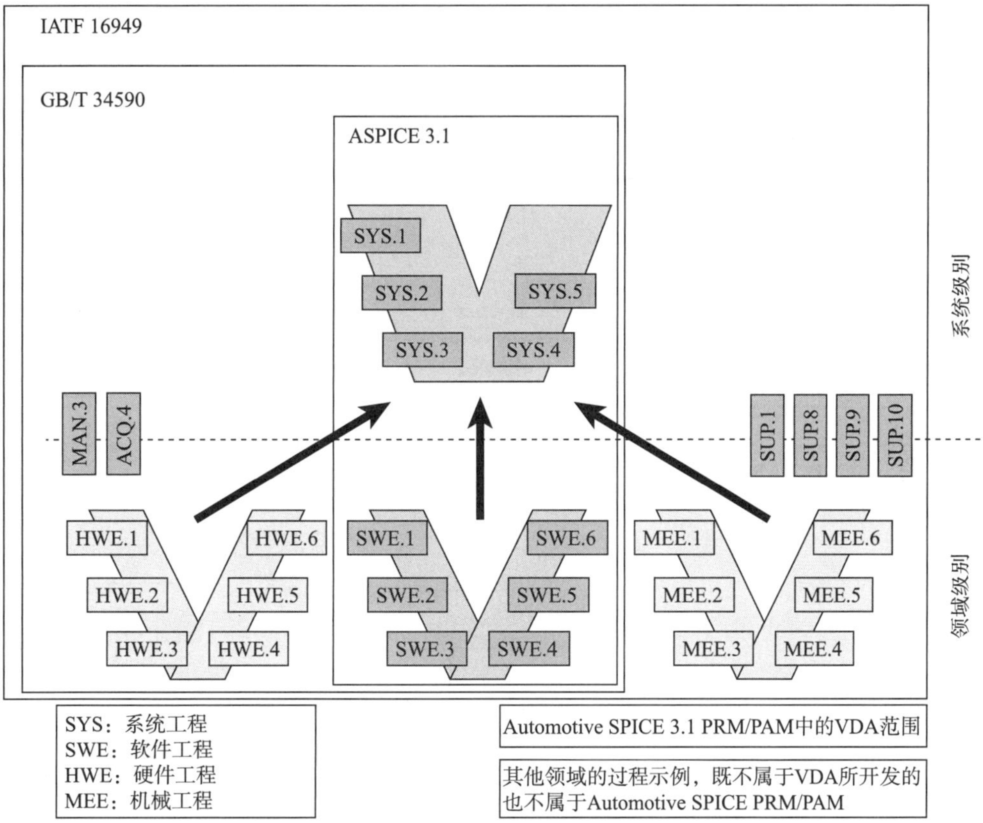

图 2–6　GB/T 34590、ASPICE 和 IATF 16949 之间覆盖的工程领域图

ISO 26262、ISO/SAE 21434 和 ISO 21448 在产品开发活动的交互关系，可参考图 2–7 列举出的功能安全概念阶段与网络安全、预期概念安全的交互示例。

厘清以上各体系之间的联系后，我们开始在公司级的产品开发流程中搭建一套完整的跨学科融合的流程。整合流程的方法是多种多样的，其取决于企业的业务需求和运行模式。整合流程可以根据业务活动和部门职责的不同进行划分，也可以根据执行过程的顺序或重要程度进行设计。汽车产品的开发流程，推荐以产品开发的时间轴为主线，在产品开发的各个阶段，剖析各体系之间的关联点，设置相应的开发活动项，明确各活动阶段的角色职责、入出口标准、输入输出文档等。在整合过程中应以更好地约束企业将功能安全活动有效落实为主旨思想，坚持以最大化提高产品开发效率，最大化节省公司成本，最大化兼顾功能、性能、可靠性和安全性等产品目标的整合原则，制定出符合本公司产品开发实际的跨学科融合流程。在整合过程中，这些流程体系之间既存在一定的共同点又存在很大的差异。有共同点的地方需要相互融合，有差异点的地方需要单独定义。搭建跨学科融合的流程体系人员，建议公司成立统一的流程体系建设组织，小组成员中除公司制定流程的专职人员主责外，还需要各学科体系中具有丰富项目实践经历的活动人员参与，包括项目经理、技术管理人员、开发人员、测试人员、功能安全经理 / 专家、预期功能安全经理 / 专家、网络安全经理 / 专家和质量体系人员等，他们会基于项目开展中遇到过的各种由于流程体系不健全出现的问题，去思考如何整合流程、优化流程，让产品开发流程体系更加完善。

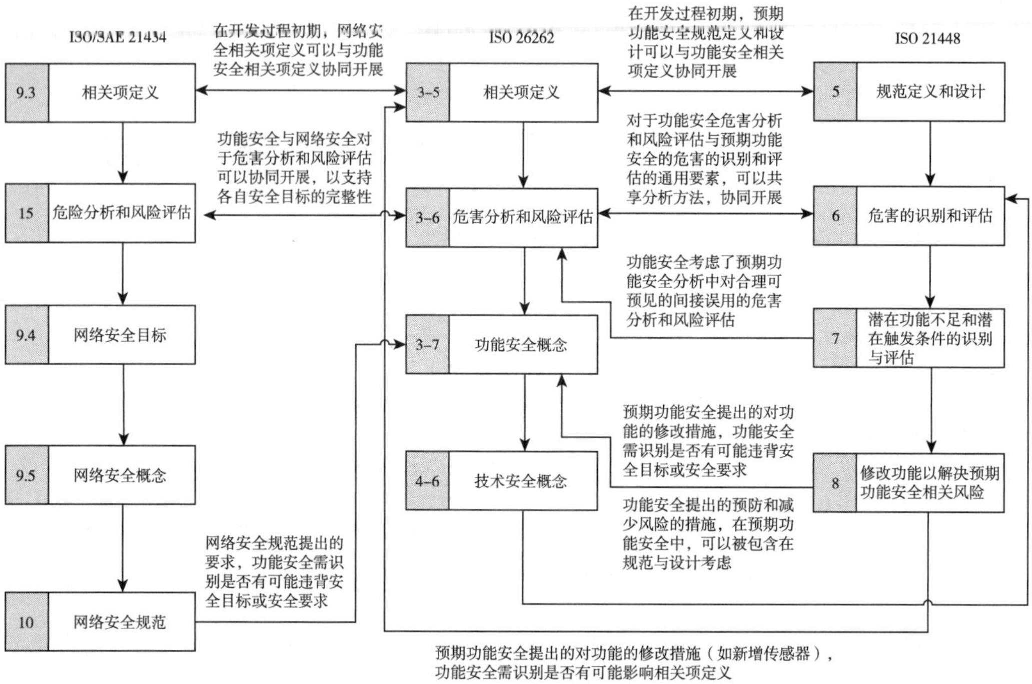

图 2-7　ISO 26262、ISO/SAE 21434、ISO 21448 在产品开发活动的交互关系示例

需要注意的是，流程体系一定不是固化不变的，流程体系的建设一定会随着更多项目的开展存在不断迭代的过程。且流程体系也一定不只是对上述提到的学科进行跨学科融合，以上学科的流程体系仅是基于先前经验证明过的优秀实践，但不代表一定适用于未来不确定的市场需要，现在新能源车和智能汽车市场快速变化，企业间竞争愈发激烈，企业需要不断地提高产品技术水平，需要更快地交付产品，产品开发的流程也必然需要更加灵活、更加高效，例如目前汽车行业的敏捷开发相比传统的 ASPICE 开发流程，可满足更加快速的产品开发要求。敏捷开发流程本身强调一个不断迭代的过程，每个迭代的周期都有明确的目标和计划，通过不断反馈和调整，使开发团队能够更好地应对需求的变化和不确定性。

为了更好地执行跨学科融合的开发流程体系，应建立并维护功能安全、预期功能安全、网络安全、质量管理及与实现功能安全相关的其他领域之间的有效协调机制，在实践中，可以定义相应的角色作为各个领域之间的沟通窗口，沟通窗口的角色必须是非常熟悉跨学科融合的开发流程体系，做到跨学科之间的有效沟通。

2.3 职责分工明晰的规则制度

汽车研发是一项高度复杂且需要专业技能的业务，涵盖了从设计、工程、测试到生产等多个阶段，且周期比较长。一般新车型的研发需要规划 3 年 ~ 5 年。为确保整个开发过程按照预期计划顺利开展，制定职责分工明确的规章制度则显得尤为重要。

我们来对比一下职责明确的优势和职责模糊的劣势，如表 2–1 所示。

表 2–1 职责明确的优势和职责模糊的劣势

影响范围	职责明确的优势	职责模糊的劣势
研发效率	提高研发效率：可最大化利用资源，避免工作重叠或遗漏，避免无效沟通，从而提高研发效率	研发效率低下：不能最大化利用资源，造成资源浪费，导致工作重叠、遗漏以及无效沟通等情况发生，从而导致工作效率低下
产品质量	提高产品质量：可以使每个员工更加专注于自己的工作领域，更好地保证每个环节的工作质量，从而减少产品缺陷，提高产品质量	产品质量低下：无法让员工专注于自己的工作领域，无法保证能满足每个环节的质量要求，增加了产品缺陷概率
风险控制能力	提高风险控制能力：当出现问题，可以迅速找到相应的负责人，及时采取措施进行风险控制	风险控制能力较弱：当出现问题后，难以确认具体的责任人，导致难以快速采取措施进行风险控制，造成项目延期，甚至导致项目失败
团队合作	促进团队合作和凝聚力：明确的职责分工，可减少部门之间的推诿和矛盾，促进团队之间的合作与协调，同时还可增强团队成员的责任感和使命感，提高团队的凝聚力	团队合作和凝聚力下降：团队成员感觉职责不清晰，职责分工不明确，会造成部门之间的互相推诿和扯皮，团队合作与协调不畅，影响团队成员的责任感和使命感，影响团队的凝聚力
企业竞争力和市场形象	提升企业的竞争力和市场形象：职责分工明确可以使企业的运作更加规范和高效，提升企业的竞争力和市场形象，同时增强企业对外界的信任和认可，为企业业务拓展提供支持	影响企业的竞争力和市场形象：职责分工不明确会影响企业的运作效率，影响企业的竞争力和市场形象

综上所述，工作任务职责分工明确对于汽车产品研发至关重要，可以提高产品研发效率、提高产品质量、提高风险控制能力、促进团队合作和团队凝聚力以及提升企业的竞争力和市场形象。然而，在实际的汽车工程实践中，有些企业存在制度不完善、执行不严格、监督不到位等问题，导致工作任务职责分工不清晰。例如，现在国内的新能源汽车市场，由于受政策扶持、技术进步和消费需求等诸多因素的推动，涌现出了很多造车企业及相关配套零部件企业，这些企业的管理水平是参差不齐的，有些企业未能明确定义工作任务职责分工，导致项目管理混乱，功能安全活动完成度不高。

上面介绍了职责明确的优势和职责模糊的劣势，那么如何判断组织内部是否有职责模糊的情况发生？接下来举例介绍组织内职责分工明确和职责分工模糊的一些典型情况，见表 2–2。

表 2–2　组织内职责分工明确和模糊的典型示例

职责分工明确	职责分工模糊
清晰的职责描述：每个职位都有明确的职责和任务，可以帮助组织成员了解自己的工作范围和预期结果，也有助于管理层评估员工的表现	模糊的职责描述：职位描述不清晰，员工无法准确理解自己的工作范围和预期结果，导致工作不达标或资源浪费（互相推诿）
明确的目标：每个成员都清楚自己的工作目标以及对公司的总体成功做出的贡献	模糊的目标：员工不清楚自己的工作目标，无法将个人的努力与公司的总体目标相结合，导致缺乏动力和方向
信息交流通畅：团队成员之间信息交流通畅，每个人的工作职责范围都有记录，并持续维护，有助于成员快速找到需要沟通交流的人员	信息交流不畅：团队成员之间的信息交流受阻，导致成员之间的理解存在歧义，进而影响工作效率和质量

职责分工明确在组织管理中至关重要，它不仅涉及每个员工的工作范围和预期结果，还直接影响着组织的整体效率和目标实现。清晰的职位描述是职责分工明确的基础，它明确了每个员工的工作内容和职责范围，以及他们需要达成的具体目标。通过制定明确的职位描述，员工能够更好地理解自己的工作要求和发展方向，同时也能让管理层更好地评估员工的表现和制定准确的决策。除了清晰的职位描述，明确的目标也是职责分工明确的重要方面。组织的目标是每个员工需要达成的总体要求，而每个职位的目标则是实现组织目标的具体步骤。通过明确每个职位的目标，员工能够更好地了解自己的工作对于组织的贡献，同时也能帮助管理层更好地评估员工的表现和制定准确的决策。

工作任务职责分工是一个持续迭代的过程，尤其目前项目开发方案多样化，需要更多项目实践检验，不断去校正，以保证项目工作任务职责分工明确。判断组织的职责是否明确，需要深入了解组织的结构、员工分工、工作流程，以及组织的沟通和决策机制等。下面提供判断组织是否职责明确的常见方法：

1）审核组织流程：通过审核组织的流程，了解每个流程中涉及的职责和权力，如果在这些流程中存在职责交叉或空白，那么组织的职责可能不明确；

2）了解员工的工作内容和职责：与员工进行交流，了解他们的工作内容和职责，如果员工对自己的工作职责不清楚或不确定，那么可能存在组织职责不明确；

3）考察组织的内部沟通：观察组织的内部沟通方式，了解员工之间的信息传递和决策过程，如果组织内部沟通不畅或者存在决策上的困难，那么这可能是由于职责不明确所导致的；

4）参考行业标准和最佳实践：查阅相关的行业标准和最佳实践，可以了解组织在行业中应有的职责范围，如果组织的职责与行业标准或最佳实践存在显著差异，那么可能需要进一步明确职责；

5）分析组织的目标和战略：了解组织的目标和战略，并分析这些目标和战略如何转化为员工的职责，如果与组织的目标和战略不匹配，那么可能需要明确职责以支持目标的实现。

2.4 与职责匹配的人员能力体系结构

随着汽车功能安全标准在行业内认可度逐渐提高，越来越多的组织在产品生命周期内引入功能安全活动，以提高产品的安全性。组织在进行安全生命周期内的安全活动时，应建立并维护可确保参与人员的能力与其职责相匹配的能力管理体系。GB/T 34590 提出，组织应确保执行安全生命周期活动的人员具有与其职责匹配的技能水平、能力和资质。人员能力与职责正确匹配是组织顺利完成功能安全任务的必要条件。很多组织由于未能匹配正确的人员导致功能安全产品开发失败的案例经常发生。原因主要包括以下几方面：

1）权力不足：功能安全经理权力不足，安全任务优先级被降低，导致安全相关的任务迟迟无法进行；

2）能力不足：产品开发的工程师功能安全方面的专业能力不足，对功能安全流程及方法论理解不充分，导致功能安全活动未能及时和有效完成；

3）认知不足：组织对功能安全认知不足，认为功能安全任务没有必要全部完成，导致安全任务执行不充分。

如上所述，如何正确匹配人员能力与职责是目前行业内的痛点问题。本节将论述在整个产品生命周期中功能安全人员的职责，以及履行职责所需要的专业要求。

表 2–3 规定了通常情况下开展功能安全活动人员的项目角色，阐述了角色的人员职责以及能力要求。

表 2–3　功能安全人员的职责和能力要求

项目人员角色	人员职责	人员能力要求
功能安全经理	负责策划产品功能安全任务及安全计划，并监督和确保实现功能安全活动的开展	1）知识和技能：应熟悉功能安全标准，并完整参与过至少一个满足功能安全标准的项目。熟悉相关项的功能安全活动。 2）团队管理能力：应具备团队管理能力，能够组织和监督功能安全项目的实施，确保项目按时完成，并达到预期的质量；需要管理和协调团队成员的工作，建立有效的沟通机制，确保项目团队的合作和协同。 3）问题解决能力：应具备较强的问题解决能力，能够分析和管理在设计和制造过程中出现的问题，并提出有效的解决方案，以及能够预测潜在的问题并采取预防措施，以避免问题的发生。 4）报告和文档编写能力：应能够清晰地撰写技术文档，记录项目进度、问题和解决方案，以便于向管理层和客户汇报工作。 5）领导和组织能力：应具备优秀的领导和组织能力，能够带领团队完成工作计划，并激励团队成员以实现目标。 6）沟通和协调能力：应具备出色的沟通和协调能力，能够与团队成员、管理层和客户进行有效的沟通；需要能够清晰地表达自己的意见和看法，并听取他人的建议和意见
功能 安全审核员	负责判断产品是否达到 ISO 26262 或 GB/T 34590 的要求	1）知识和技能：应熟悉功能安全流程，并完整参与过至少一个满足功能安全标准的项目。熟悉相关项的功能安全活动。 2）报告和文档编写能力：具备出色的报告编写能力，能够清晰明确地撰写功能安全审核报告。 3）沟通能力：具备良好的语言表达能力，可以清晰地表达审核意见。 4）职业道德：具备良好的职业道德和诚信意识，能够保证审核的公正性和客观性

续表

项目人员角色	人员职责	人员能力要求
功能 安全评估员	负责判断产品是否达到 ISO 26262 或 GB/T 34590 的要求	1）知识和技能：应熟悉功能安全标准并完整参与过至少 3 个满足功能安全标准开发的项目。熟悉相关项的功能安全技术解决方案和最佳实践，能达到行业内专家水平。 2）报告和文档编写能力：具备出色的报告编写能力，能够清晰明确地撰写功能安全评估报告。 3）沟通能力：具备良好的语言表达能力，可以清晰表达评估意见。 4）职业道德：具备良好的职业道德和诚信意识，能够保证评估的公正性和客观性
系统工程师（整车或者总成级）	负责相关项定义，危害分析及风险评估，功能安全概念和安全确认，并参与功能安全验证活动	1）掌握功能安全标准。 2）熟悉相关项的功能行为、法律法规和相关约束。 3）熟悉安全分析方法，如 HAZOP、FTA、FMEA、STPA 等，能够运用这些方法进行安全分析和功能安全概念的开发
系统工程师（部件级）	负责技术安全概念制定和系统安全分析工作	1）掌握功能安全标准。 2）掌握系统需求定义和系统架构设计的方法。 3）熟悉系统安全分析方法，如 FTA、FMEA、DFA 等；精通安全机制设计方法。 4）应有所负责产品相关的软件或硬件开发经验
软件工程师（需求和架构）	负责软件安全需求定义、软件架构设计和软件安全分析	1）掌握软件部分功能安全标准，熟悉系统设计和软硬件接口规范。 2）熟悉软件安全分析方法，如 FTA、FMEA、DFA 等。 3）熟悉软件的主要失效模式和软件安全机制
软件工程师（详细设计与测试）	负责软件详细设计与实现，负责单元和集成测试	1）掌握软件部分功能安全标准。 2）掌握建模、编码和测试相关的要求与工具。 3）熟悉软件安全分析方法，如 FTA、FMEA、DFA 等。 熟悉软件的主要失效模式和软件安全机制

续表

项目人员角色	人员职责	人员能力要求
硬件工程师	负责硬件安全需求定义、方案设计与实现，负责硬件安全分析，评估硬件架构度量和随机硬件失效概率	1）掌握硬件部分功能安全标准，熟悉系统设计和软硬件接口规范。 2）熟悉硬件安全分析方法，如 FTA、FMEA、DFA、FMEDA 等
功能安全验证工程师（系统级）	1）负责制定系统级的功能安全验证计划； 2）制定系统级验证策略，进行不同验证方法的工作分配（包括：测试、评审、数据分析等方法）； 3）编写测试规范、评审要求和数据分析要求； 4）主导进行系统级的功能安全验证活动，跟进验证过程中的安全相关缺陷 / 问题直到解决，对上游的子系统 / 软件 / 硬件相关开发和验证活动进行评审	1）知识和技能：熟悉功能安全系统级验证各方法，包括测试（仿真 MIL/SIL/HIL、系统台架故障注入等）、评审、数据分析；熟悉软硬件接口规范，系统架构设计规范、技术安全要求规范、CAN/LIN/Ethernet 通信、故障诊断规范等。 2）沟通和协作能力：能够与功能安全设计开发工程师、系统架构师、功能设计开发工程师紧密合作，保证项目顺利进行。 3）职业道德：具备良好的职业道德，能够保证评估的公正性和客观性
功能安全验证工程师（整车级）	1）负责制定整车级的功能安全验证计划； 2）制定整车级验证策略，进行不同验证方法的工作分配（包括：测试、评审、数据分析等方法）； 3）编写测试规范、评审要求和数据分析要求； 4）主导进行整车级的功能安全验证活动，跟进验证过程中的安全相关缺陷 / 问题直到解决，对上游的系统 / 软件 / 硬件相关开发和验证活动进行评审	1）知识和技能：熟悉功能安全整车级验证各方法，包括测试（仿真 HIL/DIL、实车故障注入等）、评审、数据分析；熟悉系统架构设计规范、功能安全要求规范、CAN/LIN/Ethernet 通信、故障诊断规范等。 2）沟通和协作能力：能够与功能安全设计开发工程师、系统架构师、功能设计开发工程师紧密合作，保证项目顺利进行。 3）职业道德：具备良好的职业道德，能够保证评估的公正性和客观性
功能安全确认工程师	1）负责制定概念阶段和产品阶段的功能安全确认计划； 2）制定概念阶段的功能安全确认策略，选择不同试验方法（仿真 MIL/DIL、实车），进行试验设计，包括具体试验场景、驾驶员样本、数据采集和处理规范等；	1）知识和技能：熟悉功能安全验证和确认各方法，包括测试（仿真 MIL/DIL、实车等）、评审、数据分析。熟悉量化安全接受准则及试验方法、安全标定方法；熟悉 HARA/ 安全目标规范、功能安全要求规范、CAN/LIN/Ethernet 通信、故障诊断规范等。

续表

项目人员角色	人员职责	人员能力要求
功能安全确认工程师	3）制定产品阶段的功能安全确认策略，选择不同确认方法（实车测试、数据分析、评审），编写安全确认规范，以及安全标定规范； 4）主导进行各阶段功能安全确认活动，跟进确认过程中的安全相关缺陷/问题直到解决，对上游的开发和验证活动进行评审	2）沟通和协作能力：能够与功能安全设计开发工程师、功能设计开发工程师紧密合作，保证项目顺利进行。 3）职业道德：具备良好的职业道德，能够保证评估的公正性和客观性
功能安全风险评估师	1）负责对功能安全验证和确认各阶段的产物、缺陷/问题进行总体安全风险的评估，包括对于验证和确认方向性的调整，以及对于开发的建议。 2）负责给出产品释放各阶段功能安全风险的总体评估，并给出释放建议	1）知识和技能：熟悉功能安全开发、验证和确认各阶段的活动；熟悉功能安全风险评估方法。 2）沟通和协作能力：能够与功能安全经理、功能安全设计开发工程师、功能设计开发工程师紧密合作，保证项目顺利进行。 3）职业道德：具备良好的职业道德，能够保证评估的公正性和客观性
功能安全评估工具研发工程师	1）负责功能安全验证和确认评估各阶段的工具链设计、开发和交付工作，包括故障注入、数据采集和处理链路等。 2）负责功能安全测试环境的设计、开发和交付工作，包括仿真环境（MIL/SIL/HIL/DIL）、自动化测试等	1）知识和技能：熟悉电子电气故障模拟方法；熟悉计算机语言C++、Python，熟悉CAN/LIN/Ethernet通信模拟和监控技术；熟悉仿真环境（MIL/SIL/HIL/DIL）设计、开发和集成。 2）沟通和协作能力：能够与功能安全验证和确认工程师、功能风险评估专家、功能安全设计开发工程师紧密合作，保证项目顺利进行。 3）职业道德：具备良好的职业道德，能够保证评估工具链的客观性和公正性
生产功能安全工程师	负责确保在生产阶段实现功能安全，包括：生产过程及控制措施按照计划执行和维护，分析安全相关特殊特性的偏差，评估并维护生产过程，设备和工具以及测试设备	1）掌握功能安全标准中的生产要求。 2）熟悉生产计划和生产流程。 3）熟悉安全分析方法，如PFMEA等

通过以上对功能安全活动人员的项目角色、人员职责以及专业要求的阐述，我们可以发现功能安全活动的开发角色与正常的产品开发角色基本是一致的，仅在角色对

应的职责上有功能安全和非功能安全的区分，大部分项目人员由于之前未从事过功能安全相关开发，也未参加过功能安全相关培训，对功能安全活动的任务目标达成存在能力不足的问题。即使有部分项目人员有过相关功能安全的培训经历，但由于功能安全标准内容较多，很难在短时间掌握。此外功能安全工程师不仅需要熟悉功能安全标准，而且需要领域内的专业知识。比如概念层的功能安全工程师，不仅需要掌握功能安全概念层的知识，而且需要熟悉整车层面知识，ECU 功能规范和电子电气架构设计等专业知识。所以到目前为止行业内真正掌握功能安全标准的人员，相对而言，仍比较少。针对此类问题，公司一般会聘请功能安全专家带领原有团队开展功能安全工作。功能安全专家通过培训、评审等方式，主导整个功能安全活动，以保证相关项符合功能安全标准，同时可以培养相关领域的功能安全人才。目前行业也有专业的功能安全培训机构，可帮助组织培养功能安全人才。

下面给出功能安全工程师典型的职业发展路径，如图 2–8 所示，读者可根据个人情况进行职业发展规划。功能安全经理可由功能安全工程师从技术岗位转为功能安全管理岗位，可以根据个人的实际情况去做职业规划。最后需要强调的是，除了专业技术能力的提升外，作为功能安全从业者，一定要时刻坚守安全的底线，绝不能遇到阻力或困难就没有原则地妥协，想尽办法守住安全的底线，其实这就是功能安全从业者应该具备的最重要的能力。

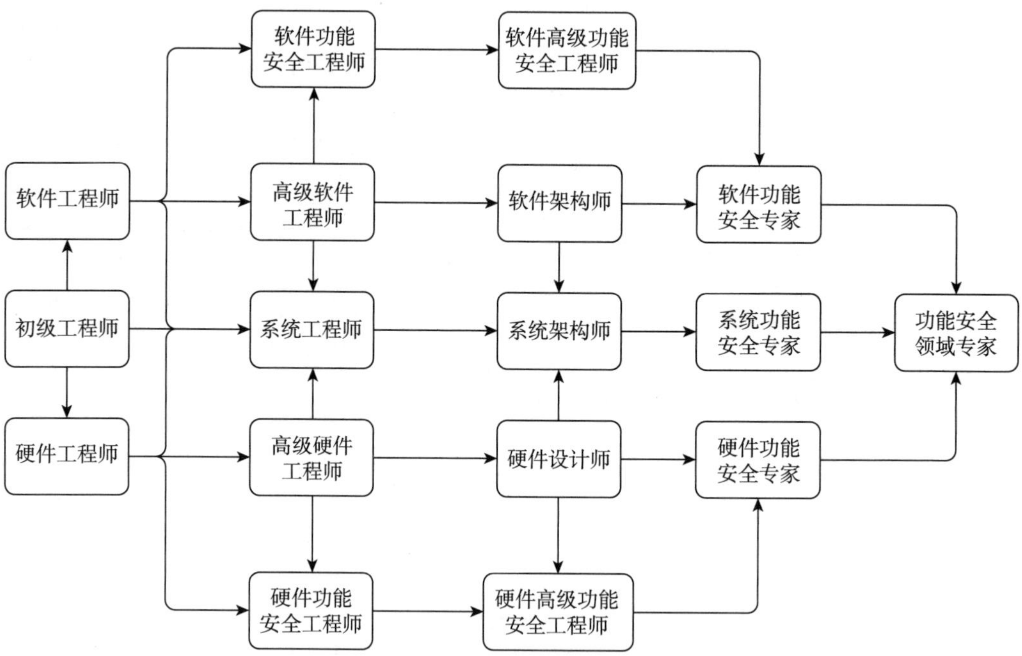

图 2–8　功能安全工程师职业发展路径

对于功能安全“V模型”的右侧活动（验证和确认，如图2-1所示），作为所有功能安全开发活动落地的核心之一，过去由于企业内部安全文化、安全体系不完善，往往采用功能安全设计工程师+功能或软件测试工程师组合的方式。但这种方式存在大量局限性，包括但不限于以下几类问题：

对于基于评审的验证活动，功能或软件测试工程师由于缺乏功能安全相关专业技能，往往由功能安全设计开发工程师来承担对上游验证活动（软件、硬件、系统级）的评审，但受限于测试验证方面经验，仅能从需求和用例的追溯关系来判断覆盖度，难以从测试验证角度判断覆盖度、合理性和有效性，同时限于设计开发的工作负荷，往往会将这类评审和功能安全交付认可评审（SSJR）活动合并进行，而SSJR的持续时间十分有限，难以及时、有效和全面地发现上游验证活动的问题，更难以提早进行问题解决和风险规避。

对于基于测试的验证活动，功能安全设计开发工程师除完成相关的设计开发任务以外，对自己负责的开发部分制定对应的测试策略，设计测试用例，然后委托给测试工程师进行实施，由于受限于测试验证方面的经验，很难保证用例的可测性，同时也缺乏一定的独立性；而功能或软件测试工程师在接到测试需求和测试用例以后，进行相关的工具链和测试环境准备，并执行测试用例。由于测试工程师缺乏功能安全相关专业技能，在针对功能安全的测试工具链研发、测试执行过程、测试结果分析和问题判定等活动中，基本全程都需要与功能安全设计开发工程师一起进行，难以独立进行相关工作的开展。

对于安全确认，鲜有企业开展相关活动，一方面是缺乏具有相关技能的专业人员，另一方面是为了快速推进项目落地，对于安全目标或者接受准则大部分采用拿来主义，借鉴一些大厂积累的结果，快速解决了概念阶段的确认问题。但是在产品阶段很少进行安全确认活动，有的甚至用验证活动代替确认活动。这在主要以转向、制动等委外件且由国际大厂供货的背景下，或许不会出太大问题，但是面临国产化、自研化日益扩大的趋势，安全确认缺失带来的风险越来越大。

为了改变这一现状，解决这些问题，近年来越来越多的整车厂开始将功能安全验证和确认的角色独立出来，设置专职的岗位，甚至组建专门的功能安全验证和确认团队，深耕该领域相关技术，与功能安全开发等活动相独立，通过流程和机制确保紧密合作，确保将功能安全落到实处。

2.5 安全异常的管理机制

在整个产品生命周期内的功能安全活动实施过程中，难免会存在一些异常情况，例如，某活动阶段工作输出结果缺失或错误，或供应商临时更换等。这些活动异常造成的结果是功能安全交付物违背功能安全需求，因而需要构建安全异常的处理机制。

2.5.1 功能安全异常及其管理

功能安全异常在 ISO 26262：2018 中的定义是与预期（例如，基于要求、规范、设计文档、用户文档、标准或者经验的预期）偏离的情况。

针对可能存在的安全异常需要进行管理，产品开发团队应对功能安全相关异常进行有效识别，对功能安全异常导致的结果进行分析并找到解决方案，保证安全异常及其负面影响能得到降低或消除，确保产品功能安全需求的达成。

2.5.2 功能安全异常管理的目的

功能安全异常的最严重后果是安全目标无法被满足，换句话说就是功能安全工作不达标。如果不对这些安全异常进行管理跟踪和解决，无论是公司内部质量评审还是第三方评审机构的审核评估或是客户端审核评估都是不会被通过和认可的。如果是在实际项目中遇到这样的问题，会导致项目延期或者无法量产的风险。当前汽车市场存在功能安全质量管理只做表面工作，也存在对于安全异常只发现不作为的现象，这种功能安全异常的处理方式会影响产品的安全性，会导致进入市场的汽车存在造成人身危害的风险。

2.5.3 功能安全异常管理的阶段

功能安全异常会发生在整个产品生命周期内的各项功能安全活动中，所以在项目开发的整个过程中，功能安全异常都需要被监控和管理；在项目结束之后，如果发现功能安全异常，也需要分析异常产生原因，找到解决办法，直至安全异常被关闭。

2.5.4 功能安全异常的管理机制

为保证功能安全异常能够得到解决，建立一个高效且可执行的功能安全异常管理流程是很有必要的。功能安全异常的管理流程可以从以下 5 个方面进行搭建。

（1）功能安全异常的识别评估

功能安全异常既要能被快速识别，也要能避免被误识别。首先，功能安全异常的识别需要负责各个阶段活动的人员在开展安全活动时去发现，一旦发现异常应该认真对待并及时上报，有些开发人员由于认知水平低不能及时发现异常，或者发现因自己的问题导致的异常而选择瞒报，这些错误的处理方式都是应该严令禁止的；同时组织层面也应警示相关人员，如果在后期的评审或者测试环节发现了瞒报的问题，那么应有更严的惩罚措施。其次，各阶段的评审是发现功能安全异常的主要措施，在产品开发的各个阶段进行功能安全阶段性评审就是其中之一。质量保证工程师需要根据项目经理制定的项目计划来安排项目质量门，在项目各节点的质量门中，研发、制造、采购和质量等相关的专家及管理者须根据公司流程中的审核标准列表，对项目阶段的交付产物质量进行审核评估。类似于项目质量门的评审，可以考虑由功能安全经理在项目质量门之前组织功能安全阶段性的评审，针对阶段性的功能安全活动结果进行审核，作为项目质量门的输入。此外，如何更多地从技术上发现功能安全异常就需要通过验证评审和认可评审两种方式。为保证评审人员的组织独立性要求，可以根据所开发产品的 ASIL 等级，邀请项目、组织甚至公司以外的功能安全专家进行评审。除了根据公司内部的质量流程体系进行评审，按照安全计划所策划的功能安全的审核与评估工作，也是识别功能安全异常的重要途径。

（2）功能安全异常的原因分析

分析原因的难度会根据识别的功能安全异常的阶段而有所不同。越是靠近功能链的后端或者越是接近项目后期，造成功能安全异常的潜在原因就越多。在系统、软硬件层级的功能安全异常可以通过 FMEA 等方法追踪可能的直接原因和根本原因。在测试、生产或者售后阶段遇到的功能安全异常还可以通过标准的问题解决八步法（8D）来锁定根本原因。

（3）功能安全异常的影响分析

功能安全异常可能造成的影响往往是公司管理层和客户所关注的方面。功能安全异常可能造成的产品层面的影响及其严重程度可通过安全分析中的失效模式与影响分析方法得到。为更直观准确地描述安全异常的影响，应分析异常带来的风险发生概率，风险发生概率可通过安全异常在一定时间的发生频率或者安全异常在一定数量的产品中可能发生的次数来评估。

（4）功能安全异常的解决对策

在正确分析出原因后，根据功能安全异常可能造成的不同影响制定解决对策。这需要公司内部各方面的配合。一般来说可以由产生功能安全异常原因的专业部门主要负责制定解决对策，项目侧给出需要解决的时间要求，功能安全经理给出建议和意见支持开发工程师提出可执行的解决对策。当存在主责人制定出解决对策但无法完全保证功能安全异常被解决或者制定的解决对策实施成本较高时，则需要将情况尽快通知公司管理层进行风险汇报并对提出的解决方案进行决策；对于管理层认可的方案需要管理团队安排更多资源对方案的解决进行支持，并将结果同步给客户；如果方案没有获得通过，则需要主责人和相关团队尽快进行制定其他合理的解决方案。最终的功能安全异常是否关闭需要由相关功能安全专家进行再评估。如果安全异常的解决导致对策变更，则应该变更管理流程执行变更对策。

（5）功能安全异常的跟踪和关闭

为确保功能安全异常被关闭，需要对安全异常的解决对策进行跟踪和关闭确认。建议采用问题管理工具对安全异常进行管理，或者将安全异常管理嵌入到项目管理的IT 工具中，关联到功能安全质量门的评审，可以有效实现管理闭环。安全异常关闭需要有证据，当得到了某一证据证明实施了充分的安全措施以解决安全异常，且安全措施的有效性得到了验证，才应认为异常可关闭；当得到了某一证据证明可以将安全异常评估为不构成不合理风险，也可以认为异常可关闭。

在整个功能安全异常的管理机制中应当有一个对整个处理环节统筹推动的负责人，这个角色可以由功能安全经理或者项目经理来担任，因为他们对于功能安全开发各个阶段及各个专业比较熟悉，且具有协调资源的权利，并且根据项目计划和安全计划可以制定合理的功能安全异常应对计划，也可以便捷地将信息同步给客户。对于存在与外部有关的安全异常，管理的责任人可以包括客户的安全经理。在管理安全异常时，安全经理是可以根据项目开展的具体情况指定负责解决安全异常的责任人。

这里分享一个当前汽车行业常见的功能安全异常处理案例，供读者参考，见图 2–9。

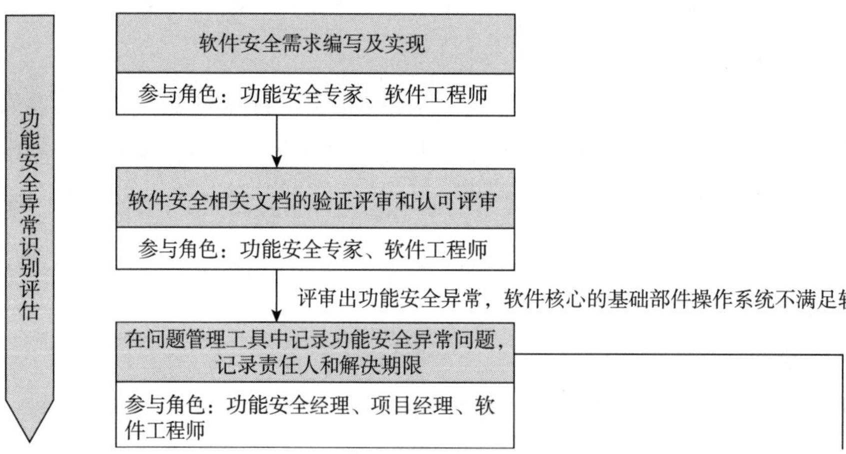

图 2–9　功能安全异常的处理案例

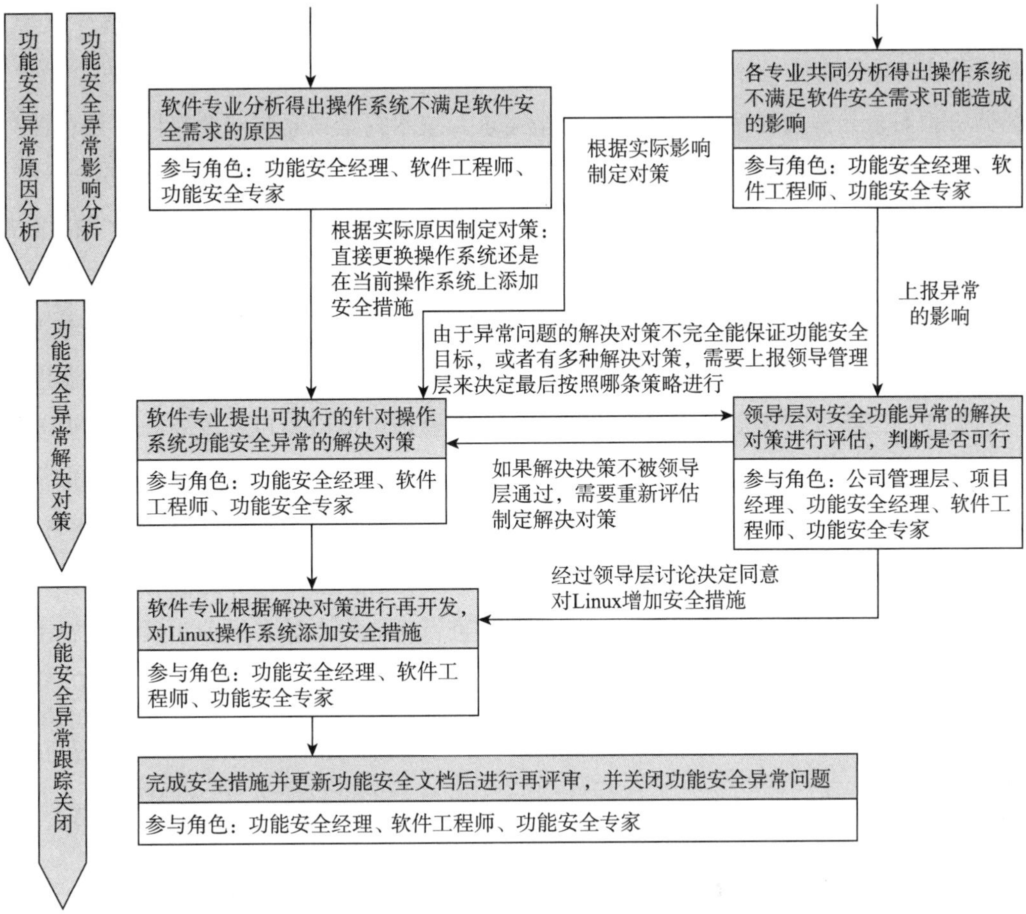

图 2-9　功能安全异常的处理案例（续）

系统层级分析得到的技术安全需求（TSR）需要在软件层级和硬件层级的开发中得以落实。在软件的功能安全开发中，基础软件层（Basic Software）会将硬件的操作封装成统一 AutoSAR 标准接口，通过实时运行环境层（Runtime Environment）供最顶层的应用软件层（Application Layer）调用。应用软件为了继承上游功能安全需求，这些应用软件所对应的基础组件也同样需要继承满足所支持应用程序（App）功能的安全目标。基础软件服务层中的操作系统负责对软硬件资源的控制管理和任务的调度。一个满足功能安全目标等级的操作系统能保证资源正确利用且任务调度正确。当出现错误时操作系统可以及时诊断并作出正确的故障响应。所以在软件安全需求分析过程中，软件架构工程师应当提出对底层软件中使用的操作系统的安全要求。当前行业内满足功能安全等级 ASIL B 且经过认证的有 QNX（一种商用的 Unix 实时操作系统）和安全实时操作系统（Safety RTOS）等。但是往往由于安全认证的操作系统价格昂贵、移植许可限制和非开源的内核等原因，各家公司在项目功能安全开发中会选择 Free RTOS 和

Linux 等非功能安全的操作系统（一旦选择了比如 Linux 这种非功能安全的操作系统，那么系统功能专家在评审软件详细设计时就会识别到这点），这就属于功能安全异常，这类功能安全异常会导致上游的软件安全需求、技术安全概念与安全目标违背。针对这类功能安全异常必须在软件详细设计实施前解决。功能安全经理组织功能安全专家、软件架构和软件开发工程师对 Linux OS 操作系统所支持的芯片核心功能进行功能分析和失效分析，并以此来判断使用 Linux OS 操作系统的影响。通过分析得到操作系统在项目中的作用（任务调度、进程管理和内存管理）。我们就需要针对这些作用去考虑添加什么措施来保证在操作系统失效的情况下功能安全目标能被保证。针对任务调度和进程管理可以添加程序流监控的安全措施，内存管理也可以通过资源隔离、防火墙等措施来加以防范，这些应对策略的制定并不代表使用 Linux OS 的操作系统就一定不违反功能安全目标了。这是针对当前市场和项目的最优解，是一种相对安全的解决方案，所以需要功能安全经理向管理层进行汇报并同步给客户，经过一致认可后方可作为功能安全异常活动的对策，最后由功能安全经理进行功能安全异常活动对策的实施跟踪直至关闭。

2.6 建立支持功能安全的质量体系

首先我们来厘清功能安全管理体系和质量管理体系之间的关系。在厘清之前，我们有必要先对各自术语的定义进行详细的解读。

何谓质量管理体系？质量管理体系（Quality Management System，QMS）是指在质量方面指导和控制组织的管理体系。质量管理体系是组织内部建立的、为实现质量目标所必需的、系统的质量管理模式，是组织的一项战略决策，它是将资源与过程结合，以过程管理方法进行的系统管理，根据企业特点选用若干体系要素加以组合，一般由与管理活动、资源提供、产品实现以及测量、分析与改进活动相关的过程组成，可以理解为涵盖了从确定客户需求、设计、研制、生产、检验、销售、交付之前全过程的策划、实施、监控、纠正与改进活动的要求，一般以文件化的方式，成为组织内部质量管理工作的要求。

针对质量管理体系的要求，国际标准化组织的质量管理和质量保证技术委员会制定了 ISO 9000 族标准，以适用于不同类型、产品、规模与性质的组织，该类标准由若干相互关联或补充的单个标准组成，其中为大家所熟知的是 ISO 9001《质量管理体

系　要求》，它提出的要求是对产品要求的补充。在此标准基础上，不同的行业又制定了相应的技术规范，如汽车行业制定了 IATF 16949《汽车生产件及维修零件组织应用 ISO 9001：2015 的特别要求》。

IATF 16949 得到世界八大汽车集团认可，也是国内汽车企业走向海外市场的国际通行证，国内外汽车公司无一例外地把是否通过 IATF 16949 认证作为其选择供应商的标准之一，通过 IATF 16949 认证成为汽车行业的合格供应商已是大势所趋。

何谓功能安全？在汽车电子行业，功能安全国际标准 ISO 26262 和其对应的我国国家标准 GB/T 34590 将功能安全定义为：不存在因电气 / 电子系统的功能异常表现引起的危害而导致不合理的风险。即随机硬件失效和系统性失效不会导致安全系统的错误功能，从而导致人的伤害死亡。ISO 26262 是针对汽车电子技术研发方面的全新标准。ISO 26262 的制定以 IEC 61508 为基础，适合道路车辆的电气 / 电子系统的特殊应用，其改动内容将应用于由电气、电子和软件构成的安全系统的安全功能的全生命周期的所有活动。

从定义中可以看到，质量管理体系是企业或组织为了实现质量目标而建立的综合性的管理体系，旨在确保产品或服务的质量。功能安全是企业或组织为了实现功能安全目标而建立的安全体系，旨在确保避免产品给人身带来伤害。

从标准定义上来看，质量管理体系是实现功能安全的前提和基础。ISO 26262 和 GB/T 34590 功能安全管理章条规定，整体安全管理实现的目标之一即为建立并维护用以支持功能安全的质量管理体系，输出质量管理体系的证据，用以作为功能安全整个生命周期内所有活动的前提条件，包括基于项目的安全管理活动和关于生产、运行、服务和报废的安全管理活动。从功能安全定义的安全风险等级上也可以看到质量管理体系是功能安全实现的前提。ISO 26262 定义了四种功能安全等级——ASIL A、ASIL B、ASIL C 和 ASIL D。其中 ASIL A 代表最低程度，ASIL D 代表最高程度。同时也定义了 QM 等级，此等级不是一个功能安全等级，QM 意味着没有特殊性的安全要求，满足质量管理流程即可。从广义上来讲，质量实质是综合考虑安全性、性能、可靠性、用户体验等多方面的概念。安全性是产品质量的一个因素。功能安全实质属于质量管理体系中的一部分。

综合以上关系的描述，构建用以支持功能安全的质量管理体系对于实现产品的高质量目标具有重要的意义，且是可行的。由此，GB/T 34590.2—2022 的 5.4.5 中规定“组织应具有支持实现功能安全并满足质量管理标准如 IATF 16949、ISO 9001 或等同标准的质量管理体系”也就不难理解了。

那么如何构建用以支持功能安全的质量管理体系呢？

2.6.1 建立用以支持功能安全的质量门管理流程

质量门作为一种产品质量管理模式，聚焦于产品开发过程，在产品开发的各个阶段都设置了评估点和决策点，以确保产品在进入下一个阶段之前满足规定的质量要求。它强调在早期阶段识别和解决潜在的质量问题，以避免产品在后续阶段出现质量问题。质量门一般在以下阶段设置评估点和决策点：需求阶段、方案设计阶段、样件试作阶段、设计冻结阶段、设计验证阶段及生产许可阶段。对于各个质量门有明确的审核清单，审核清单中定义了待审核的项目及对应的判断标准，每个待审项目由相应的负责人开展审核，判定各个阶段是否满足各待审项目的判断标准，给出审核结果，项目质量工程师整理审核结果，并获得先期产品质量策划（APQP）小组人员及管理层等的签字确认，最后通报审核结果。对于不通过的质量门，不允许进入下一个阶段的开发、生产或者交样等活动，由项目经理组织进行问题分析整改，对于因特殊情况必须进行下一个阶段工作的，由项目经理发起升级裁决。决策通过项目组进行让步实施，未通过则按要求进行问题整改。

功能安全的开发流程涵盖了产品的开发、生产、运行、服务和报废等阶段，覆盖产品的整个生命周期。自然地，功能安全开发流程可以融合到质量管理体系中，功能安全阶段性的评审可以作为质量门评审决策的输入。在质量门的各个阶段应该赋予功能安全开发活动进行质量提升的能力，将功能安全相关项目列入到各个质量门中去。参见图 2-10 功能安全质量门示例。

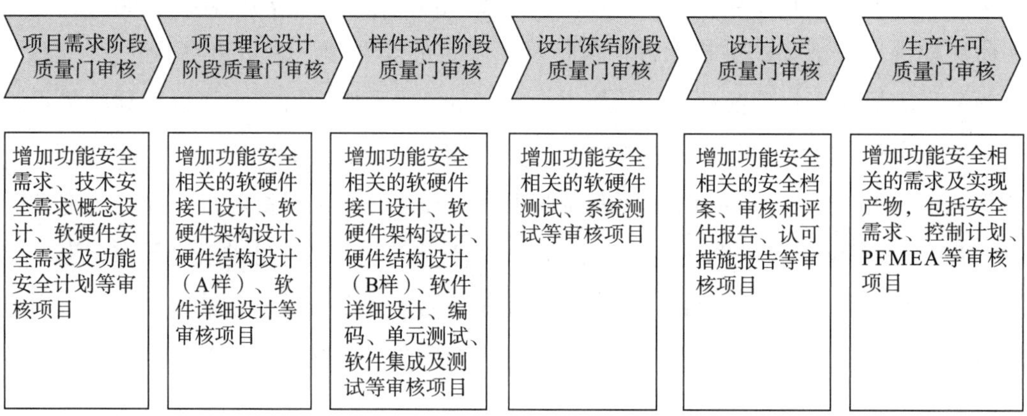

图 2-10 功能安全质量门示例

质量门中需明确定义判定通过标准及相关负责人，而判定通过标准应基于 ISO 26262 和 GB/T 34590 对不同 ASIL 等级的要求进行定义。对于审核结果不通过的项目，同样地，是不允许进入下一个阶段的开发、生产和交样等活动，由安全经理组织进行问题分析整改，对于因特殊情况必须进行下一个阶段工作的，需出具安全风险评估报告，升级至管理层裁决是否可以让步实施。

原则上功能安全的问题涉及人身生命安全，安全红线是不能触碰的，问题必须整改完毕才能允许量产。但项目在实际开展的过程中，受周期短、节点紧张、成本压力、性能影响等多方面因素的制约，往往在安全性上做妥协，这种做法在项目实践上是很常见的现象，却违背了安全是第一位的原则，这种不负责任做法的结果是消费者来买单，车厂宁愿通过为车辆买车险来赔偿出现事故的人和车辆，也不愿意在前期开发投入更多来避免发生安全风险，这种做法从长期来看对公司品牌负面的影响是巨大的。随着涉及技术问题造成人身伤亡要求追责的汽车安全法规越来越多，因技术问题造成的安全事故将追究技术及管理人员的民事 / 刑事责任成为必然。

2.6.2 建立功能安全和质量之间的沟通渠道

功能安全和质量之间应该建立有效的沟通渠道，使双方的管理体系有效融合保持一致性。随着 ISO 9000 质量管理体系几十年的发展，质量管理部门在整个公司的产品开发体系中已经具有极其重要的地位和极高的话语权。ISO 26262 发布时间较晚，很多公司重视程度仍不是很高，如何提升功能安全在公司受重视的程度，让公司的功能安全活动更好地开展，建立功能安全和质量之间的沟通渠道是一个很有效的方法，下列是一些功能安全与质量融合的案例：

1）ISO 26262 和 GB/T 34590 中提到的，安全异常解决流程可以与质量管理体系的异常解决流程融合。

2）关于功能安全开发活动的审核工作，可以与质量部门沟通，公司内部的功能安全审核由质量部门负责实施。

3）开发过程质量控制，比如功能安全需求实现的追溯性检查、配置基线的审核、评审效果的改善均可以与质量部门协同去推动。

4）软件测试过程中，缺陷等级优先级高的在软件释放时需全部关闭，否则质量门无法通过。对于缺陷等级定义可以增加功能安全相关的缺陷。缺陷的跟踪管理可以通过质量门把控确保关闭。

2.7 搭建符合项目实际的适应性管理流程

GB/T 34590.2—2022 要求定义在安全生命周期内，安全角色的职责和分配，相关项及要素层面的影响分析，安全活动的计划和协调、跟踪与推进，分布式开发策划，认可措施包括认可评审、功能安全审核和功能安全评估的执行，安全档案的创建，产品的发布，并且支持对安全生命周期内的安全活动进行剪裁。该标准中规定的以上管理活动内容，对于如何在项目中贯彻实施是需要根据项目实际做调整的，比如客户项目、平台项目、软硬件系统开发项目、纯软件项目、纯硬件项目，还有底层软件和硬件项目，这些项目实际所遵循的功能安全管理流程是有区别的，是需要做适应性调整的。只有搭建符合项目实际的适应性管理流程，才能实现对项目执行阶段的任务合理分配和控制，才能更合理地利用时间和资源，从而提高开发效率，同时适应性管理流程也可以明确项目的目标和范围，从而减少项目风险。因此，在公司级的功能安全管理体系建设中，应搭建符合项目实际的适应性管理流程，用于指导功能安全相关的策划及监控活动。

2.7.1 项目相关的安全管理整体流程介绍

由于标准中关于项目相关的安全管理的要求内容较多，本书提供一份整理过的基于项目的安全管理的整体流程供读者参考，参见图 2-11。图中描述了概念阶段和产品开发过程中，功能安全产品管理相关的安全活动、职责分配、相关的输入支持信息及工作成果。

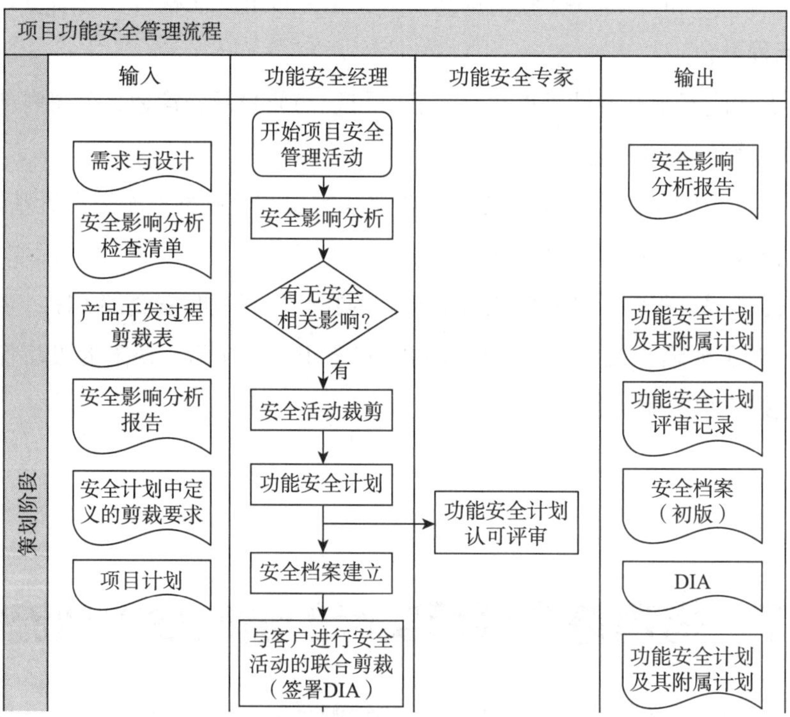

图 2-11　项目功能安全管理整体流程图

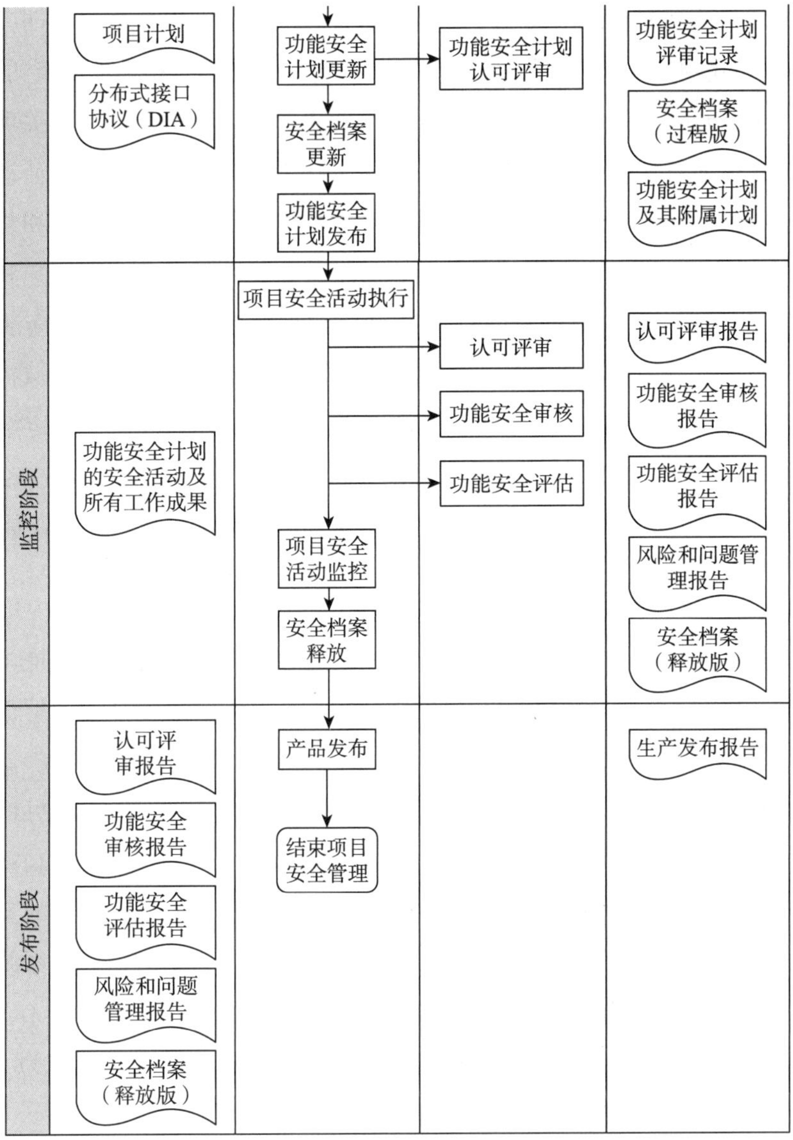

图 2-11　项目功能安全管理整体流程图（续）

2.7.2　项目特定的适应性管理流程

在项目中，可以根据项目的实际情况对特定相关项开发的安全活动进行剪裁，搭建符合项目实际的适应性管理流程。GB/T 34590.2—2022 的 6.4.5.1 规定，安全活动的剪裁应在安全计划中定义，对剪裁的合理性理由进行说明，并在安全计划的认可评审或功能安全评估过程中进行评审。需要特别注意的是，剪裁的理由应考虑不同 ASIL 等级的要求。

对某一个特定项目的安全活动剪裁，应根据项目类型选取适应性的剪裁标准和方式，据此识别和计划需要开展的安全活动。对于客户项目，安全生命周期应基于相关项或要素层面的影响分析结果进行剪裁。在项目初期，应进行相关项层面的影响分析，识别项目是全新开发的项目还是对现有相关项变更的项目。对于现有相关项变更的项目，应评估变更项对功能安全的影响，并基于影响识别需要开展的安全活动；对于复用现有要素的项目，应识别要素运行环境及要素的变更，基于变更影响和复用要素现有安全文档的评估，对安全活动进行剪裁；对于分布式开发的项目，客户和供应商定义开发接口协议时，应按照 GB/T 34590.2—2022 的 6.4.5 中的要求对安全活动进行联合剪裁；对于直接复用现有第三方硬件或者软件的项目，例如智能驾驶域控复用内嵌式存储器（EMMC）存储芯片，应基于硬件要素评估结果和软件组件鉴定结果对安全活动进行剪裁；对于独立于环境的安全要素开发项目，可根据 GB/T 34590.2—2022 的 6.4.5.7 及 GB/T 34590.10—2022 的第 9 章中的要求对所应用的安全活动进行裁剪。

2.7.3 安全活动剪裁方法

安全计划中的剪裁包括确定安全活动的剪裁方法及相关理由，从而确定特定项目相关的安全活动。下面以相关项变更的项目为例，对相关安全活动的剪裁方法加以说明。

在实际制定项目的安全计划时，以智能驾驶域控系统为例，对于认可评审相关的安全活动：假设智能驾驶域控系统的安全需求最高等级为 ASIL D，那么功能安全审核和功能安全评估这两项认可措施都要求执行，但如果智能驾驶域控系统的安全需求最高等级为 ASIL B，则这两项认可措施可以按照项目需要进行剪裁；对于系统层面安全分析相关的安全活动：假设智能驾驶域控系统的安全需求最高等级为 ASIL D，那么演绎分析和归纳分析都要求执行；但如果智能驾驶域控系统的安全需求最高等级为 ASIL B，则演绎分析可以按照项目需要进行剪裁。

确定了功能安全等级相关的要求及剪裁标准，下一步应分析确定变更项目相对于参考项目的相关项和要素的变更。分析变更项对安全活动及其工作成果的影响，根据是否受影响的分析结果，在安全计划中策划需要开展的安全活动，不受影响的安全活动可以剪裁，剪裁理由的说明应依据安全影响分析的结果。

在实际项目应用中，可以使用安全影响分析的检查清单，对变更项目相对于给定参考项目的变更项进行分析，所分析的变更范围包括但不限于：系统层级如系统需求与架构设计、软硬件接口、测试方面的变更要点；硬件层级如硬件需求、架构、设计、实现、测试方面的变更要点；软件层级如软件需求、架构、设计、实现、测试方面的变更要点。需要注意的是，在参考项目的选择上，具有 ASIL 等级的新功能开发的试点项目，参考项目通常是给定的平台项目，变更等级一般定义为“较高”；基于现有功能开发但是与客户需求有差异的项目，通常参考已经量产的项目，变更等级一般定义为“适中”；基于现有功能开发且与客户需求没有差异的项目，通常参考已经量产的项目，变更等级一般定义为“较低”。根据安全影响分析的结果，应按照以下原则进行安全活动的计划和剪裁：

1）变更等级较高的项目，与平台项目相比，可以剪裁的安全活动很少，具体可以剪裁的安全活动及工作成果，取决于平台化做得好不好。例如，整车危害分析和风险评估（HARA）分析，如果平台做得足够全面，即便是新的功能，整车 HARA 分析依然可以复用平台的工作成果。

2）变更等级“适中”或“较低”的项目，与已量产的项目相比，可以完全复用的工作成果从安全计划中剪裁，且需要说明该项目可以剪裁的原因是复用参考项目的工作成果，并提供参考项目的工作成果证据，如文档链接。不可以完全复用的工作成果，虽然不能剪裁，但是可以按照安全分析得到所受影响的相关项或要素的变更措施，在安全计划中预估变更的工作量。

3）确认了剪裁方法后，在安全计划中按照剪裁原则定义每个符合剪裁要求的工作产物，如果在计划中裁剪一个工作产物或者复用相关产物，应在计划中给出理由说明。并且在接下来的安全计划的认可评审中，应检查相关剪裁理由的正确性。

2.8 安全档案

安全档案的定义是实现相关项或要素功能安全、收集整理开发过程中安全活动的工作成果证据来满足功能安全的论据。

建立安全档案的目的是在功能安全审核、评估以及其他阶段性的评审过程中，便于评估审核人员按图索骥，清晰地厘清交付物与功能安全标准之间的对应关系，高效和准确地进行评审。

安全档案由功能安全经理负责在项目开发过程中，根据安全计划和项目进度计划的规划，逐步收集、整理和维护，最终在项目发布生产前完成所有安全活动工作成果证据的汇总与发布。安全档案本质上是依据安全计划所策划的功能安全活动，对安全计划进行管理上的闭环。

安全档案应展示针对产品安全目标实现的逻辑，而不只是交付物的罗列堆砌，否则可以直接借用配置管理的成果。从顶层而言，安全目标的实现包括保证正确的功能设计、避免系统性失效和降低随机失效概率三个维度，而安全档案可以针对这三个维度进行结构化的举证。如图 2–12 所示，以避免系统性失效为例，展示了需求定义和管理过程的安全档案的逻辑。

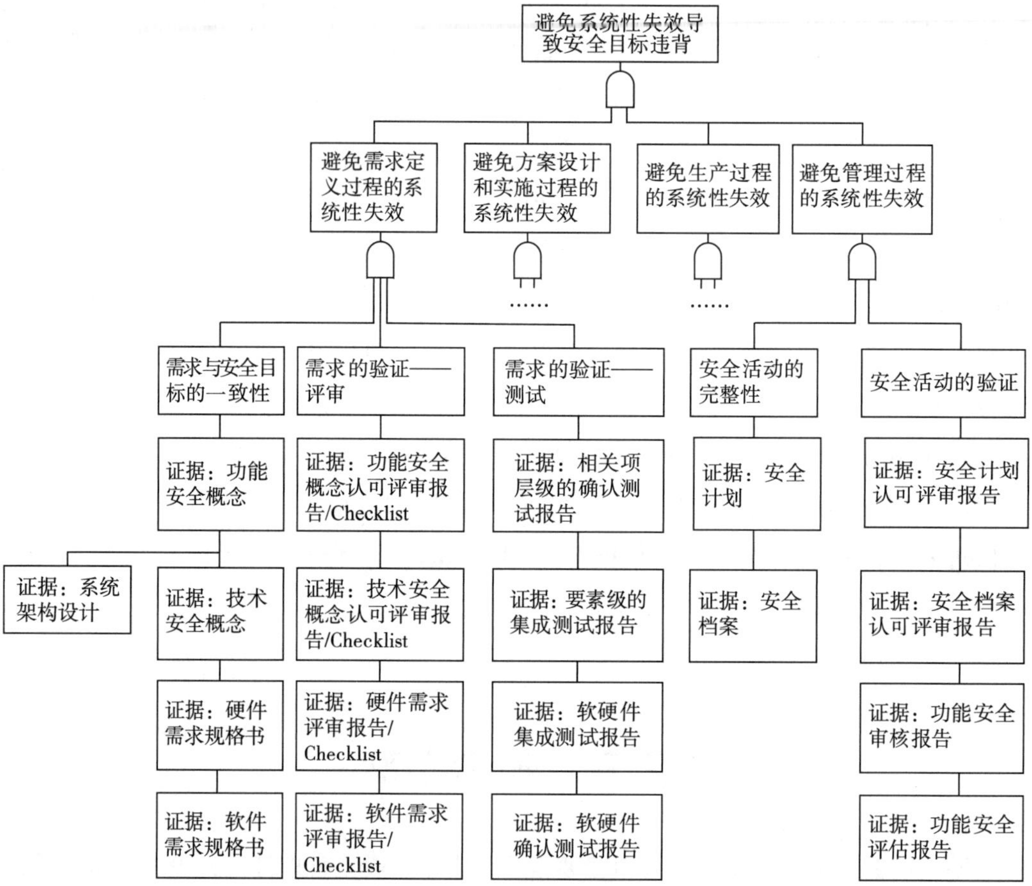

图 2–12　安全档案的逻辑示例

第3章

概念阶段功能安全开发

3.1 概述

概念阶段作为整个功能安全开发活动中的第一阶段，主要包括三项安全开发活动：相关项定义；危害分析与风险评估；功能安全概念。概念阶段的目的是：基于整车层面定义相关项的功能，识别整车层级的危害以及运行场景，评估安全风险，定义安全目标及对应的安全级别（即 ASIL A、ASIL B、ASIL C、ASIL D），基于安全目标与对应的安全级别，分析定义功能安全要求并分配到对应的架构要素，完成功能安全概念。

概念阶段是功能安全开发的起始阶段，该阶段的输出成果作为后续功能安全开发阶段的重要输入，是开展功能安全活动的必备条件。

概念阶段开发流程如图 3-1 所示。

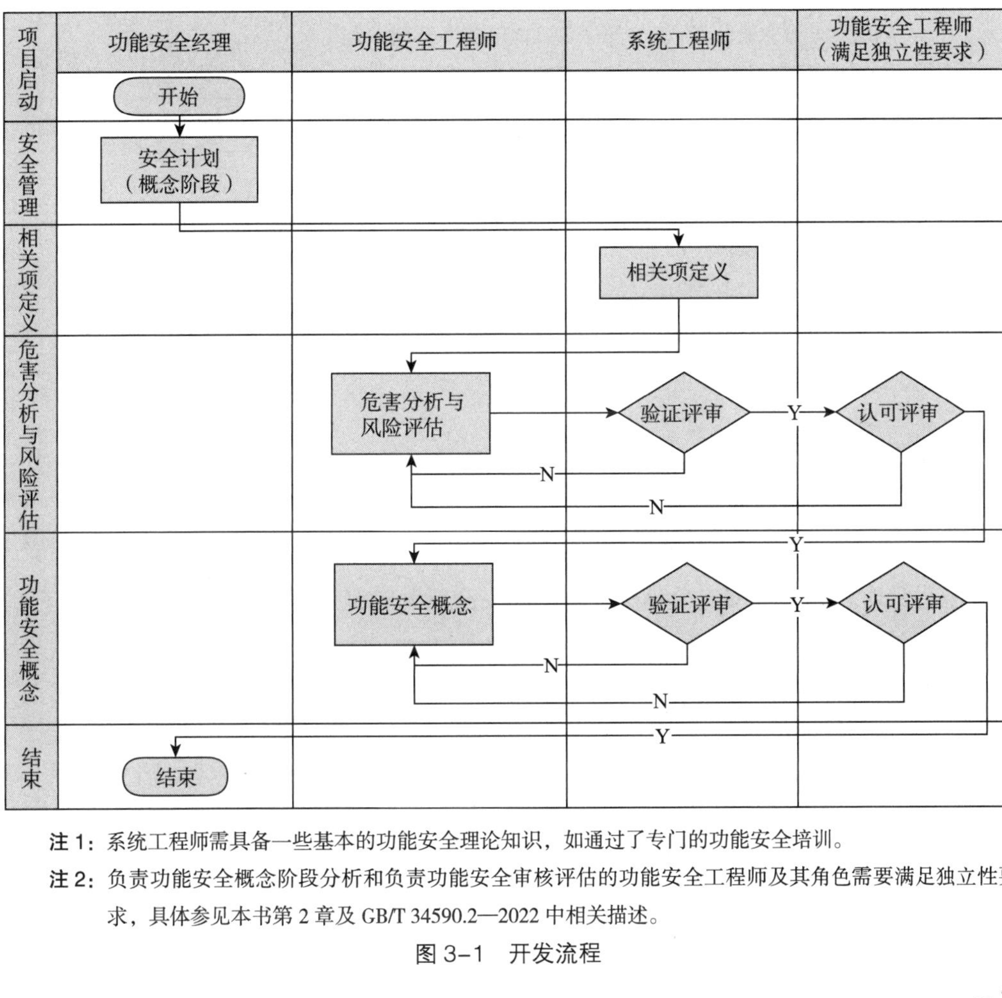

注 1： 系统工程师需具备一些基本的功能安全理论知识，如通过了专门的功能安全培训。

注 2： 负责功能安全概念阶段分析和负责功能安全审核评估的功能安全工程师及其角色需要满足独立性要求，具体参见本书第 2 章及 GB/T 34590.2—2022 中相关描述。

图 3-1 开发流程

表 3–1 为总结后的概念阶段交付物列表。

表 3–1　概念阶段交付物列表

序号	交付物	对应章条	备注
1	安全计划	第 2 章　功能安全管理 第 3 章　概念阶段	虽然在 GB/T 34590.2—2022 中描述，但实际需在本阶段细化概念阶段的安全计划活动内容
2	相关项定义	第 3 章　概念阶段	
3	危害分析与风险评估（HARA）	第 3 章　概念阶段	
4	危害分析与风险评估验证及认可评审报告	第 2 章　功能安全管理 第 3 章　概念阶段	虽然在 GB/T 34590.2—2022 中描述，但实际需在本阶段完成该项内容
5	功能安全概念（FSC）	第 3 章　概念阶段	
6	功能安全概念验证及认可评审报告	第 2 章　功能安全管理 第 3 章　概念阶段	虽然在 GB/T 34590.2—2022 中描述，但实际需在本阶段完成该项内容

3.2　相关项定义

3.2.1　相关要求

相关项定义需基于整车层面，对相关项的功能，与驾驶员、环境和其他相关项的依赖性，以及各相关项间的交互关系及接口进行定义和描述。主要作用是使功能安全开发工程师对相关项能够充分理解，为功能安全活动的开展提供支持和相关输入信息。

依据 GB/T 34590.3—2022《道路车辆　功能安全　第 3 部分：概念阶段》，相关项定义所需涵盖的主要内容如下：

1）法规要求、国家标准和国际标准；

2）整车层面的功能行为，包括运行模式或运行状态；

3）所要求的质量、性能和功能的可用性（如果适用）；

4）相关项的约束，例如：功能依赖性、与其他相关项的依赖性、运行环境；

5）行为不足的潜在后果（如有），包括已知的失效模式和危害；

6）执行器的能力，或其假定的能力。

在相关项定义中，相关项的边界、接口以及提出与其他相关项及要素交互关系时，应考虑基于下述几个维度进行定义和描述：

1）相关项的要素；

2）针对相关项行为对整车影响的假设；

3）其他相关项和要素要求本相关项提供的功能；

4）本相关项要求其他相关项和要素提供的功能；

5）功能在所涉及的系统和要素间的分配；

6）影响相关项功能的运行场景。

这里需要特别说明的是随着整车功能复杂性的增加，不同相关项之间存在依赖性，一个相关项可以通过一组系统来实现，这些系统本身也实现了整车层面的其他功能即这些系统也可以被归为不同的相关项。

如自适应巡航控制和车道保持辅助的组合功能由一套制动系统、一套转向系统和一套驱动系统实现。但制动系统也实现了行车制动功能，因而制动系统本身也可以视为一个相关项。

3.2.2 输入输出信息

实际项目执行中，相关项定义所需要的输入输出信息如表 3-2 所示。

表 3-2 相关项定义所需输入输出信息

输入信息	输出物 / 交付物	输出用于下一个活动	备注
1）整车功能列表（与目标相关项相关） 2）整车设计任务书 3）整车 E/E 架构及网络拓扑 4）E/E 功能概念 / 功能规范 5）项目计划 6）前代项目成果的相关信息 7）其他相关信息（如需要）	相关项定义	危害分析与风险评估	输入信息根据实际项目的不同而增减

3.2.3 相关项定义的示例

基于以上关于相关项定义要求的相关描述，下面以电动助力转向系统（EPS）为例，展示 EPS 相关项定义中的主要内容。本示例旨在指导应用，示例中涉及的具体产品性能、参数、架构等信息仅供参考。

3.2.3.1 相关项描述

转向助力系统包含多个整车级功能，参见表 3-3。

表 3-3 转向助力功能描述

功能 ID	功能	中文描述
FUN_×××_001	随速度转向助力	当驾驶员于不同的车速下操作方向盘转向时，转向助力系统将提供不同的转向助力输出，以保证高速行驶更加稳定，低速行驶转向更加轻便
FUN_×××_002	主动回正	当车辆行驶过程中驾驶员松开方向盘或不对方向盘施加转向力时，通过方向盘转角信号识别当前转向角度，主动控制方向盘回正，提高了车辆直行能力，并且方向盘回正速度可控
……	……	……

识别和描述相关项在整车级别的所有功能行为，识别整车级别功能行为的边界。功能描述可以包括功能逻辑、运行模式等，具体以随速转向助力功能为例详细描述如下。

车辆行驶过程中，驾驶员通过操作方向盘转向，转向助力系统根据车速不同，动态调整转向助力大小，实现车辆的随速转向助力。图 3-2 为功能逻辑框图，图 3-3 为运行模式。

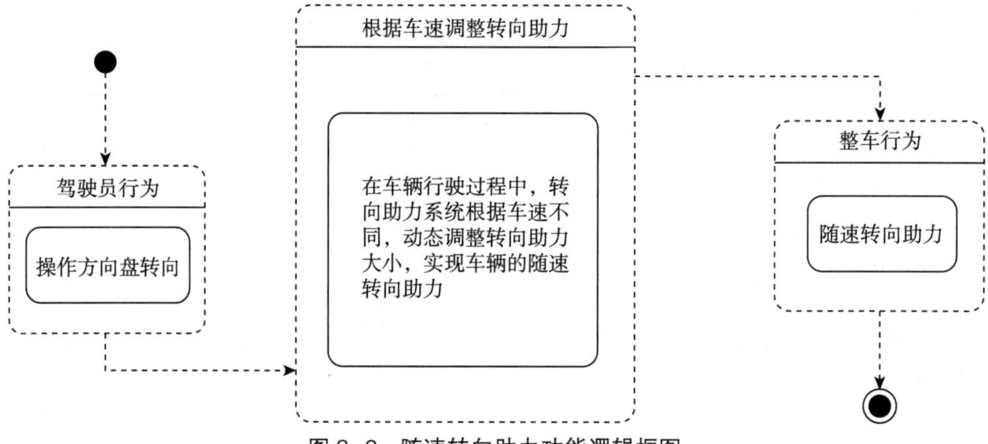

图 3-2 随速转向助力功能逻辑框图

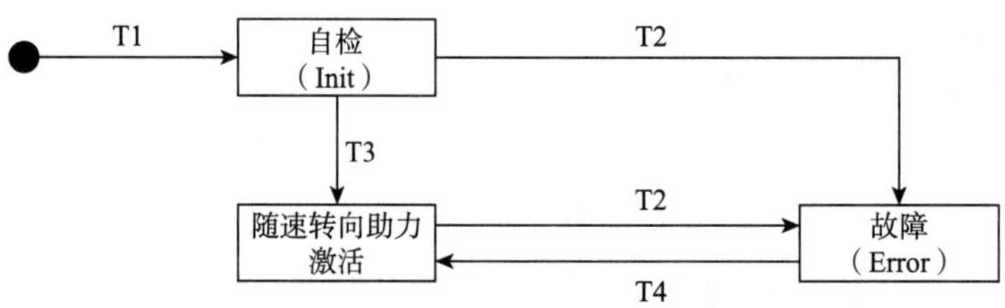

图 3-3 随速转向助力功能运行模式图

表 3-4 和表 3-5 为随速转向助力功能的运行模式说明和状态转移条件说明。

表 3-4 随速转向助力功能的运行模式说明

编号	运行模式	描述
1	自检模式（Init）	此状态下无转向助力力矩输出
2	故障模式（Error）	在此状态下系统错误，无转向助力力矩输出
3	随速转向助力激活	此状态下随速转向助力激活

表 3-5 运行模式

编号	状态转移条件	描述
1	T1	系统上电，进入 Init 模式
2	T2	监测到系统故障，进入 Error 模式
3	T3	自检通过且车辆驱动系统运行后，进入随速转向助力激活模式
4	T4	故障恢复后进入随速转向助力激活模式

3.2.3.2 系统架构及功能接口

根据整车级的功能行为，对相关项的初始架构进行描述，识别相关项的接口和依赖关系，及对应的驾驶行为。

车辆上电后，转向控制系统进行自检，若检测到自身故障，将故障信息发送给人机交互系统，进行故障的语音报警和图像显示；若系统正常，则转向控制系统根据车辆模式信号、电源模式信号以及车速信号，动态调整转向助力大小，实现车辆的随速转向助力，其架构如图 3-4 所示。

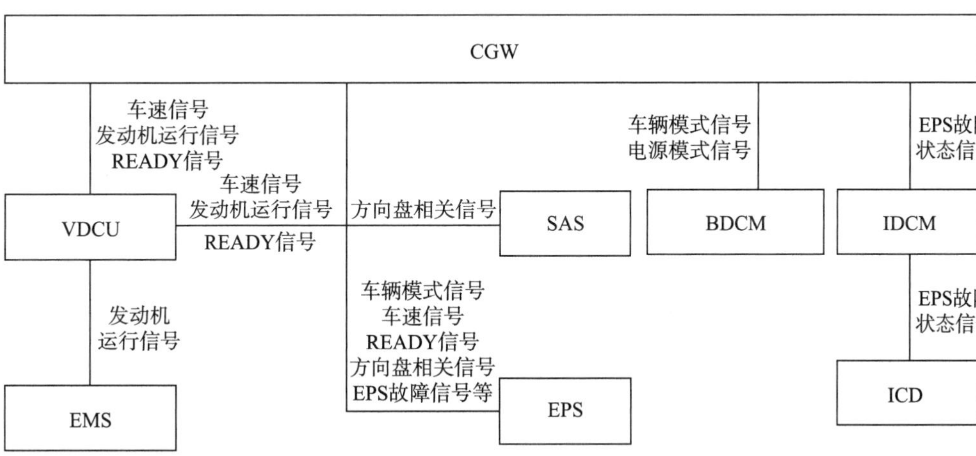

说明：CGW：中央网关（central gateway）；VDCU：车辆动态控制单元（vehicle dynamics control unit）；EMS：发动机管理系统（engine management system）；SAS：转角传感器（steering angle sensor）；EPS：电动助力转向系统（electrical power steering）；BDCM：车身域控制模块（body domain control modular）；IDCM：信息域控制模块（Information Domain Control Modular）；ICD：集成座舱显示屏（Integrated Cockpit Display）。

图 3-4 功能架构图（整车层级）

系统架构要素接口如表 3–6 所示。

表 3–6 架构要素接口

序号	信号名称	信号类型	发送节点	接收节点
1	车速信号	总线信号	VDCU	EPS
2	电源模式信号	总线信号	BDCM	EPS
3	车辆模式信号	总线信号	BDCU	EPS
4	助力转向系统故障状态信号	总线信号	EPS	IDCM
5	……	……	……	……

3.2.3.3 质量 / 性能 / 可用性接口

用于指导系统开发，为后续的产品开发提供必要的输入。描述功能的质量、性能和可用性的需求，具体如表 3–7 所示。

表 3–7 质量 / 性能 / 可用性接口

需求	需求规范	相关的功能
质量	满足 IATF 16949 要求	所有整车级功能
性能	满足 ISO 16750、ISO 7637、ISO 11452、ISO 10605 电性能需求 EMC 需求 环境试验需求	所有整车级功能
可用性	助力转向系统应能保证 15 万 km 的工作寿命	所有整车级功能

3.2.3.4 环境约束

描述相关项的应用环境和操作的约束，主要包括：

（1）工作环境

对安装在驾驶舱内的系统，其工作温度范围要求为 –40 ℃ ~ 85 ℃，防水等级为 IP5K0；对安装在底盘上的系统，其工作温度范围要求为 –40 ℃ ~ 105 ℃，防水等级为 IP5K7；对安装在发动机舱的系统（驱动系统除外），其工作温度范围要求为 –40 ℃ ~ 145 ℃。

（2）存储环境

助力转向系统能在 –40 ℃ ~ +105 ℃环境温度下长时间保存。

3.2.3.5 已知的失效模式和运行场景

依据此前失效模式与影响分析（FMEA）分析结果及前代产品的相关故障 / 失效信息（如果有），识别出相关项潜在功能失效模式和失效影响，支撑后续 HARA 分析。如表 3–8 所示。

表 3-8　转向助力失效模式

编号	功能	功能行为失效	后果及影响
FUN_ 001	随速度转向助力	非预期随速转向助力	偏离驾驶轨迹，撞向周边交通参与者或与障碍物碰撞
		反向助力	偏离驾驶轨迹，撞向周边交通参与者或与障碍物碰撞
		转向助力丢失	转向沉重，撞向周边交通参与者或与障碍物碰撞
FUN_ 002	主动回正	非预期回正助力	偏离驾驶轨迹，撞向周边交通参与者或与障碍物碰撞

定义相关项的运行场景，或特定应用场景（如果有），支持后续 HARA 分析。表 3-9 为 EPS 系统的主要运行场景示例。

表 3-9　助力转向相关重点运行场景

编号	运行场景
1	乡村公路车辆直线行驶
2	乡村公路车辆转弯
3	城市道路车辆直线行驶
4	城市道路车辆转弯
5	……

3.2.3.6　对外部相关项的要求 / 外部措施要求

基于整车 E/E 架构，识别与本相关项存在交互的其他相关项，对其提出要求（若有）。

另外，若存在对其他技术或外部措施的假设，也需要进行描述。例如，EPS 系统失去助力功能后，车辆机械转向系统通过转向比设计，仍能确保驾驶员具备转向控制能力。

3.3　危害分析与风险评估

3.3.1　危害分析与风险评估（HARA）的相关要求

HARA 是一项关于功能失效或功能异常行为导致危害发生并引发安全风险的分析

过程，即识别潜在的危害并与运行场景进行组合，形成危害事件，评估每类危害事件的风险以确定其最高的 ASIL 等级，针对每类危害事件定义安全目标。相关项定义是进行 HARA 分析的输入，HARA 分析针对的功能是在相关项定义中的功能。HARA 分析活动主要包括危害识别、场景分析、风险评估、安全目标定义。

3.3.1.1 危害识别及 HAZOP 分析

HARA 分析首先要进行危害的识别。在整车层面，分析由相关项的功能异常表现导致的危害。危害识别可通过不同的危害分析技术实现，比较常用的有 FMEA 分析和 HAZOP 分析，本文针对 HAZOP 分析方法进行介绍。

HAZOP 是一种探索型的分析方法，该分析方法通过给相关项的每个功能添加适当的引导词来假定其不同的功能异常表现，该功能异常表现可导致危害，而该危害可能对驾乘人员、其他车辆及其他处于风险中的人员造成潜在伤害。以相关项定义中的转向助力功能为例，运用 HAZOP 方法分析和确定危害，如表 3–10 所示。

表 3–10 转向助力功能 HAZOP 分析示例

功能	引导词	功能异常表现	整车危害
转向助力功能	无功能（功能丧失）	助力丧失	转向沉重（手力矩增大）
	错误的功能（过小）	助力不足	转向沉重（手力矩增大）
	错误的功能（过大）	助力过大	非预期的车辆侧向运动 / 非预期横摆
	错误的功能（反向）	助力反向	非预期的车辆侧向运动 / 非预期横摆
	非预期（无需求时功能起作用）	非预期助力	非预期的车辆侧向运动 / 非预期横摆
	功能过早	等同于非预期助力	非预期的车辆侧向运动 / 非预期横摆
	功能过晚	等同于无功能	转向沉重（手力矩增大）
	功能卡滞	转向锁死（转向输出卡滞在固定值或固定位置）	车辆侧向运动控制丧失
	间歇性使能	助力不定期起效	非预期的车辆侧向运动 / 非预期横摆
	其他情况	暂无	暂无

以上是对 HAZOP 方法的举例描述，关于该方法的更多描述也可参考 GB/Z 42285—2022《道路车辆　电子电气系统 ASIL 等级确定方法指南》。

3.3.1.2　场景分析

某些场景下，危害的发生可能导致伤害，危害与这些场景组合成为危害事件。对于危害事件中的场景，需要分析其发生频次，即暴露概率（E）。需要注意的是，这里的频次是针对场景的发生，而不是危害的发生。如何正确识别危害相关的场景并确定其对应的暴露概率，可参考 GB/T 34590.3—2022《道路车辆　功能安全　第 3 部分：概念阶段》，主要包括如下内容：

1）场景包括正确地使用车辆和可合理预见的不正确使用车辆的情况；

2）车辆的运行场景可以包括地点、路面条件、天气环境、驾驶操纵、车辆状态、人员等方面；

3）场景分析可将不同维度的场景进行组合考虑，如车辆行为、周边环境、涉嫌人员进行组合；

4）同样的场景对于不同车辆的影响或发生的频次可能不同，如对乘用车和商用车（T&B）的不同；

5）应确保所选择的运行场景列表的详细程度不会导致 ASIL 等级的不适当降低，这里是指避免过细地拆分场景，导致人为降低了 E 的评级；

6）暴露概率可通过两种方式进行预估，即基于运行场景持续时间和基于运行场景发生频率，参见表 3–11 和表 3–12。

表 3–11　基于运行场景持续时间的暴露概率等级

暴露概率等级	E1	E2	E3	E4
描述	极低概率	低概率	中等概率	高概率
持续时间	无定义	<1% 的平均运行时间	1% ~ 10% 的平均运行时间	>10% 的平均运行时间
道路类型示例	—	乡间道路交叉口； 高速公路出口匝道	单行道（城市道路）	高速公路； 乡间道路； 城市道路
路面类型示例	—	冰雪路面； 很多光滑树叶的路面	湿滑路面	—
车辆静止状态类型示例	车辆在跳线跨接启动期间； 在维修厂	连接挂车； 装备车顶行李架； 车辆在加油	车辆在斜坡上（停在斜坡上）	—

续表

暴露概率等级	E1	E2	E3	E4
描述	极低概率	低概率	中等概率	高概率
驾驶操控类型示例	下坡时关闭发动机（山路）	倒车； 超车； 停车（有挂车连接）	交通拥挤（频繁起停）	加速； 减速； 停在红绿灯前（城市道路）； 变道（高速公路）

表 3–12　基于运行场景发生频率的暴露概率等级

暴露概率等级	E1	E2	E3	E4
类型	极低概率	低概率	中等概率	高概率
发生频率	对大多数驾驶员而言，一年发生的频率小于 1 次	对大多数驾驶员而言，每年发生几次	对普通驾驶员而言，基本上每个月发生 1 次或多次	平均几乎发生在每次驾驶中
道路类型示例	—	山路，带有不安全的陡峭斜坡	—	—
路面类型示例	—	冰雪路面	湿滑路面	—
车辆静止状态类型示例	停车，需要重新启动发动机（在铁路道口）； 车辆被拖的过程中	装备车顶行李架	车辆在加油； 车辆在斜坡上（停在斜坡上）	—
驾驶操控类型示例	—	避让动作，偏离预期路线	超车	换挡； 转弯（转向）； 使用指示器； 倒车行驶

表 3–11 和表 3–12 的场景同时适用于乘用车和商用车，商用车特有的场景列表参见 3.3.1.4。

3.3.1.3　风险评估过程

风险评估过程就是根据上述已经识别出的相关项的危害并结合相应的运行场景，评估所形成的危害事件导致的后果，确定危害事件导致伤害发生的严重度（S）和涉险人员避免伤害发生的可控性（C），并结合已确定的运行场景的暴露概率（E），从而最终确定安全级别 ASIL 等级，并针对性定义安全目标，参见图 3–5。图中 E/S/C 的顺序没有强制要求，可以根据情况调整先后顺序。

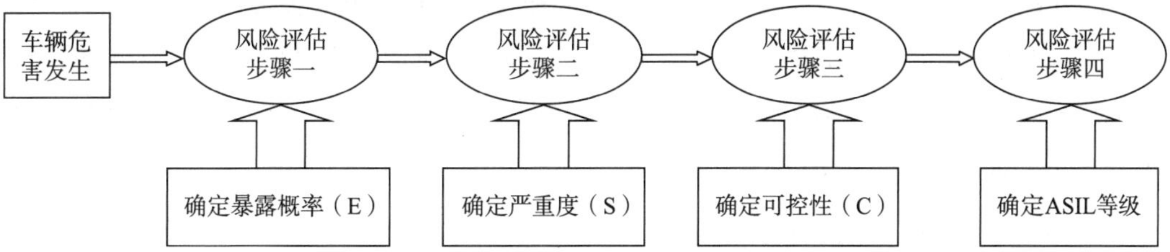

图 3–5　风险评估过程示例

第一步：确定暴露概率（E），根据表 3–12，对 E 的等级判定准则汇总如表 3–13 所示。

表 3–13　暴露概率（E）等级判定准则

暴露概率等级	描述	基于频率的暴露概率等级的判定准则	基于持续时间的暴露概率等级的判定准则
E0[a]	不可能	未定义	未定义
E1	极低概率	对大多数驾驶员而言，一年发生的频率小于 1 次	未定义
E2	低概率	对大多数驾驶员而言，每年发生几次	<1% 的平均运行时间
E3	中等概率	对普通驾驶员而言，基本上每个月发生 1 次或多次	1% ~ 10% 的平均运行时间
E4	高概率	平均几乎发生在每次驾驶中	>10% 的平均运行时间

[a] E0 无需分配 ASIL 等级。

第二步：确定严重度（S）等级，参见表 3–14。

表 3–14　严重度（S）等级描述

严重度等级	描述
S0[a]	无伤害
S1	轻度和中度伤害
S2	严重的和危及生命的伤害（有存活的可能）
S3	危及生命的伤害（存活不确定），致命的伤害

[a] S0 无需分配 ASIL 等级。

对于严重度（S）的评级，注意事项如下：

1）在对每一个危害事件来预估严重度时应基于确定的理由，建议将这些理由描述在 HARA 分析报告中；

2）在评估严重度时，不需要考虑驾驶员的可控度，但可以考虑本相关项外的充分独立的外部措施，如高速公路护栏可以在一定程度上防止车辆失控冲出公路；

3）如运行场景本身会导致伤害（如碰撞场景），对危害事件的严重度评级仅限于初始运行场景和相关项功能异常导致的严重度差异结果，如碰撞场景中，安全气囊功能失效的严重度评级，考虑有无安全气囊保护的伤害严重度差异；

4）如果相关项的功能异常的后果明显仅限于物体损坏并不涉及对人员的伤害，则严重度等级可为 S0；

5）严重度评估可以采用专家判断、相关事故技术报告分析、测试仿真以及历史事故数据等；

6）需考虑暴露概率和严重度等级的相关性，如某些场景下严重度较高，但对应的暴露概率会相应降低。

第三步：确定可控性（C）等级，参见表 3–15。

表 3–15　可控性（C）等级描述

可控性等级	描述	详细描述
C0[a]	可控	如果针对特定危害存在专用法规，当它在考虑控制的充分性上与现有的经验保持一致，可控性可以评 C0。更详细描述请参见 GB/T 34590
C1	简单可控	超过 99% 的普通驾驶员或交通参与者能够避免伤害
C2	一般控制	90% ~ 99% 普通驾驶员或交通参与者能够避免伤害
C3	难以控制或不可控	不到 90% 普通驾驶员或交通参与者能够避免伤害
[a] C0 无需分配 ASIL 等级。		

对于可控性（C）的评级，注意事项如下：

1）对每一个危害事件进行预估可控性时应基于确定的理由，建议将这些理由描述在 HARA 报告中；

2）可控性评估时，应假设驾驶员处于正常状态，且资质合格；

3）可控性评估时，可考虑外部充分独立的安全措施，如有车辆稳定性控制系统（ESC）的车辆可以提高驾驶员对于车辆的控制能力，本相关项非 ESC 系统且与 ESC 充分独立；

4）如果相关失效的危害不会影响车辆的安全运行（例如一些驾驶员辅助系统）或者可以通过常规驾驶员操作避免事故发生，可控性等级可为 C0；

5）严重度评估可以采用头脑风暴、专家判断、相关事故报告，以及数据分析、测试仿真、计算评估等。

结合以上 S、E、C 的结果确定汽车安全完整性等级（ASIL），如表 3-16 所示。

表 3-16　ASIL 等级确定规则描述

ASIL 确定		C1	C2	C3
S1	E1	QM	QM	QM
	E2	QM	QM	QM
	E3	QM	QM	A
	E4	QM	A	B
S2	E1	QM	QM	QM
	E2	QM	QM	A
	E3	QM	A	B
	E4	A	B	C
S3	E1	QM	QM	A
	E2	QM	A	B
	E3	A	B	C
	E4	B	C	D

注：如果几种不太可能的场景组合导致暴露概率低于 E1，即使危害事件达到 S3 和 C3，仍然可以认定为 QM。

综合以上，对于相关项的每一个危害事件，需确定 ASIL 等级，对于具有 ASIL 等级的每一个危害事件，定义安全目标，考虑如下要求：

1）应为每个危害事件确定一个安全目标，如果所确定的安全目标是类似的，可将其合并为一个安全目标；

2）如果同一个安全目标对应不同的危害事件，则安全目标的 ASIL 等级需要继承危害事件的最高 ASIL 等级；

3）安全目标可定义故障容错时间间隔、物理特性（如，最大的非预期方向盘转矩、最大的非预期加速度等）；

4）如果安全目标的实现需要进入安全状态，则需要定义合理的安全状态，作为安全目标的属性；

5）确定 ASIL 时应识别 HARA 分析中考虑的假设（如确定为 QM 或没有分配 ASIL 等级时），对于所集成的相关项，应按照 GB/T 34590.4—2022 的第 8 章对这些假设进行确认。

3.3.1.4 T&B 车辆 HARA 分析的差异性及特别要求

T&B（truck and bus，卡车和大客车）车辆与乘用车由于结构、特点及用途等方面的不同，因此在功能安全的整个开发过程中对不同阶段、不同活动的要求也存在差异。在概念阶段的 HARA 分析活动中，针对 T&B 车辆的 HARA 分析需特别考虑的因素总结如下：

1）在对 T&B 车辆进行 HARA 分析时，因 T&B 车辆的基础类型、配置及运行状态不同会影响严重度、暴露概率及可控性的评级；

示例 1：车轮打滑可能仅与空载货车相关，而货车空载与满载的暴露概率是不同的。

示例 2：与无挂车的情况比较，有挂车时驾驶员对某些危害的控制能力会降低，因此会影响可控性。

示例 3：不同 T&B 车辆的车身安全性能有所不同，因此会影响严重度。

2）在进行 HARA 分析时，应考虑基础车辆的每一种相关类型，但在预估暴露概率时，不考虑给定类型的基础车辆的数量以及装备特定配置车辆的数量；

3）在进行 HARA 分析时，应考虑对技术参数产生影响的运行场景的差异，车辆的用途是运行场景的一部分时，暴露概率会有不同；

示例：没有半挂车的牵引车处于低负荷状态，这会降低车辆的动态稳定性，因此预估该类场景的暴露概率时要适当考虑运行场景。

4）车辆上装设备的功能，尤其是机械功能，可按其特性所属的安全标准执行；

5）对 T&B 车辆进行严重度、暴露概率与可控性评级时，应考虑将相关项的差异，进行合理评级；

6）专用于 T&B 车辆基于运行场景持续时间和发生频率的暴露概率等级参见表 3-17 和表 3-18，其他与乘用车相同的场景参见表 3-11 和表 3-12。

表 3-17 T&B 车辆基于运行场景持续时间的暴露概率等级

暴露概率等级		E1	E2	E3	E4
类型		极低概率	低概率	中等概率	高概率
持续时间		无定义	<1% 的平均运行时间	1% ~ 10% 的平均运行时间	>10% 的平均运行时间
示例	倒车行驶	—	长途运输车、城市公交车、长途汽车、城市间巴士	配送车、专用作业车	—

续表

暴露概率等级		E1	E2	E3	E4
类型		极低概率	低概率	中等概率	高概率
示例	以小的速度差超过另一辆卡车或公共汽车（变道至对向车道）	长途运输车、配送车、专用作业车、长途汽车、城市间巴士	—	—	—
	挂拖车行驶	—	—	配送车、长途汽车、城市间巴士	长途运输车、专用作业车
	没有牵引拖车的半挂车（在公共道路上）	—	—	长途运输车、配送车、专用作业车	—
	在施工现场驾驶（直接在施工现场驾驶车辆，而不是仅用于将货物运送至施工现场）	长途运输车	配送车	—	专用作业车
	陡坡	长途运输车、城市公交车	配送车、长途汽车、城市间巴士	专用作业车	—
	停在公共汽车站	—	—	长途汽车	城市公交车、城市间巴士
	驶入/驶出公共汽车站	—	长途汽车	城市公交车、城市间巴士	—

注：表 3-11 中的示例可用于 T&B，但是要根据具体情况进行考虑。对于表 3-11 和本表中出现的情况，本表更适合 T&B。

表 3-18　T&B 车辆基于运行场景发生频率的暴露概率等级

暴露概率等级	E1	E2	E3	E4
描述	极低概率	低概率	中等概率	高概率
发生频率	对大多数驾驶员而言，一年发生的频率小于 1 次	对大多数驾驶员而言，每年发生几次	对普通驾驶员而言，基本上每个月发生 1 次或多次	平均几乎发生在每次驾驶中

续表

<table>
<tr><td colspan="2">暴露概率等级</td><td>E1</td><td>E2</td><td>E3</td><td>E4</td></tr>
<tr><td colspan="2">描述</td><td>极低概率</td><td>低概率</td><td>中等概率</td><td>高概率</td></tr>
<tr><td rowspan="7">示例</td><td>倒车行驶</td><td>—</td><td>—</td><td>城市公交车</td><td>长途运输车、配送车、专用作业车、长途汽车、城市间巴士</td></tr>
<tr><td>以小的速度差超过另一辆卡车或公共汽车（变道至对向车道）</td><td>—</td><td>—</td><td>长途运输车、配送车、专用作业车、长途汽车、城市间巴士</td><td>—</td></tr>
<tr><td>挂拖车行驶</td><td>—</td><td>—</td><td>配送车、长途汽车、城市间巴士</td><td>长途运输车、专用作业车</td></tr>
<tr><td>没有牵引拖车的半挂车（在公共道路上）</td><td>—</td><td>配送车、专用作业车</td><td>长途运输车</td><td>—</td></tr>
<tr><td>在施工现场驾驶（直接在施工现场驾驶车辆，而不是仅用于将货物运送至施工现场）</td><td>长途运输车</td><td>配送车</td><td>—</td><td>专用作业车</td></tr>
<tr><td>陡坡</td><td>长途运输车、城市公交车</td><td>配送车、长途汽车、城市间巴士</td><td>—</td><td>专用作业车</td></tr>
<tr><td>停在 / 驶入 / 驶出公共汽车站</td><td>—</td><td>—</td><td>—</td><td>城市公交车、长途汽车、城市间巴士</td></tr>
<tr><td colspan="6">注：表 3–12 中的示例可用于 T&B 车辆，但是要根据具体情况进行考虑。对于表 3–12 和本表中均出现的场景，本表更适合 T&B 车辆。</td></tr>
</table>

3.3.2 HARA 分析的输入和输出列表

HARA 分析的输入和输出列表如表 3–19 所示。

表 3–19 危害分析与风险评估（HARA）分析的输入和输出列表

输入信息 / 条件	输出物 / 交付物	输出用于下一个活动	备注
1）相关项定义 2）FMEA（如果有） 3）HAZOP（如果有） 4）其他相关产品的故障失效信息（如果有）	危害分析与风险评估报告 危害分析与风险评估验证报告	功能安全概念	

3.3.3 危害分析与风险评估（HAZOP）的示例

以 EPS 系统为例，给出（HAZOP）分析的示例，如表 3–20 所示。

表 3–20 EPS 系统转向助力功能的 HAZOP 分析

功能	引导词					
	功能丧失	在有需求时，提供错误的功能			非预期的功能（在无需求时，提供功能）	输出卡滞在固定值上（功能不能按照需求更新）
		错误的功能（多于预期）	错误的功能（少于预期）	错误的功能（方向相反）		
转向助力功能	助力丧失	助力过大	助力不足	助力反向（提供相对于请求相反方向的助力）	非预期助力	转向锁死（转向输出卡滞在固定值或固定位置）

将表 3–19 中识别出的功能异常表现映射到表 3–21 中的整车层面的危害。

表 3–21 整车层面的危害

功能异常表现	整车层面的危害
转向助力丧失	失去助力情况下的转向沉重
转向助力过大	非预期的失去侧向运动控制
转向助力不足	失去助力情况下的转向沉重
转向助力反向	非预期的失去侧向运动控制
非预期的提供转向助力	非预期的车辆侧向运动
转向助力卡滞	非预期的失去侧向运动控制

表 3-22 展示了 EPS 系统危害事件的严重度和暴露概率评级的示例。

表 3-22　EPS 系统危害事件的严重度和暴露概率评级示例

危害事件类别	严重度分析	S	暴露概率分析	E
非预期的车辆侧向运动	车辆中、高速行驶过程中，发生非预期侧向运动，可能导致与其他交通参与者或道路基础设施发生严重碰撞，有致命风险	S3	车辆中、高速行驶，每次驾驶循环都可能发生	E4
非预期的失去侧向运动控制	车辆中、高速行驶过程中，转向系统锁死或卡滞在某个位置，导致驾驶员难以转向而与其他交通参与者或道路基础设施发生严重碰撞，有致命风险	S3	车辆中、高速行驶，每次驾驶循环都可能发生	E4
失去助力情况下的转向沉重	转向助力丢失，此时驾驶员可以通过转向机械结构进行转向操作，低速时需要更大的转向盘操作力，遇到低速且大角度转弯工况时可能因转向不及时导致与其他交通参与者或路边基础设施发生低速轻微碰撞，有轻伤风险	S1	低速大角度转弯，每次驾驶循环都可能发生	E4

对危害事件的可控性进行评估，见表 3-23。表中还提供了 EPS 系统危害事件可控性评级时使用的度量指标的参考。相关指标可基于目标市场典型驾驶员的可控性测试得出，指标用于支持可控性客观评级。

表 3-23　EPS 系统危害事件的可控性评级及度量指标示例

危害事件类别	可控性分析	可控性度量指标	C
非预期的车辆侧向运动	车辆非预期的侧向运动，快速偏离轨迹，低于 90% 的驾驶员能及时反应和纠偏	侧向加速度变化	C3
非预期的失去侧向运动控制	转向锁死或卡滞，低于 90% 的驾驶员可以控制转向	转向操纵力 / 转向盘力矩	C3
失去助力情况下的转向沉重	失去助力后，大部分驾驶员可以通过机械系统实现转向，但转向沉重程度可能影响驾驶员可控性比例	转向操纵力 / 转向盘力矩	C1、C2

EPS 系统相关危害事件的 ASIL 评级见表 3-24。

表 3-24　EPS 系统相关危害事件的 ASIL 评级

序号	整车危害	S	E	C	ASIL 等级
1	非预期的侧向运动	S3	E4	C3	ASIL D
2	非预期的失去侧向运动控制	S3	E4	C3	ASIL D
3	失去助力情况下的转向沉重	S1	E4	C1 或 C2	QM 或 ASIL A

EPS 系统的安全目标见表 3–25。

表 3–25 EPS 系统的安全目标

序号	整车危害	ASIL 等级	安全目标
1	非预期的侧向运动	ASIL D	车辆非预期的侧向运动应满足非预期侧向运动的安全度量
2	非预期的失去侧向运动控制	ASIL D	车辆非预期的失去侧向运动控制应满足非预期失去侧向运动安全度量
3	失去助力情况下的转向沉重	QM 或 ASIL A	转向操纵力应满足转向沉重的安全度量

3.4 安全度量及故障容错时间间隔

3.4.1 安全度量

3.4.1.1 定义

安全度量是指为符合安全目标而给定的具体技术参数的量化值。安全度量主要表征相关项的功能异常行为与车辆参数及安全接受准则间的关系，可作为危害事件的可控性准则。可控性预估包括：如果给定的危害将要发生，具有代表性的驾驶员能够保持或者重新控制车辆的可能性，或者在危害发生范围内的个体能够通过他们的行动避免危害的可能性。可控性预估可能受到很多因素的影响，包括该目标市场的驾驶员概况，如个体年龄、手眼配合、驾驶经验、文化背景等。因此，可控性表征驾驶员、乘员或其他涉险人员对车辆电控系统危害风险识别和控制的难易程度，是衡量车辆行为是否构成危害的关键指标。

安全度量研究的目标就是通过对相关项进行可控性测试得出相关项的安全接受准则，即判断车辆行为是否属于危害行为而可能导致危害事件的准则，参见图 3–6。

3.4.1.2 示例

本文以驱动电机控制系统为例来说明其安全度量的测试方法及过程，通过针对典型驾驶员的故障注入测试和可控性评估，利用统计分析等方法确定可表征驾驶员及乘员可控性准则的量化指标及阈值，即安全度量。以防止电机非预期地输出驱动转矩安全目标为例，通过以下步骤来测试驱动电机控制系统的安全度量指标。

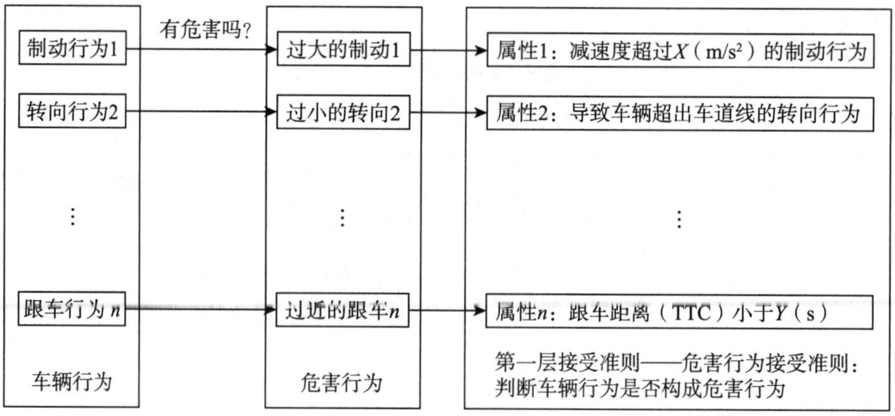

图 3–6　安全接受准则

（1）确定测试工况

电机非预期地输出驱动转矩会带来车辆的非预期加速，根据 HARA 分析结果，可选取的工况包括：停车等红灯工况、低速直线行驶的跟车工况、中高速直线行驶的跟车工况等。我们选取停车等红灯工况来进行测试，车道线宽度 3.5 m，考察前车与自车静止时（两车相距 2 m），当自车产生非预期加速（以 1 m/s^2 为步长，遍历测试到最大加速度能力）过程中的可控性，测试场景如图 3–7 所示。

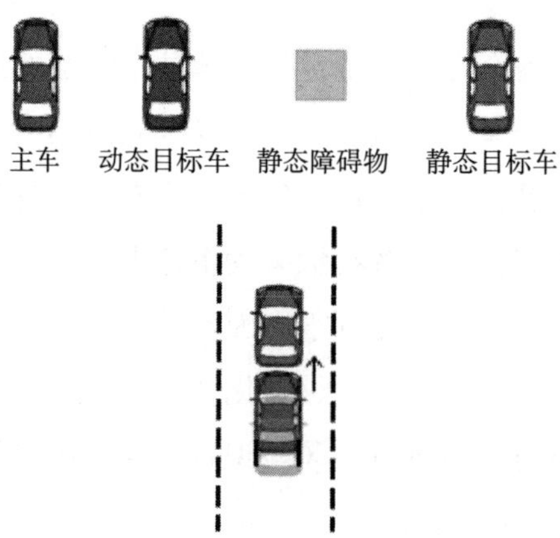

图 3–7　直行测试场景示意图

（2）确定测试步骤

1）稳态段：自车与静态目标车以一定车距（2 m）保持静止，驾驶员以常态驾驶方式等红绿灯。

2）测试段：测试工程师在不提醒驾驶员的情况下，向驱动电机控制系统注入能导致“非预期加速”的故障（修改扭矩指令），主车内驾驶员通过控制制动踏板，控制车辆避免与前车发生碰撞。记录故障注入前两车车距、故障注入的时间和注入的后车加速度，测试自车是否可避免碰撞静态目标车，记录不同加速度下，驾驶员的响应时间。

3）结束段：完成试验后，驾驶员视情况对车辆进行制动，安全停车，保存纵向加速度值、故障触发时刻、车辆车速、加速踏板状态、方向盘转角、刹车踏板状态，以及运动过程中与前车的车距等试验数据。

（3）确定测试通过/不通过准则

测试车辆驾驶员能否通过控制制动踏板，成功避免与前车发生碰撞：

1）记录故障触发时刻，驾驶员反应介入时刻；

2）记录驾驶员反应（误操作/无反应/急转向），车辆的可控状态；

3）记录是否发生碰撞事件，记录从故障触发到车辆碰撞前车或车辆刹停所用时间。

对故障注入测试数据记录见表3–26。

表3–26　故障注入测试数据记录表

工况	非预期加速故障注入	是否发生碰撞	驾驶员反应（误操作/无反应/急转向等）	从故障触发到车辆碰撞前车或刹停所用时间	通过比例
停车等红灯工况	1 m/s^2	……	……	……	……
	2 m/s^2	……	……	……	……
	……	……	……	……	……
车辆最大加速度能力	……	……	……	……	……

注1：测试时驾驶员的选择应选取普通汽车消费者作为试验样本，如非汽车行业从业人员、非汽车运动爱好者。

注2：测试时选取的驾驶员分布在不同年龄段、不同性别及不同驾龄的条件组合。

注3：普通驾驶员是指根据统计比例选取的我国汽车驾驶员的典型代表。据中华人民共和国公安部交通管理局（以下简称“公安部交管局”）统计，截至2022年底，全国汽车驾驶人超过4.6亿人。考虑与驾驶员危害控制能力相关的因素如下：a）驾驶人驾龄：认为驾龄不满1年为经验明显不足的驾驶人，驾龄超过1年的驾驶员为有经验驾驶员。我国驾龄不满1年的驾驶员约占驾驶人总数的10%；b）男性驾驶人约占70%，女性驾驶人约占30%；c）驾驶人年龄分布主要集中在26岁～35岁和36岁～50岁，分别占34.16%和41.99%。

3.4.2　故障容错时间间隔

3.4.2.1　相关要求

故障容错时间间隔（以下简称“FTTI”）指在安全机制未被激活情况下，从相关项内部故障发生到可能发生危害事件的最短时间间隔，如图3–8所示。

在定义FTTI时，应注意如下事项：

1）FTTI与相关项的功能异常表现而引起的危害事件有关，应在相关项层面进行定义。

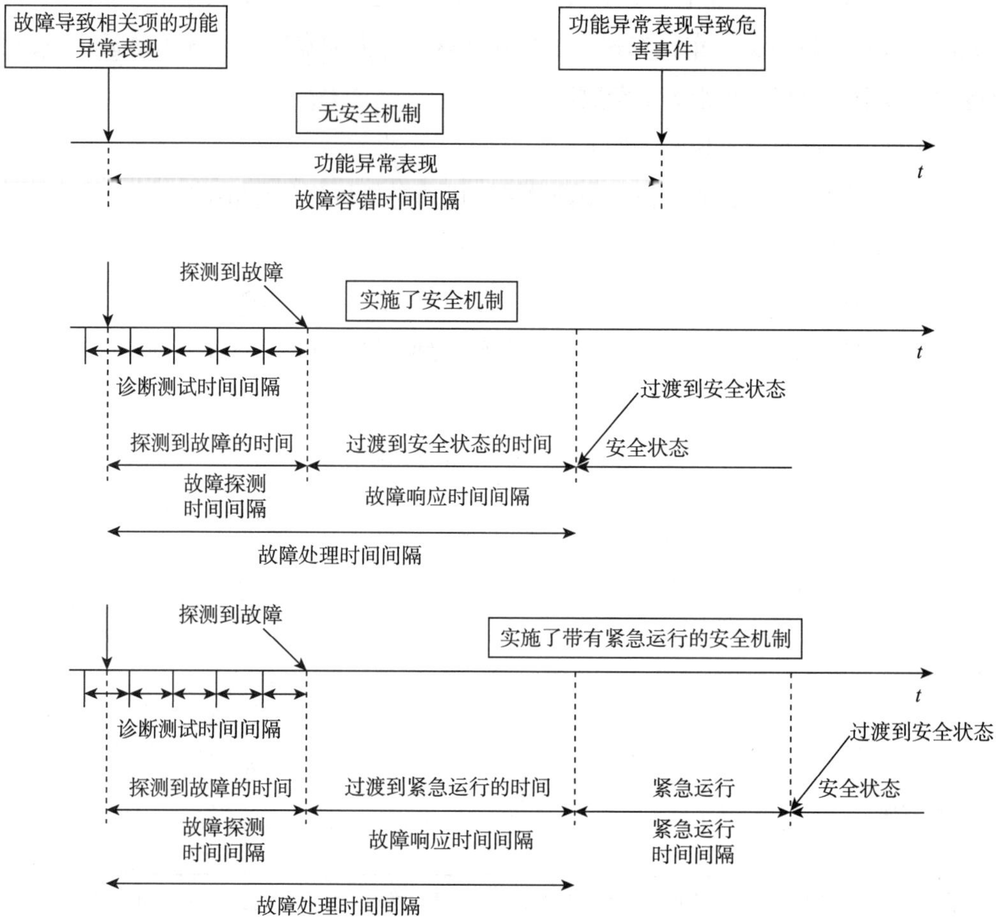

图3-8　安全相关时间间隔

2）FTTI是源于危害事件的安全目标的一个相关属性。

3）FTTI应至少包含故障探测事件间隔、故障响应时间间隔及过渡到安全状态的运行时间间隔。如果在相关项中实施了带有紧急运行的安全机制，FTTI中还应包含紧急运行的时间间隔。

4）在故障容错时间间隔内，如果相关项保持在安全状态，或过渡到安全状态，或过渡到紧急运行状态，则表明安全机制及时对故障进行了处理。

5）FTTI与故障发生时的安全阈值及车辆所处的危害场景紧密相关，应综合考虑其与安全阈值之间的关系。

6）从故障发生到产生危害的时间之内，相关项应以正常的最严苛情况，或整车制造商和系统供应商确认的工况运行。

7）当多个诊断测试时间间隔比故障探测时间间隔短时，可在多次诊断后确认故障以提升故障探测的可信度，避免错误诊断。

3.4.2.2 示例

本文以动力蓄电池系统为例来说明 FTTI 的测试方法及过程，在蓄电池系统中 FTTI 可以理解为从故障发生到造成蓄电池系统发生了不可接受危害的最短时间间隔。图 3–9 以避免单体电芯过压的安全目标为例，解释了从电池单体发生过充到造成电池单体发生热失控的最短时间间隔。

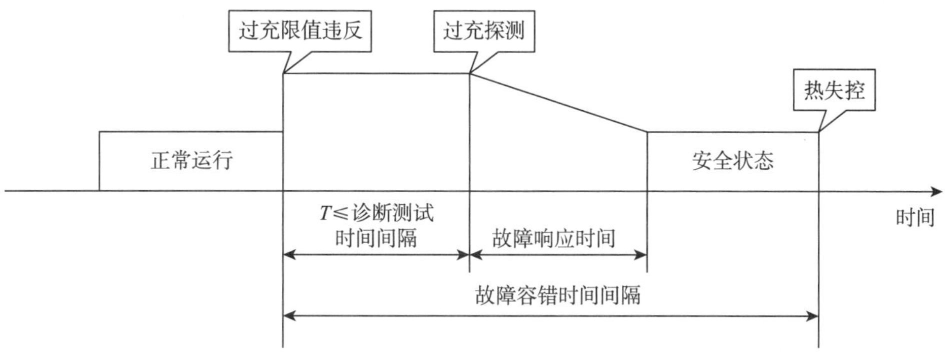

图 3–9 过充故障容错时间间隔

在定义动力蓄电池系统的 FTTI 时，需要明确如下条件：

1）本示例的故障指的是安全阈值被违反，例如单体电芯的过压安全阈值被违反；

2）危害事件必须是明确的及可识别的，可由客户与供应商协商确定，如冒烟、漏液、起火及爆炸等；

3）测试过程中，蓄电池系统应以正常的最严苛运行工况运行。

本文从以下四个步骤来详细解释动力蓄电池系统 FTTI 的确定方法。

（1）确定故障及相关安全阈值

首先确定导致相关项发生危害事件的故障及相关的安全阈值。本示例选择电芯过充作为故障。其次安全阈值的确定需要考虑电芯的属性，选取的安全阈值应能表征电芯内部已发生了不可逆热化学反应，同时选取的安全阈值还应满足相关标准中规定的过充要求［如：120% 荷电状态（SOC）］。确定电芯安全阈值应参考电芯的实际测试数据，找到单体电芯会触发危害事件的过充阈值，例如 4.8 V。

（2）确定危害事件

确定危害事件可参考相关项的 HARA 分析结果，并且需要和整车制造商一起确定危害事件的判定条件。这里我们以冒烟作为动力蓄电池系统的危害事件。

（3）确定最严苛运行工况

整车制造商和动力蓄电池系统供应商，应在不同的HARA分析场景下一起确定过充故障的最严苛运行工况，电芯在该运行工况下会在更快的时间内发生上述的危害事件（冒烟）。

选择充电工况并考虑如下条件：

1）电池系统温度为最高可使用温度，假设为55 ℃。

2）充电电流为最高可允许充电电流，假设为200 A。

3）电池处于整车制造商与电池系统制造商共同确定的健康状态，例如80% EOL阶段。

4）电池充电状态为：标准规定充电至4.8 V。

5）其他条件与HARA分析中描述保持一致。

（4）测试FTTI

按照上述步骤，我们选定的测试对象为动力蓄电池系统，按照步骤（3）选定的最严苛充电工况对其进行充电。测试时，实时监控单体电压值。将电芯电压按照标准规定充电至4.8 V（过充安全阈值）时开始记录时间，直至电芯发生步骤（1）确定的危害事件（冒烟）。从电芯开始过充到电芯发生冒烟的事件间隔 T 即为动力蓄电池系统的故障容错时间间隔。

理论上可以将测得时间 T 作为FTTI，但实际上考虑到电池内部热反应到发生冒烟有一个过程，所以可以在测得时间的基础上做一定的余度，例如可以采用 $0.3 \times T$。

注1：测试时选择的触发电芯冒烟危害事件的过充安全阈值一般会导致电芯内部发生不可逆的热化学反应。在开发设计时，我们选取的过充安全阈值会比电芯测试时得出的阈值小，且选择的过充安全阈值应不会导致电芯内部发生不可逆热化学反应，例如4.2 V。

注2：在开发设计中，我们将FTTI分解为故障诊断时间间隔（FDTI）和故障响应时间间隔（FRTI），FDTI是系统确定电芯电压发生过充故障的时间（电芯电压 >4.2 V且持续一定时间），FRTI是系统确认发生过充故障后进行安全响应，确保蓄电池系统进入安全状态的时间（例如切断接触器），应保证FDTI+FRTI<FTTI。

3.5 功能安全概念

3.5.1 相关要求

功能安全概念的目的是根据安全目标，在相关项层面定义：

1）功能行为及其降级策略；

2）探测和控制相关故障的约束条件；

3）安全策略或措施用以实现故障容错或减轻相关故障的影响；

4）功能安全要求，再将这些要求分配给系统架构设计或外部措施；

5）验证功能安全概念的接受准则和安全确认准则。

功能安全概念是在相关项层面描述如何实现安全目标，通过安全目标和相关项的架构要素推导出功能安全要求及报警和降级策略。开展功能安全概念前应提供相关项定义、危害分析和风险评估报告作为输入条件。在编写功能安全要求时应涵盖如下内容：

1）为每个安全目标至少推导出一条功能安全要求；

2）定义故障避免策略、故障探测策略以及对故障或其导致的功能异常表现的控制策略；

3）定义过渡到安全状态的策略，即如果适用，过渡到安全状态的策略；

4）定义故障容错策略及故障情况下的功能降级策略；

5）定义功能降级与驾驶员警告之间的交互策略；

6）定义故障处理时间间隔且要满足安全目标给出的故障容错时间间隔的要求；

7）定义仲裁策略以避免或减轻不同功能的多个控制请求可能导致的危害风险；

8）定义相应的一个或多个安全状态以避免安全目标的违背；

示例：一个安全状态可以是发生失效时在规定的时间内“关闭”“锁定”“车辆静止并保持”或“功能降低”。

9）在一个可接受的时间间隔内不能过渡到安全状态时，应定义紧急运行状态；

10）考虑相关项的运行模式、故障容错时间间隔、安全状态、紧急运行时间间隔及功能冗余等内容。

在功能安全概念中应将每条功能安全要求分配给系统架构设计中的要素，且继承安全目标的 ASIL 等级、安全状态、故障容错时间间隔及紧急运行时间间隔等安全属性。当无法证明系统架构设计中实施安全要求的各要素之间免于干扰，则这些架构要素应按照所实施安全要求中最高的 ASIL 等级进行开发。相关项中包含多个电气 / 电子系统时，应根据系统架构设计定义各个电气 / 电子系统以及系统之间接口的功能安全要求，且定义相应的随机硬件故障度量目标值并分配给各个电气 / 电子系统。

功能安全概念设计时还会涉及依赖于其他技术要素或外部措施来实现相关安全目标的情况，则考虑以下要求：

1）应导出基于其他技术的要素所实现的功能安全要求，并分配给架构中的相关要素；

2）应定义与其他技术要素的接口相关的功能安全要求；

3）应通过特定的措施（超出 GB/T 34590.1 ~ 34590.12—2022 的范围）来保证满足基于其他技术的要素所实现的功能安全要求；

4）无需对分配给这些要素的安全要求分配 ASIL 等级；

5）应导出并传达由外部措施实施的功能安全要求；

6）应规定与外部措施接口的功能安全要求；

7）如果外部措施由一个或多个电气 / 电子系统实施，则应按照 GB/T 34590.1 ~ 34590.12—2022 的规定制定功能安全要求。

功能安全概念中还应对功能安全要求和安全目标定义验证准则和安全确认准则，应按照 GB/T 34590.8—2022 的第 9 章进行验证，提供证据证明：

1）其与安全目标的一致性和符合性；

2）满足接受准则；

3）减轻或避免危害的能力。

3.5.2　功能安全概念的示例

在功能安全概念阶段，应根据安全目标制定安全措施和功能安全要求以用于合理、及时地探测和控制相关故障。本章以避免单体电芯过压这个安全目标为例来推导出安全目标相应的功能安全要求。

3.5.2.1　初始系统架构

本节从整车层面介绍了电池系统的初始系统架构图，如图 3-10 所示。该架构描述的是高压系统（>60 V），包括电池、接触器、电池管理系统等元素，并与外部充电装置与驱动装置进行交互。该系统架构的接口包括了两个高压接口与唤醒信号、整车通信、充电通信以及电源等低压接口。

本节概括描述了电池管理系统可用的系统状态和运行模式，对于不同运行模式之间的转换并未做具体的定义。本节仅定义每个运行模式的含义，各运行模式的转换条件和功能范围的详细信息定义应参考技术安全概念。

运行模式描述如下：

（1）初始化模式

所有的初始化操作、初始化检查等都属于该模式，初始化完成前电池系统处于断电状态，即从功能安全角度来说，系统处于安全状态。

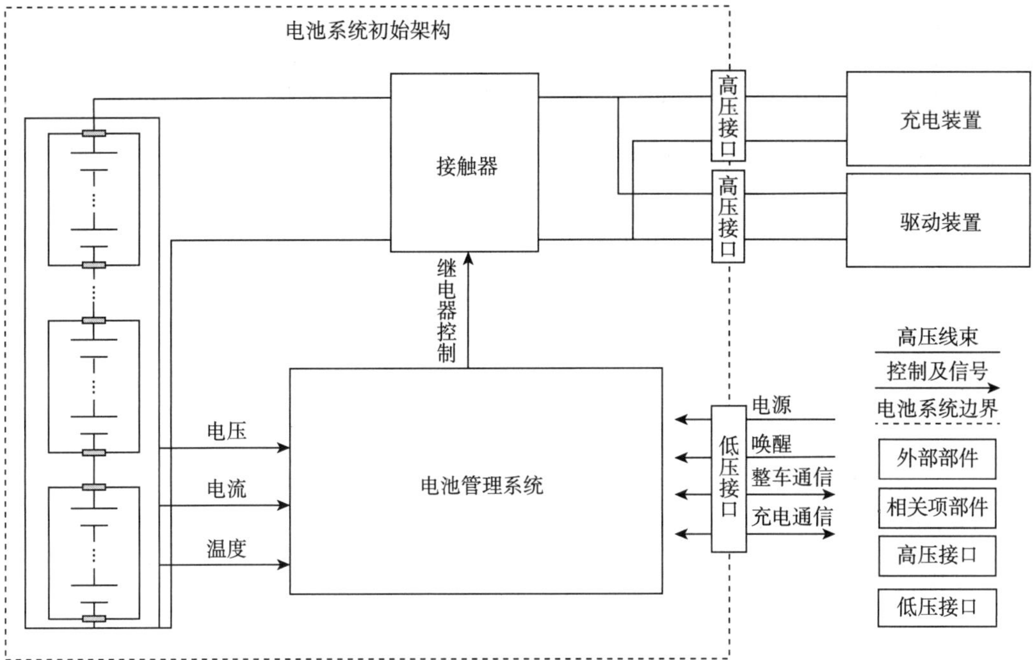

图 3-10 电池系统初始系统架构

（2）运行模式

电池系统处于放电或充电状态，在此模式下，接触器应处于闭合状态且所有的安全功能应处于激活状态。

（3）下电模式

下电模式下控制单元仍然可以是清醒的，或可能已经关闭。电池系统处于断电状态，在此模式下，接触器应处于断开状态。

（4）紧急下电模式

当有安全相关故障发生时，电池管理系统直接断开所有接触器。

3.5.2.2 安全目标定义

（1）BMS-SG1-1

应避免单体电芯过压。

安全状态	接触器打开，并通过 CAN 发送失效报警信号				
ASIL 等级	ASIL C	FTTI	5S（假设）	分配要素	电池管理系统
确认准则	应通过系统故障注入试验来确认规定的 FTTI 是正确的				

（2）ID：BMS-SG1-2

随机硬件失效概率度量 PMHF 应 < 100 FIT。

安全状态	不适用				
ASIL 等级	ASIL C	FTTI	不适用	分配要素	电池管理系统
确认准则	应通过 FMEDA 计算进行确认				

（3）ID：BMS-SG1-3

SG1 的单点故障度量 SPFM 应≥ 97%。

安全状态	不适用				
ASIL 等级	ASIL C	FTTI	不适用	分配要素	电池管理系统
确认准则	应通过 FMEDA 计算进行确认				

（4）ID：BMS-SG1-4

潜在故障度量 LFM 应≥ 80%。

安全状态	不适用				
ASIL 等级	ASIL C	FTTI	不适用	分配要素	电池管理系统
确认准则	应通过 FMEDA 计算进行确认				

3.5.2.3 功能安全概念及 ASIL 分配

图 3-11 所示的模型为系统概述，大致说明了与单体电芯过压安全目标相关的要素，并将 ASIL 等级分配至相关要素。

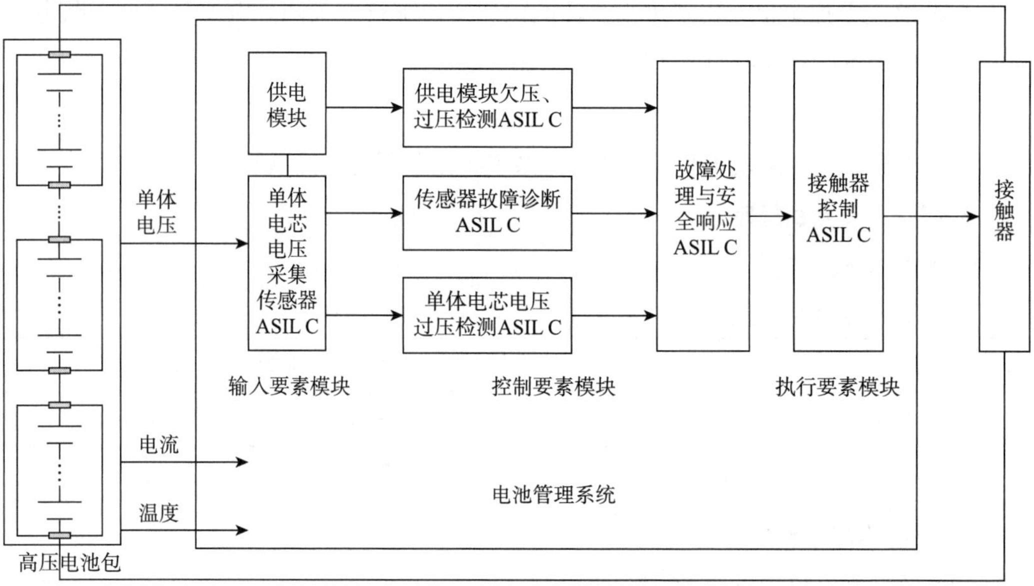

图 3-11　单体电芯过压安全概念

3.5.2.4　功能安全要求

本节列出所有与避免单体电芯过压安全目标相关功能的要素及对它们的功能安全要求。该示例中所有的 FTTI 阈值及安全阈值的设定均为假设，开发应用中应按照系统实际情况进行设计。

（1）BMS-SG1-FSR01

功能安全要求	电池管理系统应通过电压传感器实时采集单体电芯的电压				
安全状态	NA				
ASIL 等级	ASIL C	FTTI	5S	分配要素	输入要素模块
确认准则	应通过单体电压检测的功能测试进行验证				

（2）BMS-SG1-FSR02

功能安全要求	电池管理系统应能诊断出电芯电压传感器的随机硬件故障，一旦电芯电压传感器故障确认，系统应进入安全状态。整个故障检测和安全响应应满足 FTTI 要求				
安全状态	故障指示和打开接触器				
ASIL 等级	ASIL C	FTTI	5S	分配要素	控制要素模块
确认准则	应通过单体电芯检测的故障注入测试进行验证				

（3）BMS-SG1-FSR03

功能安全要求	电池管理系统应确保电芯电压传感器的供电在正常工作范围，一旦确认供电过压或欠压故障，系统应进入安全状态。整个故障检测和安全响应满足 FTTI 要求				
安全状态	故障指示和打开接触器				
ASIL 等级	ASIL C	FTTI	5S	分配要素	供电模块
确认准则	应通过供电模块的过压和欠压故障注入测试进行验证				

（4）BMS-SG1-FSR04

功能安全要求	电池管理系统应对电池包的单体电芯电压进行过压检测，一旦电芯单体电压超过安全阈值（>4.8 V），系统应进入安全状态。整个单体电芯过压检测和安全响应应满足 FTTI 要求				
安全状态	故障指示和打开接触器				
ASIL 等级	ASIL C	FTTI	5S	分配要素	控制要素模块
确认准则	应通过单体电芯过压故障注入测试进行验证				

（5）BMS-SG1-FSR05

<table>
<tr><td>功能安全要求</td><td colspan="5">一旦有导致单体电芯过压安全目标被违反的安全故障发生时，电池管理系统应确保打开接触器使系统进入断电状态</td></tr>
<tr><td>安全状态</td><td colspan="5">故障指示和打开接触器</td></tr>
<tr><td>ASIL 等级</td><td>ASIL C</td><td>FTTI</td><td>5S</td><td>分配要素</td><td>执行要素模块</td></tr>
<tr><td>确认准则</td><td colspan="5">应通过功能测试和故障注入测试进行确认</td></tr>
</table>

（6）BMS-SG1-FSR06

<table>
<tr><td>功能安全要求</td><td colspan="5">系统处于初始化模式时，在初始化完成前电池管理系统应确保电池系统处于断电状态</td></tr>
<tr><td>安全状态</td><td colspan="5">故障指示和打开接触器</td></tr>
<tr><td>ASIL 等级</td><td>ASIL A</td><td>FTTI</td><td>5S</td><td>分配要素</td><td>控制要素模块和执行要素模块</td></tr>
<tr><td>确认准则</td><td colspan="5">应通过功能测试和故障注入测试进行确认</td></tr>
</table>

第4章 系统功能安全开发

功能安全的要求是对整车与安全相关的电气 / 电子系统的要求。系统的技术安全要求及方案开发是系统产品设计的开端，而系统的集成、测试及安全确认是对系统产品设计实现的最终验证。系统的功能安全开发是整个功能安全实现至关重要的一环，特别对于日益复杂的整车系统来说，新能源三电、智能驾驶、底盘控制、座舱娱乐等多个复杂系统之间的交互和影响，加大了功能安全的实现难度。因而如何从系统的角度来综合考虑功能安全的实现和验证，是我们面临的一个重要课题。

本章着重讲述系统层面功能安全开发与其他活动的关系和系统层面各功能安全开发活动之间的相互关系，并介绍：如何从概念阶段比较概括的功能安全需求引申出系统阶段更为具体可实现的系统技术安全要求及架构设计；如何利用安全分析的方法对系统架构设计进行验证以及对系统性失效进行规避；如何规范软硬件接口；如何规划集成和测试的策略；如何实施软硬件集成和测试、系统集成和测试、整车集成和测试以及相关项的安全确认。

4.1 系统层面产品开发概述

4.1.1 系统层面功能安全开发与其他活动的关系

系统层面产品的功能安全开发是基于安全计划，将功能安全要求和功能安全概念落实到产品中的关键环节。这个环节既承接来自概念阶段的产出（图 4–1 中“输入”），也为软件 / 硬件设计提供可指导具体实施的技术安全要求（图 4–1 中“产出 1”）。同时，当软硬件按照具体的技术安全要求实施落地，并且通过软硬件的测试验证后，还需要通过系统和整车层面的安全测试、确认安全及评估对产品功能安全开发进行验收和发布（图 4–1 中“产出 2”）。最后将实现功能安全的产品投入到生产制造中（图 4–1 中“输出”）。图 4–1 所示为系统层面产品功能安全开发在整个功能安全开发过程中的位置和作用。

4.1.2 系统层面功能安全开发活动概述及其相互关系

GB/T 34590.4—2022 详细阐述了系统层面产品功能安全开发的相关内容，规定了功能安全相关系统在系统层面产品开发的流程和方法，其中包括几个关键步骤，图 4–2 阐述在实际项目中每个步骤需要完成的主要工作内容。

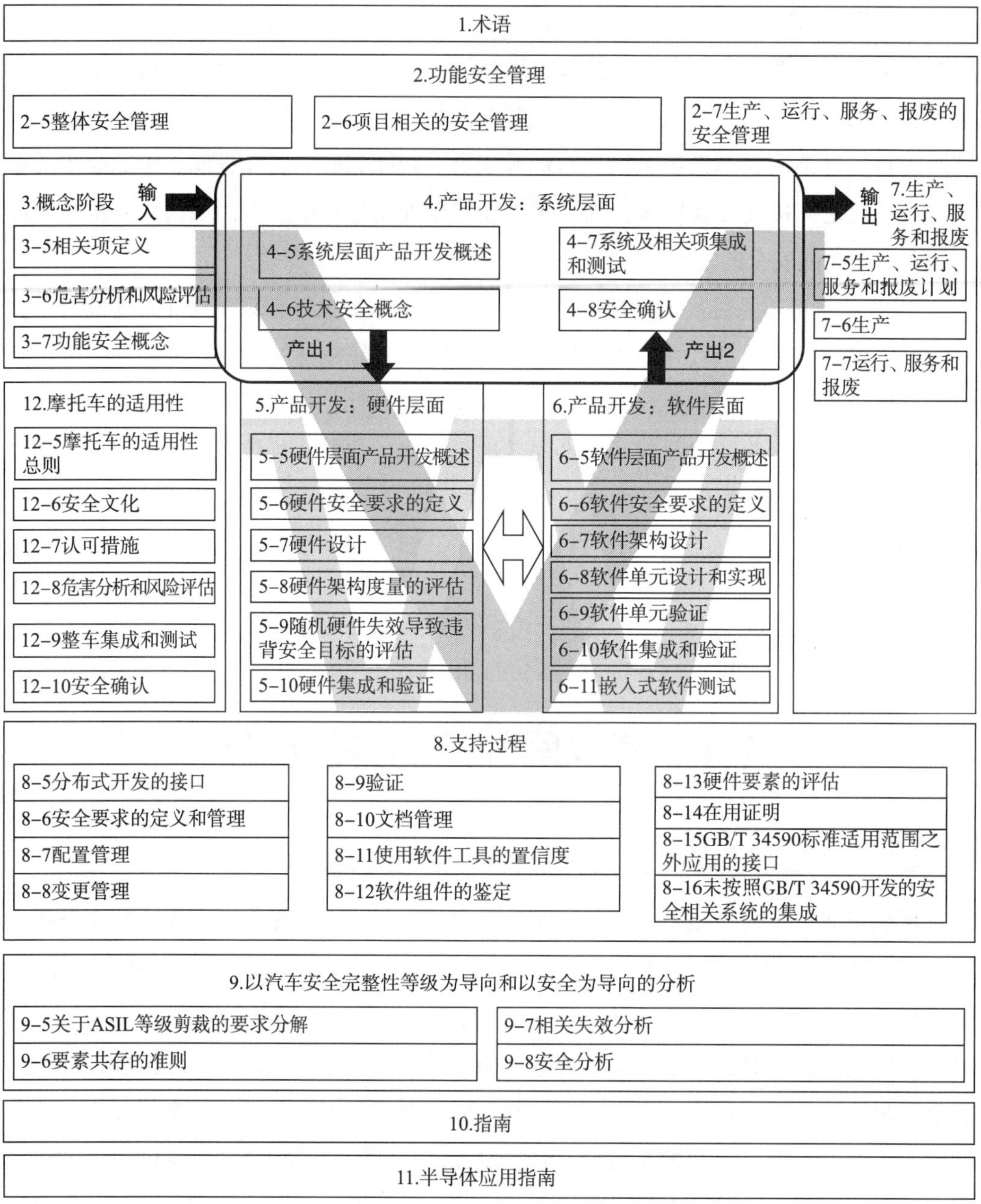

图 4-1　系统层面功能安全开发与其他活动的关系

（1）启动系统层面产品开发

1）确认系统层面功能安全开发的输入是否完备，一般包括功能安全开发计划，功能安全需求和功能安全概念等。还应明确该阶段完成哪些活动，以及各项活动开展的时间、角色、方式，输入和输出是什么，为后续活动开展做好准备。

2）实际应用时，应该结合项目实际情况开展全新或者裁剪后的功能安全开发活动。这些活动不仅需要包含功能安全的开发活动，还应该包括验证以及确认的活动。

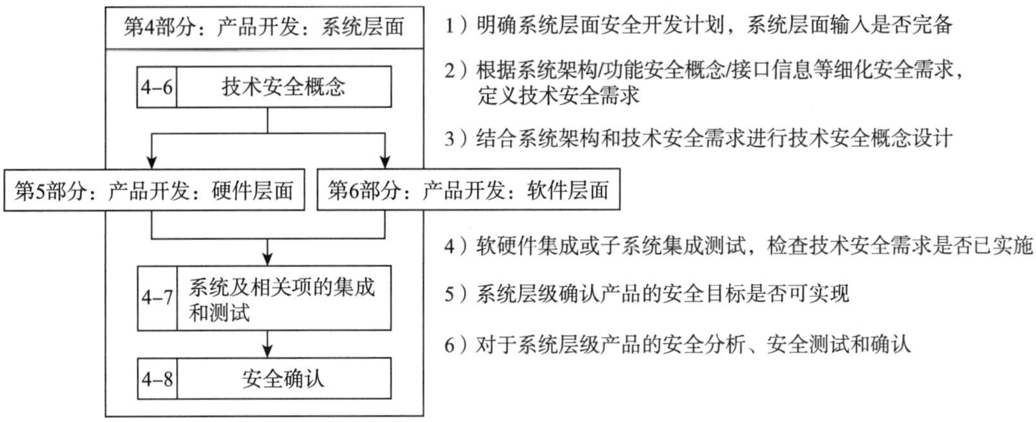

图 4–2　系统层面功能安全开发主要活动

（2）技术安全要求的定义

1）基于前文中的功能安全要求和功能安全概念以及初步的系统架构，细化成可以指导系统设计或者软硬件设计的技术安全要求，一般包括系统内各个子系统或者要素为了满足功能安全要求需要实现的子功能和对应失效模式下的缓解措施，以及子系统或者要素之间接口相关的安全要求。

2）根据系统架构复杂性，技术安全要求可以分层级，根据系统层级、子系统层级等逐步分配、分解和细化技术安全要求。

（3）系统设计

1）可概括为基于技术安全要求开发技术安全概念，即在系统架构基础上实现系统技术安全要求的技术方案，并验证各个子系统或者要素是否满足技术安全要求。

2）在系统设计过程中建立系统架构，将技术安全要求分配给硬件和软件，如果适用的话，也可分配给其他技术。同时，根据细化的系统、子系统等层级的技术安全要求，结合不同层级系统架构的要求，逐步得出细化的或者软硬件层级的技术安全概念。

（4）相关项集成和测试

相关项中各个要素的软硬件经过验证后集成，再将相关项中所有要素集成，完成相关项整体在系统或者整车层级的测试验证，即验证所开发的相关项功能安全需求是否得到了正确、完整的实施。

（5）安全确认

安全确认是基于安全目标层面的活动，需在整车层面上确认安全目标是正确且充分的。

对于复杂系统或者规模较大的系统，系统层面的各项功能安全活动可以在不同层级重复应用。如果实现相关项的系统可以划分为几个子系统（例如子系统 A 和子系统 B），当然各个子系统也可以进一步划分为次子系统（例如次子系统 B_1 和次子系统 B_2）。对于划分好的子系统或者次子系统需要开展技术安全要求定义及系统设计的活动，并在其软硬件实现后，对软硬件进行集成和测试，然后需要对集成子系统或者次子系统进行测试，继而完成整个相关项在系统以及整车层级的集成和测试。示例如图 4–3 所示。

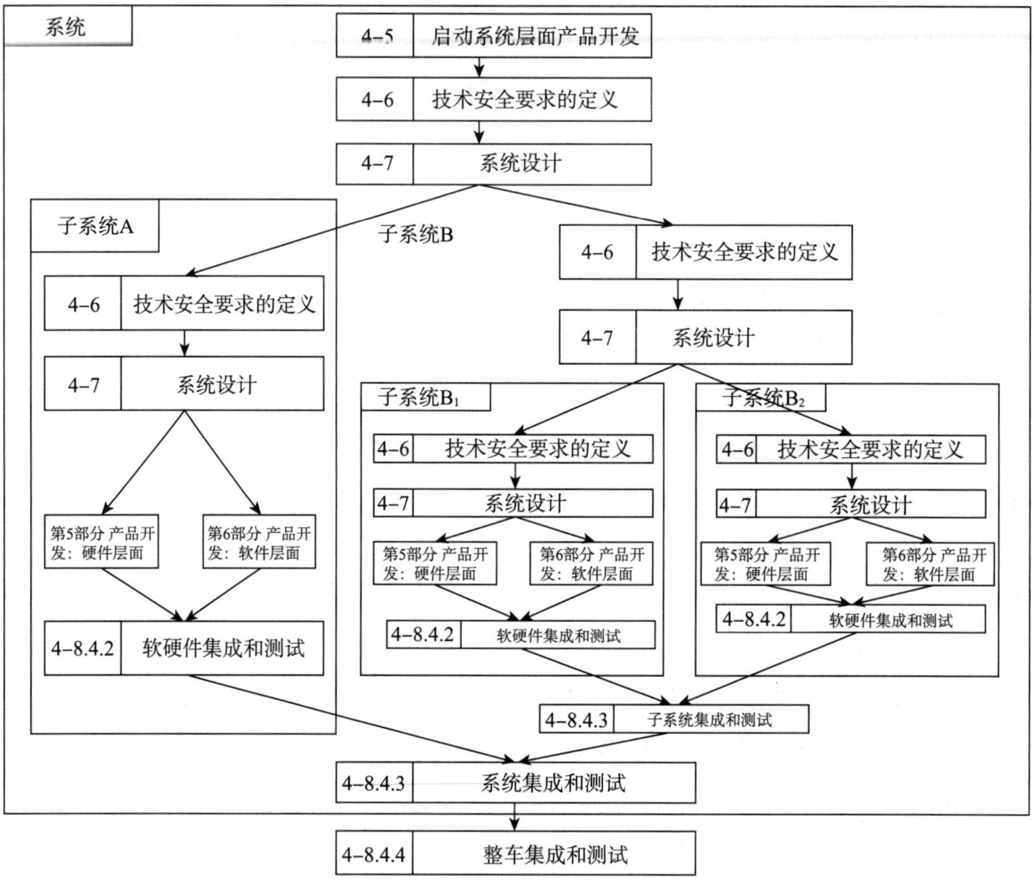

图 4–3　复杂系统层面产品开发示例

4.2　技术安全要求的定义

4.2.1　技术安全要求的必要性

一般功能安全概念阶段产出的功能安全要求是在相关项层面的，但是真正落实到产品设计上，需要明确地知道具体的软硬件怎么设计才是满足功能安全要求，所以需要在产品开发的系统层面产出能指导系统、软硬件架构设计和软硬件模块设计的进一步细化的功能安全要求即技术安全要求，并将技术安全要求分配给软硬件要素（当然，也可根据实际情况分配给其他技术手段），指导软硬件实施。

其中，对于复杂或者规模较大的系统，可能存在分层级的技术安全要求开发，即完成系统的技术安全要求与分配到具体的软硬件模块之间，还需要将实现系统技术安全要求的技术安全概念进一步深入进行到子系统层级，甚至到次子系统层级的技术安全要求和技术安全概念开发。

在系统层面进行安全分析，可以验证技术安全要求对于上层的功能安全要求的满足是否是正确和完整的，也有利于开发人员检查是否存在技术安全要求遗漏或错误。

4.2.2 技术安全要求的分类

技术安全要求可以主要从功能安全相关功能、接口、安全机制及其他四部分展开，常见的技术安全要求分类如图 4–4 所示。本节以三电系统相关示例进行展开。

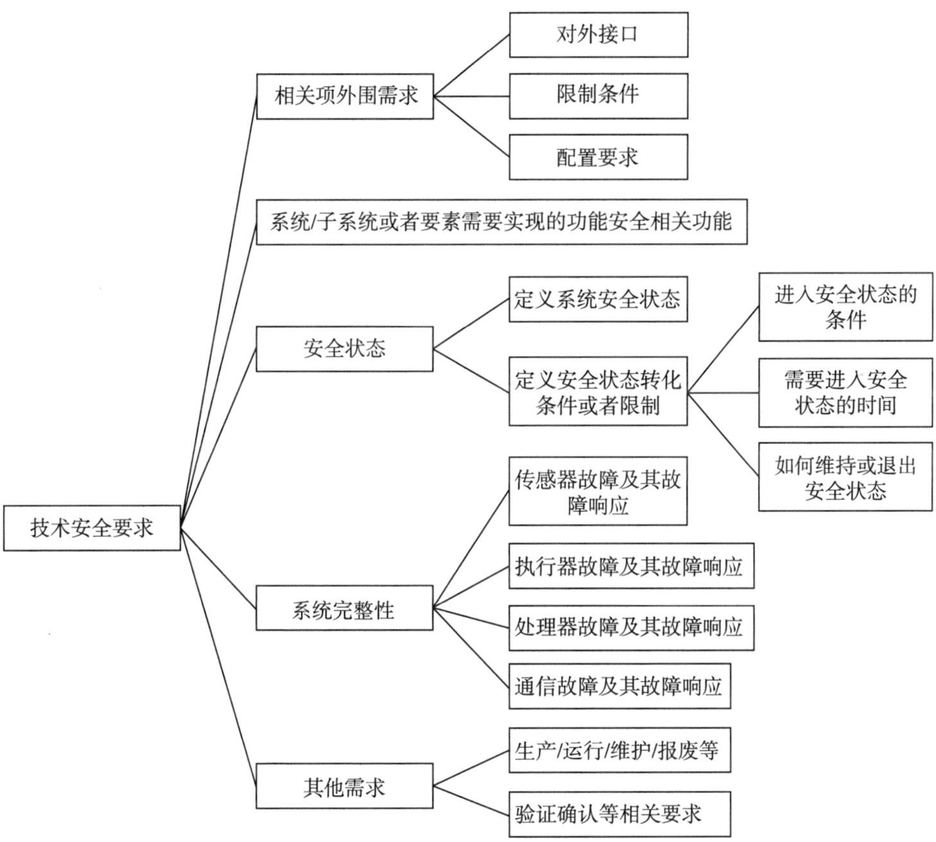

图 4–4　常见的技术安全要求分类

4.2.3 技术安全要求示例

图 4-5 为典型的纯电动汽车高压系统简图示例。在高压回路中，动力电池本体（电池包能量）通过继电器盒以及分电器盒，传输给高压用电设备和电机驱动系统，为车辆提供能量；电机驱动系统回收制动能量给电池充电，或者使用外部交流、直流电网给电池进行充电。电池管理系统、整车控制系统在该系统中为整车进行合理的能量分配与监控。

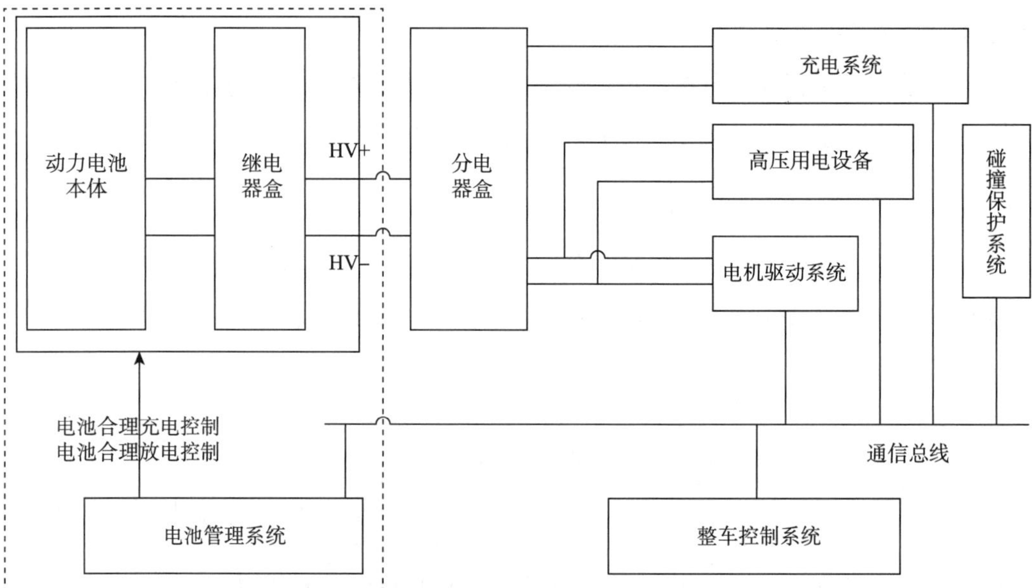

图 4-5 典型纯电动汽车高压系统简图示例

电池管理系统（BMS）的功能安全要求示例如表 4-1 所示。

表 4-1 电池管理系统功能安全要求示例

序号	功能安全要求 FSR	ASIL 等级
FSR1	BMS 应该监测电芯电压，当电芯电压值超过安全阀值时，断开高压继电器，使动力蓄电池系统进入安全状态	ASIL C
FSR2	BMS 应该监控整车碰撞状态，当发生侵入高压电池系统的碰撞时，需要在 ××× 时间内断开高压继电器并完成高压主动放电，在 ××× 时间内让母线电压低于 TBDV	ASIL B

功能安全概念的主要目的是将安全目标中导出的功能安全要求分配给相关项中的初步架构要素或者外部措施。在 BMS 原始的功能架构基础上，实现上文中电池管理系统安全要求的安全概念简图示例如图 4-6 所示。

电池管理系统（BMS）应该监测电芯电压，当电芯电压值超过某一安全阀值（例如 4.2 V）时，BMS 需切断继电器，使系统进入安全状态。这条功能安全要求是一个 ASIL C 的需求，在 BMS 系统架构设计中应考虑如何满足 ASIL C 的需求。该功能主要分为三个部分：电压信息采集、过压仲裁判断、继电器控制。其相关的失效都会导致此功能安全要求无法满足。对于电压采集模块，需要对相应传感器和采样电路进行诊断，确保信号采集的正确性；过压仲裁判断模块需要对模数转换器（ADC）、电源、处理器、寄存器等进行诊断，确保信息的正确处理与响应；对于执行器继电器来说，需要确保安全机制实现，即需要对继电器状态进行诊断。当诊断功能发现传感器、执行器或者控制器本身出现故障时，也需要有对应的安全要求，包括对应的安全措施、故障容错时间等。表 4–2 中列举了对于电压信号采集以及继电器控制的部分技术安全要求，供参考。其中故障容错时间间隔（FTTI）应该根据系统设计要求以及 BMS 系统功能安全要求（FSR）的故障容错时间间隔确定，本节中的值仅为示例。

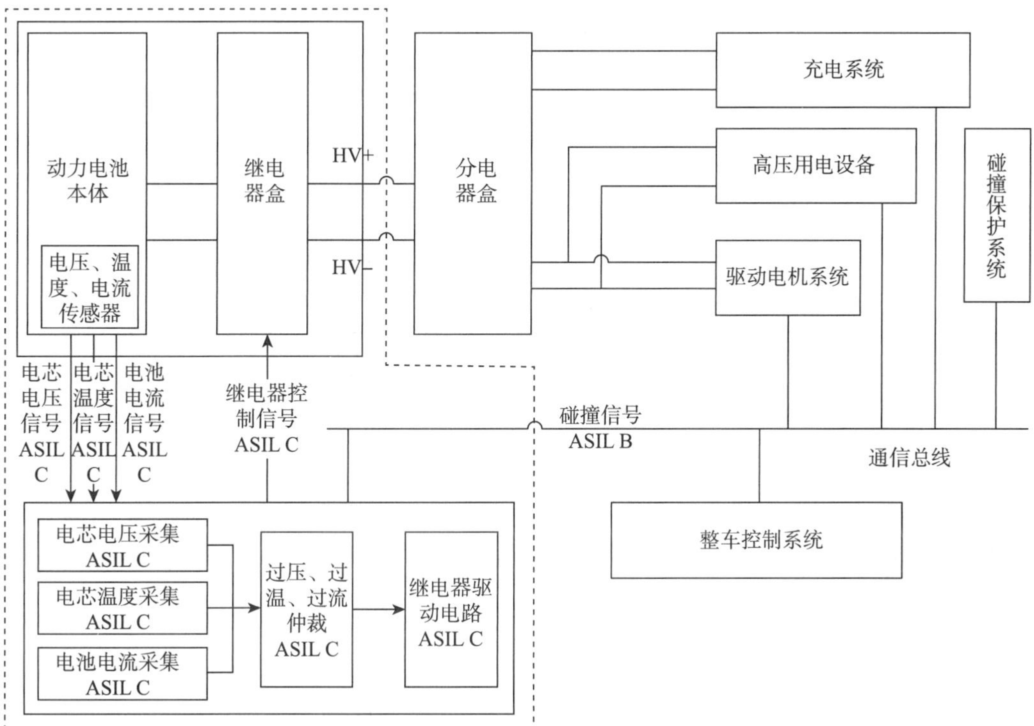

图 4–6　电池管理系统功能安全概念简图（示例）

结合上述的功能安全要求和功能安全概念进行五类技术安全要求的开发。

（1）相关项外设需求

技术安全要求应该首先考虑相关项外部接口、限制条件及配置要求等相关要求。

在上述示例中，相关项对外接口包括了外部系统对电池管理系统的 CAN 信号输入。比如车辆发生碰撞，碰撞探测系统会发出碰撞信号，电池管理系统需要判断该状态，决定是否需要断开高压继电器和发起主动放电，以避免碰撞过程中的短路起火和高压电暴露的安全风险。

其次，如果电池包布置在乘客舱或者其烟气可快速扩散至乘客舱，就需要考虑系统设计中是否有排气管路设计的接口，这些可以作为电池管理系统的外部手段，从一定程度避免由于电芯热失控后排出的有毒气体所引发的人身危害。

如果有这一类的功能安全要求，也需要在具体的技术安全要求中体现。

（2）满足功能安全概念的子系统或者要素的技术安全要求

图 4–6 中，电池管理系统可以简单细分为电压采样模块、电芯电压采集模块、过压判断仲裁模块和继电器控制模块以及继电器，用来实现 FSR1 的功能安全要求，继而细化的技术安全要求以 TSR1、TSR2 和 TSR3 为例进行说明（见表 4–2）。

表 4–2　电池管理系统技术安全要求示例

序号	技术安全要求	分配的模块	ASIL 等级
TSR1	电芯电压采集模块应该至少每 10 ms 检测一次单体电芯电压	电芯电压采集模块	ASIL C
TSR2	MCU 判断电芯电压超过 4.2 V 时，应该在 10 ms 内发出低电平命令给继电器驱动电路	MCU	ASIL C
TSR3	驱动电路收到信号处理模块的低电平命令时，应该在 50 ms 内断开继电器	继电器控制模块 继电器	ASIL C

（3）安全状态

安全状态的关键在于定义什么是系统的安全状态，需要进入的安全状态，进入安全状态的条件、时间，以及如何退出安全状态。

系统定义功能安全要求和功能安全概念时，就需要明确知道相关项中系统的安全状态是什么。例如在 FSR1 中，BMS 应该监测电芯电压，当电芯电压值超过安全阈值时，需要断开高压继电器，使动力蓄电池系统进入安全状态。这里定义的安全状态就是断开高压继电器回路，避免因电池系统过压而发生危害事件。在技术安全要求层面，应该延续 FSR 及 FSC 中定义的系统安全状态，并将其转换为系统设计可执行的。如 TSR2 和 TSR3 中描述的“发出低电平命令给继电器驱动电路等”，可以将其描述为子系统、模块或者要素的安全状态，它们组合起来共同实现功能安全要求中系统的安全状态。

（4）系统完整性

系统及子系统的完整性主要需要分析影响相关功能安全功能的系统自身故障，包括探测、处理、执行或者指示和通信等，以及影响相关功能安全功能的外部设备故障。

明确当发生这些系统故障后，如何探测这些故障，探测到后是否需要进入安全状态或者说是否需要进入安全状态的条件和事件，以及如何退出安全状态。

系统中除了可能直接导致安全目标违背的故障或者故障组合，还存在一类潜伏故障，即该故障单独发生后不会直接导致安全目标的违背，但是该故障发生后，在各种因素叠加下也可能产生安全风险，因而也需要定义这类故障的安全机制。

根据实践经验中可以将系统完整性的需求分为四类。

（1）传感器故障及其故障响应

传感器故障需要基于传感器类型来定义，明确其失效模式和影响，制定诊断方法和对应的安全故障响应机制（见表 4–3）。

表 4–3　电池管理系统技术安全要求——传感器（示例）

序号	技术安全要求	分配的模块	ASIL 等级
TSR4	电芯电压采集模块应该在 500 ms 内对电压采样信号开路、对地短路、对电源短路、对合理范围内的偏差、漂移以及卡滞等进行诊断	电芯电压采集模块	ASIL C
TSR5	当电芯电压采集模块发现电压传感器或者采样电路出现相应故障，应该在 50 ms 内给 MCU 发出故障状态信号	电芯电压采集模块 信号收发模块	ASIL C
TSR6	当 MCU 判断电压传感器或者采样电路故障时，应该在 10 ms 内发出低电平命令给继电器驱动电路	MCU	ASIL B（C）

（2）执行器故障及其故障响应

执行器故障需要基于执行器类型来定义，明确其失效模式和影响，制定诊断方法和对应的安全故障响应机制（见表 4–4）。

表 4–4　电池管理系统技术安全要求——执行器（示例）

序号	技术安全要求	分配的模块	ASIL 等级
TSR7	系统应该在下电时利用继电器两端电压诊断继电器状态，当单个继电器黏连时，断开回路中其他高压继电器并发出报警信号	电池包电压采集模块 母线电压检测（如果分配给电机控制器） MCU 继电器控制模块	ASIL C
TSR8	电池包电压采集模块应该在 500 ms 内对电压采样信号开路、对地短路、对电源短路、合理范围内的偏差、漂移以及卡滞等进行诊断	电池包电压采集模块	ASIL A

其中，要注意的是电池包电压采样电路的失效并不会直接导致继电器无法断开，但是会影响继电器黏连状态的判断，属于潜伏故障，可以依据潜伏故障的 ASIL 等级分配原则进行需求定义和分配分解。

（3）处理器故障及其故障响应

处理器的故障包含硬件完整性和软件完整性，既有处理器 I/O、寄存器、内存、中央处理器（CPU）、算术逻辑器（ALU）、供电等，也包括程序卡滞、中断异常等。如表 4–5 所示，需要定义在不同失效模式下要求系统进入的状态，这个状态也需与系统安全状态保持一致。一般情况下，在控制器层级有很多安全机制都是芯片自带的或者通过对芯片底层进行配置就可以打开的安全机制，其中对于芯片诊断的安全机制一般属于潜伏故障，不会直接导致与安全目标违背，可以考虑更合理的故障响应机制（见表 4–5）。

表 4–5　电池管理系统技术安全要求——处理器

序号	技术安全要求	分配的模块	ASIL 等级
TSR9	MCU 应该要诊断下面的处理其失效，以确保处理其完整性：例如内存损坏、内存非法进入等。当检测到内存错误时，MCU 重启	MCU	ASIL A

（4）通信故障及其故障响应

通信接口一般分为外部接口和内部接口，应该包括各种不同类型的接口，例如硬件 I/O［如数 / 模（A/D）信号、脉冲宽度调制（PWM）、CAN 总线、SPI 通信或者 LIN 通信等］，见表 4–6。

表 4–6　电池管理系统技术安全要求——通信

序号	技术安全要求	分配的模块	ASIL 等级
TSR10	系统应监控 ××× 信号通信，如果判断该信号丢失，应该在 5 s 内进入安全状态	MCU	ASIL A

（5）其他要求

整车在运输过程中也可能存在安全风险，如针对电池管理系统需考虑，进入运输模式时，限制高压电池的 SOC 不超过 TBD%，并通过电芯电压进行判断，防止运输过程中过充的发生。如果在系统设计时，有如上述类似情况，可以转化为对于电池管理系统内的子系统或者要素的技术安全要求。

由于复杂或者规模较大的系统可以细分为子系统和次子系统，继而分解为软硬件模块，在技术安全要求不断细化深入时，可能会面临技术安全要求的分配和分解。

ASIL 等级的分解原则是将技术安全要求分配到充分独立的元素上面，例如，如果有两路独立的电压过压判断和仲裁模块，就可以进行相应的分解。不同 ASIL 等级分解的组合会产生不同的电池管理系统详细的架构设计，可以根据实际需要进行分解和分配，示例如图 4-7 所示。

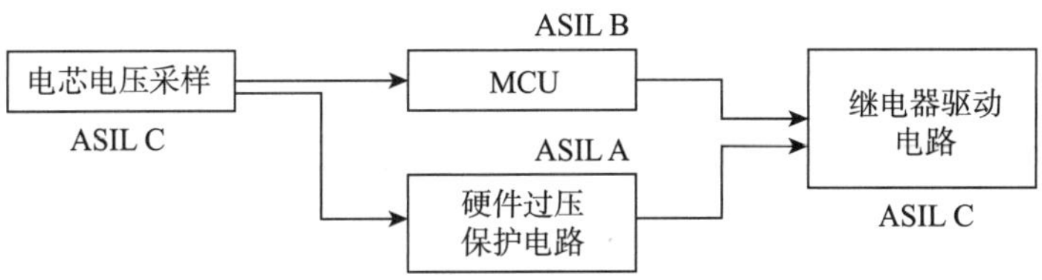

图 4-7　电池管理系统技术安全要求分解及分配（示例）

综上所述，在定义技术安全要求时，需要明确功能安全相关功能子系统（或要素）需要实现的技术功能安全要求与承接的其他功能（或要求）是否一致或者是否存在冲突，保持与系统架构的一致，并考虑系统安全状态的进入、退出条件和时间需求。基于系统实现方案，细化技术安全要求，落实指导软硬件设计的安全诊断策略和故障响应机制等。

4.3　系统架构设计和技术安全概念

4.3.1　系统架构设计概述

系统架构设计是把系统需求转化为具体实现的过程，是需求与实现的纽带。系统架构设计和技术安全概念都需要基于相关项定义、功能安全概念和初步系统功能架构进行设计，系统架构设计需要执行技术安全要求（TSR），系统架构是为了电子（硬件）设计和软件设计服务。系统架构设计的输入与输出示意见图 4-8。

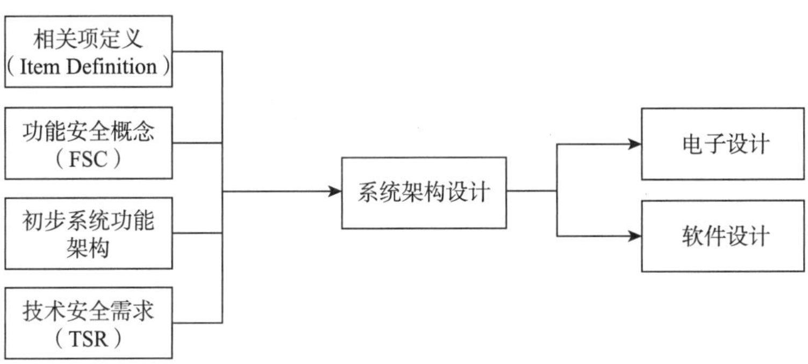

图 4-8　系统架构设计的输入与输出示意图

以电池管理系统中电池管理控制器（图 4–9 虚线矩形框部分）的系统架构为例，介绍系统架构设计的基本过程，图 4–9 虚线矩形框以外的模块就是电池管理控制器的相关项，电池管理控制器的初步系统功能架构示例见图 4–10。

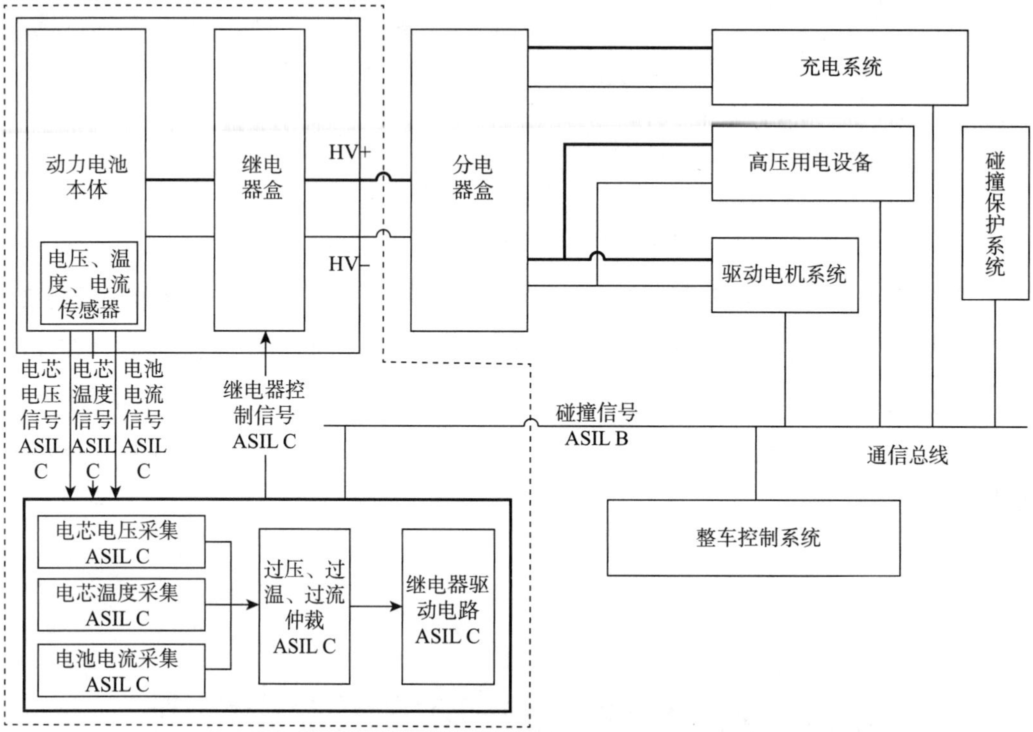

图 4–9　电池管理系统架构（示例）

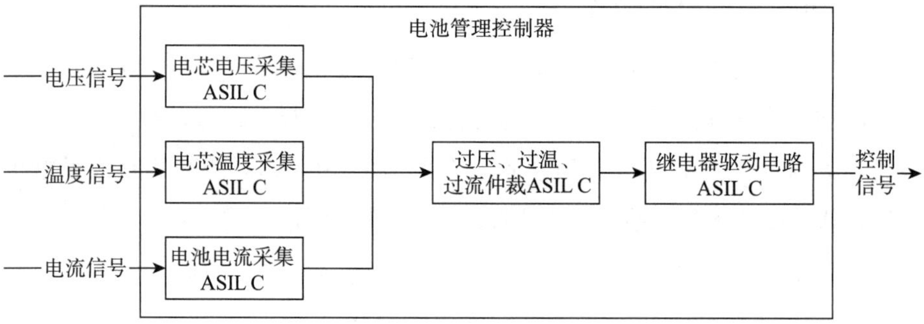

图 4–10　电池管理控制器的初步系统功能架构（示例）

系统架构设计（见图 4–11）中需要详细描述：技术安全要求（TSR）实现、接口定义及功能安全等级的定义。

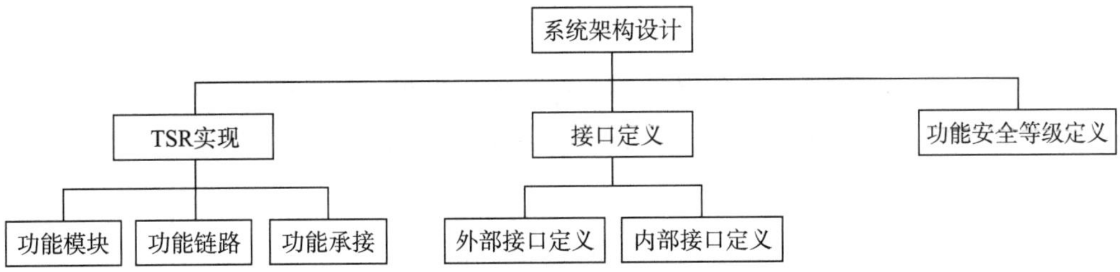

图 4-11 系统架构设计

4.3.2 技术安全要求实现

4.3.2.1 功能模块

强关联的技术安全要求需要抽象为功能模块，也就是常说的把技术安全要求（TSR）分配到对应的功能模块。例如：定义 CAN E2E（End to end）模块实现 TSR 中关于对 CAN 总线信号进行 E2E 校验的需求；定义热管理（Heat Manage）模块实现 TSR 中关于通过电芯电压和温度传感器以及电池电流传感器来监测电池是否过热；定义继电器控制（Relay Control）模块专门处理 TSR 中的安全状态。

电池管理系统功能模块定义示例如表 4-7 所示。

表 4-7 电池管理系统功能模块定义示例

模块 ID	模块名称	TSR	ASIL	备注
Sys_01	CAN E2E	TSR_XX1 TSR_XX2 ……	ASIL B	根据 CRC、Frame count、发送周期校验收到的 CAN 信号是否正确
Sys_02	Heat Manage	TSR_XXm TSR_XXn ……	ASIL C	根据电芯的电压、温度和电池电流反馈，判断电池是否能够正常工作
Sys_03	Chip Vol	……	ASIL C	检测电芯的工作电压
Sys_04	Chip Temp	……	ASIL C	检测电芯的工作温度
Sys_05	Chip Cur	……	ASIL C	检测电池的工作电流
Sys_06	Relay Control	……	ASIL C	继电器控制模块
Sys_07	HW Error	……	ASIL C	主处理器内部硬件故障检测
Sys_08	WdgM	……	ASIL C	看门狗管理模块，按照外部看门狗的监控策略进行喂狗
Sys_09	Ext Wdg	……	ASIL C	外部看门狗，监控主处理器的工作状态，防止主处理器出现共因失效问题
Sys_10	Relay Driver	……	ASIL C	继电器驱动模块

4.3.2.2 功能模块集成

建立功能模块间的联系，形成一条完整的功能链路。常见的功能链路包含信号输入、处理和输出。在功能链路中，需要描述具体的工作过程以及执行时间等要求。

（1）功能链路 1

1）CAN E2E 模块根据 E2E 机制检测接收的 CAN 信号是否正确，CAN E2E 把检测结果上报至 Relay Control 模块；

2）Relay Control 模块根据 CAN E2E 上报结果请求断开或吸合节电器；

3）Relay Driver 根据 Relay Control 模块的请求输出最终的控制信号；

4）如果 CAN 信号传输异常，需要断开继电器，故障产生至继电器断开的时间小于 300 ms（需要参考 FTTI 进行定义）。

CAN 功能链路示例如图 4-12 所示。

图 4-12　CAN 功能链路示例

（2）功能链路 2

1）Chip Vol 模块周期检测电芯电压信号，需要检测电压信号是否正确并计算出真正的电芯电压，把结果上报至 Heat Manage 模块；

2）Heat Manage 模块根据 Chip Vol 模块上报结果判断电芯是否正常工作，并把结果上报 Relay Control 模块；

3）Relay Control 模块根据 Heat Manage 上报结果请求断开或吸合节电器；

4）Relay Driver 根据 Relay Control 模块的请求输出最终的控制信号；

5）如果电芯电压异常，需要断开继电器，故障产生至继电器断开的时间小于 300 ms（需要参考 FTTI 进行定义）。

电芯电压功能链路示例如图 4-13 所示。

图 4-13　电芯电压功能链路示例

（3）功能链路 3

电芯温度处理的具体工作过程参考功能链路 2 进行定义。

电芯温度功能链路示例如图 4-14 所示。

图 4-14　电芯温度功能链路示例

（4）功能链路 4

电池电流处理的具体工作过程参考功能链路 2 进行定义。

电池电流功能链路示例如图 4–15 所示。

图 4–15　电池电流功能链路示例

（5）功能链路 5

1）HW Error 模块周期检测主处理器内部故障，并上报检测结果至 Relay Control 模块；

2）Relay Control 模块根据 HW Error 上报结果请求断开或吸合节电器；

3）Relay Driver 根据 Relay Control 模块的请求输出最终的控制信号；

4）如果主处理器内部异常，需要断开继电器，故障产生至继电器断开的时间小于 300 ms（需要参考 FTTI 进行定义）。

主处理器故障功能链路示例如图 4–16 所示。

图 4–16　主处理器故障功能链路示例

（6）功能链路 6

1）WdgM 周期输出喂狗信号；

2）Ext Wdg 模块监测 WdgM 喂狗信号是否正确，喂狗时机是否合适，输出请求继电器断开或吸合信号至 Relay Driver；

3）Relay Driver 根据 Ext Wdg 模块的请求输出最终的控制信号；

4）如果喂狗信号异常，需要断开继电器，故障产生至继电器断开的时间小于 300 ms（需要参考 FTTI 进行定义）。

看门狗功能链路示例如图 4–17 所示。

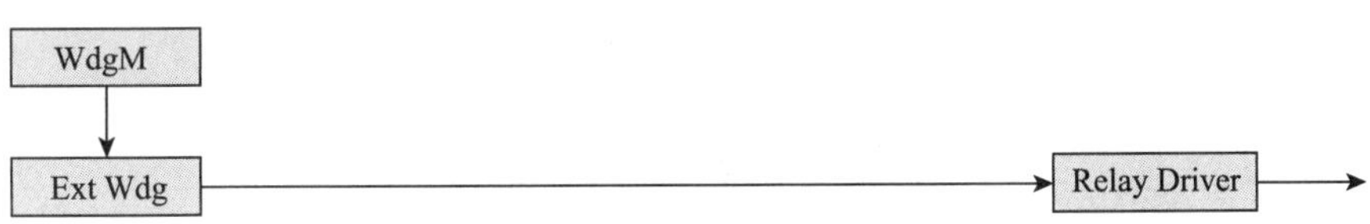

图 4–17　看门狗功能链路示例

4.3.2.3　功能模块承接

定义每个功能模块由哪个芯片或模组进行承接，同时也明确了承接实体所需继承的功能安全等级，示例如表 4–8 所示。

表 4–8 电池管理系统功能模块承接示例

模块 ID	模块名称	承接实体	ASIL	备注
Sys_01	CAN E2E	MCU	ASIL B	
Sys_02	Heat Manage	MCU	ASIL C	
Sys_03	Chip Vol	MCU	ASIL C	
Sys_04	Chip Temp	MCU	ASIL C	
Sys_05	Chip Cur	MCU	ASIL C	
Sys_06	Relay Control	MCU	ASIL C	
Sys_07	HW Error	MCU	ASIL C	
Sys_08	WdgM	MCU	ASIL C	
Sys_09	Ext Wdg	PMIC	ASIL C	
Sys_10	Relay Driver	Relay Driver	ASIL C	

4.3.3 系统接口定义

系统架构的功能模块定义完成后，便形成了框架结构，但是还缺少接口。接口定义也称为信号定义，如同人与人之间只有沟通和合作才能够创造更大的价值，系统的沟通和合作是基于信号传递来实现的。

接口定义分为两种：外部接口定义和内部接口定义。外部接口定义是指来自相关项或发送至相关项的信号定义，用于表示本系统与相关项的交互关系。内部接口定义是指系统内部功能模块之间的信号定义，描述每个功能模块的输入信号和输出信号，表示功能模块之间的交互关系。

4.3.3.1 外部接口定义

外部接口定义需要清晰、明确，需要描述具体的属性，如传输类型、触发方式、信号类型、波特率、频率、信号值等。

电池管理系统外部接口定义示例如表 4–9 所示。

表 4–9 电池管理系统外部接口定义示例

信号 ID	信号名	传输类型	触发方式	信号类型	波特率	频率	信号值
Sig_Ext_01	Collision Flag	输入	周期	CAN	1M	—	车辆碰撞标志： 0：未产生碰撞； 1：产生碰撞； 2 ~ 255：无效

续表

信号 ID	信号名	传输类型	触发方式	信号类型	波特率	频率	信号值
Sig_Ext_02	Chip Voltage	输入	—	I/O	—	—	电池芯体电压采集信号，与电池芯体电压的转换关系：170 × X
Sig_Ext_03	Chip Temperature	输入	—	I/O	—	—	电池芯体温度： −40 ~ 150 ℃， 温度与采集信号的转换关系：Factor × X + Offset
Sig_Ext_04	Chip Current	输入	—	I/O	—	—	……
Sig_Ext_05	Relay OnOff	输出	—	I/O	—	—	高压继电器开关： 断开：> 4 V 吸合：< 0.5 V
……	……		……	……	……	……	……

CAN 功能链路的外部接口定义示例如图 4–18 所示。

图 4–18　CAN 功能链路外部接口定义示例

4.3.3.2　内部接口定义

系统架构的内部接口定义需要高度抽象，能够清晰地表示需要传输的内容。系统架构设计不需要定义具体的信号属性或进行详细的信号拆解，例如波特率、电压大小等。具体的信号属性定义建议在硬件详细设计和软件详细设计中进行。

电池管理系统内部接口定义示例如表 4–10 所示。

表 4–10　电池管理系统内部接口定义示例

信号 ID	信号名	输出模块	信号值
Sig_Int_01	E2E_Result	CAN E2E	表示 CAN E2E 检测结果： Right：TBD Wrong：TBD
Sig_Int_02	Relay_Request	Relay Control	继电器控制请求信号： On：TBD Off：TBD
Sig_Int_03	Chip_Actual_Voltage	Chip Vol	电池芯体电压： 0 V ~ 850 V

续表

信号 ID	信号名	输出模块	信号值
Sig_Int_04	Chip_State	Heat Manage	电池芯体工作状态： Normal：TBD Abnormal：TBD
……	……	……	……

CAN 功能链路的内部接口定义示例如图 4-19 所示。

图 4-19　CAN 功能链路内部接口定义示例

因此 CAN 功能链路的完整接口定义（示例）如图 4-20 示例所示，通过外部接口信号和内部接口信号把相关的功能模块赋予了具体的意义。

图 4-20　CAN 功能链路完整接口定义示例

4.3.4　功能安全等级定义

此部分内容在需求抽象出功能模块的过程中进行定义，具体请参考 4.2。

4.3.5　系统架构

综合功能模块抽象、接口定义和安全等级定义最终形成系统功能安全架构，示例如图 4-21 所示。

需要对系统安全架构进行安全分析，分析出的问题需要有对应的完善措施，例如提出新的技术安全要求（TSR）。然后再针对这些新的技术安全要求进行上述内容的设计，更新系统架构。总之，每个项目的系统架构设计都是一个多次迭代的过程。

4.3.6　经典 E-Gas 三层架构

功能安全标准中建议参考可靠的系统架构案例进行设计，例如 E-Gas 架构。多家汽车公司针对汽车发动机电子控制单元编写 E-Gas 监控概念，用于指导电子控制单元进行功能安全设计，也成为功能安全从业者参考的设计标准。

E-Gas 架构把整个系统架构定义为三层：Level 1、Level 2 和 Level 3。

1）Level 1：功能层，也就是控制单元实施的基本功能。

2）Level 2：功能监控层，监测功能层运行是否正确。

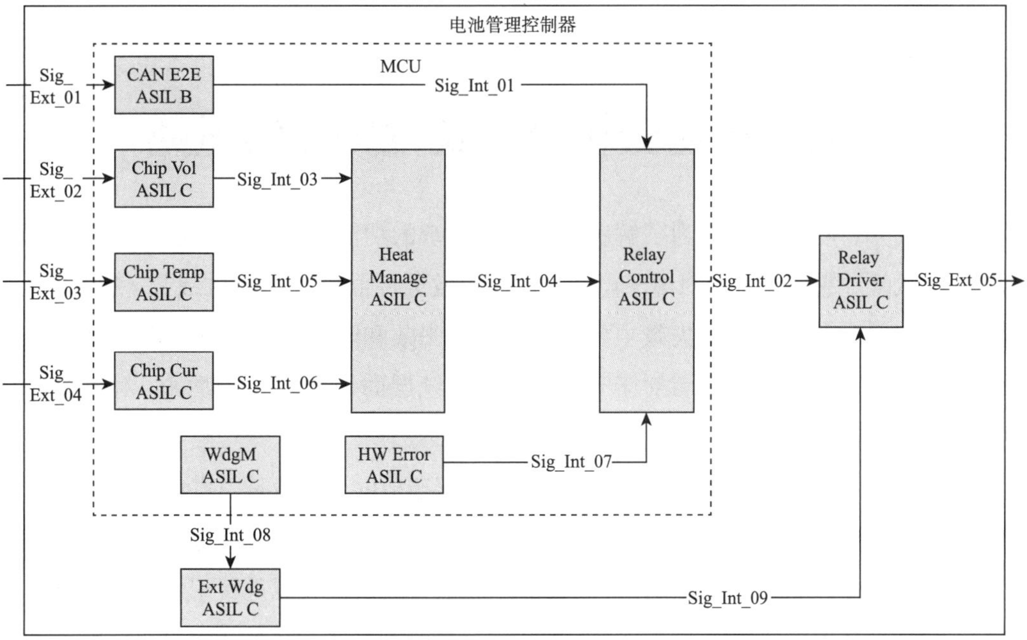

图 4-21　电池管理系统功能安全架构（示例）

3）Level 3：控制单元监控层，监控 Level 1 和 Level 2 的运行环境是否正确，只有在正确的环境下，Level 1 和 Level 2 才能输出可信的结果。因此 Level 3 需要监测运行 Level 1 和 Level 2 的主处理器内部运行是否存在故障，同时需要独立的外部处理器（例如看门狗）对主处理器进行监控。

E-Gas 三层架构如图 4-22 所示。详细的 E-Gas 监控概念请参考 *Standardized E-Gas Monitoring Concept for Gasoline V*6.0。

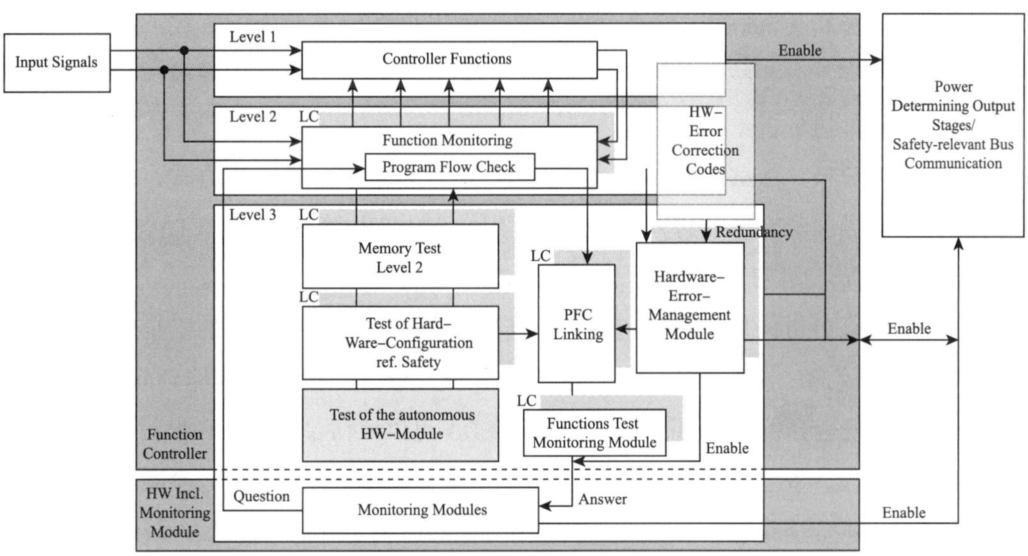

图 4-22　E-Gas 三层架构

4.4 安全分析及系统性失效的避免

众所周知，功能安全是为了解决电子电气系统的功能异常表现引起的危害而导致不合理的风险。它的核心是对电子电器系统的失效进行合理的分析 / 控制，使得失效风险达到可接受的状态。这些失效主要包含系统性失效和随机失效两种。本节对于避免系统失效进行介绍并给出作者对于安全分析在系统层面运用的部分理解。对于随机失效本文不作探讨和介绍。

系统性失效是系统开发和运行过程中人为失误造成的，一般是由设计阶段的规范错误、设计失误导致，产品生命周期的任何阶段都可能产生系统故障，包括需求规范、设计、生产、运行、维保和拆解阶段。软件故障和部分的硬件故障是属于系统性故障。比如编码时候没有考虑使用数据类型造成的错误，如某变量本应该使用 U32，结果用成了 U8，使得计算的最大数值只能到 255。这里的软件缺陷（bug）是属于系统性失效。

如何识别系统性失效的原因和影响并且制定相关的措施呢？对系统设计进行安全分析可以有效地识别出引起系统性失效的内外部原因，并有针对性地对于各种原因制定避免失效或者减轻失效影响的措施。通俗来说系统安全分析可以识别功能或系统设计中存在的违背安全目标的失效（包括单点失效或异常）和相关性失效（如共因失效和级联失效）等。

ISO 26262 对此提出如下两种安全分析方法：

（1）归纳分析（Inductive analysis）：是一种以自下向上的分析方式，从已知影响结果入手逐步向下分析找到失效原因的方法，具体常用的方法有失效模式与影响分析（FMEA）和事件树分析（ETA）等。

（2）演绎分析（Deductive analysis）：是一种以自上而下的分析方式，从已知的失效原因入手推导出影响结果的方法，具体常用的方法有故障树分析（FTA）、可靠性框图（RBD）分析、系统理论与过程分析（STPA）等。

另外，安全分析同样也包括定量分析与定性分析，在系统阶段的安全分析用于辅助系统设计，因此，这个阶段定性的安全分析就足够了。而对于具体到软硬件阶段，需进行定量的安全分析，例如硬件阶段的 FMEDA 可以评估单点故障和潜伏故障。

在系统阶段，安全分析主要侧重于技术安全概念（TSC）的导出验证和对系统架构的分析。功能安全通过在系统层面上应用安全分析来支持系统设计和系统验证活动，检查或确认系统提供指定功能、行为和属性的能力，使其具有指定 ASIL 所要求的完整性。使用安全分析可以达到：

1）识别出在先前危害分析及风险评估中未被发现的新危害；

2）识别出可能导致违反安全目标的故障或失效，以及定义安全机制或者安全措施；

3）对关于故障探测或失效探测的额外安全要求的识别，定义故障预防措施、故障控制措施；

4）为安全概念的适用性提供证据，确保系统架构可以实现安全相关的需求和属性，以及对应 ASIL 等级；

5）支持对安全概念、安全要求的验证，以及识别设计需求和测试需求。

在汽车制造业中，失效模式和影响分析（FMEA）和故障树分析（FTA）被作为核心的质量工具而广泛应用。通过 FMEA 和 FTA 可以帮助作业人员识别出影响产品质量和可靠性的各种潜在质量问题和失效模式及其原因（包括设计缺陷、工艺问题、环境因素、老化、磨损和加工误差等），从而完善产品设计和纠正工艺缺陷，进而提高产品的质量。图 4–23 展示了安全分析 FMEA/FTA 和产品开发各个环节的关系。

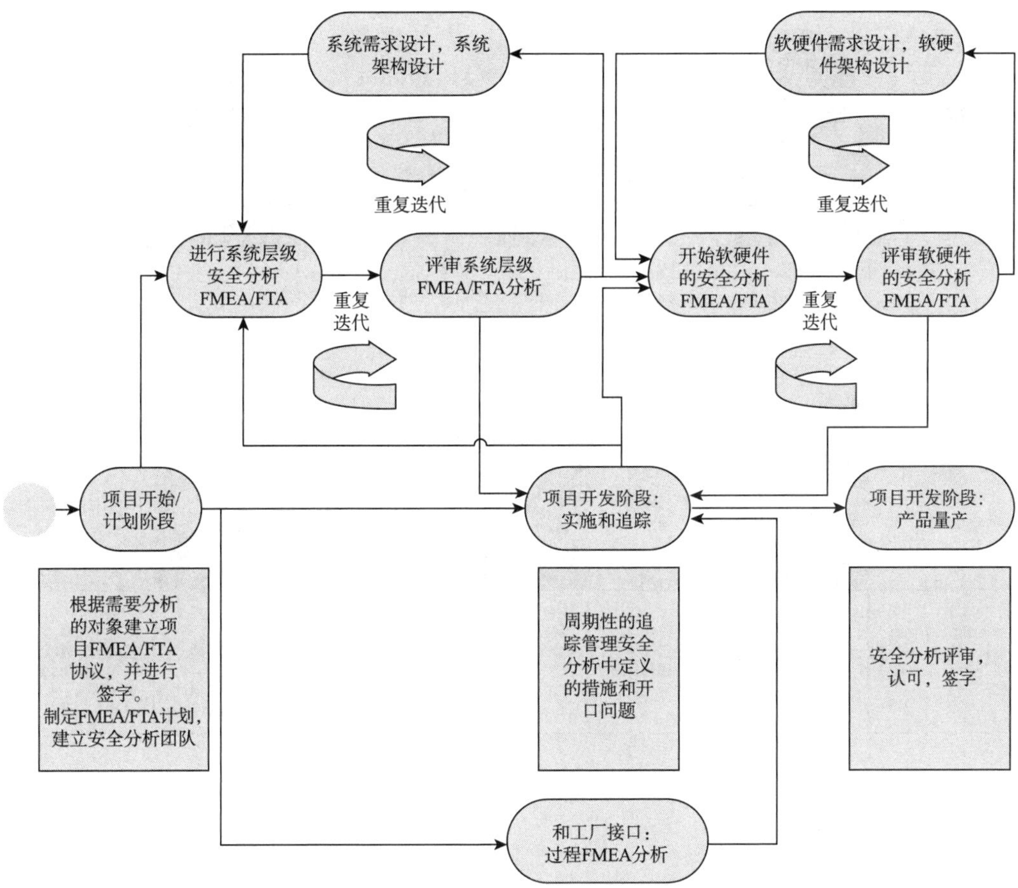

图 4–23　FMEA/FTA 概述

4.4.1 失效模式与影响分析（FMEA）

4.4.1.1 概述和目标

失效模式和影响分析是一种以团队为导向的、系统的、定性的分析方法，旨在评估产品或工艺失效的潜在技术风险，分析这些失效的原因和影响，记录预防和检测措施并建议降低不同类型的风险，包括技术风险、财务风险、时间风险和战略风险。它在产品设计阶段或者过程设计阶段，通过对构成产品的各系统、零件或工序逐一进行分析，找出所有潜在的失效模式并分析造成的后果，从而预先采取必要的措施或者评估已经计划的预防和检测控制是否足够，并建议采取额外的行动，以便在现有的技术基础上消除这些风险或者将这些风险减小到可接受的水平。

4.4.1.2 过程和内容

由于产品故障可能与设计、制造过程、使用、承包商 / 供应商以及服务有关，因此 FMEA 一般被分成设计 DFMEA 和过程 PFMEA。通过图 4–24 了解 FMEA 的分析步骤以及每个步骤应该干什么以及需要参与的角色。

步骤1：计划和准备	步骤2：结构分析	步骤3：功能分析	步骤4：失效分析	步骤5：措施分析	步骤6：优化追踪	步骤7：结果文档化
内容：根据项目计划定义FMEA团队成员，分析范围，分析事件	内容：创建产品/流程概述实现对系统的共同理解，制作方框图/工艺流程图，识别系统元素并创建系统结构	内容：产品/过程功能概述，认识因果关系，对需求的共同理解	内容：确定可能的故障和失效模式，连接失效网	内容：描述故障预防/检测的当前状态–确定故障影响的严重程度，评估发生概率和检测概率，分配相应的行动优先级	内容：产品/流程改进 ·与负责人评估并实施行动 ·检查有效性 ·更新评级和文件	内容：信息、审查、批准、发布 ·显示现有风险概述 ·提出将风险降至最低的措施
工作产物：FMEA协议，FMEA任务计划书	工作产物：FMEA结构树	工作产物：FMEA功能描述，功能网	工作产物：FMEA失效描述，失效网	工作产物：FMEA预防和探测措施定义	工作产物：FMEA措施实施跟踪列表	工作产物：FMEA报告，优先级报告
团队部门：开发部门、应用部门、质量部门、市场部门、生产部门、采购部门、测试部门	角色：系统工程师、功能安全工程师、开发工程师、测试工程师	角色：系统工程师、功能安全工程师、开发工程师、测试工程师	角色：系统工程师、功能安全工程师、开发工程师、测试工程师	角色：系统工程师、功能安全工程师、开发工程师、测试工程师	角色：系统工程师、功能安全工程师、开发工程师、测试工程师、项目经理、质量专家	角色：系统工程师、功能安全工程师、开发工程师、测试工程师、项目经理、质量专家

图 4–24 FMEA 分析流程

4.4.1.3 举例

在此我们用一道大家都很熟悉的菜肴作为分析对象，进行 FMEA 分析方法的举例。

FMEA 分析示例如表 4-11 所示。

表 4-11　FMEA 分析示例

1. 计划和准备	制定目标：做一盘美味的西红柿炒鸡蛋——口感、味道
2. 结构分析	做西红柿炒鸡蛋需要分成买菜、烧制前的准备、烧菜三个步骤
3. 功能分析	对结构分析出来的三个步骤分别需要做什么事进行定义： A. 买菜：购买西红柿、鸡蛋、小葱——烧菜必备调料； B. 烧制前的准备：切均匀的西红柿和小葱，搅拌鸡蛋（加盐、加水），提前热锅； C. 烧菜：先炒小葱，再炒西红柿，盛起后再炒鸡蛋，最后混合，加少许鸡精和糖
4. 失效分析	对三个步骤已经定义好的事情可能的失效进行分析，并且将这些失效如何影响到做一盘美味的西红柿炒鸡蛋进行联系： A. 买菜不新鲜，遗漏了某个配菜或者调料——导致制作的菜口感不好； B. 菜切得不均匀，鸡蛋搅拌不均匀——导致制作的菜味道和口感都不好； C. 调料加多或者烧菜顺序及火候不当——导致制作的菜味道不好
5. 措施分析	针对每个影响目标的失效（错误）进行措施改进： A. 买菜时多家比较后再选择，买菜前将需要买的菜记录下来； B. 平时切菜多加练习以保证切菜均匀，搅拌鸡蛋通过时间来记录是否足够； C. 烧菜步骤、时间可以通过记录来避免错误，并且多加练习来提高熟练度
6. 优化措施	执行和跟踪定义好的措施
7. 结果文档化	记录本次分析的过程和结果

4.4.2　故障树分析（FTA）

4.4.2.1　概述和目标

故障树分析的目的是通过 FTA 过程了解系统，找出薄弱环节，以便改进系统设计、运行和维修，从而提供系统的可靠性、维修性和安全性。

在系统设计过程中，故障树分析通过对可能总成系统故障的各种因素（包括硬件、软件、环境、人为因素）进行分析，画出逻辑框图，它以一个不希望发生的产品故障事件或灾害性危险事件即顶事件作为分析的对象，从需要分析的事件（顶事件）开始，作为故障树的根，通过由上向下的严格按层次的故障因果逻辑分析逐步向下追查导致事件发生的原因。在分析中要求寻找出导致这一失效发生的所有可能的直接原因，这些原因在失效树分析中被称为中间时间。再跟踪找到导致每一个中间时间发生的所有可能原因，循序渐进，直到追踪到的时间对分析对象来说是一种基本原因，这种事件被称为底事件，最终找出导致顶事件发生的所有可能原因和原因组合。FTA 分析其实是一种以特殊的倒立树状逻辑因果关系图分析系统中不希望出现的状态，在有基础数据时计算出顶事件发生的概率和底事件重要度，它不仅可用于预防也用于纠正。系统地考虑潜在故障，并通过 FTA 的方式记录这些故障，有助于描述故障机制并得出相关保证措施。通过 FTA 方法具体可以实现这些目标：

1）识别导致不良事件的原因和原因组合（顶事件）；

2）不良事件或系统可用性发生概率的计算（布尔代数）；

3）识别特别关键的事件和事件组合（故障路径）；

4）确定特别有效的改进可能性；

5）显示和记录故障机制和功能关系；

6）根据 ISO 26262 确定用于证明安全性的特征值。

4.4.2.2 故障树分析过程和内容

图 4–25 展示了 FTA 的分析步骤，参与人员及工作产物。

步骤1：计划和准备	步骤2：确定分析目的	步骤3：构建故障树	步骤4：定性分析	步骤5：定量分析	步骤6：措施定义和选择	步骤7：结果文档化
内容：根据项目计划定义任务，分析范围，分析目标，分析类型，组件FTA团队	内容：进行FTA实现的目标定义——根据有效的边界条件定义不良事件（顶事件）	内容：根据顶事件和分析对象的系统架构，使用演绎法构建故障树	内容：对FTA进行定性分析，得出故障组合（最小割集）	内容：在各个底事件相互独立和已知其发生概率的条件下，得到故障树顶事件发生的概率和重要度指标	内容：将故障树分析的结果同定性和定量分析两方面的具体要求标准进行比较，当存在定时间发生概率高于遵守安全目标所需的高时，需要进行必要的行动来达到FTA目标	内容：信息、审查、批准、发布
工作产物：FTA协议，FTA任务计划书	工作产物：FTA顶事件	工作产物：FTA结构树	工作产物：FTA中所有导致定时间发生的系统故障模式	工作产物： -FTA顶事件发生概率 -重要度指标	工作产物：FTA分析结论，安全机制/措施列表	工作产物：FTA报告
团队部门：开发部门、应用部门、质量部门、市场部门、生产部门、采购部门、测试部门	角色：功能安全工程师	角色：功能安全工程师、开发工程师	角色：功能安全工程师、开发工程师	角色：功能安全工程师、开发工程师	角色：系统工程师、功能安全工程师、开发工程师、项目经理、质量专家	角色：功能安全工程师、开发工程师、项目经理、质量专家

图 4–25 FTA 分析流程

4.4.2.3 构建基本原则

（1）明确结构树的边界条件

在构建故障树时，需要保证故障树的边界和系统边界已知，避免遗漏和重复。一个系统的部件及各部件之间的关联关系很多，为了明确各部件和顶事件的关系，可以在 FMEA 分析的基础上提出部分不相关的部件分析。此外一个明确的系统架构设计是进行结构树搭建的关键输入。

（2）严格定义故障事件

所有故障事件，尤其是顶事件必须严格定义，否则构建的故障树将不正确。对于故障树分析中所谓的故障，指功能元件丧失功能。

（3）在故障树演绎过程中，应寻找直接原因事件，而不是基本原因事件。

演绎过程中，需要循序渐进地寻找直接原因事件，利用直接原因逐步将顶事件演绎为基本原因事件。

（4）应从上向下逐级构建结构树

在构建过程中应先将同一层级的直接原因分析完后，再进行下一层级的分析，这样可以保证分析的完整性。

（5）构建结构树时不应出现逻辑门和逻辑门相连

构建过程中不从文字上对中间事件进行定义就直接分析子树部分，容易出错。

4.4.2.4 举例

图4–26是一套由电源、开关和电机组成的电路。系统处于一个定义的初始状态，其中开关1、开关2均处于打开状态，我们定义异常事件是电机无法启动工作。图4–26b）根据顶事件开展了故障树构建。

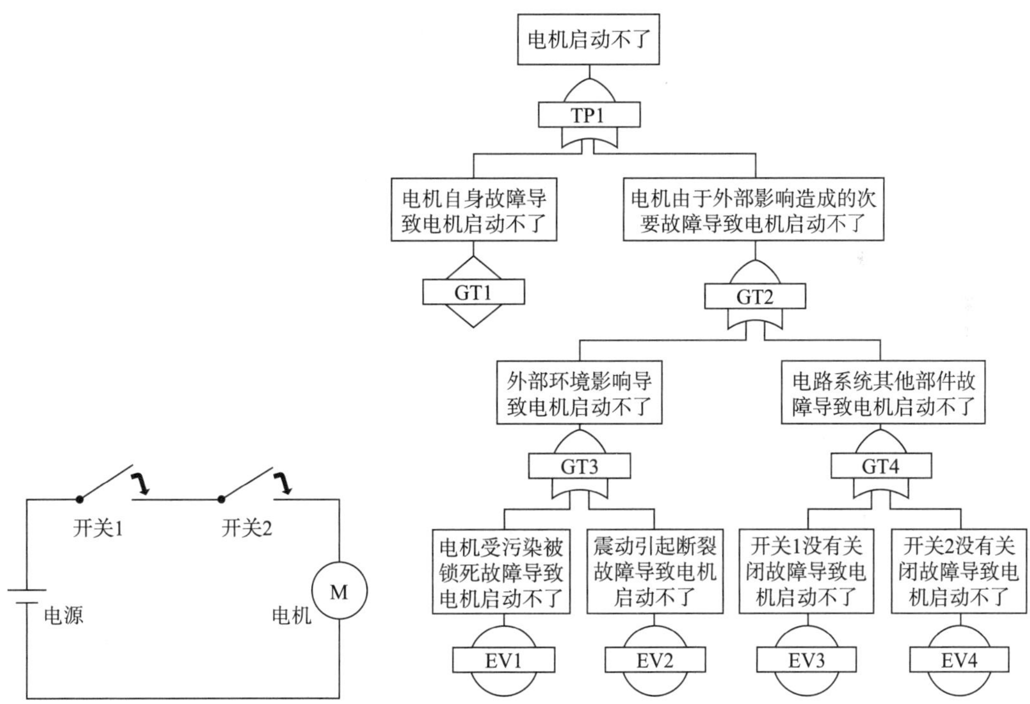

a） b）

图4–26 驱动电机系统FTA分析（示例）

4.4.3 FMEA 和 FTA 的特点与比较

FMEA 与 FTA 的差异见表 4-12。

表 4-12 FMEA 与 FTA 的差异

比较方面	故障树分析（FTA）	潜在故障模式及影响分析（FMEA）
分析方式	演绎式：由顶事件经过中间事件直至最下级的基本事件用逻辑符号连接，形成树状图	归纳式：添加故障模式对系统和部件的影响，及造成故障模式的原因进行措施定义
分析对象	适合分析复杂系统	适合分析简单，复杂系统
分析方向	源自结果。自上而下，从不希望发生的定时间向原因方面做分析	源自原因，自下而上，从单一故障模式面向结果，向上级系统的故障方面进行分析
故障模式	多点故障模式	单点故障模式
分析功能	1）定性分析 2）定量分析：可以计算不良事件（顶事件）的概率	定性分析
方法特点	优点：可以分析多重故障，并且明确各种故障发生时造成顶事件发生的概率。可以进行深入的分析。它不仅可以分析部件错误、软件错误、控制错误、环境应力等引起的故障，以及进行多重故障分析，也可以从逻辑上明确故障的发生过程，定量计算顶事件发生的概率。 劣势：1）对于复杂系统的分析耗时较长；2）需要使用者高度掌握相关数学知识：概率论、数理统计、布尔代数和可靠性理论	优点：1）是定性的（主观的），而不是定量的（可衡量的），将构成对象的所有元素的所有故障模式进行假设，找到引起这些故障模式的所有原因； 2）一套完整的 FMEA 资料，是各方面经验的总结，是宝贵的工程财富，可以供产品各环节进行参考使用。 劣势：1）只输入硬件的单一故障模式，因而是孤立的分析。对于含大量部件，具有多重功能的工作模式和维修措施的复杂系统，以及环境影响大的系统，在应用上有困难； 2）静态的单一因素分析法，在动态分析方面还不完善，若对系统实施全面的分析还应与其他分析方法相结合

不论是使用 FMEA 还是 FTA，或者使用其他的安全方式都是产品开发过程中不可缺少的环节，这有助于开发稳健的产品和流程，并以此方式保障公司产品的成功。

4.4.4 相关失效分析（DFA）

同 FMEA、FTA 传统安全分析相比，DFA 的概念出现和方法的引入相对较迟。因为随着对汽车电子系统功能安全的深入研究和实践经验的积累，意识到了依赖性失效的重要性和影响。因此 DFA 被引入，以弥补传统失效分析方法的不足。相关失效分析旨在识别出各要素间所要求的独立性及违背安全要求（或安全）目标的单一事件（或原因），使各要素免于干扰，避免因独立性无效或受干扰无效。

具体结合标准来看，DFA 主要解决如下两类问题：

1）共因失效（CCF）：当两个或多个要素的失效是由于单个特定事件或根因引起的，称为共因失效。例如，如果时钟、CPU 等出现失效会导致很多电路和控制失效。

2）级联失效（Cascading Failure）：一个要素的失效会导致另一个要素的失效，看起来像一连串的失效，称为级联失效。例如，如果开发信号处理模块失效，会引发驾驶意图的模块失效。

相关失效的潜在可能性可以根据 GB/T 34590.8—2022 安全分析的结果识别得到，系统性失效和随机硬件失效都有可能成为相关失效。对相关失效的潜在可能性的识别可基于演绎分析法：割集检查或者 FTA 中重复的相同事件可表明相关失效的潜在可能性。归纳分析法也可支持该识别：在 FMEA 中多次出现的具有相似失效模式的相似元器件或组件可提供相关失效潜在可能性的额外信息。

相关失效分析的输入包括了系统、硬件和软件层面安全需求中的独立性要求和免于干扰的要求以及这些要求对应的架构信息。根据架构信息确定相关失效分析的范围边界，然后通过以下架构特征进行分析：

1）相似的和不相似的冗余要素；

2）由相同的软件或硬件要素实现的不同功能；

3）功能及其相关安全机制；

4）功能的分割或软件要素的分隔；

5）硬件要素间的物理距离，有隔离或无隔离；

6）共同的外部资源。

应评估每个识别出的相关失效的潜在可能性，以判定其合理性，即是否存在导致相关失效并违背给定要素间所要求的独立性或免于干扰的合理可预见原因。同时还应考虑所分析相关项或要素的运行工况，并考虑其各种运行模式。

4.5 软硬件接口

软硬件接口（HSI）用于约定硬件和软件开发之间的技术依赖性。软硬件接口规范相关工作成果的输出在 GB/T 34590.4—2022 中 6.5.4 提出，需要满足 GB/T 34590.4—2022 中 6.4.7 相关要求。

如图 4-27 所示，软硬件接口规范不仅涉及系统架构的输出，同时也是硬件架构和软件架构设计的重要组成部分。随着开发工作在硬件域和软件域的展开，软硬件接口规范在系统域定义的内容需要被深入分析并被充分地细分（具体参考 GB/T 34590.5—2022 中 6.5.2 和 GB/T 34590.6—2022 中 6.5.2），以便允许软件要素能够正确地控制和使用硬件要素。软硬件接口规范（细化）活动需要软硬件开发人员共同负责，并在后续的验证活动中评审是否满足充分性要求。

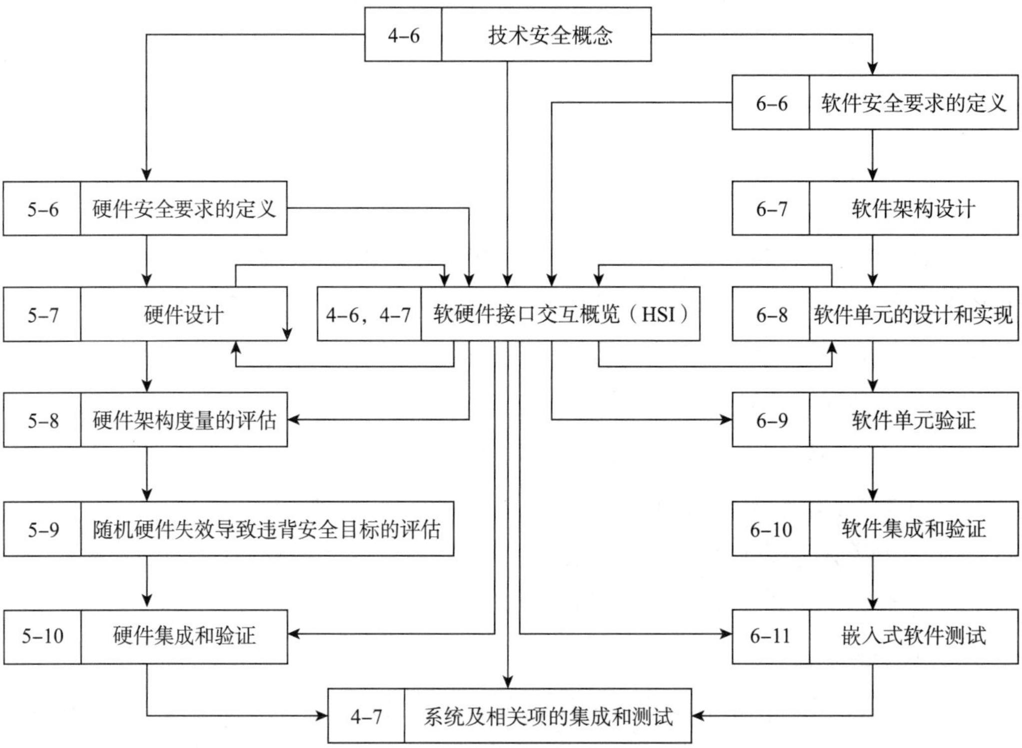

图 4-27 软硬件接口交互示意图

4.5.1 目的和要求

ASPICE 中 SYS.3.BP3 明确要求需要定义每个系统要素的接口，具体包括系统要素的识别、开发及文档化。同时，在 SYS.4.BP3 开发系统集成测试规范中也表明符合系统架构设计是指定义的集成测试适于证明系统项之间的接口满足系统架构设计的规范。

实施软硬件接口规范时，建议能够同步考虑 ASPICE 流程的要求，以便工作成果能够同时满足 GB/T 34590.4—2022 中 6.5.7 和 ASPICE 中 SYS.3.BP3 的要求。

4.5.2 过程介绍

软硬件接口开发过程定义如图 4–28 所示。

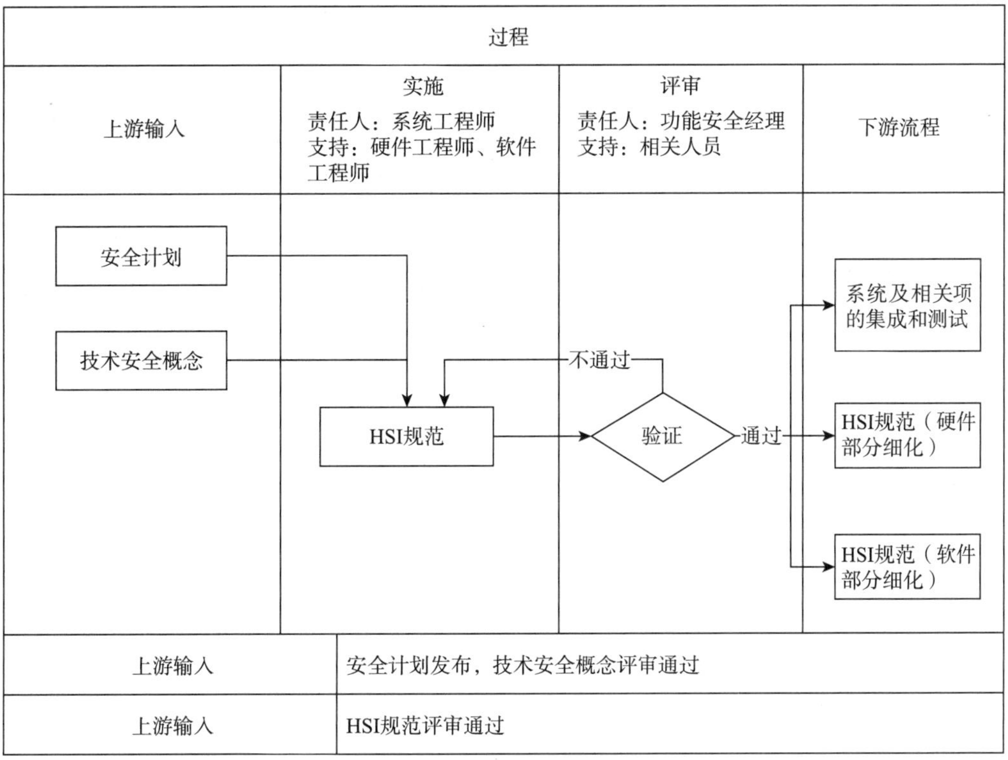

图 4–28　软硬件接口开发过程定义

4.5.3 分析对象

参考 GB/T 34590.4—2022 中 B.2 的定义，软硬件接口可以考虑以下要素。

（1）存储器：

1）易失性存储器（例如：RAM）；

2）非易失性存储器（例如：ROM）。

（2）总线接口：

例如：控制器局域网（CAN），局域互联网（LIN），低压差分信号传输（LVDS）。

（3）转换器：

1）模 / 数转换器；

2）数 / 模转换器；

3）脉冲宽度调制（PWM）。

（4）多路转换器。

（5）电气输入 / 输出。

（6）看门狗：

1）内部；

2）外部。

以上只是部分举例，在实施过程中，可以参考技术安全概念的安全架构或系统架构。在 GB/T 34590.5—2022 中 6.5.2 和 GB/T 34590.6—2022 中 6.5.2 要求的软硬件接口规范（细化）的工作输出需要参考软件架构和硬件架构进行细化。

对于软硬件接口规范设计的目录的构建，可以将分析的相关要素作为独立章节（比如二级标题），对于不同类型的软硬件要素根据接口特性进行细化。接口特性的分析如下。

（1）中断。

（2）时序一致性。

（3）数据完整性。

（4）初始化。

1）存储器及寄存器；

2）引导管理。

（5）信息传输：

1）发送信息；

2）接收信息。

（6）网络模式：

1）睡眠；

2）唤醒。

（7）存储器管理：

1）读；

2）写；

3）诊断；

4）地址空间；

5）数据类型。

（8）实时计数器：

1）启动计数器；

2）停止计数器；

3）冻结计数器；

4）加载计数器。

4.5.4 软硬件接口（HSI）示例

参考上游输入文件技术安全概念，如果功能模块的输入和输出已经定义，建议对每一个接口进行编号，以便于溯源工作的开展。推荐需要在软硬件接口规范中有章节引用技术安全概念输出的系统架构并做迭代更新，HSI 应该是随着技术安全概念和安全分析的迭代而被不断迭代更新的。系统架构示例如图 4–29 所示。

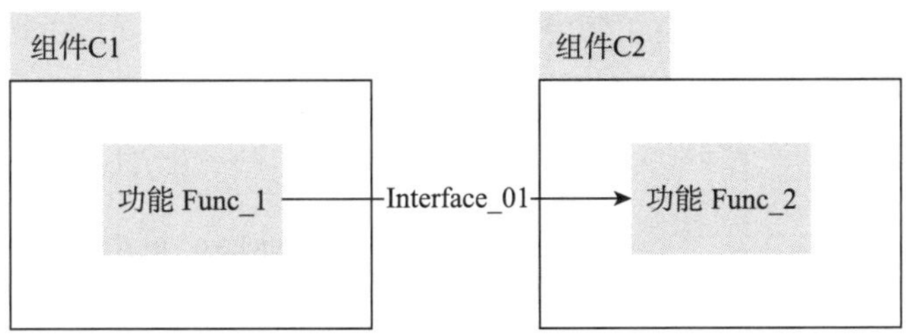

图 4–29　系统架构示例

软硬件接口示例如表 4–13 所示。

表 4–13　软硬件接口示例

接口编号	接口名称	接口功能	接口类型	信号描述	ASIL	TSR ID
Interface_01	CAN_TRX	接收车身信息	CAN FD	接收轮速脉冲信号	ASIL B	TSR_XXX

以下是系统要素微处理器（μC）的实施举例，建议可以在软硬件接口规范（细化）的工作成果中使用。这里特别强调，表 4–14 中的需求编号 REQ ID 需要被正确地填写并在验证报告的检查清单中被有效检查，以便确认该活动是否满足标准要求的硬件和软件之间的每一项安全相关的关联性。

表 4–14　微处理器软硬件接口示例

引脚 Pin	端口 Port	端口名 Port name	寄存器名 REGISTER NAME	端口功能 Port Function	备注 Remarks	工作模式 Operation mode Status	需求编号 REQ ID
1	VREFL	“L” ref.for ADC	CONFIG001	—	Connected to ground		HSR_XXX
2	VREFH	“H” ref.for ADC	CONFIG002	—	Connected to permanent 5 V		HSR_XXX

续表

引脚 Pin	端口 Port	端口名 Port name	寄存器名 REGISTER NAME	端口功能 Port Function	备注 Remarks	工作模式 Operation mode Status	需求编号 REQ ID
3	RX	CAN_RXD	CONFIG003	CAN: Receive data	CAN bus, supports maximum bit rate of 5 Mbit/s	Reset: HIGH_Z Normal: IN Sleep: IN	
4	TX	CAN_TXD	CONFIG004	CAN: Transmit data			
5	DVCC5	5 V supply	CONFIG005	—	Connected to permanent 5 V		
6	WUINT5	PW_V_ LOW	CONFIG007	Wake-up	Configurable on rising and falling edge [L: Low batt, load dump or temperature problem; H: Normal operation]	Reset: HIGH_Z Normal: IN Sleep: IN	SSR_XXX
7	AN4	SENSE_ PHANTOM	CONFIG008	ADC Input	To detect if the active antenna is inserted, not inserted or shorted to ground Shorted to ground: 0.45 V ~ 1.074 V Inserted: 3.8 V ~ 4.7 V Not inserted: 0 V	Reset: HIGH_Z Normal: IN Sleep: IN	

4.6 集成和测试策略

集成是将开发成果逐步组合的过程，测试是为验证组合后的结果是否符合要求，集成和测试都需要有对应的方法进行指导，故两个阶段均需要建立对应的策略。

系统及相关项的集成和测试均各包含三个子阶段：

1）软件与硬件的集成与测试；

2）系统要素的集成与测试；

3）整车的集成与测试。

通常对于分布式开发的项目来说，子阶段 1）和子阶段 2）是系统供应商的职责，整车集成与测试是主机厂的职责，但系统供应商需提供对应的支持。这些职责的划分可在双方的项目开发接口协议（DIA）中约束。

对于主机厂自研开发的项目来说，子阶段 1）、2）和 3）都是主机厂的职责，主机厂内部多个部门的职责的划分可由主机厂自行决定，例如：自研电驱系统、自研智驾系统等；如有个别零部件是由供应商研发并提供，建议也采用分布式开发的模式，通过签订项目开发接口协议（DIA）进行约束。

虽然功能安全标准 GB/T 34590.4.7.5.1—2022 和 GB/T 34590.4.7.5.2—2022 中要求的工作成果仅罗列了集成和测试策略及集成和测试报告，建议在实际实施的过程中仍按照上述三个子阶段进行拆分，每个子阶段能有单独的测试策略和报告，互为补充，以便更好地在不同的开发参与者之间进行职责区分。

另外，集成测试规范（含测试用例的描述）作为集成和测试活动在项目中落地实施的重要环节，也建议作为工作成果在产品开发过程中加以要求。

项目开发接口协议（DIA）示例（部分）见表 4–15。

通常来说，系统及相关项集成与测试策略需要包含以下内容：

1）目的，主要指集成与测试环节所要达成的目标；

2）适用范围，主要指该工作项的应用范围，例如针对平台项目或者特定项目；

3）必要输入，一般可以分为文件和对象两个大类，文件类，即各个集成与测试阶段对应的设计规范，对象类即待集成的软件和目标硬件控制器，例如：驱动电机控制器的软硬件集成测试，一般必要的文件输入为软硬件接口规范、系统架构设计规范、技术安全要求规范等，对象为驱动电机控制器的硬件和软件，包括特制测试及软硬件（用于软硬件内部故障注入），标定用软件及标定数据库（用于修改特定标定值）；

4）导出集成测试用例的方法选择及合理性说明：GB/T 34590.4—2022 中表 3 中定义了导出集成测试用例的方法，需基于产品所对应的 ASIL 等级及实际项目情况来选择合适的方法。方法选择的基本原则可参见 2.6。

表 4–16 为导出集成测试用例的方法。

表 4–15　项目开发接口协议（DIA）示例（部分）

Activity	Part/ §	Work products	Requirement level for ASIL				Responsible	Documents mapping	Due cate	Comments	Form of Delivery
			A	B	C	D					
System and item integration and testing on ECU level	Part 4/ 7.5.1	Integration and test stragtegy（HW&SW） 集成和测试策略（硬件 & 软件）	++[1]	++	++	++	Supplier				On site review
	Part 4/ 7.5.2	Integration and test report（HW&SW） 集成和测试报告（硬件 & 软件）	++	++	++	++	Supplier				On site review
	Part 4/ 7.5.1	Integration and test stragtegy（System） 集成和测试策略（系统）	++	++	++	++	Supplier				Full
	Part 4/ 7.5.2	Integration and test report（Vehicle） 集成和测试报告（系统）	++	++	++	++	Supplier				Full
	Part 4/ 7.5.1	Integration and test stragtegy（Vehicle） 集成和测试策略（整车）	++	++	++	++	Customer				NA
	Part 4/ 7.5.2	Integration and test report（Vehicle） 集成和测试报告（整车）	++	++	++	++	Customer				NA

1）本书中所有表中符号：“++”表示对于指定的ASIL等级，高度推荐该方法；“+”表示对指定的ASIL等级，推荐该方法；“0”表示对于指定的ASIL等级，不推荐也不反对该方法。

表 4–16 导出集成测试用例的方法

方法		ASIL 等级			
		ASIL A	ASIL B	ASIL C	ASIL D
1a	需求分析	++	++	++	++
1b	外部和内部接口分析	+	++	++	++
1c	软硬件集成等价类的生成和分析	+	+	++	++
1d	边界值分析	+	+	++	++
1e	基于知识或经验的错误猜测法	+	+	++	++
1f	功能的相关性分析	+	+	++	++
1g	相关失效的共有限制条件、次序及来源分析，见 GB/T 34590.9—2022 的第 7 章	+	+	++	++
1h	环境条件和操作用例分析	+	++	++	++
1i	现场经验分析	+	++	++	++

按照表 4–16 的方法要求导出测试用例的时候，通常有一个误解，即认为每条需求都必须依据所有方法逐个导出测试用例，实则不然，具体还是要看方法的适用性。我们谈的方法覆盖要求，指的是对应的整个测试阶段，能够覆盖所有在集成测试策略中选取的方法。

部分方法说明如下：

a）基于知识或经验的错误猜测法

该方法的应用主要参考 FMEA 的分析结果，FMEA 本身有要求涵盖参考前序平台或历史经验的输入，所以 FMEA 可以列为主要的参考对象。

b）功能的相关性分析

该方法的应用主要考虑功能之间的互相依赖。

c）相关失效的共有限制条件、次序及来源分析

该方法需从相关失效（DFA）的分析结果来考虑。相关失效的分析聚焦于共因和级联两种失效模式，涉及的影响因子可能包括随机硬件失效、环境因素、共同外部资源或信息失效、特定工况下的压力等。

例如，相关失效分析中发现驱动电机系统的低压供电为一个共因影响因子，如低压供电失效，则电机控制器无法进入安全状态主动短路（ASC），因而在设计上采取措施以满足 ASIL 分解的要求：与高压供电互为备份。在测试用例的设计中，就应该对这个供电进行故障注入测试，制造供电过高或供电过低（包含掉电）的故障，观察设计

措施是否有效。

d）环境条件和操作用例分析

在功能安全开发概念阶段，进行相关项定义的时候，就对系统的运行环境和工作模式进行过说明，此方法的应用根据当时的定义进行测试用例的设计即可。

e）现场经验分析

现场经验，通常来源于量产后的售后反馈，开发阶段对产品应用的场景很难穷尽，所以还需要售后管理流程来监管产品售后的市场反馈，利用此反馈逐步优化 FMEA 和改善设计，这也是为什么功能安全对运行、服务和报废提出要求的原因（具体可以参考 GB/T 34590.7.5.1—2022 现场观察指导说明及本书的第 8 章）。

要注意，即使某一大类的方法都是“+”，我们也会考虑适当选取其中几个方法进行结合，以提高测试的覆盖率。

方法的选择说明示例可参考表 4–17。

表 4–17　导出用例方法选择说明示例

方法		ASIL 等级				方法选择 / 合理性说明
		ASIL A	ASIL B	ASIL C	ASIL D	
1a	需求分析	++	++	++	++	应用

通常，我们会综合使用方法，来导出测试用例，针对相同的测试输入可以进行合并以提升测试效率。

示例见表 4–18，该示例仅为说明利用相关方法导出集成测试用例的思考过程，内容已进行简化。

表 4–18　驱动电机控制单元技术安全要求示例

TSR 序号	技术安全要求	ASIL
TSR001	驱动电机控制单元的正常工作电压（低压部分）范围为 9 V ~ 16 V（+/–0.5 V）。如电压过低或电压过高，需在 TBDms（该时间根据 FTTI 定义）内进入安全状态	ASIL C

基于方法导出集成测试用例的过程示例见表 4–19。

表 4–19　基于方法导出集成测试用例过程示例

方法		测试输入 ［供电电压 V_{bat}］
1a	需求分析	设置 V_{bat}=[9 V，16 V]
1b	外部和内部接口分析	设置 V_{bat}=[9 V，16 V]

续表

方法		测试输入 ［供电电压 V_{bat}］
1c	软硬件集成等价类的生成和分析	经采用等价类方法进行分析，设置 1）V_{bat}=[9 V，16 V] 2）0 V≤V_{bat}<9 V 3）V_{bat}<0 4）16 V<V_{bat}≤25 V 5）V_{bat}>25 V
1d	边界值分析	设置 V_{bat}=[8.9 V，9.1 V，15.9 V，16.1 V]
1e	基于知识或经验的错误猜测法	根据经验及电源可能存在的失效模式，电源振荡可能造成供电过高或供电过低，模拟此类故障进行注入
1f	功能的相关性分析	不适用
1g	相关失效的共有限制条件、次序及来源分析，见 GB/T 34590.9—2022 的第 7 章	设置 V_{bat}=0* * 观察备份电源是否起作用。
1h	环境条件和操作用例分析	设置 V_{bat}=8.9 V（环境温度 -40 ℃）** ** 电池受温度影响较大，结合驱动电机控制单元的最低工作温度。
1i	现场经验分析	不适用
注：根据导出集成测试用例方法得出的测试输入值，需进行合并，以简化测试脚本，提升测试效率。		

5）测试方法的选择及合理性说明

每个层级测试所需要采用的测试方法，针对不同的 ASIL 等级，需要根据适用性选择合适的测试方法。

一般列为强烈推荐（++）的，是在开发中必须要使用的，如果不能使用，则要给出合理的理由，例如某方法原本就是对基于模型开发的产品提出的要求，则基于手写代码开发的产品自然不适用；另外，受限于测试环境，也可以将一部分测试方法的要求在后续的测试阶段合并实施。

方法的选择说明示例可参考表 4-20。

表 4-20 测试方法选择说明示例

方法		ASIL 等级				方法选择 / 合理性说明
		ASIL A	ASIL B	ASIL C	ASIL D	
1a	基于需求的测试	++	++	++	++	应用

6）准入准出条件

很多时候，研发人员会遇到这些问题：什么情况下可以开始集成，什么情况下可以开始测试，什么情况下测试才算通过（比如100个测试用例，通过了90个，这个算是测试通过还是不通过），这就需要定义准入和准出的条件。

常见的准入条件需要考虑输入的文件和被测对象的成熟度。

常见的准出条件需要考虑测试用例的执行覆盖度和通过率（含回归测试），如有不符合项，是否有跟踪关闭措施；验证评审是否通过；测试报告是否依据流程完成审批等。

7）测试环境和工具链

对测试环境的说明，例如软件在环（SIL）、硬件在环（HIL），台架还是整车，包括设备的搭建及工具的说明。

对于虚拟仿真测试工具链，应确保其结果可信度、测试稳定性及与真实测试的一致性。

对于故障注入测试工具链，应确保其控制和采样精度、稳定性、一致性。

对于实车测量设备，应对其采样和存储频率、精度、滤波性能等进行定义。

对于试验车辆，应对其载荷、胎压等状态进行定义。

简单的测试环境说明示例如表4-21所示。

表4-21　测试环境说明示例

<table>
<tr><td rowspan="4">测试环境工具说明</td><td rowspan="2">SIL</td><td>MATLAB SIMULINK / STATE FLOW</td></tr>
<tr><td>Tessy Tool</td></tr>
<tr><td rowspan="2">PIL</td><td>Code Composer studio 4.3 / Tessy Tool</td></tr>
<tr><td>Target board</td></tr>
</table>

8）回归策略

对于已经测试通过的软硬件版本，若发生新的软硬件变更，应进行安全影响分析，确定是否需要重新开展全部或部分集成和测试活动。

注：变更包括安全需求定义的变更、安全需求实现的变更、承载安全需求的相关系统或组件的变更等。

对于分析下来有安全影响的变更，应针对变更点进行全覆盖的测试，对非变更点但可能有间接影响的部分进行回归测试。

注：通过定义典型用例集，作为回归测试集，以判断变更是否导致潜在的功能或性能回退风险。

对于回归策略，应进行文档化和追溯管理，通过评审确保其合理性和有效性。

9）工作成果（示例）

—— 集成测试策略（含计划）；

—— 集成测试规范；

—— 集成测试报告；

—— 集成测试策略（含计划）的检查单；

—— 集成测试规范的检查单。

10）集成与测试的具体时间计划

集成与测试的具体时间计划，需包含集成和测试的活动项规划，一般列入项目计划中，因为这份工作成果的更新频率可能会比较高，也可以形成一份单独的工作成果。

从表 4–22 的对比中可以看出，几个不同阶段的测试目标几乎是一致的，有所区别的只是测试对象 / 测试环境和测试阶段的差异。故而制定集成测试策略的目的主要是为了对几个子阶段的测试进行统筹，基于已实施的功能、功能复杂性或系统的分布特性，如有足够的理由，在其他集成子阶段执行测试也是可行的。

表 4–22　不同层级测试目标对比

软硬件测试中的测试目标	系统测试中的测试目标	整车测试中的测试目标
技术安全要求在软硬件层面的正确执行	功能安全和技术安全要求在系统层面的正确执行	功能安全要求在整车层面上的正确执行
安全机制在软硬件层面的正确功能性能、准确性和时序	安全机制在系统层面的正确功能性能、准确性和时序	安全机制在整车层面的正确功能性能、准确性和时序
外部和内部接口在软硬件层面执行的一致性和正确性	外部和内部接口在系统层面执行的一致性和正确性	整车层面内外部接口实现的正确性
安全机制在软硬件层面的有效性	—	—
在软硬件层面的鲁棒性	系统层面的鲁棒性水平	整车层面的鲁棒性水平

另有几点说明：

1）安全异常报告：测试中的安全异常可参考本书 2.4 的要求进行报告。

2）表单的追溯只是一种实现方法，现在的开发，在大部分情况下会应用工具系统（例如 Doors、Jira）来进行需求与测试用例之间的双向追溯性管理，效率更高地展示对需求的覆盖。应用工具的同时，需要考虑对软件工具的鉴定。

3）如系统有不同的配置（例如：软件、硬件、传感器、执行器等），则需考虑所测试的对象，是否可以覆盖不同配置的要求，一般会选择最大的配置要求进行测试并给出可以覆盖其他配置的合理性说明。

4.7 软硬件集成和测试

4.7.1 目标和方法

软件与硬件的集成是将软件刷写入硬件的过程。随着汽车行业系统复杂程度的发展，已经不只是MCU芯片软件的刷写，还有SOC芯片的刷写过程。

在这个阶段的集成之前，理论上需要完成软件的集成测试和硬件的集成测试，但由于集成的软件或集成的硬件测试，需要对应的测试环境支持。以驱动电机控制系统为例，硬件集成测试因需要底层软件的支持，故可以与软硬件集成测试进行部分整合。

该子阶段测试的主要目的是验证软硬件接口规范和技术安全要求的实现。以驱动电机系统为例，常见的测试对象为图4-30中虚线内的软硬件集成后组成的控制器。

软件接口规范内的要素都是测试的一部分内容，例如转换器（数/模、模/数、PWM）的设置，多路转换器的选择，外部电气输入与内部微处理器的引脚定义一致性，看门狗的配置，存储器的读、写、诊断、地址空间和数据类型设置，计数器的配置实现等。

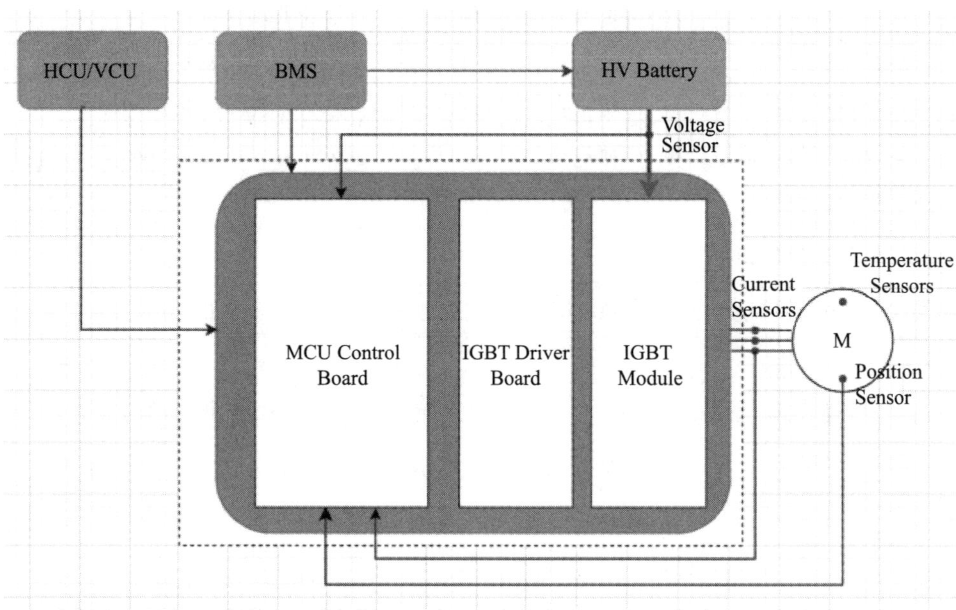

图4-30 驱动电机控制器（示例）

该子阶段涉及的测试目标与测试方法很多，但我们可以进行一个简单的归纳，见

图 4-31。

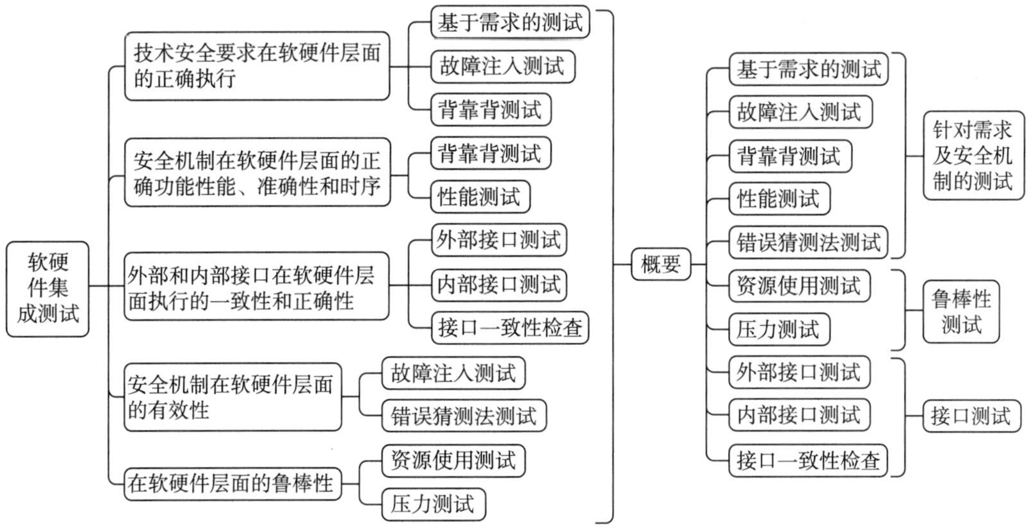

图 4-31　软硬件集成测试方法总结

其中，性能测试主要验证安全机制在电子控制单元层面的执行是否满足所设计的故障检测时间及故障诊断时间，与技术安全要求的是否一致。

软硬件集成测试子阶段的背靠背测试对比通常指测试对象和仿真模型对相同激励的反应，但在不方便建模的情况下，也可以考虑利用软硬件集成测试阶段和系统集成测试阶段的结果进行对比，或硬件在环（HIL）的测试结果与台架测试的结果进行对比。

本子阶段的资源使用测试，一般是验证软件元素在硬件上运行所占用的资源，比如 RAM、ROM、CPU 的资源使用率，通常需要模拟最恶劣的运行工况，比如针对驱动电机控制器，模拟电机负载最高的情况就是其中之一。一般建议资源利用率不超过 70%～80%。

接口测试中的外部接口测试可以与系统集成测试子阶段的内部接口测试适当整合，以节省测试资源。非功能安全和功能安全的接口测试可以合并进行，不建议区分。接口的一致性检测一般指的是内外部接口的一致性检查。

压力测试是验证测试对象在高运行负荷或高环境要求下能否正确运行。因此，测试可以通过施加高负荷，或异常的接口负荷，或一些值（总线负载、电击等）完成，也可以通过极限的温度、湿度或机械冲击测试未完成。这部分测试一般会在汽车行业的设计验证（DV）测试中执行，可以考虑与系统集成测试阶段的压力测试合并实施。针对驱动电机控制单元，可以参考诸如 GB/T 29307—2022 电动汽车用驱动电机系统可靠性试验方法之类的标准。

4.7.2 准入和准出条件

（1）准入条件

1）所涉及的软件、硬件功能已开发完成并发布，作为输入给到测试团队；

2）软硬件安全要求、软硬件安全设计、软硬件接口规范等已完成并发布，验证准则定义清晰明确；

3）软硬件安全分析均已完成并输出所需措施给到测试团队；

4）所涉及的软件、硬件层级测试均已完成；

5）所有软件、硬件层级测试中的问题需要记录在案，并且可追溯；

6）所涉及的配置（软件、硬件、标定数据）需要冻结版本基线释放给测试团队。

（2）准出条件

1）基于测试计划定义的测试用例均完成执行，对于未成功执行的测试需要给出说明，并评估风险，对于风险项，需给出后续跟进计划；

2）所有发现的问题需要记录在案，并基于严重等级进行风险评估，对于风险项，应在当前版本予以解决，如果短期无法解决，需要有后备方案来缓解风险。

4.7.3 测试用例设计方法

测试用例可以参考表 4-10 推荐的方法或其组合进行设计。

4.7.4 测试工具和环境

（1）测试工具

故障注入设备（可用于 ECU 软硬件内部故障的注入，例如 INCA）。

（2）测试环境

1）硬件在环台架；

2）实验室车辆模型。

4.7.5 实际案例

示例见表 4-23，该示例仅为说明软硬件集成测试的测试用例，内容已进行简化。

表 4–23 驱动电机控制软硬件集成测试示例

Test ID. 测试用例序号	Test Stage 测试阶段	Derive Method 测试用例导出方法	Test Method 测试方法	Test Consequece 测试流程					1st round Test 第一轮测试				Traceability TSR/FSR 追溯	Review Status 审核状态	Comment 备注
				Pre–condition 前置条件	Test Environment 测试环境	Input Value 测试输入值	Test Procedure 测试步骤	Expected Result 预期测试结果	Test case Selected 是 / 否选择该测试用例	Test Summary 测试总结	Actual Result 实际测试结果	Test Log 测试 Log			
ItemIT_001	软硬件集成测试	· 需求分析 · 外部和内部接口分析 · 软硬件集成等价类的生成和分析 · 边界值分析	· 基于需求的测试 · 故障注入测试 · 性能测试 · 内部接口测试	当驱动电机控制单元上电之后，无 DTC 报出，功能正常运行	测试环境 A	1. VuC=[Vmin–0.2，Vmin，Vnormal，Vmax，Vmax+0.2] 2. 设置 Vuc<Vmin–0.2 3. 设置 Vuc>Vmax+0.2	0. 依照测试环境 A 要求搭建测试环境 1. 电子控制单元上电 2. 检查是否有当前故障 3. 根据测试输入值注入 4. 观察是否进行预期 4. 保存测试 Log 5. 移除故障 6. 观察故障恢复状态 7. 清除历史故障 8. 电子控制单元下电 * 如有多个测试输入值，则重复步骤 1~8。	1. 无 DTC 2. 预期结果如下： · DTC=0001 · FHTI=xyzms · 进入安全状态 A · 故障移除后，对应故障成为历史故障并可被清除 3. 预期结果如下： · DTC=0002 · FHTI=xyzms · 进入安全状态 A · 故障移除后，对应故障成为历史故障并可被清除	< 是 / 否 >	< 通过 / 不通过 >	< 记录实际测试结果 >	< 存储地址 >	TSR003	发布	

4.8 系统集成和测试

4.8.1 目标和方法

系统集成是将系统要素组合起来的过程，而集成的范围与相关项定义中所定义的系统范围一致，一般为传感器、处理单元与执行机构的集成。

在实际开发过程中，系统集成测试、整车集成测试与安全确认之间的区别是很多测试人员的困扰。

简单来说，系统集成测试，一般是在台架或 HIL 上进行的，专注于本系统的测试，其余关联系统大多以仿真的方式出现。

整车集成测试，是在实车或接近实车的集成台架上进行的，主要是验证各系统之间的实际耦合以及某些执行机构在整车层级的响应，比如真实的车身稳定系统、高压电源系统对驱动电机系统的影响，通常整车集成测试会与安全标定活动合并。

安全确认，包括在开发初期对危害及风险分析的假设、功能安全目标的充分性与合理性，进行基于试验的确认，以及在产品阶段对功能安全目标的实现，进行基于测试的确认。

系统集成测试子阶段的主要目的是验证技术安全要求与功能安全要求的实现（技术安全要求内可能也包含一部分对传感器和执行机构的要求）。

以驱动电机系统为例，常见的测试对象为图 4–32 中虚线内的集成了传感器和执行机构的系统，涵盖了信号级和功率级的测试。

该子阶段涉及的测试目标与测试方法也很多，本书进行了一个简单的归纳，见图 4–33。

其中，系统集成测试阶段的背靠背测试，如有台架与仿真的对比最佳，也可以将系统集成测试阶段的表现与整车集成测试阶段的表现进行对比。

性能测试主要验证安全机制在系统层面的执行是否满足所设计的故障响应时间，与技术安全要求或功能安全要求的是否一致。

资源使用测试主要是测试本系统的功耗和对接口资源的使用率，比如各种通信（例如：CAN、SPI、Flexray）的通信负载率和电流功耗测试，通常在动态环境中［如：实验室车辆模型（lab car）或原型车］进行。以驱动电机系统为例，资源使用测试一般在台架上进行，搭载电机进行各种运行工况模拟测试。如以 ADAS 系统为例，还需要考虑构建感知场景的复杂性（例如增设不同的识别目标），以提高负载使用来验证系统的资源使用率。

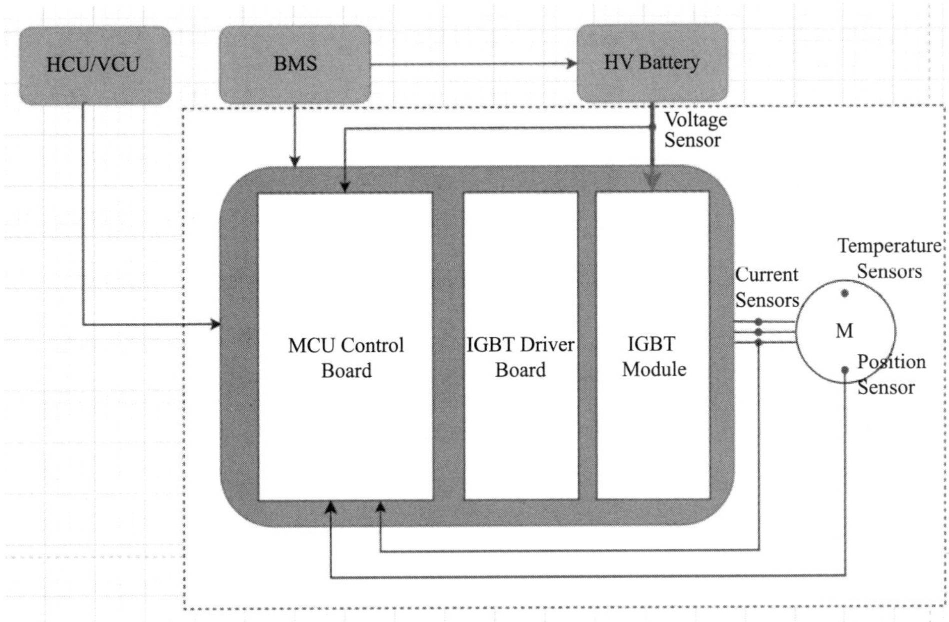

图 4-32　驱动电机系统（示例）

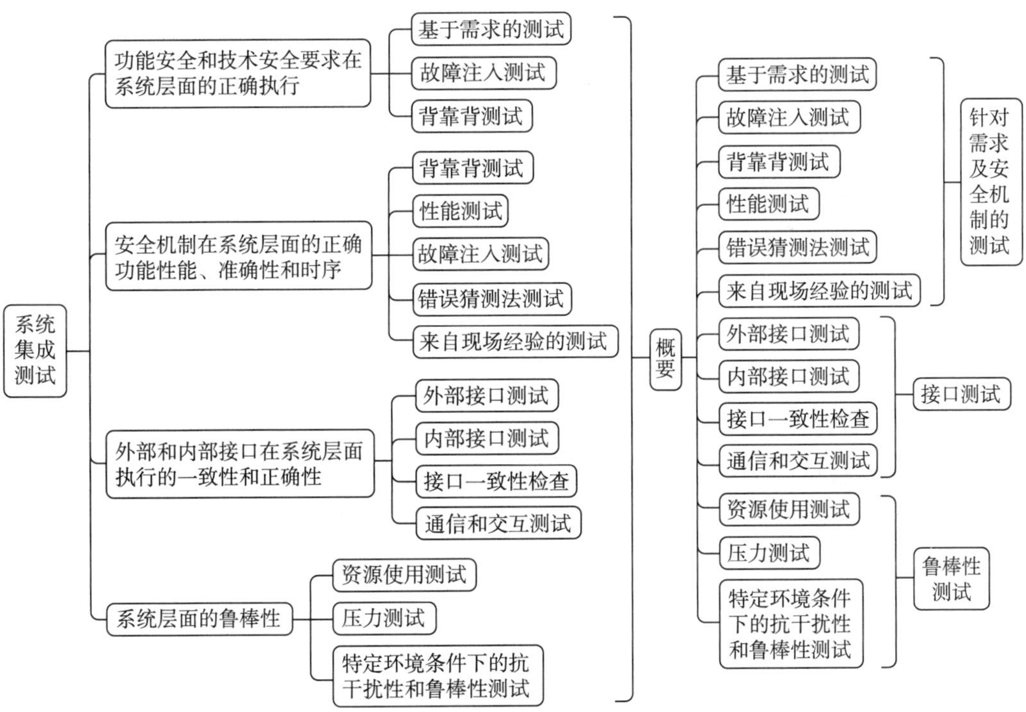

图 4-33　系统集成测试方法总结

功能安全相关的压力测试和特定环境条件下的抗干扰性和鲁棒性测试，一般与功能相关的鲁棒性测试合并进行，可以参考 ISO 11451、ISO 11452、ISO 7637、ISO 10605、ISO 18488 等相关标准。

4.8.2 准入和准出条件

（1）准入条件

1）所涉及的系统功能已开发完成并发布，作为输入给到测试团队，

2）技术安全概念、系统架构设计、软硬件接口规范等已完成并发布，验证准则定义清晰明确；

3）系统安全分析均已完成并输出所需措施给到测试团队；

4）所涉及的软硬件集成测试均已完成；

5）所有软硬件集成层级测试中的问题需要记录在案，并且可追溯；

6）所涉及的配置（系统元素、软件、硬件、标定数据）需要冻结版本基线释放给测试团队。

（2）准出条件

1）基于测试计划定义的测试用例均完成执行，对于未成功执行的测试需要给出说明，并评估风险，对于风险项，需给出后续跟进计划；

2）所有发现的问题需要记录在案，并基于严重等级进行风险评估，对于风险项应在当前版本予以解决，如果短期无法解决，需要有后备方案来缓解风险。

4.8.3 测试用例设计方法

测试用例可以参考表 4–10 推荐的方法或其组合进行设计。

4.8.4 测试工具和环境

（1）测试工具

1）故障注入设备（可用于总线、以太网、电源、硬线等故障注入，进行射频干扰等，或可用于 ECU 软硬件内部故障的注入）；

2）网络监控设备（监控总线、以太网等网络状态）。

（2）测试环境

1）硬件在环台架；

2）实验室车辆模型；

3）实车。

4.8.5 实际案例

以驱动电机控制系统为例，见表 4–24，该示例仅为说明系统集成测试的测试用例，内容已进行简化。

表 4–24 驱动电机控制系统集成测试示例

<table>
<tr><th rowspan="2">Test ID.
测试用例序号</th><th rowspan="2">Test Stage
测试阶段</th><th rowspan="2">Derive Method
测试用例导出方法</th><th rowspan="2">Test Method
测试方法</th><th colspan="5">Test Consequece
测试流程</th><th colspan="4">1st round Test
第一轮测试</th><th rowspan="2">Traceability
TSR/FSR
追溯</th><th rowspan="2">Review Status
审核状态</th><th rowspan="2">Comment
备注</th></tr>
<tr><th>Pre–condition
前置条件</th><th>Test Environment
测试环境</th><th>Input Value
测试输入值</th><th>Test Procedure
测试步骤</th><th>Expected Result
预期测试结果</th><th>Test case Selected
是 / 否选择该测试用例</th><th>Test Summary
测试总结</th><th>Actual Result
实际测试结果</th><th>Test Log
测试 Log</th></tr>
<tr><td>ItemIT_002</td><td>系统集成测试</td><td>· 需求分析
· 外部和内部接口分析
· 软硬件集成等价类的生成和分析
· 边界值分析</td><td>· 基于需求的测试
· 故障注入测试
· 性能测试
· 内部接口测试</td><td>当驱动电机控制单元上电之后，无 DTC 报出，功能正常运行</td><td>测试环境 B</td><td>设置电流传感器 Ia+Ib+Ic <>0
（1. 令 Ia 异常，Ib，Ic 正常；
2. 令 Ib 异常，Ia，Ic 正常；
3. 令 Ic 异常，Ia，Ib 正常）</td><td>0. 依照测试环境 A 要求搭建测试环境
1. 电子控制单元上电
2. 检查是否有当前故障
3. 根据测试输入值注入
4. 保存测试 Log
5. 移除故障
6. 观察故障恢复状态
7. 清除历史故障
8. 电子控制单元下电
* 如有多个测试输入值，则重复步骤 1~8。</td><td>1. 对应测试输入值 1，预期结果如下：
· DTC=0003
· FHTI=xyzms
· 进入安全状态 B 故障移除后，对应故障成为历史故障并可被清除
2. 对应测试输入值 2，预期结果如下：
· DTC=0004
· FHTI=xyzms
· 进入安全状态 B
· 故障移除后，对应故障成为历史故障并可被清除
3. 对应测试输入值 3，预期结果如下：
· DTC=0005
· FHTI=xyzms
· 进入安全状态 B
· 故障移除后，对应故障成为历史故障并可被清除</td><td><是 / 否></td><td><通过 / 不通过></td><td><记录实际测试结果></td><td><存储地址></td><td>TSR005</td><td>发布</td><td></td></tr>
</table>

4.9 整车集成和测试

整车集成和测试一般是将相关项集成后在整车环境中进行，其目的是检查整车的表现在典型与极端工况和场景下是否符合预期，侧重对相关项与车内或车外其他系统的通信网络，以及车内供电网络的接口规范进行验证，也包括在系统或以下层级难以验证的安全设计。

在进行整车集成和测试活动以前，应至少完成功能安全相关参数的初级标定工作，并将标定参数值集成到被测软件中，包括安全功能逻辑类标定、安全限值类标定、安全监控类标定等。

安全标定（safety tuning）一般在控制器软硬件集成的环境中进行，通过不同工况下的试验，记录并分析控制器内部变量（故障诊断、响应处理等）和外部传感器数据，最终确定控制器内部安全相关参数的值。例如：智驾功能（ACC+LCC）激活时，在不同工况下，标定电机实际运行扭矩与智驾域控制器目标请求扭矩之间的偏差门限值和窗口时间，以判断系统是否需要进入安全响应。

在进行整车集成和测试过程中，安全标定值的修改可以作为风险缓解的措施之一，应对修改后的标定进行充分的测试和验证，该措施的有效性且无其他安全不利影响，最后，应将集成测试结果以及最终版安全标定参数值作为工作成果同时发布。

4.9.1 方法

（1）功能安全要求在整车层面的正确执行见表 4-25。

表 4-25　功能安全要求在整车层面上的正确执行

	方法	ASIL A	ASIL B	ASIL C	ASIL D
a	基于需求的测试	++	++	++	++
b	故障注入测试	++	++	++	++
c	长期测试	++	++	++	++
d	实际使用条件下的用户测试	++	++	++	++

（2）安全机制在整车层面的正确功能性能、准确性和时序测试方法见表 4-26。

表 4-26　安全机制在整车层面的正确功能性能、准确性和时序测试方法

	方法	ASIL A	ASIL B	ASIL C	ASIL D
a	性能测试	+	+	++	++

续表

	方法	ASIL A	ASIL B	ASIL C	ASIL D
b	长期测试	+	+	++	++
c	实际使用条件下的用户测试	+	+	++	++
d	故障注入测试	o	+	++	++
e	错误猜测法测试	o	+	++	++
f	来自现场经验的测试	o	+	++	++

（3）整车层面内外部接口实现的一致性和正确性测试方法见表 4–27。

表 4–27　整车层面内外部接口实现的正确性测试方法

	方法	ASIL A	ASIL B	ASIL C	ASIL D
a	内部接口测试	+	+	++	++
b	外部接口测试	+	+	++	++
c	通信和交互测试	+	+	++	++

（4）整车层面的鲁棒性水平测试方法见表 4–28。

表 4–28　整车层面的鲁棒性水平测试方法

	方法	ASIL A	ASIL B	ASIL C	ASIL D
a	资源使用测试	+	+	++	++
b	压力测试	+	+	++	++
c	特定环境条件下的抗干扰性和鲁棒性测试	+	+	++	++
d	长期测试	+	+	++	++

4.9.2　准入和准出条件

（1）准入条件

1）相关项所涉及的功能、系统规范均已完成并发布，作为输入给到测试团队；

2）相关项定义、HARA 分析、安全目标、功能安全概念、技术安全概念均已完成撰写并发布，验证准则定义清晰明确；

3）系统安全分析内容及报告、报警和降级概念等材料均已完成并发布，作为输入给到测试团队；

4）相关项所涉及的系统级、软硬件接口、软硬件级测试报告等均已完成；

5）所有系统级、软硬件接口、软硬件级测试中的问题需要记录在案，并且可追溯；

6）相关项所涉及的配置（相关项要素、软件、硬件、功能性能标定数据等）需要冻结基线版本释放给测试团队。

（2）准出条件

1）基于测试范围定义的测试用例均完成执行，对于未成功执行的测试需要给出说明，并评估风险，对于风险项，需给出后续跟进计划。

2）所有发现的问题需要记录在案，并基于严重等级进行风险评估，对于风险项，应在当前版本予以解决，如果短期无法解决，需要有后备方案来缓解风险；

4.9.3 测试用例设计方法

测试用例可以参考表 4–10 推荐的方法或其组合进行设计。

4.9.4 测试工具和环境

（1）测试工具

1）故障注入设备（可用于总线、以太网、电源、硬线、信号传输线等故障注入，进行射频干扰等，或可用于 ECU 软硬件内部故障的注入）；

2）网络监控设备（监控总线、以太网等网络状态）。

（2）测试环境

1）实车；

2）接近实车的集成台架（按需）；

3）驾驶模拟器（按需）。

4.9.5 实际案例

以辅助驾驶功能（ACC+LCC）为例，该功能是一个典型的由多 ECU 组合实现的大系统功能，电机控制器作为该功能纵向控制子功能的重要执行器，承接了安全设计中分解到相关安全要求，并已在系统层面实施了相关安全机制，应对整车级相关故障进行集成测试，示例见表 4–29，该示例仅为说明整车集成测试的测试用例，内容已进行简化。

表 4–29　辅助驾驶功能整车集成测试示例

Case ID	FSR	安全状态	FTTI	用例导出方法	测试方法	场景	操作步骤	期望结果
TC_Pilot_FSR XX_01	MCU应当检测其可能导致非预期加速的CAN通信故障	放弃加速，同时发出失效状态	× × × ms	需求分析	基于需求的测试	本车直线行驶，激活 Pilot 功能，确保车辆以 × × km/h 速度保持在车道中央定速行驶	1. 通过方向盘按键“+”增大设定车速 5 km/h，松开按键保持车速稳定，然后通过设备对 MCU 注入 CAN 通信故障； 2. 观察车辆表现，驾驶员避免危害（车辆越线和碰撞）； 3. 驾驶车辆进入安全区域并停车，清除故障； 4. 全程监控相关信号： [MCU_02]{MCU1_States} [VCU_02]{MCU_VCU_ActTq} [ADC_04]{Pilot_States} [ADC_04]{Pilot_WTIs}	1. Piot 功能在 × × × ms 内退出至手动驾驶模式，同时 Pilot_States = system passive； 2. × × × ms 内仪表发出满足要求的报警请求，同时 Pilot_WTls= Take over demand

4.10 相关项安全确认

前述验证活动（例如：设计验证、安全分析、硬件集成和测试、软件集成和测试、整车集成和测试）的目的是提供证据证明其结果符合设计要求。

功能安全确认活动的开展是循序渐进的，包括在开发初期对危害及风险分析的假设、功能安全目标的充分性与合理性，进行基于试验的确认，以及在产品阶段对功能安全目标的实现，进行基于测试的确认。

4.10.1 目标

应对相关项开展功能安全确认，以实现如下目标。

1）提供证据，证明危害及风险分析的假设、功能安全目标的充分性与合理性，包括可控性假设、严重度假设、故障容错时间间隔（FTTI）、安全状态。同时，输出安全度量和安全接受准则。

2）提供证据，证明集成到目标车辆的相关项实现了对应的安全目标，包括安全接受准则。

3）提供证据，证明功能安全概念和技术安全概念对于实现相关项的功能安全是合适的。

4.10.2 安全确认环境

应对整车层面的典型环境下所集成的相关项的安全目标进行确认，包括：系统、软件、硬件、其他技术要素和外部措施。

对于典型环境的定义，应考虑基于车型和车辆配置的典型车辆，包括考虑 HARA 分析报告、车型参数和性能配置表等。

安全目标的确认应考虑运行过程变化对技术特性的影响。

4.10.3 准入和准出条件

（1）准入条件

1）相关项所涉及的功能、系统规范均已完成并发布，作为输入给到测试团队。

2）相关项定义、HARA 分析、安全目标、功能安全概念、技术安全概念均已完成撰写并发布，验证准则定义清晰明确。

3）系统安全分析内容及报告、报警和降级概念等材料均已完成并发布，作为输入给到测试团队。

4）相关项所涉及的整车级、系统级、软硬件接口、软硬件级测试报告等需要完成并释放。

5）所有整车级、系统级、软硬件接口以及软硬件级测试中的问题需要记录在案，并且可追溯。

6）相关项所涉及的配置（相关项要素、软件、硬件、功能性能标定数据、安全标定数据）需要冻结基线版本释放给测试团队。

（2）准出条件

1）HARA 分析中的假设、安全目标、FTTI、安全状态本身是合理和充分的。

2）安全度量和安全接受准则（量化）。

3）被检查或测试的相关项失效模式或关联故障点具有典型性和代表性。

4）所有被检查或测试的相关项失效模式或关联故障点，在所有场景下都不会导致安全目标的违背，例如，人驾模式下应符合可控性，辅助驾驶模式下应符合可接管性和可控性。

5）所有发现的问题应记录在案，并基于严重等级进行风险评估，对于风险项，应在当前版本予以解决，如果短期无法解决，需要有后备方案来缓解风险。

4.10.4 安全确认方法

安全确认应在整车层面进行。包括但不限于以下几个方面的评估：

1）可控性和可接管性——使用运行场景确认可控性、可接管性（智驾），包括预期用途及可预见的误用；

2）外部措施的有效性；

3）其他技术要素的有效性；

4）HARA 分析中与 ASIL 等级有关的假设。

4.10.4.1 概念阶段的安全确认

本阶段的安全确认主要评估开发初期（概念阶段）的安全分析（S/C 评级、安全目标、FTTI、安全状态等）的充分性与合理性，通过试验得出安全度量和安全接受准则。

一般采用仿真结合实车的方式进行，仿真需要采用具有一定代表性的车辆动力学模型，实车需要采用具有一定代表性的实际车辆。

试验场景需要根据 HARA 分析以及实际用户使用场景，选取典型的危害相关场景。

试验驾驶员需要根据实际产品投放区域的驾驶员分布情况进行选择，样本量选取需要具有一定的统计学意义。

试验通常采用危害注入的方式，在不提醒驾驶员的情况下，向系统电子电器组件或机械组件施加相应的输入，来模拟系统可能出现的故障 / 失效，在整车层级产生对应的危害。

危害注入测试通常使用特殊的方法向车辆注入故障，这可以通过软件中的特殊测试接口、标定接口，或者特制的硬件或通信设备，在车辆内部完成。

参与测试的驾驶员应尽可能按照日常驾驶习惯和本能反应，按照预期车速保持车辆在车道线之内。

4.10.4.2 产品阶段的安全确认

本阶段的安全确认主要评估产品阶段的安全设计和措施集成到目标车辆以后是否充分实现了其安全目标。

安全确认应优先采用实车［接近量产状态的车辆进行测试，对于难以通过实车进行测试确认的工况，若采用其他方式（例如：硬件在环仿真、驾驶员在环仿真），应对结果一致性、可信度等进行论证和说明］。

测试场景需要根据 HARA 分析以及实际用户使用场景，选取典型的危害相关场景。

测试方法可以使用以下方法或适当组合：

1）基于安全要求的正向测试、黑盒测试、边界条件下的测试；

2）故障注入测试，可以通过真实故障注入或模拟失效反应相结合的方法进行；

3）分析，包括 FMEA、FTA、ETA 等；

4）长期测试，例如长里程测试、受控车队测试等；

5）实际使用条件下的测试、抽测或盲测、专家小组；

6）评审。

4.10.5 安全确认规范

在实施安全确认活动前，应当基于 HARA 分析、安全目标、功能安全要求和产品定义和功能规范，定义安全确认规范，包括：

1）待进行安全确认的相关项配置，包括其标定数据（如果对于每个相关项配置的完整安全确认是不可行的，那么可选择合理的子集）；

2）安全确认流程、测试用例、驾驶场景、操作步骤和接受准则的定义；

3）设备和要求的环境条件。

4.10.6 安全确认工具

应对典型目标车辆上所集成的相关项的安全目标进行确认，包括系统、软件、硬件、其他技术要素和外部措施。

（1）测试工具

1）危害注入设备（系统不带安全机制）；

2）故障注入设备（总线、以太网、电源、硬线、信号传输等）；

3）网络监控设备（总线、以太网等）；

4）特殊软件或硬件设备（用于 ECU 软硬件内部故障的注入）。

（2）测试环境

1）实车；

2）驾驶模拟器（按需）；

3）硬件在环台架（按需）。

4.10.7 评估

应对安全确认的结果进行评估，以提供证据证明 4.10.1 提到的目标得以实现。

4.10.8 实际案例

4.10.8.1 概念阶段的安全确认示例

以辅助驾驶功能（ACC + LCC）为例，研究其功能异常行为与整车表现，及安全度量 / 安全接受准则之间的关系，识别典型危害行为、场景，需要在概念设计阶段，建立适用的行为安全接受准则（如可控性等量化指标）和测评方法，为开发系统安全架构及方案提供重要输入。

经过分析，该功能可能导致的其中一条整车危害及安全接受准则如表 4–30 所示。

表 4–30 整车危害及安全目标

整车危害	安全目标	涉及功能	安全接受准则
非预期的减速	车辆非预期的减速应满足非预期减速的安全度量	辅助驾驶功能（ACC+LCC）中的纵向部分	车辆减速度值小于 ×××

基于目标市场进行驾驶员样本设计，针对安全目标进行工况和场景设计，在封闭场地内进行安全确认试验，以证明危害及风险分析中的假设，以及安全目标的充分性与合理性，同时，通过对采集到的车辆相关参数进行分析处理，得到量化的安全接受准则和安全度量。

功能安全测试示例见表 4–31，该示例仅为说明概念阶段安全确认的测试用例，内容已进行简化。

表 4-31　概念阶段的安全确认示例

考察目标	试验工况	场景示例	试验步骤
主车出现非预期减速，后车跟驰过程中的可控性	主车 ACC 功能激活，匀速直行，车速 × km/h，车道线宽度 3.5 m，后方有车跟驰	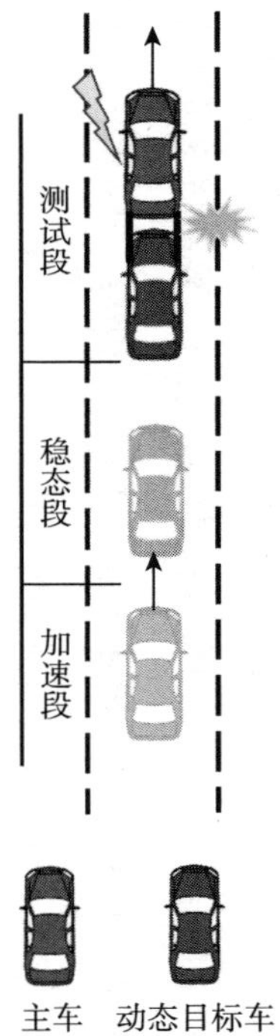	1）加速段：遥控主车（移动平台 +3D 气球车）加速至预期车速，同时驾驶员驾驶动态目标车（试验车辆）出发，开始加速至跟上主车。 2）稳态段：主车以预期车速巡航，驾驶员以常态驾驶方式驾驶车辆在车道内，跟随主车匀速行驶，通过遥控主车车速，保持与动态目标车之间的车头时距 THW 恒定。 3）测试段：测试工程师在不提醒驾驶员的情况下，向主车施加恒定的制动（减速度）。动态目标车内驾驶员通过控制制动踏板，尽可能避免与主车碰撞。 4）结束段：主车制动后，驾驶员视情况对车辆进行制动，安全停车，保存纵向减速度、踏板力、跟车时距等试验数据

4.10.8.2 产品阶段的安全确认实例

以辅助驾驶功能（ACC+LCC）为例，该功能是一个典型的由多 ECU 组成的大系统功能，电机控制器作为该功能纵向控制子功能的重要执行器，亦存在由于自身故障导致违背相关安全目标的可能，应针对相关安全措施进行产品阶段的安全确认。

如果安全确认是基于故障注入测试进行，示例见表 4–32，该示例仅为说明产品阶段安全确认的测试用例，内容已进行简化。

表 4–32 产品阶段的安全确认示例

安全目标	安全状态	ASIL	FTTI	场景	操作步骤	期望结果	接受准则
辅助驾驶功能应当避免非预期的减速	通过 HMI 提醒驾驶员接管	ASIL X	× × × ms	场景一：本车跟随目标车行驶，随目标车减速过程中注入故障； 场景二：本车直行，目标车从相邻车道近距离切入时，注入故障； 场景三：本车直行，拨杆激活自动变道功能，变道过程中注入故障； 场景四：本车在弯道中行驶，注入故障	1. 在不同场景中，通过设备对 MCU 注入相关故障； 2. 观察车辆表现，驾驶员避免危害（车辆越线和碰撞）； 3. 驾驶车辆进入安全区域并停车，清除故障； 4. 全程监控相关信号	1. 判断整个过程中车辆的可控性； 2. 判断 HMI 提示的有效性和及时性； 3. 判断客观数据是否满足整车安全接受准则	1.× × × ms 内纵向减速度不超过 × × × m/s^2； 2.× × × ms 内车速变化不超过 × × km/h

通过不同场景下的故障注入测试，证明安全目标得到了满足，一般该方法需要结合对上游验证结果的评审进行。

图 4-34 为测试结果。

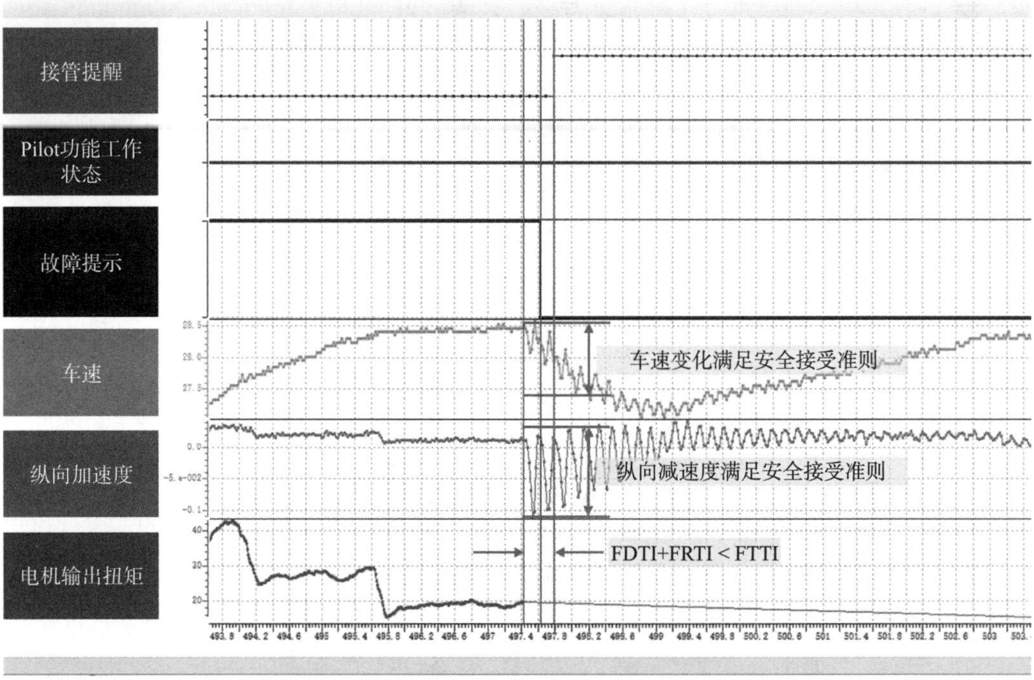

图 4-34　基于故障注入的安全测试结果示例

如果安全确认是基于长期测试（例如长里程测试、受控车队路试）或实际使用条件下的测试等方法，可以考虑跟整车开发过程中的其他实车试验合并进行，但是需要确保与相关项有关的车辆配置、环境条件、行驶工况等能够得到覆盖，并且应定义适用的指标和观测量（例如：车辆数、行驶里程、行驶小时数），以确保安全确认的证据链完整。

第5章

软件功能安全开发

5.1 软件功能安全开发概述

随着车载电子系统复杂性以及软件所占比例的增加，产品安全越来越多地由软件错误决定。现代汽车中所包含的软件代码行（SLOC）数量呈爆炸式增长：2010 年，大部分车辆的 SLOC 约为千万行，到 2016 年，这一数字扩大了约 15 倍，达到大约 1.5 亿行。滚雪球般的 SLOC 数量使得软件复杂度急剧增加，这可能导致严重的产品质量问题，最近数百万次车辆召回就证明了这一点。

软件工程师在软件开发过程中应遵守软件安全开发流程，以避免软件设计中潜在的安全风险。软件安全开发流程的严格落实是产品安全的基石，按照功能安全标准要求在不同阶段进行产品设计的验证可以显著减少开发后期或售后市场阶段出现问题的可能性，从而节省大量时间和金钱。

软件功能安全是指在计算系统或嵌入式系统中，确保软件在通过正常操作实现预期功能的基础上能够安全可靠地执行，同时能够避免因错误、突发故障或恶意攻击而引起的损害交通参与者生命财产安全的事件。软件功能安全的主要目标是避免或减少潜在的危险和风险，以确保系统在各种情况下都能够保持安全。软件功能安全的实现通常与工程和技术实践相关，以确保系统在存在故障或异常情况下仍然能够提供必要的安全保护。

软件安全开发参考模型见图 5–1。

软件工程是一个非常复杂的过程，在软件开发阶段要遵循软件开发生命周期模型中不同阶段的要求来设计和实现。每个过程模型都遵循其类型所独有系列要求，以确保软件功能安全的达成。项目软件的各个阶段、任务和活动顺序（包括迭代步骤）的输出物应确保与硬件级产品开发和系统级产品开发的一致性。以下是软件功能安全的一些关键概念。

1）安全目标及要求：在软件开发过程中，需要明确定义与系统安全相关的目标和要求。这些目标和要求通常基于系统风险分析，如可能发生的故障情况和攻击威胁等。

2）安全生命周期：软件功能安全需要在整个软件生命周期中得到考虑，包括需求分析、设计、开发、测试、验证和维护等阶段。在每个阶段都需要采取适当的安全措施。

3）故障容忍和容错性：软件功能安全要确保系统能够容忍一定程度的噪声，甚至故障并继续正常运行，以及在出现无法容忍故障时能够安全停机，这可能涉及重要功能的备份和恢复机制。

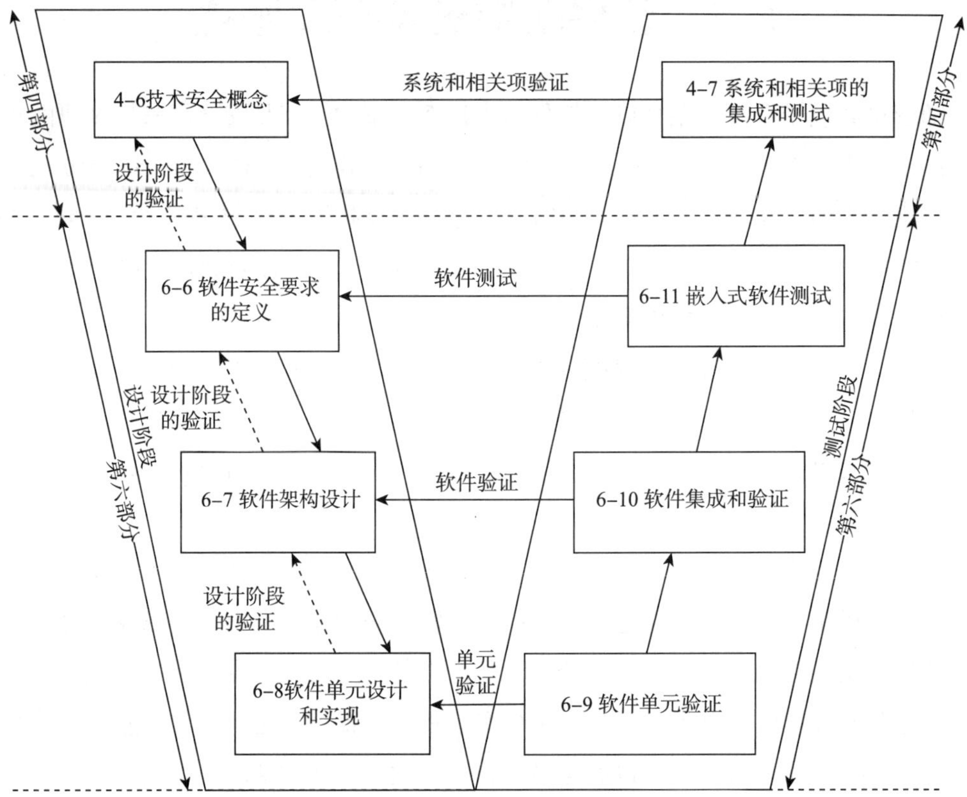

图 5-1　软件安全开发参考模型

4）安全验证和确认：软件功能安全需要进行严格的验证和确认，以确保系统符合安全性目标和要求，包括静态分析、动态测试、模型验证等技术。

5）安全文档和记录：为了符合软件功能安全标准要求，需要创建详细的安全文档和记录，以追踪系统开发的每个阶段，包括决策、测试结果和修复措施等。

6）安全文化和培训：软件开发团队需要具备安全意识，并接受与软件功能安全相关的培训。好的安全文化有助于避免潜在的安全问题。

7）标准和规范：软件功能安全的实现通常依赖于行业标准和规范，如 ISO 26262（用于汽车领域）和 IEC 61508（用于通用工业应用领域）等，以提供方法指导和行业最佳实践。

总之，软件功能安全是确保计算系统或嵌入式系统在面对各种威胁和故障情况下能够保持安全的一项关键工程实践。

5.2 软件开发环境

软件开发环境包含两个方面：软件开发过程以及支持目标软件开发所需的条件。对于功能安全相关软件的开发，应确保在项目的整个安全生命周期中，遵循一致的软件开发过程，并使用合适的软件开发环境，以降低因开发环境变化而带来的安全风险。对于嵌入式系统而言，软件开发环境包括符合安全开发的过程、开发语言、编码指南和开发工具等。

5.2.1 软件开发过程

在软件开发中，广泛使用的开发过程有瀑布模型、螺旋模型和敏捷软件开发。

（1）瀑布模型（Waterfall Model）

瀑布模型开发过程见图 5–2。

图 5–2 瀑布模型开发过程

瀑布模型是最早出现的软件开发模型，是所有其他软件开发模型的基础框架。每个阶段都只执行一次，是线性顺序的软件开发模型。

适用项目：需求比较明确，变更很少，且系统相对简单的项目。

（2）螺旋模型（Spiral Model）

螺旋模型开发过程见图 5–3。

在软件开发初期阶段，当需求不是很明确时，通常采用渐进式迭代的开发模型。螺旋模型是渐进式开发模型的代表之一，如图 5–3 所示，以原型 1 为基础沿螺线旋转：每转一圈都经过制定计划、风险分析、实施工程、客户评估等过程且得到相应新版本，经过若干次螺旋上升得到最终版本。迭代开发的模式给软件测试带来了新的挑战，它没有独立的测试时间和阶段，测试必须跟着开发的迭代而迭代，因此回归测试策略就显得尤为重要。

适用项目：在新开发软件需求不明确的情况下，适合用螺旋模型进行开发，便于风险控制和需求变更。

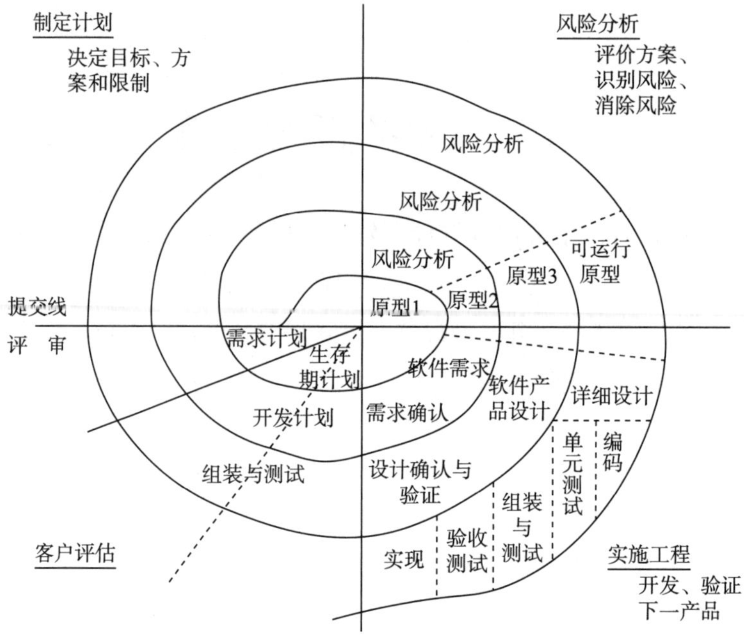

图 5-3 螺旋模型开发过程

（3）敏捷软件开发（Agile Software Development）

敏捷开发是一种以人为核心、迭代、循序渐进的开发方法。在敏捷开发中，软件项目的构建被切分成多个子项目，各个子项目的成果都经过测试，具备可集成和运行的特征。简单地说，敏捷开发并不追求前期完美的设计、编码，而是力求在很短的开发周期内完成产品的核心功能，尽早发布可用的版本。然后在后续的生产周期内，按照新需求不断迭代升级，完善产品。

ASPICE 是一种用于评估和改进汽车软件开发过程的国际标准，敏捷 ASPICE 是 ASPICE 的一个衍生标准，将敏捷开发方法与 ASPICE 相结合，提供了一种更加灵活、适应性更强的软件开发方法。

敏捷 ASPICE 开发过程见图 5-4。

敏捷软件开发的方式和方法也适用于安全相关软件的开发，但须按照 GB/T 34590.2—2022 中的规定，对软件开发过程进行裁剪。使用敏捷开发的安全相关软件不能省略安全措施：如实现功能安全所必须的文档、流程和产品安全完整性等要求。

适用项目：项目复杂度高，需求变化频繁，跟客户紧密合作，需要快速迭代交付的项目。

总而言之，无论采用何种开发方法，安全相关的软件开发都应按 GB/T 34590.6—2022 的要求执行安全活动，并提交安全相关工作产物。在定义安全软件开发过程时，应建立所用开发过程与图 5-1 中参考阶段之间的映射关系，保持软件开发生命周期中的各阶段和相应安全开发阶段工作成果的一致性，以保证软件产品达到了功能安全的要求。

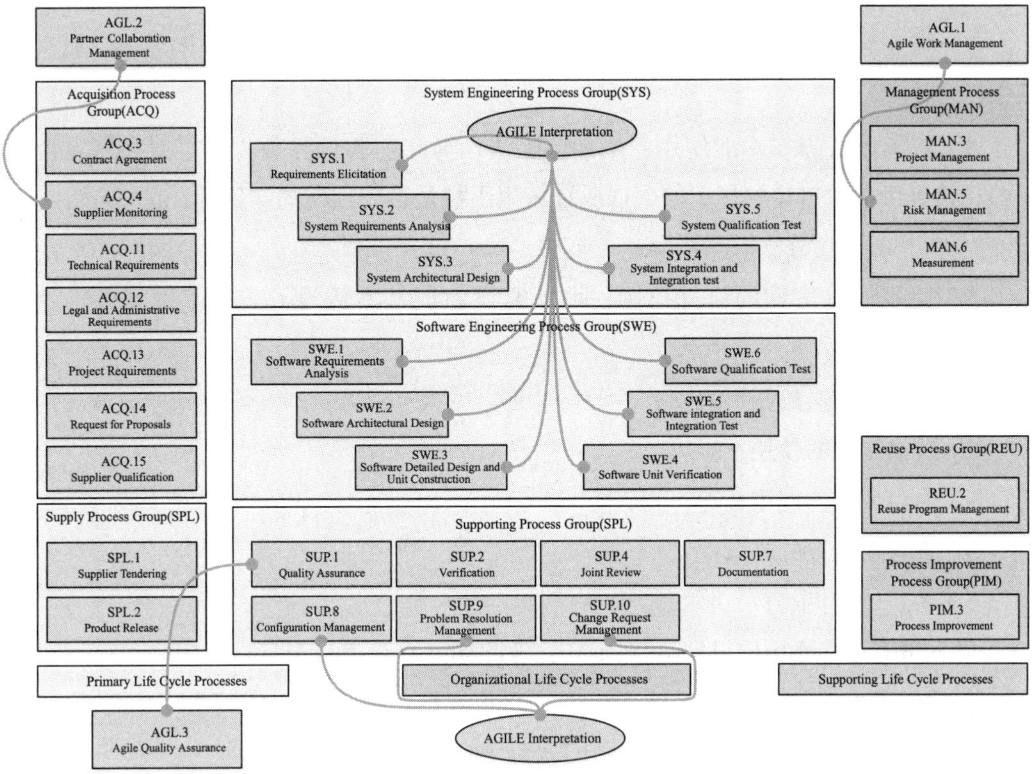

图 5-4　敏捷 ASPICE 开发过程

5.2.2　软件设计及开发语言

在选择软件开发中使用的设计及开发语言时，应考虑以下准则：

1）语言语法和语义进行明确而全面的定义，并对开发环境配置进行限制；

2）如果使用建模用于需求工程和管理，需要符合 GB/T 34590.6—2022 中第 6 章规定和安全管理要求；

3）支持模块化、抽象和封装的实现；

4）支持结构化构造的使用。

如果语言本身未充分满足上述准则，则可考虑应用以下原则：

1）强制低复杂度；

2）语言子集的使用，主要目标是：

a）排除模棱两可的语言构造，这些构造可能由不同的建模者、程序员、代码生成器或编译器以不同的方式解释；

b）从经验中排除容易导致错误的语言构造，例如，条件分配或局部和全局变量的相同命名；

c）排除可能导致未处理的运行时错误的语言构造；

3）强制强类型：主要目的是在语言中没有固有强类型的原则情况下强加这些原则；

4）防御性实施技术的使用：例如，除法运算之前验证除数（非零或在特定范围内）；检查由参数传递的标识符，以验证调用函数是否为预期的调用者；在 switch-case 语句中使用 default 分支探测错误；

5）使用值得信赖的设计原则：可能需要验证基本假设，适用范围和条件的有效性；

6）使用无歧义的图形表示；

7）风格指南的使用；

8）命名惯例的使用；

9）进程或任务的并发性。

5.2.2.1 设计语言

以下语言被广泛用作设计语言：UML、SYSML。

在软件开发环境中需要明确设计语言及其指导原则（如 UML 可参考官方指南），设计语言可根据软件开发实际需要做出选择。可以参考表 5-1 。

表 5-1 设计语言及指南参考建议

编号	设计语言	指南
1	UML	UML Modeling Guidelines
2	SysML	SysML Modeling Guideline

5.2.2.2 开发语言

（1）建模语言

在汽车行业中广泛用作的建模语言包括：Simulink、Stateflow、TargetLink。

在软件开发环境中需要明确建模语言及其指导原则，在具有自动代码生成功能的基于模型的开发中，可以在模型层面以及代码层面中应用定义好的指南，考虑适当的建模风格指南，包括 MISRA AC 系列的指南；商业工具的风格指南也可作为指南。建模语言以及建模指南根据软件开发实际需要做出选择。

建模语言及指南参考表 5-2。

表 5-2　建模语言及指南

编号	建模语言	建模指南
1	Simulink	MISRA AC
2	Stateflow	MISRA AC
3	TargetLink	MISRA AC

（2）编码语言

以下编程语言在软件开发中被广泛应用：C、C++、JAMA、Python。

在软件开发环境中需要明确编程语言及其编码指南，以广泛应用的 C 语言编码开发为例，一般会制定软件 C 语言编码指南，指南中需明确编码风格、命名规范、软件单元设计和实现的设计原则，基于如 MISRA C 制定的编码规则集，自定义编码规范，商业工具的风格指南也可作为指南的一部分。编程语言可根据嵌入式系统实际需要做出选择。

编码语言及指南参考表 5-3。

表 5-3　编码语言及指南

编号	编程语言	编码指南
1	C	MISRA C：2012
2	C	SEI CERT C Coding Standard
3	C	软件 C 语言编码指南
4	C++	AUTOSAR C++14
5	C++	SEI CERT C++ Coding Standard
6	C++	软件 C++ 语言编码指南
7	JAMA	SEI CERT Oracle Coding Standard for Java
8	Python	PEP 8 —— Style Guide for Python Code

5.2.3　软件开发工具

软件实施和验证阶段使用的软件工具可分为管理工具、开发工具和软件验证工具。

在选择软件工具时，除了需要考虑其对所需任务的适用性外，还应考虑对软件工具安全评估的要求，可以参考 GB/T 34590.8—2022 中软件工具评估准则（见 GB/T 34590.8—2022 的 11.5.1）和软件工具鉴定（见 GB/T 34590.8—2022 的 11.5.2）的要求。

5.2.3.1　管理工具

管理工具主要包含需求管理工具、发布和版本控制工具，问题管理工具，自动化构建和集成工具等。

需求管理工具应支持对需求进行记录、分析、跟踪、优先排序和商定，支持控制变更并记录与相关人员的沟通过程，支持需求双向可追溯性（需求 <-> 软件组件 <-> 软件单元 <-> 测试用例等）。常用的需求管理工具有 IBM Rational DOORS、JAMA 等。

发布和版本控制工具应支持可通过不同阶段的环境管理、规划、调度来控制软件构建的过程，包括测试和部署软件版本，支持对文档、源代码、二进制数据和任何其他信息集合等文件的版本变更进行管理，发布软件的版本变更应能通过版本号识别，并可根据需要进行版本间比较和指定版本恢复。常用的发布和版本控制工具有 Git、Gitlab、SVN、Mercurial 等。

问题管理工具应支持管理和维护软件问题列表，包括但不限于以下功能：问题可通过 ID（唯一问题号）进行识别，支持资源（责任人、利益相关者等）分配、时间核算，支持基于优先级和严重度的问题管理，实现整个工作流程流转情况跟踪。常用的问题管理工具有 Jira、Bugzillia、Trac 等。

自动化构建和集成工具应支持自动创建软件构建的相关过程，使用自动化构建和集成工具可自动完成构建、测试和部署新代码的过程，包括但不限于将源代码编译为二进制代码，打包二进制代码和运行自动测试。随着越来越多的工程团队正在采用敏捷开发，不断推动发布周期变得更短，代码库体量增长和新软件构建频率的提升导致持续集成和持续部署工具的兴起。这里比较常见的工具有 Jenkins、Travis CI 等。

5.2.3.2 开发工具

软件开发阶段使用的开发工具种类较多，这里主要介绍软件集成开发环境工具、编译和代码生成工具和数据配置生成工具。

集成开发环境（IDE）是开发者进行软件设计、开发所需的工具集合，它提供了编写和测试软件代码的环境，实际开发中，除了编译器是必需的工具以外，我们往往还需要其他辅助工具，如：编辑器用来编写代码并且给代码着色，以方便阅读；代码提示器可通过输入部分代码指令即可提示其他相关代码指令，加速代码的编写过程；调试器用于对程序的逐步调试运行，发现程序的逻辑错误。这些工具通常以工具集合的形式统一发布和安装，例如：Visual Studio Code、Dev C++、Kdevelop、Xplorer、Visual C++ 等，它们统称为集成开发环境。

编译和代码生成工具实现将用某种编程语言编写的源代码转换为目标二进制代码，一般是指整套编译工具链。以 GCC 编译工具链为例，主要包含 3 个部分：Gcc-Core、Binutils 和 Glibc。其中 Gcc-Core 即 GCC 编译器，用于完成预处理和编译过程，把 C 代码转换成汇编代码；Binutils 包含一系列小工具：如链接器、汇编器和目标文件格式查看器等；Glibc 包含了 C 语言标准函数库，C 语言中常使用的 printf、malloc 等函数就在 Glibc 库中。在很多表述下会直接用 GCC 编译器来指代整套 GCC 编译工具链。

数据配置生成工具主要用于可配置软件。可配置软件是指允许在软件构建和编译过程中通过进行数据配置生成不同功能配置的软件。配置软件的行为可以在发布给客户之前通过标定数据进一步定义，发布的二进制文件称为特定应用软件。数据配置生成工具应支持生成软件开发、构建期间所需的二进制数据（如标定数据等）以构建特定应用软件。

5.2.3.3 软件验证工具

软件验证工具主要包含静态代码分析工具和测试工具。

静态代码分析是一种自动化的代码分析方法。静态代码分析工具能实现编程语言符合性检查（例如，MISRA C for C）和数据流分析，可通过检查代码的语法、结构和数据流来发现潜在的程序设计错误、安全漏洞、内存泄漏、空指针引用、未初始化的变量等问题。静态代码分析工具不需要运行程序，在代码编辑或编译时即可进行分析，这可以帮助开发人员及时发现并解决问题，避免在后期开发、测试和部署中遇到更严重的问题。常用的静态代码分析工具包括 Helix QAC、Coverity、Polyspace、Parasoft C/C++test 等。

动态测试工具通过在真实的或虚拟的目标硬件环境上执行程序来进行软件动态分析，支持接口测试、故障注入测试、数据流分析、控制流分析等，支持结构化覆盖指标（如语句覆盖率、分支覆盖率和 MC/DC）评估。通过安全认证的常用的软件测试工具包含 VectorCAST、TESSY、C++ Test 等。

5.3 软件功能安全要求

软件产品生命周期中定义软件产品要求并文档化的过程称为软件功能要求定义，软件功能要求的输入是来自系统设计阶段的技术要求和其他系统层级的要求。软件功能要求包括非安全要求和安全要求两个部分，本节着重介绍安全要求部分——软件功能安全要求（SSR）。

5.3.1 软件功能安全要求的定义

SSR 是对部署在系统架构中软件要素的技术安全要求（TSR）的细化，主要针对硬件的约束以及这些约束对软件的影响。

在系统架构设计中，会将 TSR 部署到硬件和软件要素中，这些要素就成为了安全相关的要素。在安全要求分析过程中，要考虑当这些安全相关软件要素的功能和特性失效，并违反相关 TSR 时，如何设计软件安全要求，以满足 TSR。

5.3.1.1　软件的安全相关功能

软件要素安全相关的功能可能是如下功能。

1）确保标称功能安全执行的功能。例如：对于 BMS 电源管理模块的供电功能来说，可以设计供电的实时监控、状态反馈、异常检测与处理等功能，来保证供电功能的安全运行。

2）确保系统能够达到或保持在功能安全状态 / 降级状态的功能。例如：当 BMS 电源监控模块检测到欠压故障时，应切断接触器 S1，直到欠压故障恢复。

3）关于安全相关硬件的故障检测、指示和缓和的功能。例如：对转向系统中扭矩传感器做合理性校验的功能。

4）关于操作系统、基础软件或应用软件的故障检测、指示和缓和的自检或监控功能。例如：程序流监控功能。

5）关于在生产、运维和报废过程中的在线和线下测试的功能。例如：在产品生产过程中，需要向 EEPROM 中写入安全相关参数，则可以在写入信息中加入 CRC 校验码，写入设备在写入完成后，增加信息回读和 CRC 校验的功能，来保证安全相关参数的正确性和完整性。

6）在生产和维护过程中允许改变软件的功能。例如，控制器有多个功能配置，整车下线过程中，操作人员通过 EOL 向控制器写入车辆的配置信息，控制器中的软件配置功能则可根据该配置信息，判断哪些功能应被开启，哪些功能应被关闭。

7）关于性能或时延敏感操作的功能。例如：车辆处于自动驾驶模式中，当车辆发生碰撞时，自动驾驶必须尽快停止加速请求，以避免二次伤害。在这个功能中，智能驾驶控制器需要对碰撞信息做处理，这个处理过程是一个时延敏感的功能。

5.3.1.2　软件要素的安全相关特性

软件要素的安全相关特性主要包括以下三个方面。

（1）对错误输入的鲁棒性

对错误输入的鲁棒性是指软件在面对不正常或不合理的输入时，仍能保持正常运行而不崩溃或产生不安全状态的能力。这包括了对无效数据、恶意输入和意外事件的防御机制。

示例：

一个车载信息娱乐系统必须能够处理各种错误的用户输入，比如快速连续的按钮敲击或意外的触摸屏手势，而不会崩溃或影响车辆的关键安全功能。

（2）独立性

独立性是指软件的不同组件或功能在设计和实现上相互分离，使得一个组件的故障不会传播到其他组件，从而提高系统的整体安全性。

示例：

在电子转向系统（EPS）中，两个扭矩传感器的数据处理是独立进行的，这样一个传感器或其处理模块出现故障，会准确地被监控到。

（3）免于干扰或对错误容忍的能力

免于干扰或对错误容忍的能力是指软件在面临外部干扰或内部错误时，仍能保持关键功能的能力。这通常通过设计冗余、故障检测和恢复机制来实现。

示例：

在汽车的防抱死制动系统（ABS）中，会设计多个独立的控制通道和传感器，当一套系统出现问题时，其他系统可以接管，确保车辆在紧急制动时仍能保持稳定，避免失控。

5.3.2 软件功能安全要求的特性

为了使利益相关人员更好地理解 SSR，SSR 应具备以下特性。

（1）内容上清晰的（Unambiguous）

SSR 的描述应是清晰的，避免使用模糊或含糊不清的术语。每个要求项都应该包含明确的输入、处理过程和预期输出，以便开发团队能够精确地实现。为了达到要求的清晰，也可以用足够的解释性内容来帮助开发者理解软件需求。解释性内容可以以不同的字体形态（如斜体）来区分，或由 information、notice 等符号作为标识。使得整体的 SSR 读起来是干净、清晰、流畅和有序的。解释性内容，可以包含解释软件行为定义的原因，解释软件要求中词汇或术语定义，具体软件执行的举例等。

（2）可理解的（Comprehensible）

可理解的 SSR 意味着它们能够被项目团队成员、用户、利益相关者以及任何关心该软件的人所清晰地理解。为了实现这一目标，要求应当使用简洁明了的语言进行描述，避免使用模糊或过于技术性的术语。同时，要求描述应当结构化，有条理地组织各项功能、性能、接口和约束，以便读者能够轻松地跟踪和理解。此外，通过提供清晰的示例、图表或原型，可以进一步帮助用户和其他相关人员直观地理解软件要求。

下面给出三种建议的软件安全要求编写格式。

格式 1:【执行元素】+【应】+【执行行为】+【行为约束】

BMS 的电源管理模块 + 应 + 周期性地检测 BMS 电源电压 + 检测周期为 10 ms。

格式 2:【如果】+【条件】+【则】+【执行元素】+【应】+【执行行为】+【行为约束】

如果 +BMS 电源监控功能被使能 + 则 +BMS 的电源管理模块 + 应 + 周期性地检测 BMS 电源电压 + 检测周期为 10 ms。

格式 3:【当条件逻辑满足时】+【条件】+【执行元素】+【应】+【执行行为】+【行为约束】

当条件 a 和 b 或 c 满足时 +BMS 的电源管理模块 + 应 + 在 10 ms 内发送 BMS 电源电压过压报警信号给故障管模块:

a)BMS 电源监控功能被使能;和

b)通道 1 的电压过压;或

c)通道 2 的电压过压;

(3)原子化的(Atomic)

SSR 原子化是指在软件要求特定的层级,将复杂的用户要求拆解成若干个独立、最小且不可分割的基本要求单元,即原子要求。这些原子要求是构成整个软件功能的基础,每个原子要求都应该具有明确的描述、清晰的边界条件和可验证的标准。通过原子化,可以确保要求的准确性、一致性和可管理性,为后续的软件设计、开发和测试提供清晰、稳定的要求输入。

原子化要求有以下几个特点。

1)独立性:每个原子要求都是独立的,不依赖于其他要求。

2)最小性:原子要求是最小的要求单元,不可再进一步拆分。

3)完整性:每个原子要求都是完整的,描述了某个具体功能或行为的一个方面。

4)可验证性:原子要求应该是可测试的,以便验证其是否满足。

通过原子化要求,团队可以更加精确地理解和实现用户要求,减少要求变更的风险,提高软件开发的效率和质量。

下面给出未达到原子化要求的示例。

示例 1:

假设我们正在开发一个在线购物系统,其中一个非原子化的要求描述可能是这样的:

“用户应该能够在网站上浏览商品，将商品添加到购物车，进行结算并支付”。

这个要求描述包含了多个功能点，如浏览商品、添加购物车、结算和支付，每个功能点本身都可以进一步拆分成更小的原子要求。例如：

1）用户能够浏览商品列表，并查看商品的详细信息。

2）用户能够将选定的商品添加到购物车中。

3）用户能够查看购物车中的商品列表及总价。

4）用户能够进行结算，选择配送方式和支付方式。

5）用户能够完成支付流程，并收到支付成功的通知。

示例 2：

以上面 BMS 电源监控安全要求为例，“BMS 的电源管理模块应该每 10 ms 周期性地监控电压是否过压和欠压”，这条要求就需要将过压和欠压拆分开来，欠压和过压的监控是两个功能，报警信号和后续处理措施也不同。

如果不将这些功能点拆分成原子要求，就会导致要求不明确、开发过程中容易出现遗漏或误解，增加项目风险。但当原子化的需求与其他更重要的属性相冲突时，应该以保证重要属性为主。

（4）内部一致的（Internally Consistent）

SSR 应避免要求内部的矛盾。

反例：

电源监控模块应在 KL.30 欠压时根据以下电压范围要求，上报对应的电压故障等级，同时只能上报一个级别：

7.5 V ~ 9 V，上报电压一级故障；

7 V ~ 8 V，上报电压二级故障。

在上述需求内部矛盾的例子中，当电压在 7.5 V ~ 8 V 时，上报的故障级别是不确定的。

（5）可行的和可达成的（Feasible and Achievable）

SSR 必须满足技术、经济、社会及法律等多方面的可行性要求。技术可行性指的是现有的技术能否支持该需求的实现，包括硬件、软件、网络、数据存储等各个方面的技术支持。经济可行性则是考虑实现这个需求所需的投入成本与其带来的潜在效益之间的关系，需要权衡项目预算和收益预期。社会可行性主要考察需求是否符合社会价值观、道德伦理以及用户习惯等，以避免因社会因素导致的冲突或抵制。法律可行性则是确保需求不违反任何法律法规，包括知识产权、隐私保护、数据安全等方面的法律规定。

反例：电压监控模块，应以 10.555 ms 为周期，检测电源电压。这条要求中 10.555 ms 是技术上不可行的。

同时 SSR 还要关注要求是否能够在规定的时间、资源以及约束内完成。时间可达成指在项目的整体计划下要求可达成。资源可达成指在项目现有资源下要求可达成。约束可达指在法律法规等的约束下要求可达成。

（6）可验证的（Verifiable）

SSR 的可验证性是指每个要求项都应当能够被明确地测试和验证，以确保其被正确实现。在软件开发过程中，要求的可验证性是确保软件质量的关键环节之一。可验证的要求能确保开发团队明确知道如何测试软件是否符合预期，从而确保软件最终能够满足用户的要求。

不可验证的要求示例：BMS 电源管理模块应能监控供电故障。

这个要求描述就存在不可验证的问题。首先，“供电故障”是一个模糊的定义，无法通过客观的测试手段来验证。其次，该要求没有提供具体的输入、处理过程和预期输出，使得测试人员无法根据该要求进行测试。因此，这个要求是不可验证的，也无法确保开发团队能够按照预期实现该要求。

为了改进这个不可验证的要求，我们可以将其改为更具体、可验证的要求。例如：BMS 的电源监控模块应以 10 ms 的故障检测时间间隔周期性监控 BMS 电源电压，当电源电压连续 10 个周期超过 4.3 V 时，输出电压过高的故障信息。

（7）必要的（Necessary）

每条 SSR 都应定义软件的必要的能力、特性、约束和 / 或质量因素。当该要求缺失，出现无法用其他能力或过程弥补的缺陷时，则该要求即为必要的要求。

SSR 是“必要的”意味着每一个要求都应该是有依据、有价值的，且能够直接关联到业务目标。必要的软件要求不仅有助于减少开发过程中的冗余和浪费，还能够确保软件产品更加精准地满足上级要求。

（8）实施的自由性（Implementation Free）

SSR 应该保证软件设计和实施的自由性，这是一个在软件开发行业中被广泛接受的原则。这个原则意味着在定义 SSR 时，应该避免使用任何特定于实现的语言或技术细节，而应将重点放在描述软件应该做什么（What），而不是如何做（How）。

保持 SSR 实施的自由性的重要性在于它有助于确保要求的清晰、完整和可验证，同时减少要求变更的可能性。当要求与实现细节紧密耦合时，任何技术上的变动都可能导致要求的重新定义，这增加了项目的复杂性和风险。

下面举例来说明这个概念：“BMS 的电源管理模块 + 应 + 周期性地检测 BMS 电源电压 + 检测周期为 10 ms”这样的描述关注的是系统的功能，没有涉及任何特定的技术实现，比如电压检测的硬件原理、A/D 的数值对应关系等。

（9）完整的（Complete）

一条 SSR 应该全面、详尽地描述软件系统的功能、性能、接口、安全、兼容性等各个方面的要求，要包含足够的细节和上下文信息，以消除歧义和不确定性，以便开发团队能够准确理解并实现这些要求。一条完整的要求应该能够回答“做什么”“何时做”“为何做”以及“由谁来做”等关键问题。

（10）合规的（Conforming）

在提出或定义 SSR 时，需充分考虑相关的法律法规、行业准则以及具体产品的技术标准，确保软件在设计、开发、测试及部署的各个环节中都能满足这些要求。

5.3.3 软件功能安全要求的属性

SSR 不仅要满足前述的特性要求，还需要考虑以下要求的属性。

（1）ID

1）唯一性：每个安全要求都应有一个独一无二的标识符，以便于追踪和管理；

2）标准化：ID 的命名应遵循组织内部的标准命名规则，以确保一致性和可读性；

3）可追溯性：ID 的设计应便于与相关文档、测试用例和代码实现进行关联。

（2）ASIL

1）继承性：ASIL 等级从 TSR 继承而来，确保软件要求与系统的安全目标一致；

2）分解：如果 SSR 需要分解为冗余的要求，每个子要求都应根据其对系统安全的影响被赋予合适的 ASIL 等级；

3）文档化：ASIL 等级的确定和变更都应详细记录，并在相关文档中体现。

（3）部署

1）明确性：每个安全要求都应明确部署给软件架构中的特定要素，如模块、组件或子系统；

2）一致性：部署应与软件设计和架构保持一致，确保要求的实现与系统结构相匹配；

3）责任归属：部署过程中应明确哪个团队或个人负责实现特定的安全要求。

（4）状态

1）阶段化：要求的状态应反映其在软件开发生命周期中的进展，如草稿、审查中、已实现、已发布等；

2）跟踪：状态的变化应被记录和跟踪，以便于监控要求的实施进度和质量；

3）沟通：状态的更新应作为项目沟通的一部分，确保所有相关方都了解当前的状态和任何变更。

（5）其他重要属性

1）优先级：安全要求可能有不同的重要性，优先级可以帮助团队确定哪些要求需要首先关注；

2）依赖性：某些安全要求可能依赖于其他要求的实现，这些依赖关系需要被识别和管理；

3）风险评估：每个安全要求都应经过风险评估，以确定不满足该要求可能带来的后果；

4）合规性：安全要求应符合相关的法律法规、标准和行业最佳实践。

5.3.4 软件功能安全要求验证

在软件工程领域，SSR 的验证是确保软件系统可靠性和安全性的关键环节。SSR 验证包括两大阶段：设计阶段和测试阶段。本节着重介绍设计阶段所采用的方法及其检查点。

5.3.4.1 设计阶段的 SSR 的验证方法

（1）走查（Walk-through）

目的是通过集体审查提高软件质量，发现潜在的问题，并促进知识的共享。在走查的过程中，参与者要通过提出问题的方式，促进对软件产品的深入理解，识别软件中的错误、缺陷或不一致性，提出改进建议，以提升软件的功能和性能。在走查的过程中，可以探讨不同的设计方案或实现方法，以寻求更优的解决方案。走查过程中也要对照标准或规范，评估 SSR 是否满足既定要求。

（2）检查（Inspection）

目的是通过视觉审查和同行评审发现和修复 SSR 中的缺陷。一般检查过程都会由训练有素的持中立态度的主持人领导，确保检查过程的公正性和高效率。对于检查中发现的每一个异常，都必须确定补救或进一步调查的行动。在检查会议期间不必要决定解决方案，而是将重点放在识别问题和记录必要的行动上。处于管理职位的人员一般不应参与检查过程，以避免影响团队成员的开放性和诚实性。在检查过程中应进行数据收集和分析，以便于持续改进检查流程和 SSR 的质量。

（3）仿真（Simulation）

一种模拟软件系统运行的方法，用于验证系统的行为、性能和互操作性。通过模拟系统的各个方面，例如输入、处理和输出，以评估其性能、稳定性和可靠性。仿真通常用于验证复杂系统的SSR。

（4）安全分析（safety analysis）

软件安全分析是一种系统化的审查过程，旨在发现和修复软件中的错误，降低安全风险，提高软件系统的安全性和可靠性。通过分析软件的各个层次，包括需求、设计、代码和运行环境，确保软件达成了功能安全的要求。

详细的软件安全分析见5.6。

5.3.4.2 软件安全要求的检查点

在SSR设计阶段完成后，必须组织一个评审团队来对其正确性和完整性进行系统化的验证。评审检查清单是确保SSR质量的关键工具，旨在帮助评审团队系统化地识别潜在的问题、不一致性和改进点。以下是SSR评审检查清单中应考虑的关键检查项：

1）完整性：验证所有功能性和非功能性要求是否齐全、无遗漏或定义不明确的要求；

2）一致性：确保要求之间无冲突或矛盾，并与设计文档、用户需求和系统规范保持一致；

3）清晰性：要求表述应明确无误，避免歧义，专业术语和缩写需提供清晰的定义；

4）可测性：要求必须具体到可以量化和测试，以便于验证软件的符合性，并为每个要求制定验收标准或测试用例；

5）适用性：要求应与软件系统的预定用途、操作环境以及不同用户群体的需求相匹配；

6）合规性：要求应遵循所有相关的法律法规、行业标准和最佳实践，并满足安全性、可用性和性能的要求；

7）可追溯性：每个要求都应有唯一标识符，以便于跟踪和追溯，同时提供详尽的来源和背景信息；

8）风险评估：对要求中潜在的风险和威胁进行评估，并为高风险要求制定相应的缓解措施；

9）变更管理：明确要求的变更管理流程，记录要求的修改历史，确保变更的透明性和可控性；

10）性能要求：性能要求应明确定义，如响应时间和 CPU 占用情况，并配备相应的性能测试计划；

11）安全性要求：安全性要求应全面覆盖潜在的安全风险，并根据需要标识相应的 ASIL 等级；

12）可用性要求：确保可用性要求得到满足，包括系统的可用时间和故障恢复能力；

13）扩展性和可维护性：考虑软件未来的扩展性和维护需求，定义适当的接口和架构以支持未来的升级和维护。

检查清单是软件安全要求质量保证过程中的一个关键环节，它通过一系列结构化的检查项，帮助项目团队系统地识别和解决 SSR 中的问题。此清单应根据项目的特定需求和上下文进行定制和扩展，以最大化其有效性。

5.4 软件架构

5.4.1 软件架构的定义

软件架构是指软件系统中各个组成部分的抽象描述，包括它们的关联关系、交互机制以及与环境的相互作用，它定义了软件系统的结构，并指导软件的开发、部署和维护。软件架构不仅包括系统各个组成部分的静态结构，还包括它们在运行时的动态行为，它是软件系统设计的高级决策集合，决定了系统的整体特性，如性能、安全性、可靠性和可维护性等。

5.4.1.1 静态架构

静态架构描述了软件系统的结构化视图，它包括组件、模块、接口和数据存储等元素。

软件静态架构示意见图 5–5。

5.4.1.2 动态行为

动态行为描述了软件系统在运行时的行为特征，包括系统启动、任务调度和事件处理等。

软件动态行为示意见图 5–6。

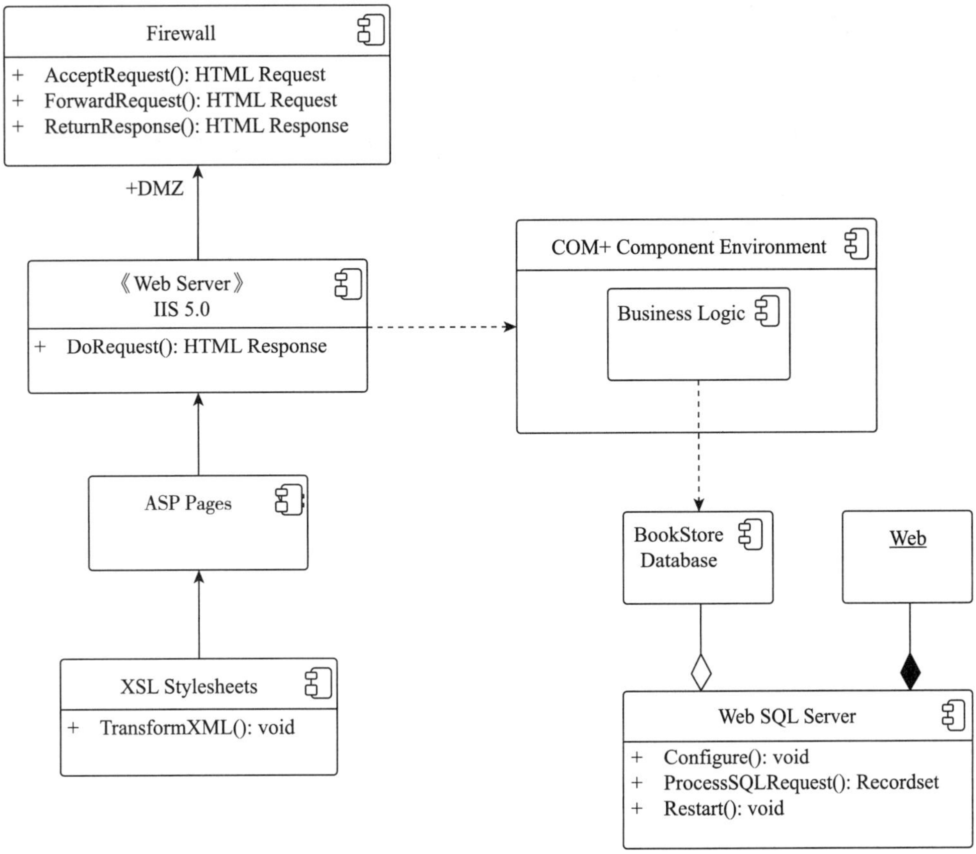

图 5–5　软件静态架构示意图

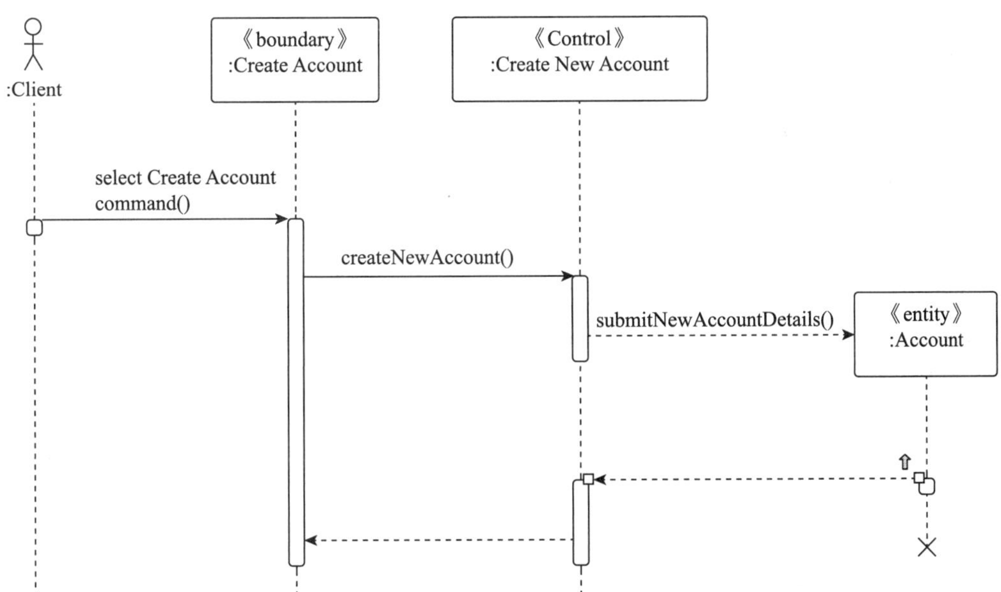

图 5–6　软件动态行为示意图

5.4.2 软件架构的设计

软件架构设计是指在理解软件系统的业务、用户需求，以及质量和约束的前提条件下，对软件系统组件、组件之间的关系以及组件与环境的关系进行定义的过程。在软件架构设计过程中，需对软件的性能、可伸缩性、可用性、安全性、易用性、可维护性和成本等方面进行充分的权衡，以确保最终选定的架构能够满足关键利益相关者的需求。

5.4.2.1 静态架构设计

（1）组件和模块设计

在静态架构中，应当明确地标识出软件系统中的各个组件和模块，详细描述它们的功能、职责和接口。为了确保组件间的互操作性，应提供清晰的接口规范，包括API、消息传递和数据格式。在划分组件时，应重视组件的可复用性，以减少冗余开发并提高开发效率。

（2）内部通信接口设计

应详细定义软件组件间的通信接口，阐述消息传递、API 调用和网络通信的机制。这些接口的设计应遵循标准化原则，以促进系统内部的互操作性和兼容性。

（3）数据存储和管理设计

应详细描述数据存储的方式，包括数据库、文件系统、缓存和内存的使用。同时，应阐述数据模型的设计，以及如何满足数据完整性和一致性的需求。对于敏感数据，还应考虑加密、访问控制和备份策略，以确保数据的网络安全。

（4）硬件配置设计

应详细说明软件系统运行的硬件环境，包括处理器、传感器、执行器和通信设备，建议使用硬件抽象层来解耦软件和硬件，以便软件可以在不同的硬件平台上运行。

（5）外部接口设计

应清晰地界定软件系统与外部环境的交互方式，包括 IO 接口、与其他系统或服务的通信接口等。这些接口的设计应遵循行业标准，以确保系统的互操作性和兼容性。

5.4.2.2 动态行为设计

5.4.2.2.1 系统动态行为设计

（1）系统启动和初始化流程设计

定义软件系统的启动和初始化过程，包括硬件自检、软件自检和数据加载等步骤。自检程序应检查系统的健康状况。启动过程还应定义必要数据和配置的加载机制。

（2）任务调度和时间约束设计

定义任务的执行顺序和调度算法，包括优先级、时间片轮转和实时调度等。同时，应设置合理的时间约束和截止期限，以确保关键任务的及时执行。

（3）事件处理和状态转换设计

定义事件驱动的软件架构，包括事件源、事件处理器和事件队列。可以使用状态机来描述系统的状态和状态转换，以清晰地表达系统的动态行为。

5.4.2.2.2　组件交互设计

组件交互描述了软件系统中不同组件之间的协作和通信机制。

（1）组件通信机制设计

定义组件间的通信机制，包括消息传递、内存共享和远程过程调用等。为了减少组件间的耦合，可以采用消息队列和发布－订阅模式（Publish–Subscribe Pattern）。通信协议的选择应满足性能和安全要求。

（2）组件协作和同步设计

描述组件间的协作方式，包括并行处理和串行处理，同时，应使用适当的同步机制来保证数据一致性和资源互斥。组件的状态同步对于保证系统行为的一致性至关重要。

（3）异常处理和容错机制设计

定义组件间通信中异常情况的处理策略，包括消息丢失、超时等情况，同时，应设计容错机制和故障恢复策略，以提高系统的稳定性和可用性。

5.4.2.2.3　数据流设计

数据流描述了数据在软件系统中的流动和处理过程。

（1）传感器和数据采集设计

描述传感器数据的类型和处理策略，包括数据采集和滤波方法，这些策略应确保数据的准确性和可靠性。

（2）数据处理和算法设计

描述数据处理流程和所使用的算法，包括数据转换、滤波、校准和融合等步骤。对于使用的算法，如人工智能和机器学习中的数据处理和算法，应提供清晰的说明和理由。

（3）数据存储设计

定义数据存储方案和策略，包括瞬时数据、事件数据和长期存储数据，同时，应考虑数据备份和恢复策略，以防止数据丢失或损坏。

（4）数据传输设计

描述数据在系统内部和外部的传输方式，包括内部总线、网络通信和云服务。数据传输机制应确保数据的及时性和安全性。

5.4.2.2.4 时间约束设计

时间约束是指在软件架构设计过程中，对系统中的时间相关要求进行明确和细化，以确保系统能够在规定的时间内完成任务，满足实时性、响应时间和其他时间相关的质量属性。

（1）实时性和响应时间要求

在动态行为中，应明确系统的实时性和响应时间要求。这包括确定系统对内外部事件做出反应的最大允许时间，以及处理特定任务的时间限制。例如，在嵌入式系统中，对传感器输入的响应时间可能需要严格控制在毫秒级别。

（2）任务调度和时间管理

应设计有效的任务调度策略，确保时间敏感的任务能够优先执行，并且能够在截止时间内完成。这包括使用实时操作系统（RTOS）或时间触发调度（TTS）等机制来管理任务的执行时间和资源分配。

（3）同步和通信延迟

在组件交互中，应考虑同步操作和通信延迟对系统时间约束的影响。例如，在分布式系统中，网络通信的延迟可能会对系统的整体响应时间产生显著影响。设计时需要选择合适的通信协议和数据传输机制，以最小化延迟。

（4）资源分配和优先级设置

在静态架构中，应考虑处理器、内存和其他硬件资源的分配对时间约束的影响。设计时需要为关键任务分配足够的资源，并设置适当的优先级，以避免资源争用和性能瓶颈。

（5）时钟同步和计时器管理

在具有多个组件或节点的系统中，时钟同步和计时器管理对于满足时间约束至关重要。设计时需要确保所有组件和节点使用统一的时间基准，并且能够准确地进行计时和超时处理。

（6）容错和时间恢复

在异常处理和容错机制中，应考虑时间约束的恢复策略。例如，如果系统因某种原因未能按时完成任务，应设计相应的恢复机制，如重试、回滚或状态恢复，以确保系统能够在有限的时间内恢复正常运行。

5.4.2.3 软件架构设计原则

软件架构设计原则是指导软件架构师进行系统设计的一组基本规则和最佳实

践。这些原则确保了软件系统的质量、可维护性和可扩展性。在本章中，我们将参照GB/T 34590.6—2022中表3的设计原则，以及其他行业最佳实践，来探讨软件架构设计的重要原则，并通过实际例子来解释这些原则的应用。

（1）软件组件的适当分层结构

适当分层结构是指将软件系统划分为多个层次，每个层次负责不同的功能，层次之间通过明确定义的接口进行通信。这种结构有助于降低复杂性，提高可维护性。例如，一个典型的三层架构包括表示层、业务逻辑层和数据访问层。

（2）限制软件组件的规模和复杂度

限制软件组件的规模和复杂度有助于提高组件的可理解性和可测试性。例如，一个大的类可以被分解为几个小的、职责更单一的类。

（3）限制接口规模

接口应该是简单和最小的，只包含必要的操作。这有助于减少组件间的依赖，提高系统的灵活性和可替换性。

（4）每个组件内强内聚

强内聚是指组件内的元素紧密相关，共同完成一个单一的任务。例如，一个负责订单管理的类应该只包含与订单管理相关的操作和数据。

（5）软件组件间松耦合

松耦合是指组件之间的依赖关系尽可能少，这样当一个组件发生变化时，对其他组件的影响最小。例如，使用依赖注入模式可以减少组件间的直接依赖。

（6）恰当调度的特性

恰当调度是指根据组件的特性和需求，选择合适的调度策略。例如，实时系统中的任务可能需要使用基于优先级抢占的调度策略。

（7）限制中断的使用

限制中断的使用可以减少系统的复杂性，提高系统的稳定性和可预测性。例如，一个系统可以设计为仅在必要时才使用中断，而不是频繁地使用它们。

（8）软件组件的适当空间隔离

适当空间隔离是指将不同的组件或服务部署在不同的物理或逻辑空间中，以减少它们之间的干扰。例如，使用微服务架构可以将不同的服务部署在不同的容器或虚拟机中。

（9）共享资源的适当管理

共享资源的适当管理是指对共享资源（如数据库、文件系统等）进行有效的管理和控制，以避免资源冲突和竞争。例如，使用锁机制可以防止多个组件同时修改同一资源。

5.4.2.4 软件架构实例

经典 ALITOSAR（AUTomotive Open System ARchitecture）的软件架构如图 5-7 所示实例。

AUTOSAR 是一种用于汽车软件开发的开放系统架构，从 AUTOSAR 的架构设计中，我们可以学习到软件架构设计原则的应用。

（1）基本软件架构（BSW）

AUTOSAR BSW 是软件架构的基础，它提供了一系列软件模块，这些模块定义了微控制器（MCU）的接口和抽象，以及与 ECU 硬件相关的服务。包括：

微控制器抽象层（MCAL）：MCAL 实现了特定微控制器的接口，提供了多层软件，通过寄存器与微控制器集成，并提供系统驱动程序、诊断驱动程序、内存驱动程序、通信驱动程序（CAN、LIN、以太网等）和 I/O 驱动程序。这种设计限制了接口规模，实现了每个组件内强内聚，并确保了软件组件间的松耦合。

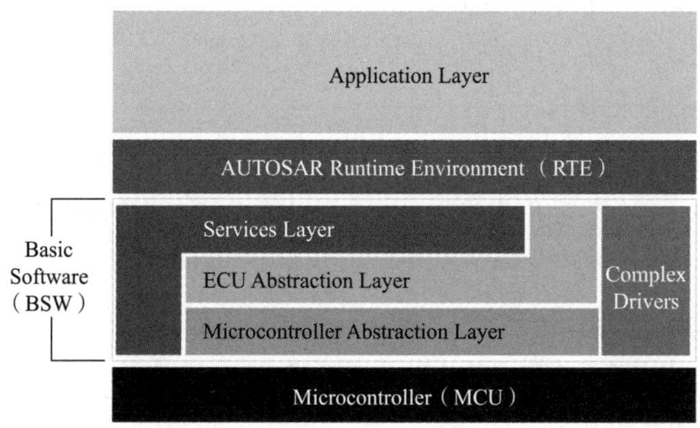

图 5-7 经典 AUTOSAR 的软件架构

ECU 抽象层：这个层提供了独立的软件层，依赖于 ECU 硬件，但与微控制器无关。ECU 抽象层提供了对 ECU 所有外设和设备的访问，支持通信、内存、I/O 等功能，并提供了对更高层软件的服务。这种设计实现了软件组件的适当空间隔离，并确保了共享资源的适当管理。

服务层：服务层是 BSW 的最顶层，它构成了操作系统，从应用层运行到底层的微控制器。服务层提供了网络服务、内存服务、诊断服务、通信服务、ECU 状态管理等服务。这种设计遵循了限制软件组件的规模和复杂度的原则，并确保了软件组件的适当分层结构。

（2）AUTOSAR 运行时环境（RTE）

RTE 层位于 BSW 和应用层之间，它提供了应用软件与 BSW 之间的通信服务。RTE 层的设计遵循了限制接口规模和软件组件间松耦合的原则，通过虚拟功能总线（VFB）接口，实现了应用层软件组件与 BSW 之间的通信。

（3）应用层

应用层是 AUTOSAR 软件架构的顶层，它支持自定义功能实现。应用层由特定的软件组件和按照指令执行特定任务的应用程序组成。AUTOSAR 确保应用层软件组件的标准化接口，并且这些组件有助于生成简单的应用程序来支持车辆功能。软件组件之间的通信是通过使用虚拟功能总线的特定端口来实现的，这些端口还促进软件组件和 AUTOSAR 基础软件（BSW）之间的通信。

上述经典 AUTOSAR 架构是一个高度模块化、标准化和可扩展的系统，是一个值得参考学习的架构设计。

5.4.3 软件架构的验证

软件架构设计验证是确保软件架构满足软件要求、软件安全要求和标准的过程。本节介绍了几种常用的软件架构设计验证方法，包括设计走查、设计检查、动态行为仿真、生成原型、形式验证、控制流分析、数据流分析和调度分析。这些方法可以帮助软件架构团队识别潜在问题，确保设计决策符合标准和最佳实践。

（1）设计走查（Design Walkthrough）

设计走查是一种设计验证的方法，通过团队成员的讨论来检查设计文档，以识别潜在的问题。例如，开发团队会一起审查软件架构设计文档，讨论其中的关键决策和潜在的风险。

（2）设计检查（Design Inspection）

设计检查是一种更正式的设计验证方法，通常遵循一个检查表来系统地查找问题。例如，团队可能会使用一个检查表来确保所有的设计决策都符合既定的标准和最佳实践。

（3）动态行为仿真（Simulation of Dynamic Behavior in Design）

这种方法涉及创建一个模型来模拟软件在实际运行时的行为。例如，使用模拟工具来测试软件在不同负载条件下的性能。

（4）生成原型（Prototyping）

生成原型是在实际构建软件之前创建一个可运行的简化版本。例如，创建一个用户界面的原型来验证用户交互流程。

（5）形式验证（Formal Verification）

形式验证使用数学技术来证明软件的正确性。例如，使用形式化方法来验证一个关键算法的正确性。

（6）控制流分析（Control Flow Analysis）

控制流分析是检查软件程序中控制流的结构。例如，分析代码中的 if-else 语句和循环结构来确保逻辑的正确性。

（7）数据流分析（Data Flow Analysis）

数据流分析是检查软件程序中数据的使用和流动。例如，分析变量在使用前是否已经被正确初始化。

（8）调度分析（Scheduling Analysis）

调度分析是确保实时系统中任务能够按时完成的方法。例如，分析任务的优先级和执行时间以确保实时约束得到满足。

5.5 软件单元设计、实现与设计验证

5.5.1 软件单元设计

软件单元是软件架构中的最小颗粒的构建模块。软件单元设计需要明确软件单元之间的关系、接口的结构、软件单元交互的动态行为，以及软件单元内部的逻辑及动态行为。

在软件单元设计过程中，应确保以下特性的达成：

1）软件单元内子程序和函数执行顺序的正确性；

2）软件单元之间接口的一致性；

3）软件单元内部数据流的正确性；

4）软件单元之间数据流的正确性；

5）软件单元内部控制流的正确性；

6）软件单元之间控制流的正确性；

7）简单性；

8）可读性和可理解性；

9）鲁棒性；

10）软件修改的适应性；

11）可验证性。

为了达成以上软件单元的特性，GB/T 34590.6—2022 给出了一些设计参考原则。

（1）子程序和函数采用一个入口和一个出口。

每个子程序或函数应该只有一个入口点和一个出口点，这样可以简化代码的跟踪和理解，减少错误的发生。

以下代码是有两个出口点的函数的例子：

```
void exampleFunction(int condition)
{
    if(condition)
{
        return; // Early exit
    }
    // ... more code ...
    return; // Normal exit
}
...
```

（2）无动态对象或动态变量，否则需要在其产生过程中对其进行在线测试。

动态对象或变量（如通过 malloc 在堆上分配的内存）可能导致内存管理问题，如内存泄漏或野指针。这一原则鼓励使用静态分配，或者在必要时对动态分配进行严格的测试。

反例代码：

```
int* allocateIntArray(int size)
{
    int* array = malloc(size * sizeof(int));
    if(!array)
{
        return NULL; // Failed to allocate memory
    }
    // No online test for the allocated memory
    return array;
```

```
}
...
```

这个例子中，动态分配的数组没有进行内存测试，如果 malloc 失败，可能会导致未定义的行为。

（3）变量初始化。

如果在声明变量后没有立即对其进行初始化，那么变量的初始值将是未知的，这可能导致程序在运行时出现意外的行为。

反例代码：

```
int add (int a, int b)
{
    int result;
    // result is not initialized here
    result = a + b;
    return result;
}
...
```

result 变量在使用前未初始化，其值是未知的，这可能导致错误的计算结果。

（4）不能重复使用变量名称。

如果在全局作用域和局部作用域中使用了相同的变量名，可能会导致意外的变量覆盖和数据错误。

反例代码：

```
int sum = 0;
// ... some code ...
for (int i = 0; i < 10; i++)
{
    int sum = i; // Redefining sum in a inner scope
    // ... more code ...
}
...
```

在循环内部重新定义了 sum 变量，这可能会导致外部 sum 变量的值被意外覆盖。

（5）避免全局变量，否则需证明对全局变量的使用是合理的。

全局变量可能导致代码的耦合性增加，降低代码的可测试性和可维护性。如防抱死制动系统（ABS）中的多个模块都依赖于同一个全局变量来控制制动压力，那么任何模块对全局变量的修改都可能会影响到其他模块，导致系统行为不可预测。

反例代码：

```
int globalVar = 0;
void functionA()
{
    globalVar++;
}
void functionB()
{
    globalVar--;
}
...
```

'globalVar' 被多个函数修改，这可能导致难以追踪的副作用和竞态条件。

（6）限制使用指针。

指针的使用可能会导致复杂性和不可预测的行为，尤其是在嵌入式系统中。

反例代码：

```
void dangerousFunction(char* str)
{
    while(*str)
    {
        *str = toupper(*str);
        str++;
    }
}
...
```

这个函数使用了指针操作，如果 str 是空指针，可能会导致空指针解引用。

（7）无隐式类型转换。

隐式类型转换可能会导致数据精度丢失或意外的行为。如果在汽车的导航系统中，将浮点数隐式转换为整数，可能会导致路径计算错误，影响导航的准确性。

反例代码：

```
int divide(int a, int b)
```

```
{
        return a / b;
    }
    double result = divide(10, 3); // Implicit conversion from int to double
    ...
```

result 变量会得到一个不准确的值，因为 divide 函数返回的是一个整数，而这里进行了隐式类型转换。

（8）无隐藏数据流或控制流。

隐藏的数据流或控制流可能导致代码难以理解和维护。

反例代码：

```
int hiddenFlow(int a, int b)
{
        if (a > 0 && b > 0)
{
            // Hidden control flow
            return a + b;
        }
        return 0;
    }
    ...
```

这个函数的逻辑依赖于一个隐藏的控制流，即当 a 和 b 都大于 0 时才执行加法操作，这可能会让代码的意图不够明确。

（9）没有无条件跳转。

无条件跳转，如 goto 语句，可能会导致代码的执行路径变得难以追踪和理解。

反例代码：

```
void unconditionalJump()
{
        int condition = 1;
        if (condition)
{
            goto error; // Unconditional jump
```

```
        }
        // ... more code ...
    error:
        // Handle error
    }
    ...
```

使用 goto 语句创建了一个无条件跳转，这可能会导致代码的执行流程难以追踪。

（10）无递归。

递归可能会导致栈溢出和性能问题，尤其是在资源有限的嵌入式系统中。

反例代码：

```
    int factorial(int n)
{
        if (n == 0)
{
            return 1;
        }
        return n * factorial(n - 1); // Recursive call
    }
    ...
```

这个递归函数在计算阶乘时可能会导致栈溢出，特别是在 n 很大的情况下。

基于模型的开发（MBD）模式中，模型文件（MDL）可以作为软件详细设计规范。

5.5.2 软件单元实现

功能安全相关软件单元开发，应使用在软件环境规划中要求的编程语言，并满足规定的语言规范。如果每个开发人员都按照自己的风格和习惯编码，将不利于代码的后期维护，不良的编程习惯也会严重影响代码质量，并可能产生不必要的 Bug。编码规范可以在一定程度上防止不良设计，延长软件的生命周期，即使在后期进行系统重构时也能更有信心。

软件实现可以通过两种方式，一种是基于模型的开发，另一种是手写编程。关于编程语言，需要注意以下几点：

1）不同的编程语言有不同的编程规范；

2）基于模型开发的编程应建立模型设计规范；

3）编程规范可以随着项目经验的累积进行优化和改进。

5.5.3 软件单元设计验证

软件单元设计验证是设计满足软件安全要求证据的一部分。常用的软件单元设计验证方法包括：设计走查、设计检查、结对编程、半型式验证、形式验证、控制流分析、数据流分析等。这些方法可以帮助软件开发团队识别潜在问题，确保设计和程序符合 SSR 和软件架构设计的要求，但需要开发人员根据软件单元的 ASIL 等级和实际开发情况来选择合适的验证方法的组合。

5.6 软件安全分析

5.6.1 概述

软件安全分析是一种系统性识别和评估软件系统中可能导致危害、损害或事故的潜在风险的方法。目的是采取相应措施来降低这些风险。进行软件安全分析有助于发现和修复潜在的安全缺陷，提高软件系统的安全性和可靠性。软件安全分析主要分为静态分析和动态分析两大类，本书的第 4 章已经详细介绍了常见的静态系统化分析工具：FMEA 和 FTA，本章就不再赘述这两种分析方法，本章重点介绍一下其他常用在软件分析中的工具。

5.6.2 静态分析

5.6.2.1 功能块分析

功能块分析（FBA，Functional Block Analysis）旨在提取子系统的安全相关部分，并为分析人员提供关于子系统内各部分（模块）交互的信息。如图 5-8 所示，FBA 方法通过图形化的方式展现子系统各部分的构成及其相互关系，这有助于分析执行者开展后续的详细分析。根据分析系统的类型，执行者可以选择不同的图形表示方法以及系统级别，比如通过关联矩阵、功能树等来进行分析。

功能块分析是安全验证中的首选静态分析方法，它适用于系统、软件或硬件各个层级。该方法旨在提供一个完整的功能概述。在利用功能块分析提取子系统安全相关部分时，特别需要注意的是，不要忽略子系统中可能对安全功能产生影响的任何部分。这是因为某些子系统可能既包含安全相关的部件，也包含有不被认为是安全相关的部件。

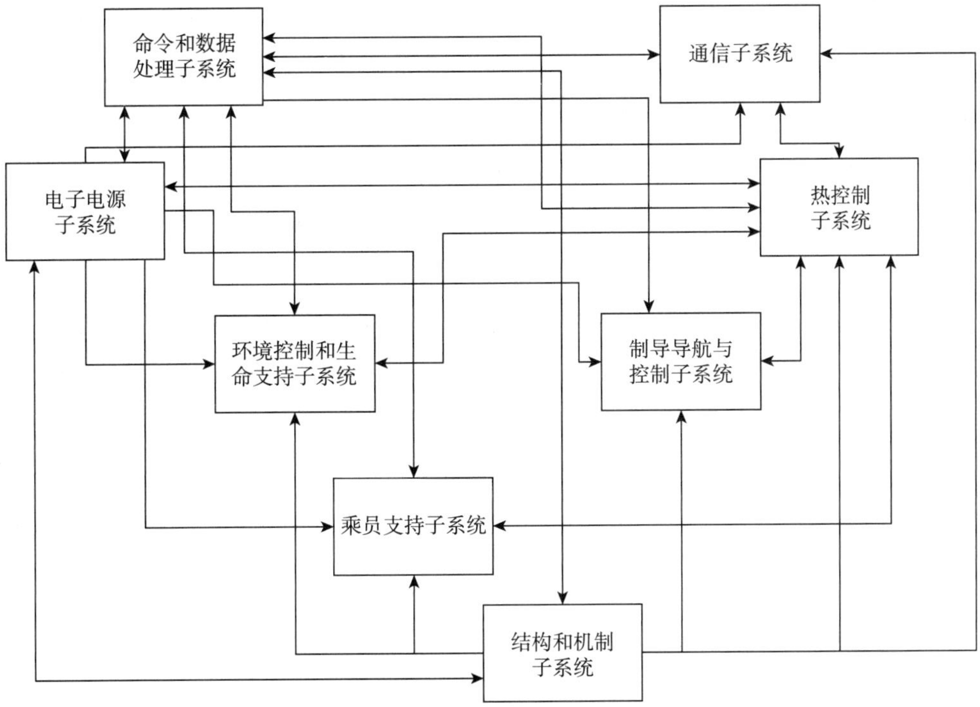

图 5-8　功能块分析示意图

5.6.2.2　数据流分析

在安全验证过程中，需要精确地识别系统中影响安全的关键数据路径，以及当系统输入信号变化所导致的单一安全相关事件发生时，哪些数据变量或信号也会随之发生变化。数据流分析（DFA，Data Flow Analysis）中，系统的信息流是一个关键要素，通常使用数据流图（见图 5-9）来表示。数据流图展示了系统内部信息的流向，并揭示了系统的逻辑处理功能。换句话说，数据流图的作用在于从数据传递和加工的角度，以图形化的方式描述从输入信号到安全相关输出信号的移动和转换过程。

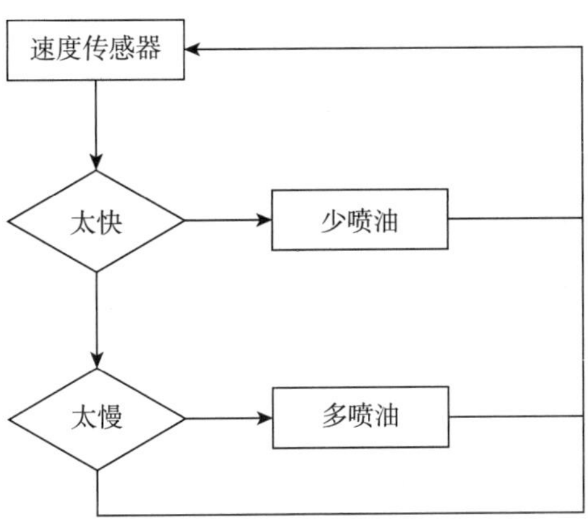

图 5-9　数据流分析示意图

在数据流分析中，可以从以下几个角度来分析系统中影响安全功能的信息：

1）数值分析：通过分析系统数据的数值变化量及其变化范围来检测是否存在数据异常；

2）时间分析：通过分析系统数据变化的频率和周期来识别是否存在数据异常；

3）因果分析：系统中许多数据之间存在严密的因果逻辑关系，通过分析数据间的"因"与"果"对应关系，来判断是否存在数据异常；

4）比较分析：通过对比较系统在不同时间、相同条件下的数据流，来分析是否存在数据异常；

5）关联分析：系统输入、输出以及内部参数之间存在一定的逻辑联系，通过按照这些逻辑关系分析数据流，来确定是否存在数据异常。

5.6.3 动态分析

5.6.3.1 信号顺序分析

当系统涉及复杂的时序关系时，信号顺序分析（SSA，Signal Sequence Analysis）是一种非常有效的分析方法。在信号顺序分析中，首先需要构建时序图（见图 5-10），在时序图中定义时间尺度，并按照该时间尺度展开系统中各个子系统的行为。时序图展示了子系统行为随时间变化的状态以及它们之间的相互关系，这有助于根据时间线分析并发性、重叠性和排序性等特性。

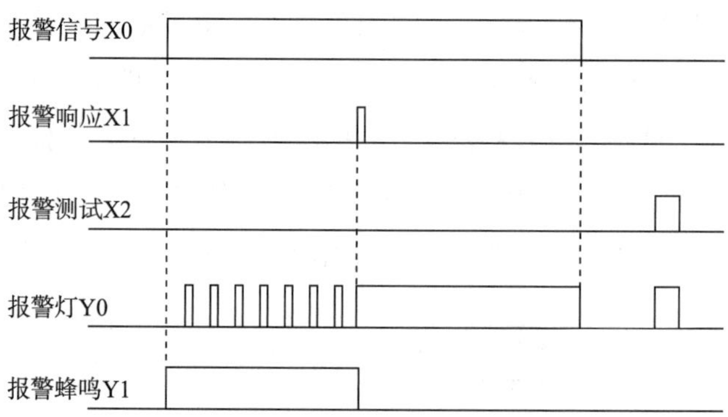

图 5-10　信号顺序分析示意图

在安全相关的验证过程中，信号顺序分析方法被用来分析输入信号影响安全相关输出的逻辑条件和所需的事件序列。在时序图中，不同信号条件之间关系以图形化的方式来展示，用于说明和解释特定安全相关事件中各个信号序列及其条件。

5.6.3.2 状态迁移分析

状态迁移分析（STDA，State Transition Diagram Analysis）是通过状态图来分析系统中复杂的状态变迁关系。状态图能够展示系统在不同输入下的实际状态。状态图通过将复杂的响应过程分解为最小的、不可再分的已知反应，来帮助理解系统，这有助于详细需求的开发，并可以用来验证它们的计时性能。图 5-11 状态迁移分析示意图展示了某旋转机构的回转指令状态图，其中椭圆代表系统状态，圆形代表触发状态改变的事件，以及系统响应事件而采取的操作或输出。在图 5-11 中，回转状态可以循环，直至到达正确的位置。通常，顺序有限状态机不包括存储功能，当前输出仅依赖于当前输入。顺序有限状态机可以被视为一个基于事件、依赖时间的行为模型。

在系统安全验证中使用状态图进行状态迁移分析时，首先需要确定分析的范围，即系统中的安全相关部分。接着，构建一个图形化的状态转换图，它应当包含所有安全相关状态，以及所有可能转换为安全相关状态的其他状态。在分析状态迁移时，分析中应分析系统执行的顺序，并且关注由安全相关信号引起的转换，在具体操作中可以不考虑单个信号的具体来源。

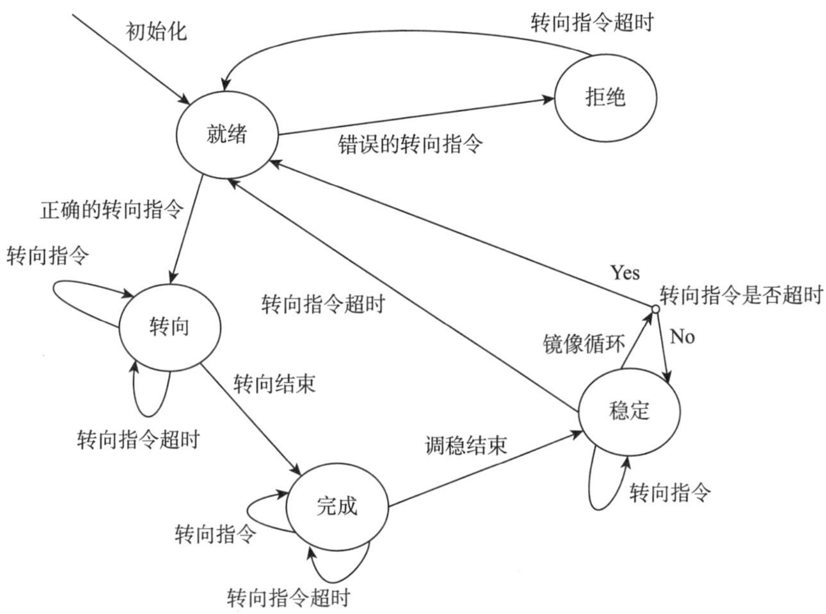

图 5-11　状态迁移分析示意图

5.7　软件单元测试

软件单元测试是验证软件代码的执行符合软件单元设计的有力证据。功能安全标准中对不同 ASIL 等级的单元验证的方法有不同建议，应选择合适的方法或方法组合来执行单元测试。

单元测试具有以下优点：

1）单元测试可以减少修复 Bug 的成本：Bug 越早发现就越容易修复。单元测试能给研发人员即时反馈，更早地发现代码中的 Bug。

2）单元测试有利于更快地定位 Bug：由于单元测试规模小、复杂度低，发现错误后更容易定位。

3）单元测试可以提高代码质量，增强利益相关方对提测代码的信心。

软件单元测试主要分为静态测试和动态测试两大类。

5.7.1 静态测试

静态测试是在不执行代码的情况下，通过检查开发人员编写的代码来找出可能导致缺陷的问题。静态测试可以使用静态代码分析工具来检查编码是否符合编码规范的要求，也可以使用基于抽象解释的静态代码分析。

5.7.2 动态测试

5.7.2.1 软件单元测试用例

为了充分验证软件编码符合预期的结果，需要系统化分析软件单元测试的测试用例，以保证测试覆盖度的满足。以下测试用例导出方法可供参考：

（1）要求分析

要求分析（Analysis of requirements）是测试用例设计的基础。测试团队必须深入理解软件单元设计，包括功能要求和非功能要求。通过分析设计文档，导出测试用例，确保所有要求都被覆盖。

（2）等价类划分

等价类划分（Generation and analysis of equivalence classes）是一种将输入数据划分为有效等价类和无效等价类的测试设计技术。每个等价类中的数据被认为是等效的，只需要测试一个代表性值。

（3）边界值分析

边界值分析（Analysis of boundary values）关注于输入参数或变量接近、达到或超过其边界值的情况。

（4）基于经验的错误推测

基于经验的错误推测（Error guessing based on knowledge or experience）依赖于测试人员对软件和系统的知识以及以往经验。测试人员利用这些信息来预测可能出错的地方，并设计测试用例来揭示这些错误。

这些测试用例导出方法为软件单元测试提供了一个结构化的框架，确保测试覆盖了所有重要的情况和边界条件。

5.7.2.2 软件单元测试方法

为了达成软件单元的测试覆盖度，GB/T 34590.6—2022 规定了以下常用的测试方法：

1）基于需求的测试：确保软件满足所有单元设计和软件安全要求中的功能和非功能要求。

2）接口测试：该方法可用于证明使用数据和交换数据的完整性。

3）故障注入测试：软件单元测试中的故障注入测试一般是修改被测试的软件单元来引入故障。这种修改包括注入任意错误（例如，通过破坏变量的值，通过引入代码突变，或通过破坏 CPU 寄存器的值等）。

4）资源使用评估：软件单元资源使用的评估一般只有在目标环境上执行软件单元测试，或者目标处理器的模拟器充分支持资源使用测试时，才能被正确测试出来。

5）模型和代码之间的背靠背比较测试：这种方法需要一个能够模拟软件单元功能的模型。在测试过程中，给模型和代码输入相同的激励，并对两个输出结果进行比较。

5.7.2.3 软件单元测试的覆盖度

在软件单元测试中，确保足够的测试覆盖度是至关重要的。测试覆盖度是指测试用例执行时对代码的覆盖程度，它可以帮助我们评估测试的全面性和有效性。在汽车软件领域，尤其是符合 ASIL C 与 ASIL D 级别的软件，对测试覆盖度的要求更为严格。下面将重点解释语句覆盖率，分支覆盖率和 MC/DC（修改条件 / 判定覆盖率）这三种测试覆盖率的要求：

下面通过一个简单的示例来解释语句覆盖、分支覆盖和 MC/DC 覆盖的概念。假设有一个用于判断学生成绩是否合格的函数如下。

python　Copy code

```python
def is_pass(score):
    if score >= 60:
        return True
    else:
        return False
```

（1）语句覆盖

语句覆盖要求每个代码语句至少被执行一次，这种覆盖标准被认为较为基础，因为它不能全面反映程序的控制流程，并且无法检测某些逻辑错误。为了满足语句覆盖，我们可以创建两个测试用例：

```python
# 测试用例1：合格分数
result1 = is_pass(75)

# 测试用例2：不合格分数
result2 = is_pass(45)
```

这两个测试用例执行了函数内的所有代码语句，因此满足语句覆盖的要求。

（2）分支覆盖

分支覆盖要求每个分支路径至少被执行一次。对于上述函数，可以编写两个测试用例如下。

```python
# 测试用例1：合格分数
result1 = is_pass(75)

# 测试用例2：不合格分数
result2 = is_pass(45)
```

这两个测试用例覆盖了函数中的两个分支路径，即当 score >= 60 时返回 true，以及当 score < 60 时返回 false，因此满足分支覆盖的要求。

（3）MC/DC 覆盖

MC/DC 覆盖要求每个条件的每个可能取值至少被测试一次，并且每个条件的变化应该独立影响决策结果。对于上述函数，可以编写以下测试用例来满足 MC/DC 覆盖。

这三个测试用例满足了 MC/DC 覆盖。测试用例 2 覆盖了条件 1 为假（score >= 60）的情况，而测试用例 3 覆盖了条件 2 为真（score < 60）的情况，确保了每个条件的不同取值都被测试，而且它们的变化都能独立影响决策结果。

对于较小的系统，代码不多时，实现 100% 的覆盖度要求其实并不难。然而，随着汽车智能化的发展，软件变得越来越复杂，测试工程师手动完成这些用例工作变得非常困难。因此，许多公司开始引入单元测试工具，这些工具能够自动生成单元测试用例和报告，从而显著提高测试效率。

```python
# 测试用例1：合格分数
result1 = is_pass(75)

# 测试用例2：不合格分数，不影响条件1（score >= 60）
result2 = is_pass(55)

# 测试用例3：不合格分数，影响条件1（score >= 60）
result3 = is_pass(45)
```

总的来说，软件单元测试是确保软件单元质量的关键步骤。通过综合运用上述测试方法，可以有效地发现问题并尽早地修复问题，从而降低后期更改的成本，提高软件产品的最终交付质量。

5.8 软件集成及测试

软件集成是指将单独开发的软件模块或组件按照设计要求组合成一个完整的软件系统的过程。在这个过程中，每个模块或组件需要协同工作，以实现系统的整体功能。

软件集成测试则是在软件集成的基础上进行的测试活动，目的是验证这些集成在一起的模块或组件是否能够协同工作，并且满足设计和需求规范。它包括检查接口的兼容性、数据流的正确性、系统的稳定性和性能等。

集成测试对于确保软件质量至关重要，主要体现在以下几个方面：

1）发现接口错误：通过集成测试可以发现模块间接口不匹配或通信错误。

2）确保数据一致性：验证数据在不同模块间的传递和处理是否正确。

3）性能评估：评估整个系统在模块集成后的性能表现，发现潜在的性能瓶颈。

4）风险降低：早期发现集成问题可以减少后期修复的成本和风险。

5）提高用户信心：通过全面的集成测试，可以提高用户对软件质量的信心。

5.8.1 软件集成

5.8.1.1 软件的模块化与集成

模块化是将软件系统分解为独立、可重用、可替换的模块的过程。每个模块执行特定的功能，并且与其他模块通过定义良好的接口进行交互。模块化有助于简化开发、测试和维护过程。

集成则是将这些模块组合成一个完整的系统的过程。它要求模块间的接口必须精确匹配，确保数据和控制流在模块间正确传递。

5.8.1.2 软件集成策略

集成策略决定了模块如何被组合以及测试的顺序。不同的策略适用于不同的项目需求和环境。

（1）大爆炸式集成

定义：所有模块同时集成在一起，进行一次性测试。

优点：简单、快速地发现接口不匹配和数据传递问题。

缺点：风险高，如果一个模块出现问题，可能需要重新设计多个模块。

（2）自顶向下式集成

定义：从系统的高层模块开始，逐步集成依赖于它的子模块。

优点：允许早期测试高层模块，逐步构建系统。

缺点：依赖于高层模块的稳定性，如果高层模块存在问题，会影响整个集成过程。

（3）自底向上式集成

定义：从系统的底层模块开始，逐步集成依赖于它的上层模块。

优点：底层模块的稳定性可以为上层模块提供坚实的基础。

缺点：需要模拟或使用桩（stub）来代替尚未集成的高层模块。

（4）三明治式集成

定义：先集成底层模块，然后是高层模块，最后是中间层模块。

优点：结合了自顶向下和自底向上的优点，可以较早地发现高层模块的问题。

缺点：中间层模块的集成可能会遇到来自高层和底层模块的集成问题。

集成过程可能出现接口不匹配、依赖性问题、性能问题、资源限制、时间限制、技术债务等问题。选择合适的集成策略对于项目的成功至关重要。同时，必须意识到集成过程中的挑战和风险，并采取适当的措施来管理它们。

5.8.2 软件集成测试

5.8.2.1 测试用例

为了充分验证软件架构符合预期的结果，我们需要系统化的软件集成测试的测试用例，以保证测试覆盖度的满足。以下测试用例导出方法可供参考：

（1）要求分析

要求分析（Analysis of requirements）是测试用例设计的基础。测试团队必须深入理解 SSR，包括功能要求和非功能要求。通过分析要求文档，可以导出测试用例，确保所有要求都被覆盖。

示例：假设一个软件要求是“车辆的巡航控制系统能够在 20 km/h ~ 120 km/h 的速度范围内工作”。基于此要求，可以设计测试用例来验证巡航控制功能在速度范围的边界（20 km/h 和 120 km/h）以及中间值（例如 60 km/h）时的行为。

（2）等价类划分

等价类划分（Generation and analysis of equivalence classes）是一种将输入数据划分为有效等价类和无效等价类的测试设计技术。每个等价类中的数据被认为是等效的，只需要测试一个代表性值。

示例：对于汽车的燃油油位传感器，可以定义以下等价类：

1）有效油位：空（Empty），低（Low），中（Medium），满（Full）

2）无效油位：超出范围（如低于空或高于满）

可以为每个有效等价类选择一个代表性值（如 5% 代表空，25% 代表低，50% 代表中，95% 代表满）和至少一个无效值（如 -10% 或 200%）进行测试。

（3）边界值分析

边界值分析（Analysis of boundary values）关注于输入参数或变量接近、达到或超过其边界值的情况。这种方法特别适用于测试那些对输入敏感的软件功能。

示例：汽车软件中的一个功能可能是“当车辆速度超过 100 km/h 时，自动限制加速”。边界值测试将包括测试速度恰好是 100 km/h 时的行为，稍高于 100 km/h（如 100.1 km/h）时的行为，以及稍低于 100 km/h（如 99.9 km/h）时的行为。

（4）基于经验的错误推测（Error guessing based on knowledge or experience）

基于经验的错误推测依赖于测试人员对软件和系统的知识以及以往经验。测试人员利用这些信息预测可能出错的地方，并设计测试用例来揭示这些错误。

示例：如果一个测试人员在之前的项目中遇到过汽车软件在极低温度下容易出现故障的情况，那么他可以设计测试用例来模拟极低温度环境，试图引发类似的错误。

这些测试用例导出方法为软件集成测试提供了一个结构化的框架，确保测试覆盖了所有重要的场景和边界条件。通过这些方法，可以设计出能够揭示潜在缺陷的测试用例，从而提高汽车软件的安全性。

5.8.2.2 测试方法

软件集成测试是在软件开发的后期阶段进行的，旨在验证各个软件组件集成在一起时的正确性和稳定性。测试的重点是确保组件之间的接口、控制流、数据流和资源使用都符合设计。以下是一些常用的软件集成测试方法。

（1）基于需求的测试

确保软件满足所有功能和非功能需求。例如，“当车辆速度超过限定值时，发出警告”要求的测试，可以在不同的速度场景来验证警告系统的正确触发。

（2）接口测试

验证组件之间的交互是否符合接口定义。在汽车的防撞系统中，超声波雷达传感器和控制单元之间的接口测试，将验证传感器发送的数据是否被控制单元正确解析。

（3）故障注入测试

评估软件在异常情况下的健壮性和恢复能力。例如：为了测试汽车的刹车系统的鲁棒性，故意注入刹车传感器的故障信号，以验证系统是否能够正确响应并采取安全措施。

（4）资源使用评估

监控软件对关键硬件资源的使用情况。例如：CPU 和内存使用情况测试，以确保系统的稳定运行。

（5）模型和代码之间的背靠背比较测试

确认模型和实现的一致性。例如：在汽车的动力控制系统中，可以使用模型预测在不同油门输入下的引擎响应。然后，将模型的输出与实际车辆的测试数据进行比较，以验证控制算法的一致性。

（6）控制流和数据流的验证

确保软件的行为符合设计。例如：在防抱死制动系统（ABS）中，可以分析代码以确保在紧急刹车时，控制流能够正确地激活各个刹车组件，并且数据流能够正确地传递速度信息。

（7）静态代码分析

在不运行代码的情况下发现潜在问题。例如：利用工具检查代码是否符合安全编码标准，以防止潜在的安全漏洞。

（8）基于抽象解释的静态分析

使用高级分析技术来检测代码缺陷。这种技术的实施过程投入会比较大，而且发现错误的能力并没有显著提升，因此在 GB/T 34590 中也没有强烈推荐这种技术。

总的来说，软件集成测试是确保软件系统整体质量和可靠性的关键步骤。通过综合运用上述测试方法，可以有效地发现和修复集成过程中可能出现的问题，从而提高软件产品的最终交付质量。

5.8.2.3 软件集成测试的覆盖度

在软件集成测试中，确保足够的测试覆盖度是至关重要的。测试覆盖度是指测试用例执行时对代码的覆盖程度，它可以帮助我们评估测试的全面性和有效性。在汽车软件领域，尤其是符合 ASIL C 和 ASIL D 级别的软件，对测试覆盖度的要求更为严格。下面将重点解释函数覆盖（Function Coverage）和函数调用覆盖（Function Call Coverage）这两种测试要求。

（1）函数覆盖

函数覆盖率是指统计所有的函数及子函数是否都被执行过至少一次。这种覆盖方式关注的是代码中的每个函数是否都有机会被执行，以验证其功能是否按照预期工作。

（2）函数调用覆盖

函数调用覆盖率是指统计函数调用端是否都被至少执行过一次。这种覆盖方式关注的是代码中的函数调用是否都被触发，以确保所有的函数交互都能被测试到。

举例 1：程序中所有的函数 func_1/ func_2/ func_3 都被调用执行过，所以函数覆盖度为 100%；由于 func_2（d）函数调用没有执行，所以程序的函数调用覆盖度为 75%；

```
Example 1
    void func_1 (void){;}
    void func_2 (void){;}
    void func_3 (void){;}

    void main (void)
    {
     bool a,b,c,d = 0;
     b = func_1(a);
     c = func_2(b);
     d = func_3(c);
     if (0)
     {func_2(d);}
    }
```

举例 2：程序中的函数调用都被执行，所以 Function call coverage 为 100%，但 func_3 这个函数没被执行过，所以函数覆盖度为 66.6%。

```
Example 2
    void func_1 (void){;}
    void func_2 (void){;}
    void func_3 (void){;}

    void main (void)
    {
        bool a,b = 0;
        if (1)
        {
            func_1(a);
            func_2(b);
        }
    }
```

需要注意的是，函数覆盖率达到 100% 并不意味着函数调用覆盖率也达到了 100%。函数调用覆盖可以揭示由于错误的函数调用而导致的缺陷，包括程序错误和死代码。同样地，函数调用覆盖率达到 100% 也不意味着函数覆盖率达到了 100%。函数覆盖可以检测出未使用的函数，这些函数可能是由于设计变更而未被调用，或可能是不必要的代码。在考虑功能安全时，建议将这些不必要的函数从程序中移除，以减少潜在的安全风险。

总的来说，软件集成测试的覆盖度要求测试能够覆盖所有的函数和函数调用，以确保软件的每个部分都经过了适当的测试。这两种覆盖度指标是互补的，共同确保了软件的可靠性和安全性。

5.9 嵌入式软件测试

嵌入式软件测试的主要目的是提供证据，证明嵌入式软件在目标环境中执行时满足安全相关的要求，并且不包含与功能安全相关的不希望出现的功能或属性。测试活动最好是由与软件实现不同的人员执行，以增强验证的独立性。

嵌入式软件的测试需要在合适的测试环境中进行，如硬件在环（Hardware-in-the-Loop，HIL）、电子控制单元网络环境或车辆环境中。

5.9.1 嵌入式软件的测试用例

为了充分验证嵌入式软件符合预期的结果，我们需要系统化地设计测试用例，以保证软件安全要求被充分覆盖。以下测试用例导出方法可供参考：

（1）分析需求（Requirement Analysis）

案例：考虑一个自动泊车系统的软件需求，其中一项功能是在检测到障碍物时停车。测试用例可基于这一需求，模拟不同的障碍物检测情况，包括障碍物的距离、大小和位置变化。

（2）生成和分析等价类（Equivalence Partitioning）

案例：对于一个要求输入速度值在 0 km/h ~ 120 km/h 的巡航控制系统，等价类可以定义为：

1）有效等价类：0 km/h，30 km/h，60 km/h，90 km/h，120 km/h；

2）无效等价类：–5 km/h，121 km/h，150 km/h。

测试用例将覆盖每个有效等价类的边界值和无效等价类的代表性值。

（3）分析边界值（Boundary Value Analysis）

案例：对于上述速度输入，边界值测试将关注以下点：

1）下边界的内部值：1 km/h；

2）下边界的外部值：–1 km/h；

3）上边界的内部值：119 km/h；

4）上边界的外部值：121 km/h。

（4）错误猜测（Error Guessing）

案例：基于开发人员或测试工程师的经验和直觉，设计测试用例以触发潜在的错误。例如，对于一个自动变速箱软件，可能会故意引入异常的换挡信号，以检验系统的容错能力。

（5）分析功能依赖性（Functional Dependency Analysis）

案例：考虑一个车辆稳定性辅助系统，其功能依赖于车轮转速传感器的数据。测试用例将验证当一个或多个传感器提供矛盾信息时，系统如何响应。

（6）分析操作使用案例（Operational Use Case Analysis）

案例：对于车载信息娱乐系统，操作使用案例可包括：

1）软件更新过程中的中断模拟；

2）启动时软件完整性检查失败的情况；

3）不同模式下（如启动、诊断、降效）的系统行为。

5.9.2 嵌入式软件的测试方法

对于嵌入式软件的测试可以使用以下两种测试方法，以证明软件符合 SSR 的要求。

（1）基于要求的测试

案例：考虑一个自动变速箱控制软件，其需求之一是“在检测到发动机过热时，变速箱必须切换到空挡”。基于此要求，测试用例将验证软件在接收到特定温度传感器值时的行为。

（2）故障注入测试

案例：在测试一个安全气囊控制单元时，可以通过注入模拟的传感器故障来验证系统的反应。例如，注入一个表示车辆以高于特定阈值的减速度减速的信号，以测试安全气囊的部署逻辑。

GB/T 34590.6—2022 中第 11 章为嵌入式软件的测试提供了一套全面的框架，旨在确保软件满足功能安全要求。通过采用基于要求的测试和故障注入测试等方法，可以有效地发现软件中的缺陷，提高软件的安全性和可靠性。

5.10 软件功能安全的新领域

5.10.1 基于模型的软件开发

基于模型的开发（MBD，Model-Based Development）侧重于使用模型来设计、分析和验证系统。这种方法特别适用于嵌入式系统、控制系统和其他需要实时响应的复杂系统。MBD 的开发过程具有以下几个优势。

1）提高开发效率：通过使用 MBD，开发人员可以在早期阶段利用模型进行系统设计和验证，这样可以减少设计错误，从而降低后期修正错误所需的时间和成本。

2）增强可维护性：模型提供了一种更直观、更易于理解的设计表示方法。这使得开发人员能够更容易地识别和解决问题，而不必深入到复杂的源代码中。

3）自动代码生成：MBD 工具通常能够自动生成代码，这减少了手动编码过程中可能出现的人为错误，并降低了劳动成本。自动生成的代码与模型保持一致，有助于进一步减少错误。

4）支持跨平台开发：由于模型通常与特定的硬件平台无关，因此可以更容易地将同一模型应用于不同的硬件目标。

在汽车电子控制单元（ECU）的软件开发中，使用Simulink和Stateflow遵循GB/T 34590标准的做法已经非常普遍。典型的开发流程包括以下步骤。

1）需求开发：在软件架构设计与软件安全需求之间建立双向可追溯性。可以利用Requirements Toolbox编写需求，并将其与模型、测试和代码关联起来。该工具支持与Microsoft Word、Microsoft Excel，以及IBM Rational DOORS等工具的双向追溯。

2）系统建模：结合Simulink和System Composer进行基于模型的设计，详细说明软件架构的静态方面（即具有模块层次与接口信息的结构）和动态方面（即涉及函数、逻辑、数据与控制流的行为）。对于ASIL A到ASIL D的安全等级，功能安全标准强烈建议使用建模规范。可以利用MAB指导规范和Simulink提供的GB/T 34590高完整性规范。Simulink Check可以自动检查是否符合这些规范。同时也可以加入自定义规范和检查。

3）验证：功能安全标准推荐使用多种静态和动态方法来验证软件设计和实现，包括单元测试和集成测试等活动。Simulink Test提供了一个框架，用于在Simulink中执行功能安全验证和确认活动。可以使用它来编写、管理和执行基于仿真的系统测试。

4）源代码生成：从Simulink和System Composer模型中，使用Embedded Coder可以生成C、C++和AUTOSAR代码。这些代码可以遵循MISRA C：2012自动代码规范。

5）代码验证：在软件在环（SIL）测试期间，可以使用Simulink Coverage比较模型覆盖率和代码覆盖率，或者直接使用Simulink Code Inspector。Polyspace Bug Finder可以用来检查代码是否符合MISRA要求。由于不同平台之间可能存在数值差异，尤其是在处理浮点数据时，这些差异可能会在反馈控制系统中累积和放大，因此，执行背靠背测试是必要的，以防止测试环境和目标环境之间的差异引起的问题，并发现自动代码生成过程中可能引入的bug。

图5-12为符合GB/T 34590的MBD开发流程。

5.10.2 存量软件的功能安全

存量软件（PSAE，Pre-existing Software Architectural Element）指的是那些没有按功能安全标准开发的商业现成软件（COTS）或者定制软件。随着汽车电子电气技术的发展，新功能的开发引入了大量的存量软件，主要包括以下四类：

1）公司内部早期开发的、未遵循功能安全标准要求的软件代码，这些代码已经在车辆控制器中使用了多年，例如转控制器、制动控制器或发动机控制器。随着硬件的更新迭代，为了避免重新开发已有的软件功能，这些代码被重复使用。

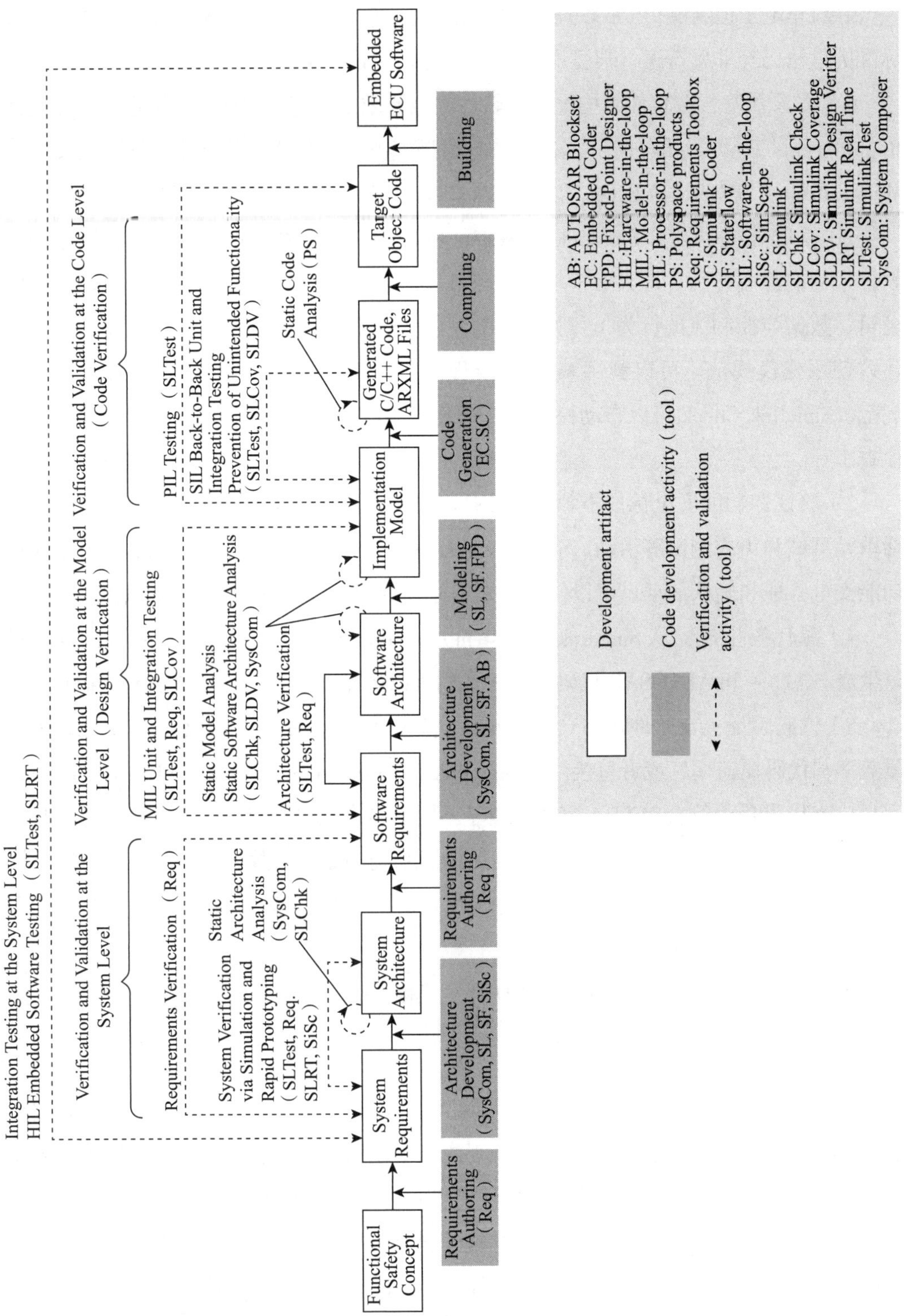

图 5-12 符合 GB/T 34590 的 MBD 开发流程

2）由经验丰富的开源社区开发和维护的开源操作系统。这些操作系统因在其他领域广泛使用和维护，因此在汽车行业也得到了重用。

3）软件库（例如，libgcc）或运行时库。这些库往往存在文档不全、测试覆盖不足的问题，且不符合功能安全要求，但它们却被许多功能函数广泛调用。

4）来自其他安全相关领域（例如，航空领域）的软件代码。这些软件代码是根据车辆功能安全系列标准之外的其他安全标准开发的，虽然它们符合其他领域的安全标准，如 DO178 等，但与汽车功能安全标准相比，仍存在差距和不同。

对于上述四类软件，都存在与汽车功能安全标准不完全符合的问题，鉴于这些软件的规模通常较大，如何将这些软件集成到汽车安全关键的应用软件中成为行业面临的一个挑战。为此，ISO 组织正在制定 ISO/PAS 8926《道路车辆　功能安全　使用预先存在的软件架构元素》，以应对和解决这一问题。在该标准中，上述存量软件根据其复杂性和根基（Provenance）进行了分类，具体见表 5-4。

表 5-4　存量软件分类方法

复杂性（Complexity）	根基（Provenance）		
	P1	P2	P3
C1	Class Ⅰ	Class Ⅰ	Class Ⅱ
C2	Class Ⅱ	Class Ⅱ	Class Ⅱ
C3	Class Ⅱ	Class Ⅱ	NR*
* 不推荐用于功能安全。			

为了确定存量软件的根基和复杂性，并对其进行分类，需要分析和评估存量软件的源代码和目标代码，以及相关的支持信息。以下是基于软件的根基和复杂性进行的分类。

（1）根基（Provenance），用于评估存量软件可能包含的系统性故障的不确定性：

1）P1：如果有证据表明存量软件的开发过程是基于适当的国家标准或国际标准，或者符合不同的功能安全标准时，则选择 P1；

2）P2：如果不能完全符合 P1 的标准，但评估认为软件开发过程中的差距是可以接受的，即目标软件架构设计中由于这些差距引起的软件系统性故障的风险足够低，或者可以通过缓解措施来管理，则选择 P2；

3）P3：在所有其他情况下，选择 P3。

（2）复杂性，用于评估存量软件的复杂程度：

1）C1：如果没有可衡量的复杂性度量表明高复杂性，则选择 C1；

2）C2：如果可衡量的复杂性度量表明高复杂性，但这些复杂性被认为是可管理的，即目标软件架构设计中由于已识别的复杂性而引起的软件系统性故障的风险足够低，或者可以通过减轻措施来管理，则选择 C2；

3）C3：在所有其他情况下，选择 C3。

根据上述分类，可以为不同类别的存量软件制定相应的安全合规措施：

（1）对于Ⅰ类和Ⅱ类存量软件，需要执行以下适用于所有 PSAE 类别的措施：

1）影响分析；

2）安全计划；

（2）对于Ⅱ类存量软件，除了上述通用措施外，还需要执行以下措施：

1）软件安全要求；

2）软硬件接口（HSI）规范；

3）软件架构设计规范；

4）安全分析报告；

5）软件验证规范；

6）软件验证报告；

7）变更报告。

通过这些措施，可以确保存量软件在集成到汽车安全关键应用中时，能够满足功能安全标准的要求。

第6章

硬件功能安全开发

6.1 概述

6.1.1 目的

在系统开发阶段，系统功能安全工程师会细化功能安全要求（FSR），得到系统层面可实施的技术安全要求（TSR），并将其分配至系统架构中的系统要素中，系统要素包含硬件（HW）和软件（SW）。硬件根据所分配到的相关技术安全要求（TSR）进行硬件安全要求的分解，以指导硬件相关的功能安全开发。整个功能安全生命周期的需求传递过程如图 6–1 所示。

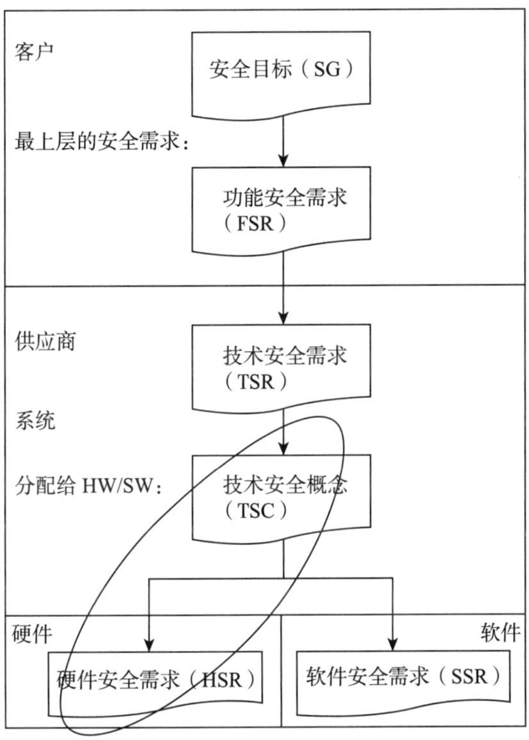

图 6–1　安全需求传递过程

硬件层面的功能安全开发属于 GB/T 34590.5—2022 的内容，其主要目的是根据技术安全概念中所分配给硬件的需求，设计出满足要求的硬件。

（1）设计出满足技术安全概念（TSC）中分配给硬件的安全需求的硬件：基本上与系统和软件的设计行为相同。

（2）设计出的硬件要正确并完全满足上述安全要求的证据：

1）正确性可通过评审、仿真和测试等方法来保证；

2）完整性可通过可追溯记录保证。

（3）定义出被设计的硬件能够被正确进行生产、维护的需求，并用于实际的生产、维修过程。

6.1.2 过程

硬件功能安全开发基于硬件安全要求，其来源于技术安全要求（TSR），软硬件接口规范（HSI）和系统架构设计。根据硬件要求进行硬件设计，硬件设计主要分为硬件架构设计和硬件详细设计，硬件架构设计需要以模型或者框图的方式进行，定义清楚硬件内部各元素及其功能，同时内部之间各接口需要详细定义。在硬件架构定义后，进行硬件详细设计，设计硬件原理图和布局。对于硬件设计，为了避免系统性失效，需要进行对应的安全分析，具体分析方法可根据功能安全等级参照标准中推荐的方法来实施。最后，对硬件实行集成及验证测试，证明硬件功能安全开发满足要求。

硬件层面的功能安全开发和系统、软件开发一样，同样是基于V模型开发，但是有两个过程区分于传统V模型开发流程，即定量分析中的硬件架构度量和随机硬件失效的评估。

具体来讲，硬件功能安全开发如图6-2所示，主要包括以下过程：

1）制定硬件开发计划；

注： 硬件安全计划是整个安全生命周期计划的一部分，一般不会单独形成，这里不做单独介绍。

2）编制硬件安全要求；

3）进行硬件安全设计（架构设计+详细设计）；

4）评估硬件架构度量；

5）评估随机硬件失效导致违背安全目标；

6）硬件集成及验证。

硬件架构度量和随机硬件失效导致违背安全目标可以通过失效模式影响和诊断分析（FMEDA）进行评估。随机硬件失效导致违背安全目标还可以通过定量的故障树分析（FTA）进行评估。

6.1.3 功能安全硬件开发与传统硬件开发的区别

功能安全硬件开发与传统硬件开发相比，功能安全特有的新活动可参考表6-1。

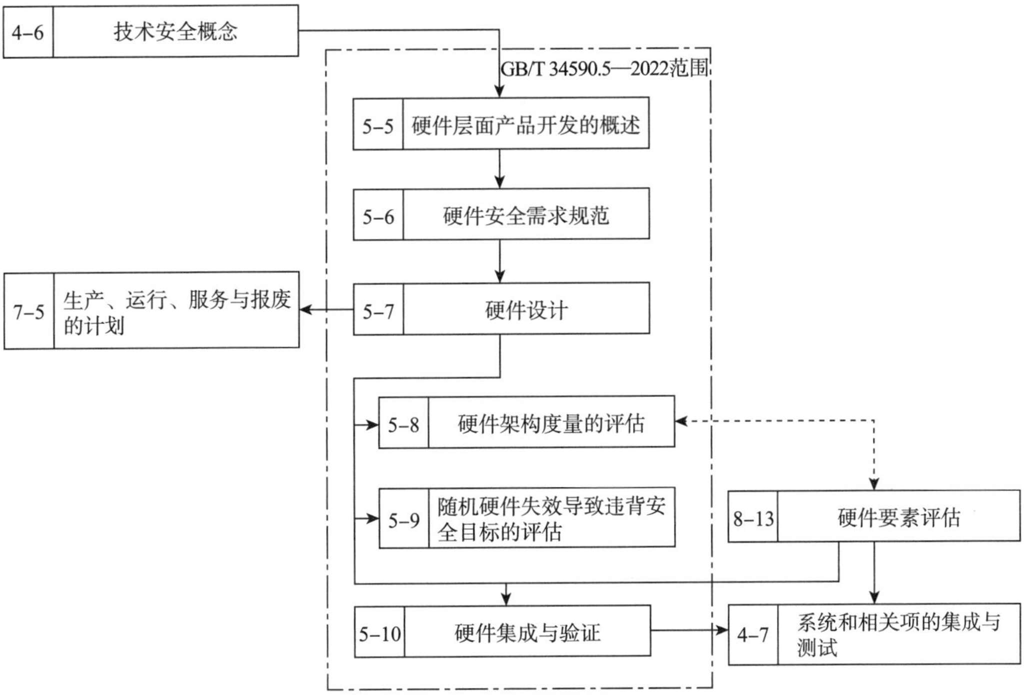

图 6-2　硬件层面产品开发模型

表 6-1　功能安全硬件开发比传统硬件开发多出的活动

分类	活动
硬件架构度量	进行 FMEDA 分析，评估单点故障度量和潜伏故障度量的达成情况
硬件随机失效导致违背安全目标	进行 FMEDA 分析或定量 FTA 计算，评估随机硬件失效目标达成情况
硬件集成及验证	硬件集成测试中，实施安全机制特有的测试，且根据不同的汽车安全完整性等级（ASIL）定义测试方法及导出测试用例

6.2　硬件功能安全要求

6.2.1　概述

安全硬件开发始于硬件安全要求（HSR），它源于分配给硬件要素的技术安全要求

（TSR），是硬件相关的 TSR 在硬件层面的进一步细化。同时对系统层面的软硬件接口规范进行进一步细化。

硬件安全要求的属性和特性及硬件安全要求的管理与验证同软件安全要求类似，具体可参考 5.2。

一般来讲，硬件安全要求包括两部分，即硬件安全机制和非安全机制的硬件安全要求。

（1）硬件安全机制

硬件相关安全机制是硬件安全要求（HSR）最重要组成部分，也是硬件安全设计最重要的体现，一般包含如下内容：

1）针对内部硬件要素（包括传感器、控制器和执行器）失效的安全机制。

例如：看门狗、比较器、双核锁步、传感及执行器诊断等。

2）针对外部相关要素失效的容忍能力的安全机制。

例如：ECU 的输入开路时，要求 ECU 应具备的功能表现。

3）针对内外部要素失效对安全机制的响应特性需求。

例如：安全机制中定义的硬件的故障响应时间要符合 GB/T 34590.4—2022 的 6.4.2 中要求的故障容错时间间隔以及多点故障探测时间间隔。

（2）非安全机制的硬件安全要求

非安全机制的硬件安全要求一般包含如几部分：

1）硬件架构度量及随机硬件失效目标值要求，一般根据标准直接查表即可确定，例如 SPFM、LFM、PMHF 等。

2）为避免特定行为的硬件安全要求，例如一个特定的传感器不应有一个不稳定的输出。

3）分配给执行预期功能的硬件要素的要求，例如控制器必须能外部复位。

4）定义线束或接插件的设计措施要求，例如线束或接插件的最大电流需求等。

6.2.2 硬件安全机制

关于硬件安全机制，GB/T 34590.5—2022 的附录 D 给出了硬件各要素典型失效以及各要素的安全机制和措施，对于给定要素的典型安全机制的有效性，按照它们对所列举的失效模式覆盖能力进行了分类，分别为低、中、高诊断覆盖率，对应的量化指标为 60%、90%、99%。

常见的系统硬件如图 6-3 所示，各硬件要素的典型失效模式如表 6-2 所示。

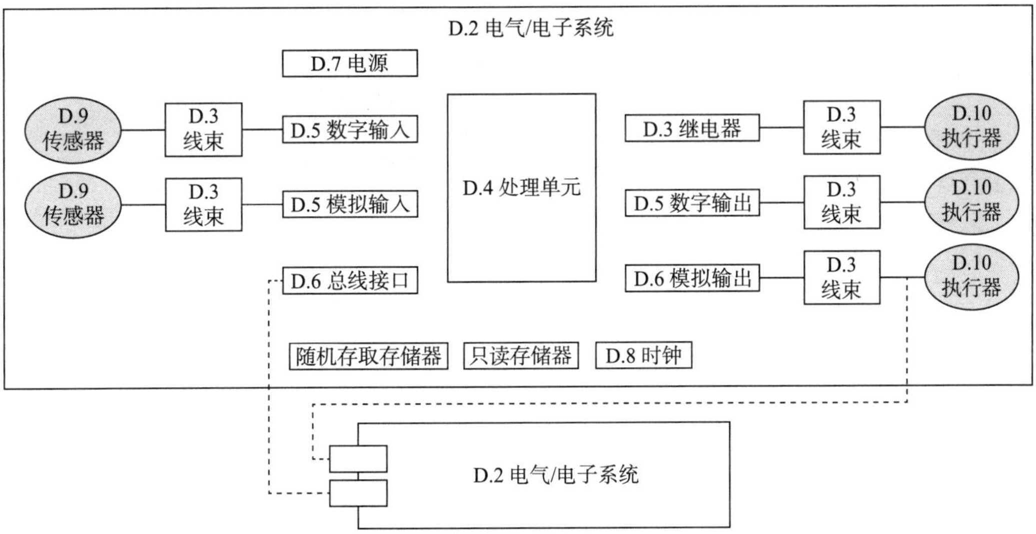

本图来源：GB/T 34590.5—2022 的图 D.1。

图 6–3　常见系统硬件

表 6–2　失效模式分析

要素	参考表格	已分析的失效模式
总体要素		
电气 / 电子系统	D.2 电气 / 电子系统	无通用的失效模式可用 需要详细分析
电气要素		
继电器	D.3 电气要素	不通电或不断电 单个触点熔接
线束，含接头和连接器		开路 接触电阻 短接到地（直流耦合） 短接到电源 相邻插针间短接 插针之间的电阻漂移
传感器， 含信号开关	D.9 传感器	需要详细分析 应覆盖的典型的失效模式包括： 超出范围 偏差 卡滞在范围内 震荡 集成传感器和转换器，见 GB/T 34590.11—2022 的 5.5

续表

要素	参考表格	已分析的失效模式
执行端要素（执行器、灯、蜂鸣器、显示屏等）	D.10 执行器	无通用的失效模式可用 需要详细分析
常规半导体要素		
电源	D.7 电源	漂移和振荡 欠压和过压 电源尖峰 见 GB/T 34590.11—2022 的 5.2
时钟	D.8 程序序列监控 / 时钟	不正确的频率 抖动 见 GB/T 34590.11—2022 的 5.2
非易失性存储器	GB/T 34590.11—2022 的表 32	见 GB/T 34590.11—2022 的表 29
易失性存储器	GB/T 34590.11—2022 的表 33	见 GB/T 34590.11—2022 的表 29
数字输入 / 输出	D.5 模拟和数字输入 / 输出	不正确的输入 / 输出 见 GB/T 34590.11—2022 的表 30
模拟输入 / 输出		不正确的输入 / 输出 见 GB/T 34590.11—2022 的表 36
处理单元	D.4 处理单元 /D.8 程序序列监控 / 时钟	不正确的输出 见 GB/T 34590.11—2022 的表 30
通信		
数据传输（按照 GB/T 34590.6—2022 的 D.2.4 进行分析）	D.6 通信总线（串行，并行）	通信节点丢失 消息损坏 消息不可接受的延时 消息丢失 非预期的消息重复 消息顺序错误 消息插入 消息伪装 消息寻址错误

本表来源：GB/T 34590.5—2022 的表 D.1。

接下来以其中最重要的硬件之一，即处理器（D.4）为例，介绍处理器相关的硬件安全机制。处理器（CPU）是微控制器（MCU）的核心，是负责读取指令，对指令译码并执行指令的核心部件。处理器相关的安全机制 / 措施及诊断覆盖率如表 6–3 所示。

表 6–3 处理单元

安全机制 / 措施	见技术概览	可实现的典型诊断覆盖率	备注
通过软件进行自检：有限模式（单通道）	D.2.3.1	中	取决于自检的质量
两个独立单元间的软件交叉自检	D.2.3.3	中	取决于自检的质量
硬件支持的自检（单通道）	D.2.3.2	中	取决于自检的质量
软件多样化冗余（单硬件通道）	D.2.3.4	高	取决于多样化质量。共模失效会降低诊断覆盖率
通过软件进行相互比较	D.2.3.5	高	取决于比较的质量
硬件冗余（例如：双核锁步、非对称冗余、编码处理）	D.2.3.6	高	取决于冗余质量。共模失效会降低诊断覆盖率
配置寄存器测试	D.2.3.7	高	仅配置寄存器
堆栈上溢出 / 下溢出探测	D.2.3.8	低	仅堆栈边界测试
集成硬件一致性监控	D.2.3.9	高	仅覆盖非法硬件异常
注：该表格仅涉及专用于处理单元的安全机制。通用技术，如基于数据的比较（见 D.2.1.2），也能用来探测电气要素的失效，但没有集成到该表中（已经包含在表 D.2 电气 / 电子系统中）。			

本表来源：GB/T 34590.5—2022 的表 D.4。

CPU 主要由运算器、控制器、寄存器组成，所以针对处理器的安全机制也主要针对这三大部分。由于表格里的处理器相关安全机制分类存在一定重叠，为更好理解，将其进行总结分类如下：

1）自检；

2）硬件冗余；

3）看门狗；

4）程序流监控。

6.2.2.1 自检

根据自检方法，自检安全机制一般可以分为：

（1）软件自检

对安全相关路径中的使用到的指令，利用预先设置好或自动生成的数据或代码，对物理存储（例如，数据和地址寄存器）或运算器及控制器（例如，指令解码器），或者它们两者进行检测。

（2）硬件自检

在控制单元内部集成专用自检硬件，最常见的就是内建自测试（BIST），通过在芯片设计中加入额外自测试电路，测试时从外部施加控制信号，运行内部自测试硬件和软件，检查电路缺陷或故障，是防止故障潜伏的重要安全机制。

BIST一般仅在处理单元初始化或者下电时运行，所以不能覆盖瞬态故障，根据其自检时间一般可以分为：

1）在线自检（Online Self-test）：在车辆启动时间限制内尽可能多地进行测试；

2）离线自检（Offline Self-test）：车辆停机或诊断测试、最大的测试覆盖率、车辆断电时没有时间限制；

3）周期性自检（Periodic Self-test）：车辆在正常操作模式下进行的诊断测试。

根据其自检的内容，BIST又可以分为：

1）内存自检MBIST（Memory Built-In Self Test）：对memory，包括RAM或ROM，进行读写测试操作，判断Memory是否有制造缺陷，属于内存相关的安全机制。

2）逻辑自检LBIST（Logic Built-In Self Test）：对芯片内逻辑电路进行自检，属于处理器相关安全机制。

其中，LBIST是硬件自检非常重要的安全机制，其工作原理如图6-4所示。

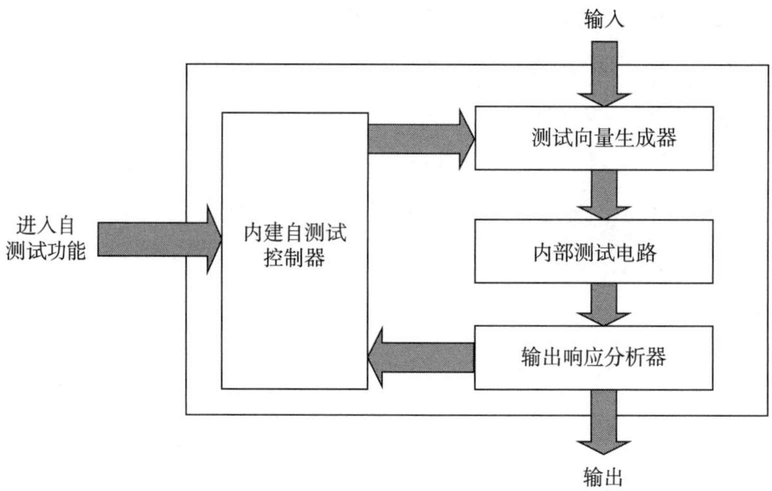

图6-4 逻辑自检LBIST原理图

具体来讲，首先利用内建自测试控制器，生成测试向量，然后将测试向量输入内部测试电路，最后内建自测试控制器将测试电路输出结果和预存的结果进行对比，一旦二者存在差异，则表明被测试电路存在故障。

6.2.2.2 硬件冗余

硬件冗余是处理器或控制器最重要的安全机制之一。根据硬件冗余的形式，控制器硬件冗余一般可以分为以下两大类：

（1）单微程序控制器（MCU）硬件冗余

单 MCU 硬件冗余一般采用 CPU 冗余，形成双（多）核 MCU，并采用双核锁步技术（Dual Core LockStep）。双核锁步详细介绍见 7.5。

（2）双（多）MCU 硬件冗余

使用两个相同或不同类型的 MCU，形成硬件冗余，二者相互独立，构成主、副功能链路，其中一个 MCU 负责功能实现，另外一个对功能安全要求较高的 MCU 负责功能安全需求实现，二者输出结果进行相互比较并控制安全输出。

示例见图 6-5 EPS 冗余系统。双 MCU（ECU A 和 ECU B）都能实现完整控制功能，上电初始化后默认分配主从角色。正常工作状态下，双系统均进行力矩指令计算，但是从系统响应主系统分配的扭矩指令。如果系统发生单点失效，双 MCU 根据故障诊断与处理机制判断是否进行主从切换，必要时从系统切换为主系统。

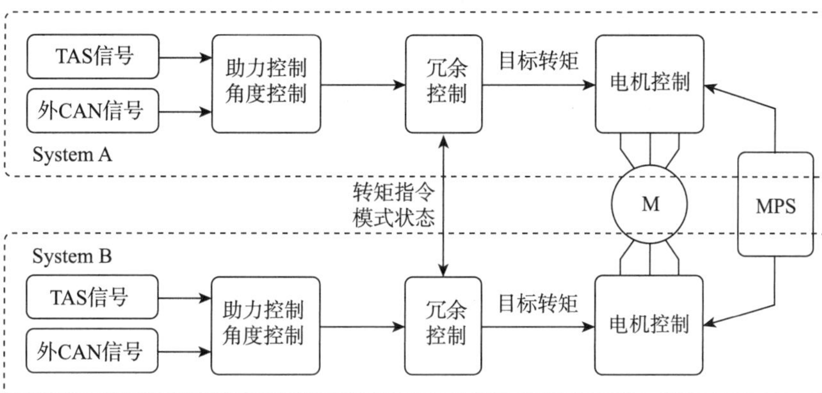

图 6-5 EPS 冗余系统

6.2.2.3 看门狗

看门狗定时器（WDT）是一种定时器，用于监视 MCU 程序，查看它们是否失控或停止运行，充当监视 MCU 操作的“看门狗”。

MCU 正常工作的时候，每隔一段时间输出一个信号到喂狗端，给 WDT 清零，如果超过规定的时间不“喂狗”，WDT 就会给出一个复位信号到 MCU，使 MCU 复位。

看门狗基本类型及主要特点如图 6-6 所示。

对于功能安全而言，主要采用硬件看门狗作为安全机制。根据其实现复杂度，它可以工作于不同模式：

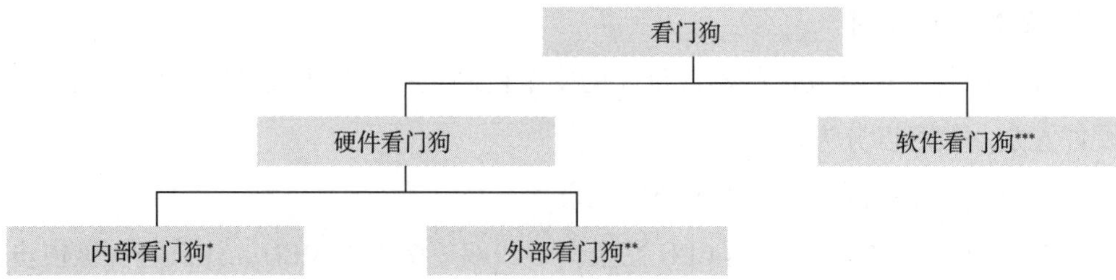

*集成在芯片内部的定时器来作为看门狗。

**芯片外部独立时钟源作为输入；当MCU仅由MCU内置的WDT监控室，无法保证发生故障的MCU能够监控自身并检测故障。

***软件定时器作为看门狗；成本低，但稳定性相对较差；硬件上出的问题无能为力。

图 6-6　看门狗主要类型及特点

1）计时模式（Time out mode）；

2）时间窗模式（Window mode）；

3）问答模式（Q&A mode）。

从上往下，其可靠度和复杂度依次上升。

除此之外，还必须注意以下几点：

1）看门狗必须在系统初始化中进行测试，避免看门狗自身故障；

2）看门狗输入为“喂狗”（kicking the dog/service the dog），必须在特定的时间或时间窗内“喂狗”，否则会触发相应重置或功能降级。

6.2.2.4　程序流监控

程序流监控的实现的本质是看门狗，用于检查程序是否按照预期的执行顺序执行。如果监控实体以不正确的顺序执行，或在规定的截止时间或时间窗内没有被执行就出现不正确的程序流。

具体应用过程中，可以在功能安全相关的一个或多个监测实体中按照程序预期的执行顺序设置一个或多个检查点，如果在特定的时间限制内，检查点没有被依次执行，则会触发相应的复位或错误处理机制。

需要注意的是：

1）在 GB/T 35590.5—2022 的附录 D 中，将看门狗和程序流监控这部分安全机制归为时钟（D.8）故障的安全机制，但它们还是主要应用于处理器（D.4），所以本书将其归类到处理器相关的硬件安全机制。

2）实际应用中，程序流监控一般直接包含于看门狗安全机制，例如 AUTOSAR 中看门狗管理器 WdgM，可以实现周期性、非周期性以及逻辑监控。

3）硬件相关安全机制很多并不是单独存在的，例如，看门狗安全机制可以和其他硬件安全机制相互结合使用，利用看门狗问答模式（Q&A mode）可以将程序流监控和功能安全相关的 CPU 指令测试安全机制相结合，对监控单元提出的问题各自提供部分答案，实现对功能安全控制硬件的有效监控。

6.3 硬件设计

6.3.1 概述

硬件安全设计主要包括两个方面：硬件安全架构设计、硬件安全详细设计。

硬件安全架构和详细设计均基于硬件安全要求（HSR），硬件安全架构的设计旨在描述硬件组件以及其彼此的相互关系，更重要的是将硬件架构相关的 HSR，尤其是安全机制应用于硬件架构，为后续硬件详细设计提供基础。

硬件安全机制是硬件安全设计中最核心的内容，除此之外，GB/T 34590.5—2022 的第 7 章还对硬件安全架构和详细实现设计提出了相关约束，主要包括：

（1）硬件安全架构设计

a）硬件架构应能够承载 HWSR。

b）HSR 应该被分配至硬件架构中的组件。

c）不同或非 ASIL 等级硬件组件开发需满足以下原则之一：

i）按最高 ASIL 等级；

ii）要素共存 FFI。

d）硬件安全要求和实施之间的可追溯性。

e）为避免系统失效，硬件架构应具有下述特性：

i）模块化；

ii）适当的粒度水平；

iii）简单性。

f）在硬件架构设计时，应考虑安全相关硬件组件失效的非功能性原因，例如：温度、振动、水、灰尘、电磁干扰、来自硬件架构的其他硬件组件或其所在环境的串扰。

（2）硬件安全详细设计

a）为了避免常见的设计缺陷，可运用相关的经验总结。

b）在硬件详细设计时，应考虑安全相关硬件元器件失效的非功能性原因，可包括以下影响因素：温度、振动、水、灰尘、电磁干扰、噪声因素，以及来自硬件组件的其他硬件元器件或其所在环境的串扰。

c）硬件详细设计中，硬件元器件的运行条件应符合它们的环境和运行限制规范。

d）应考虑鲁棒性设计原则。

6.3.2 硬件设计示例

某电机控制器的硬件安全架构示例如图 6–7 所示。

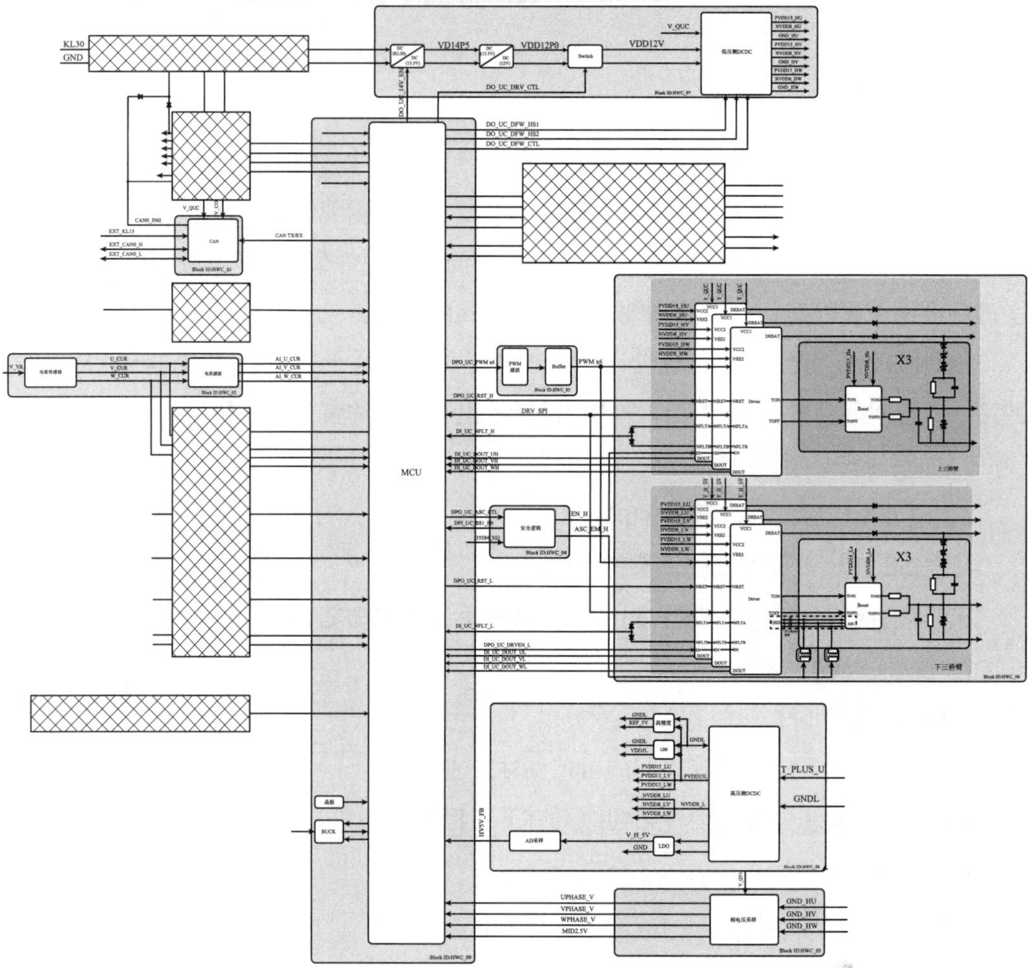

图 6–7 某电机控制器的硬件安全架构示例

基于上述硬件安全架构，其部分硬件组件描述的示例如表 6–4 所示。

表 6–4 硬件组件描述

ID	名称	类型	组件描述	相关的硬件安全需求
HWC_01	整车 CAN 通信电路	总线接口	用于与 VCU 通信	QM（C）

续表

ID	名称	类型	组件描述	相关的硬件安全需求
HWC_02	三相电流采样电路	模拟输入	电机三相电流检测	C（C）
HWC_03	三相电压采样电路	模拟输入	电机三相电压检测	C（C）
HWC_04	关断路径	执行器	关断路径电路	C
HWC_05	PWM 滤波电路	数字输出	电机驱动 PWM 信号滤波电路	C
HWC_06	驱动电路	执行器	将直流电压转变为交流电压	C
HWC_07	低压侧 DC/DC	电源	给上桥臂驱动芯片供电	C
HWC_08	高压侧 DC/DC	电源	给下桥臂驱动芯片供电	C
……	……	……	……	……

在架构设计中还应该清晰地描述内外部元件接口关系，如表 6–5、表 6–6 所示。

表 6–5　与外部元件的接口

接口 ID	相关的硬件组件	相关的外部元件	描述	正常电压范围 V	硬件安全需求
EXT_KL15	HWC_01	整车	点火信号	8 ~ 16	SR
EXT_CAN0_H	HWC_01	整车	CAN 信号 CAN0_H	2.8 ~ 4.5	SR
EXT_CAN0_L	HWC_01	整车	CAN 信号 CAN0_L	0.5 ~ 2.0	SR
T_PLUS_U	HWC_08	母线	母线正	45 ~ 500	SR
GNDL	HWC_08	母线	母线负	0	SR
GND_HU	HWC_03	电机	U 相电压	–350 ~ 350	SR
GND_HV	HWC_03	电机	V 相电压	–350 ~ 350	SR
GND_HW	HWC_03	电机	W 相电压	–350 ~ 350	SR
……	……	……	……	……	……

表 6–6　内部接口

接口 ID	相关的硬件组件	描述	正常电压范围 V	硬件安全需求
KL30_1	HWC_07	开关管之后的蓄电池电压	8 ~ 16	SR

续表

接口 ID	相关的硬件组件	描述	正常电压范围 V	硬件安全需求
VD14P5	HWC_07	DCDC 转换后的 13.5 V 电压	12.5 ~ 14.5	SR
VDD12P0	HWC_07	12 V 电压，给旋变电路使用	11.5 ~ 12.5	SR
PVDD15_HU	HWC_06 HWC_07	U 相上桥 15 V 电压	14 ~ 18	SR
NVDD8_HU	HWC_06 HWC_07	U 相上桥 −8 V 电压	−6 ~ −10	SR
PVDD15_HV	HWC_06 HWC_07	V 相上桥 15 V 电压	14 ~ 18	SR
NVDD8_HV	HWC_06 HWC_07	V 相上桥 −8 V 电压	−6 ~ −10	SR
PVDD15_HW	HWC_06 HWC_07	W 相上桥 15 V 电压	14 ~ 18	SR
……	……	……	……	……

上述示例中，HWC_02 三相电流采样电路为例，以下是该硬件组件的详细设计实现。

（1）电路实现

三相电流采样电路图见图 6–8。

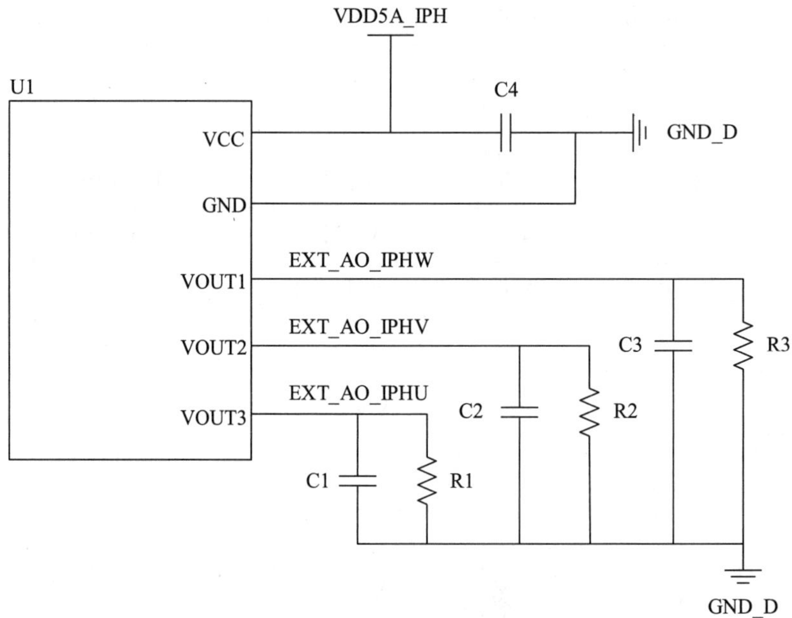

图 6–8　三相电流采样电路图

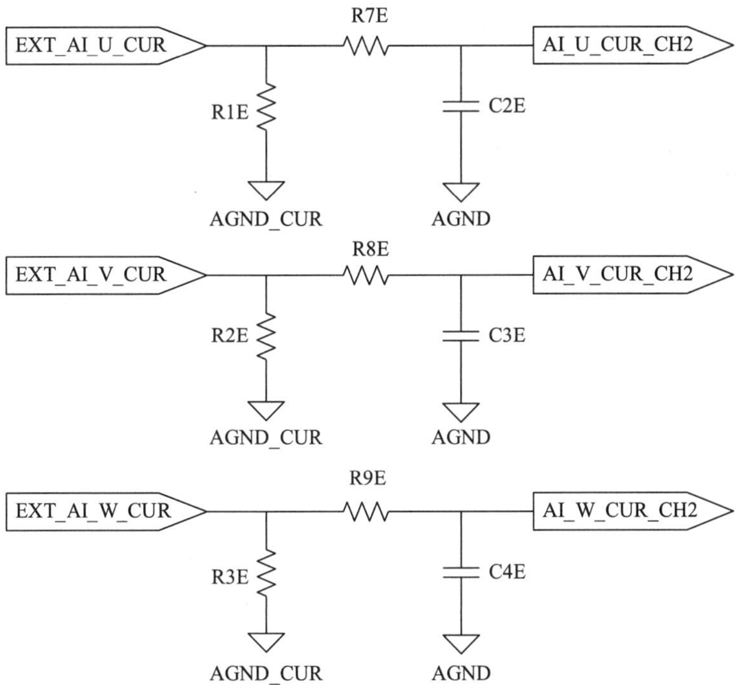

图 6-8　三相电流采样电路图（续）

（2）电路解释

工作原理：三相电线穿过电流传感器，通过感应把三相电流转化为 0 V ~ 5 V 的电压，再通过滤波接入单片机。

主要电压信号参数见表 6-7。

表 6-7　主要电压信号参数

网络标号	含义	正常电压范围 V
VDD5A_IPH	电流传感器供电电压	4.95 ~ 4.05
EXT_AO_IPHU	电流传感器 U 相电流输出值	0 ~ 5
AI_U_CUR_CH2	U 相电流采样值，用于扭矩估计	0 ~ 5
EXT_AO_IPHV	电流传感器 V 相电流输出值	0 ~ 5
AI_V_CUR_CH2	V 相电流采样值，用于扭矩估计	0 ~ 5
EXT_AO_IPHW	电流传感器 W 相电流输出值	0 ~ 5
AI_W_CUR_CH2	W 相电流采样值，用于扭矩估计	0 ~ 5

IC 电源电压范围见表 6-8。

表 6-8　IC 电源电压范围

参数	供电运行范围 V	选用的电压范围 V	是否满足
V_{CC}	4.75 ~ 4.25	4.95 ~ 4.05	是

（3）参数设计依据

1）电流传感器各项参数如下。

参数要求：汽车级；运行温度范围 −40 ℃ ~ 105 ℃；电流最大 800 A；电流传感器误差为（−3% ~ +3%）；供电电压为 4.95 V ~ 4.05 V。

品牌：AAA（代号）

型号：XXX（代号）

选择依据：量程 −800 A ~ 800 A，符合要求；V_{CC} 工作电压范围为 4.75 V ~ 4.25 V，符合要求；误差为 −1.911% ~ +1.911%，符合要求；运行温度范围为 −40 ℃ ~ 125 ℃，符合要求；汽车级，符合要求。

电流传感器供电电压选择：电流传感器的供电电压选择作为 SBC 芯片输出电压可以有 V_{QVR} 和 V_{QTx}，通过电流传感器的参数可以得到表 6-9 对应的 ADC 值。

表 6-9　电流传感器采用电压转换表

供电电压	公式	ADC 值 /V		
		最小值	典型值	最大值
V_{QVR}	$V_{QVR}/5\times(V_{OFF}+1.818\times10^{-3}\times I_F)/V_{QVR}\times4\,096$	2 776	2 793	2 809
V_{QTx}	$V_{QTx}/5\times(V_{OFF}+1.818\times10^{-3}\times I_F)/V_{QVR}\times4\,096$	2 771	2 793	2 815

单片机 ADC 参考电压是 V_{QVR}，假设 I_F 为 500 A。

从表 6-9 中可以看出，V_{QVR} 作为电流传感器供电电压比 V_{QTx} 作为电流传感器供电电压所得到的 ADC 值误差小，所以用 V_{QVR} 作为电流传感器供电电压。

2）三相电流的滤波截止频率要求为 10 kHz ~ 20 kHz。

本设计中三相电流滤波 RC 滤波，电阻 R7E、R8E、R9E 选择值为 510 Ω，电容 C2E、C3E、C4E 选择值为 22 nF，截止频率计算 $f=1/(2\pi RC)=14.18$ kHz，符合要求。

电压电流转换关系式：

i）U 相：$U_{out}=2.5+2I_p/800$；

ii）V 相：$U_{out}=2.5+2I_p/800$；

iii）W 相：$U_{out}=2.5+2I_p/800$。

（4）设计限制（Layout 注意事项）

1）传感器下每一层都铺地；

2）传感器采样输出端电容靠近管脚；

3）电流采样走线优先布线，走线尽可能短，少走过孔，包地处理；

4）电容 C2E、C3E、C4E 靠近单片机放置。

（5）安全机制的设计

物理上，三相电流和为 0，即 $i\_u + i\_v + i\_w = 0$。因此，可以在软件中使用基尔霍夫电流定律对三相电流进行校验，即可定义一个标定量 $ix0$，用于设置最大的违反基尔霍夫电流定律的误差电流。

基尔霍夫电流定律可以对电流采样完整性进行检查。为了避免基尔霍夫电流检查中的瞬时故障，可以对电流进行去抖动检查机制。

基尔霍夫电流定律可以覆盖的失效模式有：

1）电流传感器及电路的偏置故障；

2）电流传感器及电路的增益故障；

3）电流传感器及电路的开路故障；

4）电流传感器及电路的卡滞故障；

5）电流传感器及电路的震荡故障。

根据 GB/T 34590.5—2022 的表 D.1 失效模式分析和表 D.9 传感器可知，上述安全机制对电流传感器及电路的诊断覆盖率为高，可满足 ASIL C 的要求。

6.4 硬件安全分析

6.4.1 概述

安全分析的目的是支持硬件设计的定义，同时用于硬件设计验证。对于硬件设计的安全分析，应根据产品 ASIL 等级要求考虑 GB/T 34590.5—2022 中的要求，如表 6-10 所示。

表 6-10 硬件设计的安全分析

方法		ASIL 等级			
		ASIL A	ASIL B	ASIL C	ASIL D
1	演绎分析	o	+	++	++

续表

方法		ASIL 等级			
		ASIL A	ASIL B	ASIL C	ASIL D
2	归纳分析	++	++	++	++
注：分析的详细程度与设计的详细程度相对应。在某些情况下，两种方法都可在不同的细节层面上执行。					

本表来源于 GB/T 34590.5—2022。

演绎分析方法是自上而下的方法，由已知的影响探寻可能的原因，归纳分析方法是自下而上的方法，由已知的原因识别可能的影响。典型的演绎分析方法有故障树分析（FTA）、鱼骨图和可靠性分析，典型的归纳分析方法有失效模式与影响分析（FMEA）、事件数分析（ETA）、马尔可夫（Markov）模型等。

相关失效分析（DFA）作为演绎分析和归纳分析方法的补充，通过分析要素之间的相关影响，确认硬件设计中充分实现了要求的独立性或实现了免于干扰，并在必要的情况下定义安全措施，以减轻可能的相关失效。

安全分析应该遵循以下几点原则：

1）安全分析应识别每个安全相关的硬件组件或元器件的失效类型，例如：安全故障、单点故障或残余故障、多点故障（包含可感知的、可探测的、潜伏的）。对于多点故障不用对各个失效进行组合，只需要考虑 TSC 中的安全机制的组合即可。

2）对于 ASIL C 及以上的安全目标，应具备实施的安全机制对防止导致单点失效的故障或减少残余故障的有效性的证据。为了达到这一目标，应具备证据以证明安全机制具有实现和保持安全状态的能力（特别是在容错时间间隔和最大故障处理时间间隔内适当的失效减轻能力），同时还应评估由安全机制实现的残余故障的诊断覆盖率。

3）对于 ASIL C 及以上的安全目标，应具备实施的安全机制对防止潜伏故障的有效性的证据。为了达到这一目标，应具备证据以证明安全机制在可接受的多点故障探测时间间隔内完成潜伏故障的失效探测和实现或保持安全状态及警示驾驶员的能力，以确定哪些故障保持潜伏，哪些故障可被探测到，同时还应评估由安全机制实现的潜伏故障的诊断覆盖率。

硬件安全分析既有定性的分析，也有定量的分析。定量的分析方法预测了失效的频率，而定性分析方法识别了失效但不预测失效的频率。两种分析方法都依赖于对相关的故障类型和故障模型的了解。

定性的安全分析应该包含以下内容：

1）对可能导致违背安全目标或安全要求的故障或失效的系统性识别；

2）对每个已识别到的故障进行后果评估，以确认违背安全目标或安全要求的潜在可能性；

3）对每个已识别故障的原因的识别；

4）对潜在薄弱环节的识别或对识别的支持，包括对处理诸如潜在故障、多点故障、共因失效、级联失效的安全机制的无效性的识别。

常见定性安全分析方法有 FMEA 和定性 FTA 等。

定量安全分析是对定性安全分析的补充，用于验证硬件设计是否符合已定义的硬件架构度量［单点故障度量（SPFM）和潜伏故障度量（LFM）］评估目标值和因随机硬件失效导致违背安全目标度量［随机硬件概率度量（PMHF）］评估目标值。

常见定量安全分析方法有失效模式影响和诊断分析（FMEDA），定量故障树分析（FTA）等。

6.4.2 归纳法与演绎法的示例

如前文所述，FMEA 和 FTA 是两种典型的硬件安全分析工具。FMEA 通常以归纳（自下而上，见图 6-9）的方式执行，重点关注系统的各个部分、如何失效以及这些失效对系统的影响。

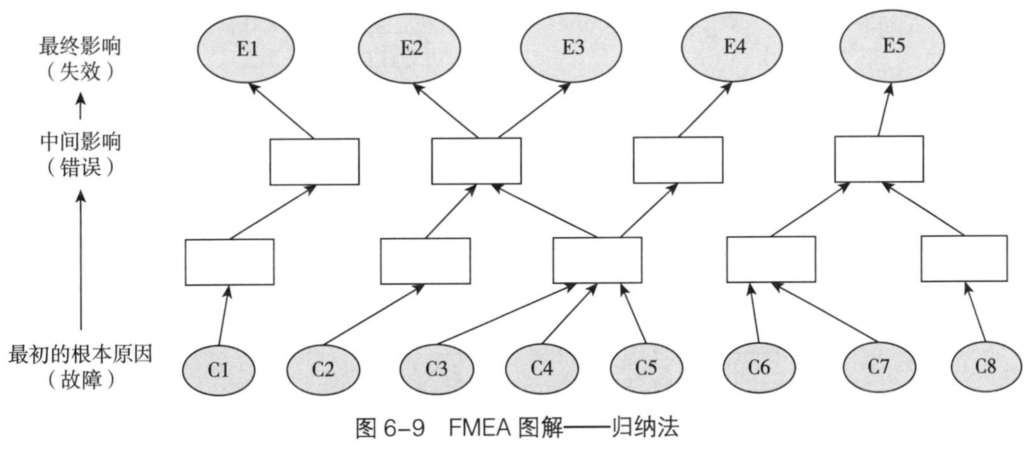

图 6-9　FMEA 图解——归纳法

FTA 通常以演绎（自上而下，见图 6-10）的方式执行，从非预期的系统行为到确定导致该行为的可能原因。

因此，演绎法 FTA 包含覆盖了所有可能导致违反某个危害事件的多个故障和事件或情况的组合，而归纳法 FMEA 考虑每个单一故障的影响。一种典型的分析方法是使用 FTA 分析危害直到硬件组件层面。然后使用 FMEA 自下而上分析所有硬件组件的失效模式，以确定它们的失效模式和安全机制来完成 FTA 的底层事件，通过这种方法来避免因为 FTA 模型和 FMEA 重叠导致的重复工作。

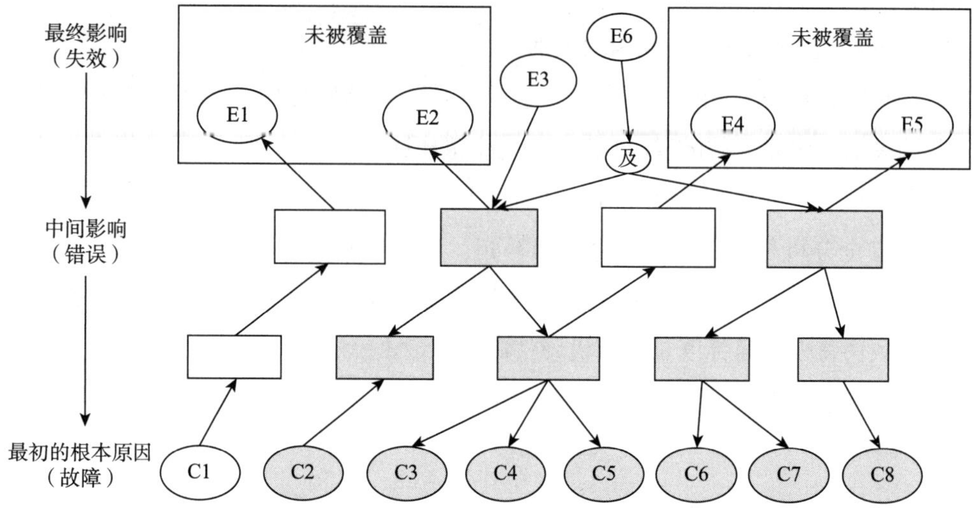

图 6-10　FTA 图解——演绎法

假设一个系统是由许多元器件和子元器件组成的。可将 FTA 和 FMEA 相结合，以提供具有自上而下和自下而上方法合理平衡的安全分析。图 6-11 展示了将 FTA 和 FMEA 相结合的可能方法。

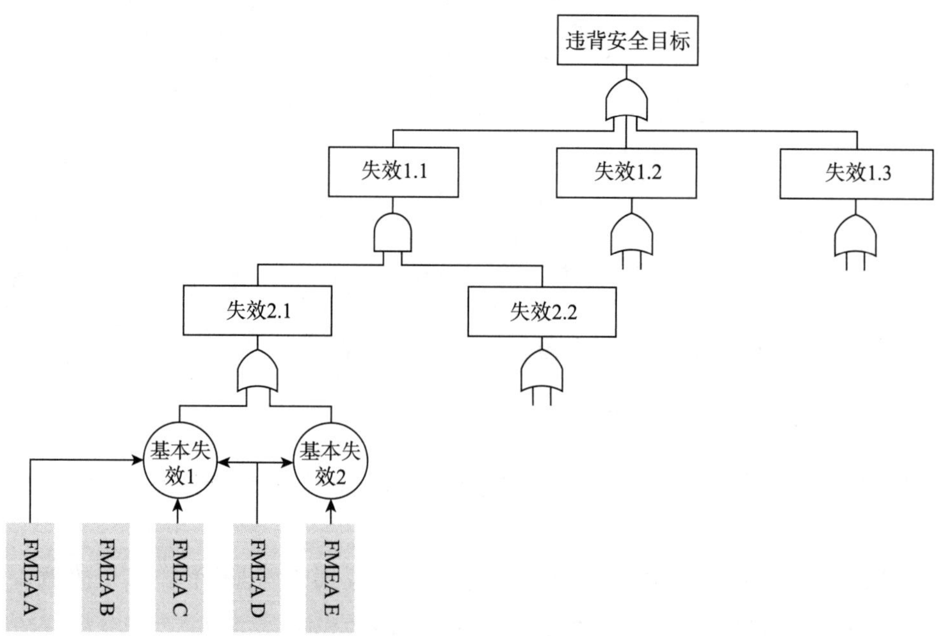

图 6-11　归纳法（FMEA）和演绎法（FTA）的组合示例

在本示例中，底事件是由在更低的抽象层面（例如：子元器件、元器件或组件层面）上执行的不同FMEA（FMEA A–E标示）中得出的。底事件1和2是FMEA D中发现的故障影响，而故障树中没有使用来自FMEA B的故障影响。

6.4.3 失效模式影响和诊断分析

失效模式影响和诊断分析（FMEDA），它是一种确定安全相关产品硬件架构度量［单点故障度量（SPFM）和潜伏故障度量（LFM）］与随机硬失效概率度量（PMHF）的方法。它提出与安全相关的电气元件/电路的故元件（包括任何安全机制）都应在FMEDA中被分析。分析确定哪些单点故障以及可能导致违反安全目标的任何潜在故障。系统中实现的安全机制可以实现对确定故障的诊断覆盖。由于诊断覆盖率高，安全机制会捕捉到随机硬件故障，以防止违反安全目标。在FMEDA中，每个安全目标都是独立分析的。这确保了在电气设计的所有方面都考虑到每个安全目标，使分析有用和有效。SPFM、LFM和PMHF的目标值如表6–11所示。

表6–11 SPFM、LFM和PMHF目标值

项目	ASIL B	ASIL C	ASIL D
单点故障度量（SPFM）	≥ 90%	≥ 97%	≥ 99%
潜伏故障度量（LFM）	≥ 60%	≥ 80%	≥ 90%
随机硬件失效概率度量（PMHF）	$<10^{-7}\ h^{-1}$	$<10^{-7}\ h^{-1}$	$<10^{-8}\ h^{-1}$

6.4.3.1 分析过程

FMEDA分析过程主要步骤如图6–12所示。

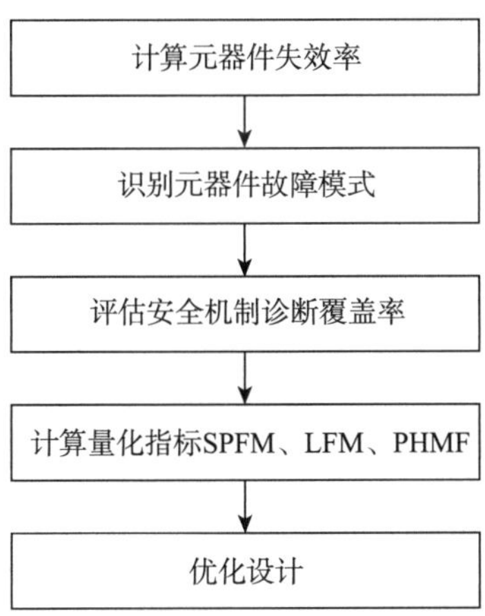

图6–12 FMEDA分析流程

6.4.3.1.1　计算元器件失效率

首先根据系统硬件架构，罗列出所有硬件元器件，为了方便分析和计算，可以对硬件元器件按照类型进行分组。然后根据行业公认的标准（如 SN29500、IEC/TR 62380 等）、历史数据或测试数据，查询各硬件元器件失效模式以及对应的失效率分布。此过程可以采用手动模式，或者利用相关软件，输入元器件相关信息，进行自动化查询及计算。

6.4.3.1.2　识别元器件故障模式

硬件要素的失效模式分非安全相关硬件要素的失效模式和安全相关硬件要素的失效模式。对于每种失效模式下的故障分类如图 6–13 所示。

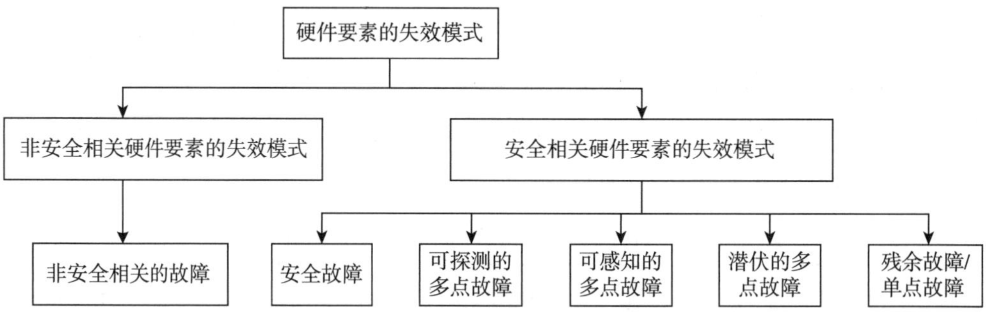

图 6–13　硬件要素的失效模式及故障分类

对于安全相关硬件要素失效，按照故障的成因以及故障的测试性，将故障分为以下几类。

1）单点故障：单个硬件的故障会造成相关项违背安全目标，同时该故障没有相应的安全机制进行诊断和缓解。

2）残余故障：单个硬件的故障会造成相关项违背安全目标，虽有安全机制，但无法完全覆盖而未被检测或缓解的部分。

3）多点故障：多个硬件故障同时发生时，才能导致相关项违背安全目标。

a）潜伏的多点故障：某个硬件要素故障发生后，需要另外一个独立的故障也发生，才能导致相关项违背安全目标，并且在另外一个独立故障发生前，该故障没有被探测或者被驾驶员感知到；

b）可探测的多点故障：可被安全机制探测到的多点故障；

c）可感知的多点故障：可被驾驶员感受到的多点故障。

4）安全故障：故障不会造成相关项安全目标的违背，或者由 2 个以上硬件要素共同组成的故障，即 2 阶以上故障。

注：对于多点故障，GB/T 34590—2022 中只考虑 2 阶故障，更高阶数的故障因其发生概率极低，除非极特殊情况下（如技术安全概念中表明相关），否则在评估时一般不进行分析，认定是安全故障。

这一步对上个流程中所列出的硬件元器件进行安全分析，根据图 6-14 故障分析流程图，确定其故障模式是否和功能安全相关以及故障的类型。如果和功能安全无关，则为安全无关的安全故障。如果和功能安全相关，则需要进一步分析，确定其故障的类型，包括单点故障或双点故障等（和功能安全相关的三点及以上的故障也属于安全故障），以及是否存在相应的安全机制。

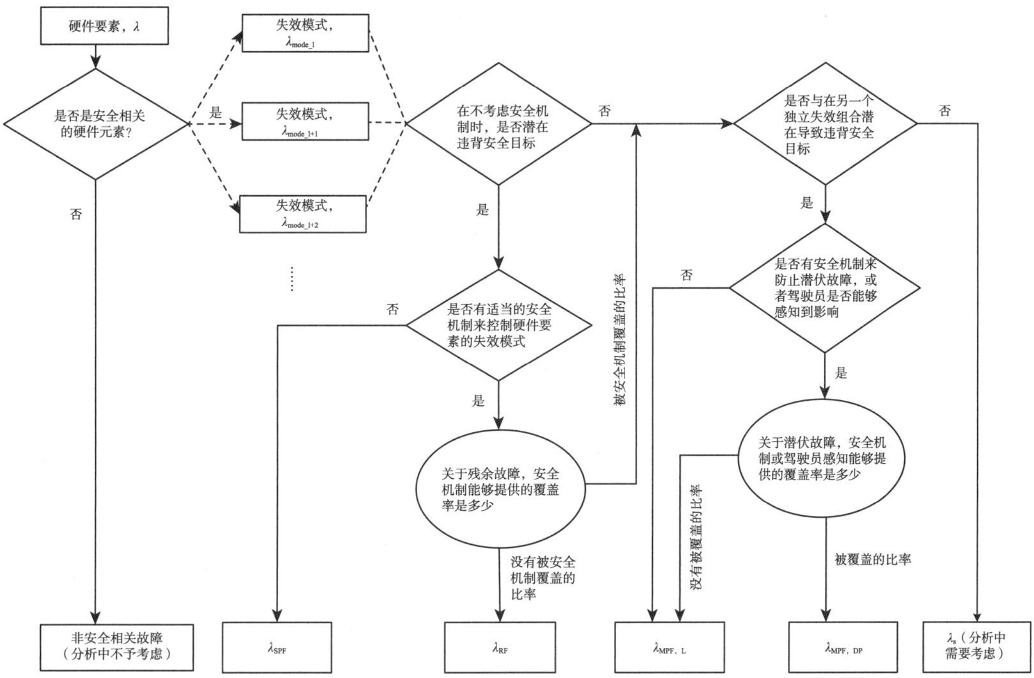

图 6-14　故障分析流程图

6.4.3.1.3　评估安全机制诊断覆盖率

根据识别得到的硬件要素实施的安全机制，评估安全机制诊断覆盖率。

安全机制诊断覆盖率通常通过以下方式确定：

1）参考标准，如 GB/T 34590.5—2022 的附录 D；

2）深度分析，例如故障注入测试、数学分析、仿真；

3）专家判断。

下面以 CAN 通信为例说明如何确定所使用的安全机制诊断覆盖率。

1）基本功能的描述：系统 A 应通过 CAN 总线接收系统 B 的指令信号，周期 10 ms。

2）安全机制的描述：在此示例中，安全机制 SM1_E2E 可用于监控 CAN 总线活动是否正确。

SM1_E2E：系统 A 周期性地对接收到的系统 B 的 CAN 信号进行 E2E 检查，周期为 10 ms。如果在规定时间内发生超过规定次数上限的 E2E 校验错误，则系统 A 触发进入安全状态。

3）诊断覆盖率的评估：CAN 通信模块属于通信总线类，通过表 6–2 可知通信总线的主要失效模式有：通信节点丢失、消息损坏、消息不可接受的延时、消息丢失、非预期的消息重复、消息顺序错误、消息插入、消息伪装、消息寻址错误等。通信总线常见的安全机制及其诊断覆盖率如表 6–12 所示。

表 6–12 通信总线（串行，并行）安全机制及其诊断覆盖率

安全机制 / 措施	可实现的典型诊断覆盖率	备注
一位硬件冗余	低	—
多位硬件冗余	中	—
回读已发送的消息	中	—
完全硬件冗余	高	共模失效模式会降低诊断覆盖率
使用测试模式检验	高	—
发送冗余	中	取决于冗余类型，只对瞬态故障有效
信息冗余	中	取决于冗余类型
帧计数器	中	—
超时监控	中	—
信息冗余、帧计数器和超时监控的组合	高	对于没有硬件冗余和测试模式的系统，这些安全机制的组合可以声明达到高覆盖率

从表 6–12 可知，采用完全硬件冗余，或使用测试模式检验，或信息冗余、帧计数器和超时监控的组合可以达到高诊断覆盖率，即覆盖上述的主要失效模式。本示例并没有使用完全硬件冗余或使用测试模式检验，而是采用了端到端保护（E2E）检查，如果能证明 E2E 检查可以覆盖信息冗余、帧计数器和超时监控的组合，则 SM1_E2E 即可达到高诊断覆盖率（99%）。而 E2E 提供了以下保护机制来保护数据安全：CRC、计数器（顺序、生命）、数据 ID、超时检查，显然 E2E 的保护机制涵盖了上述组合（如：CRC 是对信息的冗余），针对每一种保护机制能覆盖的失效模式如表 6–13 所示。

表 6–13 E2E 保护机制所覆盖的失效模式

保护机制	覆盖的失效模式
CRC	消息损坏、消息插入、消息伪装
计数器（顺序、生命）	非预期的消息重复、消息删除 / 丢失、通信节点丢失、消息插入、错误的顺序

续表

保护机制	覆盖的失效模式
数据 ID	消息插入、消息寻址错误、消息伪装
超时检查	消息删除 / 丢失、通信节点丢失、消息不可接受的延时

综上所述，本示例中 SM1_E2E 的诊断覆盖率为高，即 99%。

6.4.3.1.4 计算量化指标

根据 GB/T 34590—2022 计算单点故障度量（SPFM），潜伏故障度量（LFM）以及随机硬件失效概率度量（PMHF）的指标。

（1）单点故障度量（SPFM）根据公式（6–1）进行计算：

$$\mathrm{SPFM} = 1 - \frac{\sum_{\mathrm{SR,HW}}(\lambda_{\mathrm{SPF}} + \lambda_{\mathrm{RF}})}{\sum_{\mathrm{SR,HW}}\lambda} = \frac{\sum_{\mathrm{SR,HW}}(\lambda_{\mathrm{MPF}} + \lambda_{\mathrm{S}})}{\sum_{\mathrm{SR,HW}}\lambda} \tag{6–1}$$

其中：

$\sum_{\mathrm{SR,HW}}\lambda_x$ 为待考虑项目安全相关硬件要素 λ_x 的和。

注意：此指标仅考虑相关项的安全相关硬件元素。

（2）潜伏故障度量（LFM）根据公式（6–2）进行计算：

$$\mathrm{LFM} = 1 - \frac{\sum_{\mathrm{SR,HW}}(\lambda_{\mathrm{MPF,L}})}{\sum_{\mathrm{SR,HW}}(\lambda - \lambda_{\mathrm{SPF}} - \lambda_{\mathrm{RF}})} = \frac{\sum_{\mathrm{SR,HW}}(\lambda_{\mathrm{MPF,per\ or\ det}} + \lambda_{\mathrm{S}})}{\sum_{\mathrm{SR,HW}}(\lambda - \lambda_{\mathrm{SPF}} - \lambda_{\mathrm{RF}})} \tag{6–2}$$

其中：

$\sum_{\mathrm{SR,HW}}\lambda_x$ 为待考虑项目安全相关硬件要素 λ_x 的和。

注意：此指标仅考虑相关项的安全相关硬件元素。

（3）随机硬件失效概率度量（PMHF）目标值可以根据公式（6–3）进行计算。

$$M_{\mathrm{PMHF}} = \lambda_{\mathrm{SPF}} + \lambda_{\mathrm{RF}} + \lambda_{\mathrm{DPF\_det}} \times \lambda_{\mathrm{DPF\_latent}} \times T_{\mathrm{Lifetime}} \tag{6–3}$$

其中：

λ_{SPF}——单点失效率；

λ_{RF}——残余失效率；

$\lambda_{\mathrm{DPF\_det}}$——被探测的双点失效率；

$\lambda_{\mathrm{DPF\_latent}}$——潜伏双点失效率；

T_{Lifetime}——整车生命周期。

6.4.3.1.5 优化设计

最后，根据计算得到量化指标结果，对硬件设计进行综合评估，判定是否满足预期的 ASIL 等级要求，如果满足则分析结束，否则需要根据计算结果，优化硬件设计，增加新的安全机制或者采用更高诊断覆盖率的安全机制，然后再次进行计算，直至满足安全需求为止。

6.4.3.2 FMEDA 计算示例

下面以一个较为简单的电路为例，进行 FMEDA 分析，对如下的安全目标计算单点故障度量和潜伏故障度量。

电路图如图 6-15 所示。

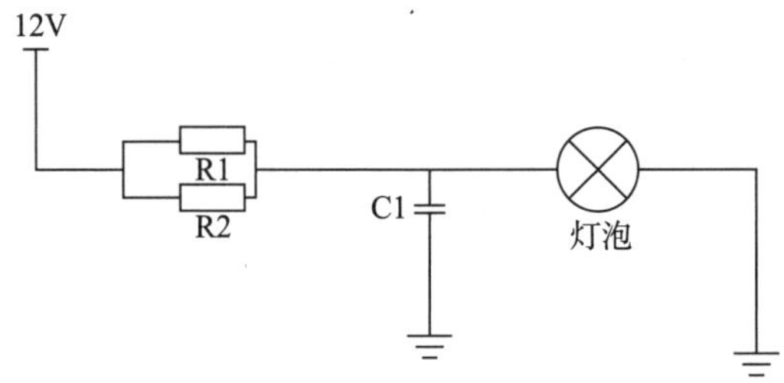

图 6-15　电路图

安全目标：防止灯泡非预期的熄灭（对明亮程度无要求）。

安全等级：ASIL B。

注：为了简化分析，本示例做以下假设。

假设 1：灯泡只要通电就会亮，且亮度不变，亮度不随着电压电流的变化而变化。

假设 2：灯泡可以承受无穷大的电流，无穷大的电压。

首先根据可靠性数据库手册 SN 29500 和 IEC/TR 62380 以及元器件在电路中的参数计算得出 R1、R2、C1 及灯泡的失效率、失效模式和其分配比，具体数值参照表 6-14。关于失效率的计算，这里不多做详细介绍。

接下来判断元器件是否与安全相关，根据原理图分析，R1、R2、C1 和灯泡是与安全相关的元器件。

注：判断一个元器件是否与安全相关，是看它是否有导致违背安全目标或有助于实现安全目标的潜在可能。

分析如果在没有安全机制的情况下，失效模式会不会违反安全目标，具体分析结果参照表 6-14。

注 1：C1 在这里主要是防浪涌电压的，过高的浪涌电压会损坏灯泡，C1 开路后，灯泡就失去了防浪涌保护。但是根据假设，灯泡可以承受无穷大的电压，所以 C1 开路也不会影响安全目标。如果没有假设的话，C1 开路是会影响安全目标的。因此在分析 EMC、ESD 防护相关的元器件时，它们对 FMEDA 的影响需要做更多的讨论。

注 2：R1 阻值增加 50% 这种故障被称为安全故障，一方面因为其在安全链路上，另一方面即使没有安全机制存在该失效也不会违反安全目标。

表 6-14 FMEDA 示例

元器件	失效率 %	在计算中是否考虑安全相关	失效模式	失效模式分布	在缺少安全机制时，失效模式是否有可能违背安全目标	是否有防止失效模式违背安全目标的安全机制	考虑到违背安全目标的失效模式覆盖率	残余或单点故障失效率 %	在结合其他组件的无关失效时，失效模式是否会违背安全目标	探测方法是否有防止失效模式成为潜伏的安全机制	考虑到潜伏失效的失效模式覆盖率	潜伏多点故障失效率 %
R1	0.942	是	开路	40%	是	SM1	99%	0.003 768	是	无	0%	0.373 032
			漂移 *0.5	30%	否							
			漂移 *2	30%	否							
R2	0.942	是	Open	40%	是	SM1	99%	0.003 768	是	无	0%	0.373 032
			漂移 *0.5	30%	否							
			漂移 *2	30%	否							
C1	3.115	是	开路	10%	否							
			短路	90%	是	无	0%	2.803 5				
灯泡	3	是	开路	90%	是	无	0%	2.7				
			短路	10%	是	无	0%	0.3				

分析是否有安全机制防止该失效模式违反安全目标，有经验的，可以把定义安全机制放在第一步，这样在执行 FMEDA 的时候，硬件初步设计已经完成，部分初步安全机制已经存在。这里说的安全机制包含了其诊断覆盖率。诊断覆盖率可以参考 ISO 26262-5 的附录 D、查找供应商资料，或者通过分析计算仿真得出。

由电路图分析可得知安全机制（SM1）为 R1 和 R2 双通道并联输出，其对单点故障的诊断覆盖率为 99%（见 GB/T 34590.5—2022 的 D.2.4.3），对双点故障的诊断覆盖率为 0%。

以上 FMEDA 分析后，可根据 SPFM 和 LFM 的公式计算得出 SPFM=27.35%，LFM=65.9%，单点故障度量值远小于 90%，所以达不到 ASIL B，需要增加安全机制优化设计。

6.4.4 相关失效分析（DFA）

执行相关失效分析（DFA）就是为了验证设计中的要素之间互相影响的可能性和严重程度，它们之间尽可能不要互相影响，即独立性或免于干扰，也就是两个或多个要素之间不存在导致违背安全要求的相关失效。这里导致相关失效其实就两种情况，一种叫级联失效，一种叫共因失效。关于级联失效的解释，GB/T 34590—2022 中分为内部原因和外部原因这两种情况，无论是内部原因还是外部原因，归根结底都是前者的故障最终导致后者的失效。共因失效是由于一些公用资源、公用信息等发生故障，从而导致多个组件同时发生失效。

在功能安全设计中，DFA 一般在整个产品架构设计结束后执行。若在架构设计过程中产生了 ASIL 分解，有要素共存的情况（通常会认为低等级的要素开发要求不够严谨，可能会对高要求的产品造成不利影响），有冗余设计、功能电路和安全机制等情况时，那么就要执行 DFA。在执行 DFA 分析过程中，在必要的情况下定义安全措施，以减轻可能的相关失效。

6.4.4.1 DFA 分析过程

DFA 分析过程主要步骤如图 6-16 所示。

6.4.4.1.1 目标识别

目标识别就是明确分析对象，因为相关失效分析是分析要素之间是否会有影响，所以分析对象肯定是要素组，在实际产品设计中，内部的要素数量一般会比较庞大，当在考虑分析产品内部是否存在共因失效或者级联失效时，如果将产品所有的组件进行配对分析的话，这个工作量会巨大。GB/T 34590—2022 也涉及这个问题，因此对实施相关失效分析对象也做了提前的分类和筛选。这些互相可能发生相关失效的要素，它们之间会存在一些比较明显的关系特征，比如：在架构设计中进行了 ASIL 分解，那么分解后的两个要素，就要考虑之间会不会有相关失效的发生，或者有要素共存的情况发生时，若低等级的要素和高等级的要素进行了交互，那么它们之间就要执行相关失效分析。如果有冗余设计，对功能电路与其安全机制这种关系也要进行相关失效分析，在进行其他安全分析，比如 FMEA 分析过程中多次出现的具有相似失效模式的相似元器件或组件，FTA 过程中出现重复的相同事件，这些都可以作为 DFA 分析的输入指导。

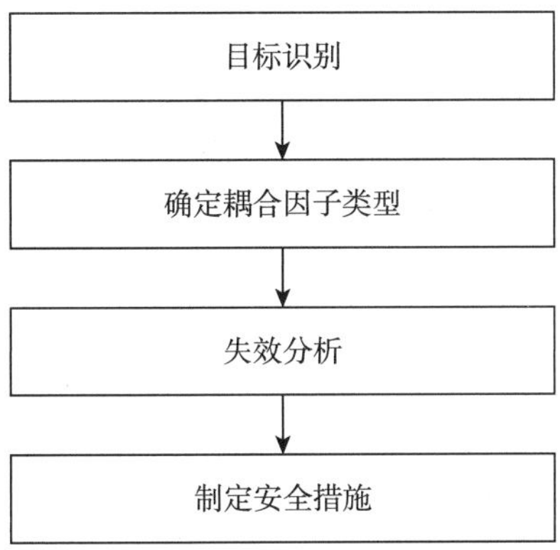

图 6–16　DFA 分析过程

6.4.4.1.2　确定耦合因子类型

在明确产品中可能会发生相关失效的要素之后，按照 GB/T 34590.9—2022 中的要求进行耦合因子类型的判断。GB/T 34590.9—2022 对于耦合因子进行了总结和归纳，分为：共享资源、共享信息输入、环境抗干扰能力不足、系统耦合、相同类型的组件、通信、非预期接口这七类。系统、软件、硬件和导体层面耦合因子示例如表 6–15 所示。

6.4.4.1.3　失效分析

在确定了要素组的耦合因子类型后，对于每种耦合因子深层次的失效原因、故障模式（也就是故障发生如何导致系统失效）、故障影响进行分析。根本的失效起因通常称之为相关失效引发源，缩写为 DFI。

6.4.4.1.4　制定安全措施

准备相关失效及其影响的合理性的依据，并在开发阶段为合理的相关失效制定安全措施（包括用于预防其根本原因的措施、控制其影响的措施或减少耦合因素的措施）。需要注意的是这里的安全措施不局限于安全机制。

表 6–15　系统、软件、硬件和半导体层面耦合因子示例

耦合系数类	映射到 GB/T 34590.9—2022 中 7.4.4 的内容	系统层面的示例	硬件层面的示例	软件层面的示例	半导体层面的示例
共享资源： 举例使用相同的软件、硬件或系统要素的两个要素，它们会受到共享资源失效或者不可用的影响	a）随机硬件失效； g）共同外部资源或信息失效	——电源（见环境抗干扰能力不足）； ——线束； ——数据和通信总线； ——功率级	——时钟； ——两个关闭通道使用的相同 H 桥； ——插座、插头连接器	——例如被其他 2 个软件组件使用的软件组件： ——数学或其他库； ——I/O 程序，驱动 ——多个软件要素使用的硬件资源	GB/T 34590.11—2022 中的“共享资源的失效”和“单个物理性根本原因”
共享信息输入： 从功能的角度看，即使在没有共享资源的情况下，连接到相同信息源的两个功能也会使用相同的信息	a）随机硬件失效	——外部消息（例如 CAN、Flexray 或 AUTOSAR RTE 消息）； ——外部物理信号（例如磁场，远程 / 无线电信号）； ——电容 / 雷达 / 光学传感器检测到的读数值	——连接到原始物理的数字或模拟信号源	——对于两个软件函数的全局常量或变量； ——由一个软件函数传递给多个其他函数的数据 / 函数参数 / 消息	GB/T 34590.11—2022 中的“共享资源的失效”
环境抗干扰能力不足： 相同或相似的物理特性的要素，可能会受到相同的外部环境干扰的影响	f）环境因素； h）特定工况下的压力	——机械耦合； ——易燃材料	——对电效应的敏感度等级（可能产生电磁干扰、静电放电等）； ——硬件要素的接近程度（可能遭受灰尘、颗粒的潜在危害）； ——相同的外壳（可能遭受进水、潮湿的潜在危害）	不直接适用于软件本身。可以在系统和硬件级别上考虑影响软件行为的环境因素	GB/T 34590.11—2022 中的“环境故障”

续表

耦合系数类	映射到 GB/T 34590.9—2022 中 7.4.4 的内容	系统层面的示例	硬件层面的示例	软件层面的示例	半导体层面的示例
系统耦合： 由于共同的系统性的人为错误或工具错误而导致的要素失效	b）开发故障； c）生产故障； d）安装故障； e）服务故障； h）特定工况下的压力	——用于多个要素的相同生产过程； ——用于多个要素的相同维修过程		——相同的软件工具，如 IDE、编译器、链接器、软件配置器； ——相同的编程和/或建模语言； ——相同的编译器/链接器	GB/T 34590.11—2022 中的“开发故障”“生产故障”“安装故障”和“服务故障”
相同类型的组件： 由于共因失效，相同或非常相似组件的多个实例可能会共同失效	a）随机硬件失效； b）开发故障	——相同类型的执行器/功率级，例如电机； ——相同类型的传感器	——相同类型的硬件部件和组件； ——不同微控制器的相同电源； ——相同的微控制器； ——相同的专用集成电路	——相同的源代码扩展了两次，例如通过使用 C 语言宏。 **注：**从不同位置调用的相同的库实例或相同的标准软件模块实例，被认为是共享资源。	GB/T 34590.11—2022 中的“开发故障”
通信： 一个要素通过通信通道从另一个要素接收信息	a）随机硬件失效； b）开发故障； d）安装故障； e）服务故障； i）老化和磨损	——同一系统的两个 ECU 之间的 CAN 连接； ——同一 ECU 内两个微控制器之间的通信	——两个硬件要素之间的电气连接	——通过全局变量的数据流； ——消息传递； ——传递参数的函数调用	GB/T 34590.11—2022 中半导体的“共享资源的失效”和“单个物理性根本原因”
非预期接口： 两个要素通过一个非预期接口直接相互影响	a）随机硬件失效； b）开发故障； d）安装故障； h）特殊工况下的压力	——由于同步缺失，导致一个功能覆盖另一个功能	——由于硬件要素靠得很近，导致信号线之间产生潜在的串扰、热冲击、干扰等	——由于使用相同的内存空间，导致可能出现错误的内存分配或内存泄漏	源于半导体的单个物理性根本原因（见 GB/T 34590.11—2022）

注意：相关失效的分析应具有适当的细节程度和严格程度，以论证达到所要求的独立性或免于干扰的程度。而可用于证明对相关失效所进行分析的深度和严格程度是否合适的准则包括：ASIL 等级、安全概念所要求的要素之间的独立程度、产品复杂性、技术、不利环境和其他压力因素的数量和程度等。

6.4.4.2 硬件 DFA 示例

DFA 应检查 FTA 中的所有与门并根据相关失效起因（DFI）定义相关失效，表 6-16 是针对硬件 DFI 的检查清单示例。

表 6-16 硬件 DFI 检查清单示例

耦合系数类	GB/T 34590.9—2022 中 7.4.4 的内容	硬件检查示例
共享资源： 使用相同的软件、硬件或系统要素的两个要素，它们会受到共享资源失效或者不可用的影响	a）随机硬件失效； g）共同外部资源失效	时钟； 两个关闭通道使用的相同 H 桥； 插座、插头连接器
共享信息输入： 从功能的角度看，即使在没有共享资源的情况下，连接到相同信息源的两个功能也会使用相同的信息	a）随机硬件失效	连接到原始物理的数字或模拟信号源
环境抗干扰能力不足： 相同或相似的物理特性的要素，可能会受到相同的外部环境干扰的影响	f）环境因素； h）特定工况下的压力	对电效应的敏感度等级（可能产生电磁干扰、静电放电等）； 硬件要素的接近程度（可能遭受灰尘、颗粒的潜在危害）； 相同的外壳（可能遭受进水、潮湿的潜在危害）
系统耦合： 由于共同的系统性的人为错误或工具错误而导致的要素失效	b）开发故障； c）生产故障； d）安装故障； e）服务故障； h）特定工况下的压力	用于多个要素的相同生产过程； 用于多个要素的相同维修过程
相同类型的组件： 由于共因失效，相同或非常相似组件的多个实例可能会共同失效	a）随机硬件失效； b）开发故障	相同类型的硬件部件和组件； 不同微控制器的相同电源； 相同的微控制器； 相同的专用集成电路

续表

耦合系数类	GB/T 34590.9—2022 中 7.4.4 的内容	硬件检查示例
通信： 一个要素通过通信通道从另一个要素接收信息	a）随机硬件失效； b）开发故障； d）安装故障； e）服务故障； i）老化和磨损	两个硬件要素之间的电气连接
非预期接口： 两个要素通过一个非预期接口直接相互影响	a）随机硬件失效； b）开发故障； d）安装故障； h）特殊工况下的压力	由于硬件要素靠得很近，导致信号线之间产生潜在的串扰、热冲击、干扰等

针对一个特定的系统，假设违背安全目标 A 的 FTA 如图 6-17 所示。其中，与门 GA_A1 下有两个基本失效事件，并假定基本失效 A1 是 CAN 通信错误，基本失效 A2 是 E2E 未检测到 CAN 通信错误。

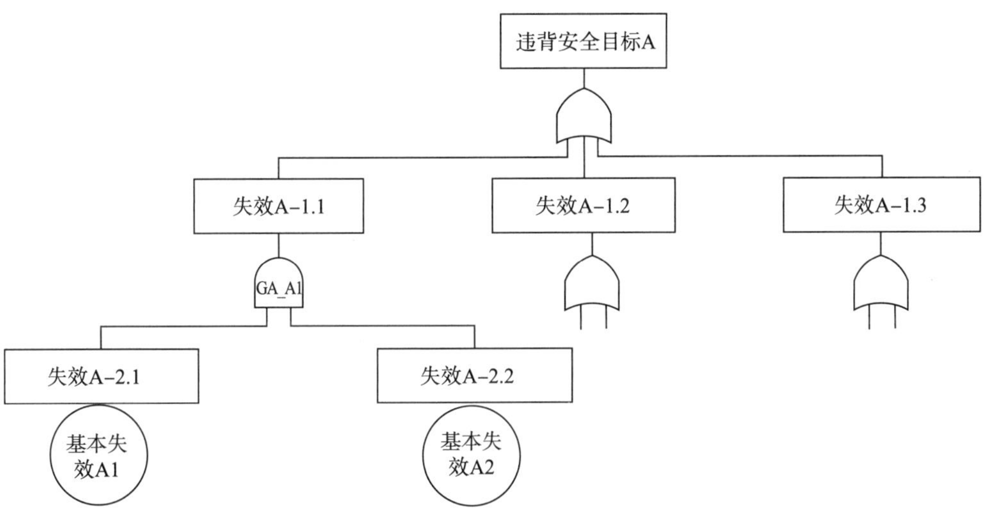

图 6-17　违反安全目标 A 的 FTA 示例

结合检查（如表 6-16 的检查清单所示）与门 GA_A1 的硬件 DFA 示例（如表 6-17 所示），故障避免或控制措施对应技术安全需求的具体要求，用以证明相关失效均有安全机制覆盖。

表 6-17　硬件 DFA 示例

与门 ID	在 FTA 中的功能失效	在 FTA 中的安全机制或冗余功能失效	耦合系数类	硬件检查示例	相关失效 ID	相关失效分析	相关失效影响	故障避免或控制措施
GA_A1	CAN 通信错误	E2E 未检测到 CAN 通信故障	共享资源	时钟	HDFA_001	单片机时钟	单片机时钟失效可能会同时导致 CAN 通信错误且 E2E 不能检测到该错误	TSR_A_001 TSR_A_002
				两个关闭通道使用的相同 H 桥	—	NA	—	—
				插座、插头连接器	—	NA	—	—
			共享信息输入	连接到原始物理的数字或模拟信号源	—	NA	—	—
			环境抗干扰能力不足	对电效应的敏感度等级（可能产生电磁干扰、静电放电等）	—	NA	—	—
				硬件要素的接近程度（可能遭受灰尘、颗粒的潜在危害）	—	NA	—	—
				相同的外壳（可能遭受进水、潮湿的潜在危害）	HDFA_002	芯片温度	过温可能同时导致 CAN 通信错误且 E2E 不能检测到该错误	TSR_A_003 TSR_A_004 TSR_A_005

续表

与门 ID	在 FTA 中的功能失效	在 FTA 中的安全机制或冗余功能失效	耦合系数类	硬件检查示例	相关失效 ID	相关失效分析	相关失效影响	故障避免或控制措施
GA_A1	CAN 通信错误	E2E 未检测到 CAN 通信故障	系统耦合	用于多个要素的相同生产过程	—	NA	—	—
				用于多个要素的相同维修过程	—	NA	—	—
			相同类型的组件	相同类型的硬件部件和组件	—	NA	—	—
				不同微控制器的相同电源	HDFA_003	单片机供电电压	单片机供电失效可能会同时导致 CAN 通信错误且 E2E 不能检测到该错误	TSR_A_006 TSR_A_007
				相同的微控制器	HDFA_004	CAN 通信功能以及 E2E 校验机制均在相同单片机上运行	单片机失效可能会同时导致 CAN 通信错误且 E2E 不能检测到该错误	TSR_A_008
				相同的专用集成电路	—	NA	—	—
			通信	两个硬件要素之间的电气连接	—	NA	—	—
			非预期接口	由于硬件要素靠得很近，导致信号线之间产生潜在的串扰、热冲击、干扰等	—	NA	—	—

例如：

1）TSR_A_001：安全电源单元应该提供外部看门狗来监控安全相关程序的逻辑和时序。

2）TSR_A_002：如果探测到任意微处理器内部故障，安全控制单元应该进入安全状态。

TSR_A_001 结合 TSR_A_002 能覆盖因“单片机时钟失效可能会同时导致 CAN 通信错误且 E2E 不能检测到该错误”的失效模式。

按照上述流程，分析 FTA 中所有与门，每个与门分析所有 DFI，如果分析出的所有相关失效均有安全机制覆盖，则最终结果即可表明符合独立性属性的要求。

6.5 硬件集成与测试

6.5.1 硬件集成测试的目的

硬件集成与测试的目的，是验证硬件设计是否违背系统设计规范和硬件安全要求，从而保证硬件设计与硬件安全要求的一致性和完整性。

6.5.2 硬件集成测试的方法

硬件层面的集成规范与测试策略，应与系统层的集成规范与测试策略相协调配合。例如：如果在系统层进行 ASIL 等级分解，则分解后形成的要素，应按照分解前的 ASIL 等级进行集成验证。

应基于表 6-18 的方法，导出硬件集成测试的用例，以提供合适的测试用例。

表 6-18 导出硬件集成测试用例的方法

方法		ASIL 等级			
		ASIL A	ASIL B	ASIL C	ASIL D
1a	需求分析	++	++	++	++
1b	内部和外部接口分析	+	++	++	++
1c	等价类分析和生成[a]	+	+	++	++
1d	边界值分析[b]	+	+	++	++

续表

方法		ASIL 等级			
		ASIL A	ASIL B	ASIL C	ASIL D
1e	基于知识或经验的错误推测法[c]	++	++	++	++
1f	功能的相关性分析	+	+	++	++
1g	相关失效的共有限制条件、次序及来源分析	+	+	++	++
1h	环境条件和操作用例分析	+	++	++	++
1i	现存标准[d]	+	+	+	+
1j	重要变量的分析[e]	++	++	++	++

[a] 为了高效导出必要的测试案例，可进行相似性分析。

[b] 例如，逼近或相交于边界（特定值之间）的值，和超出范围的值。

[c] 错误推测测试基于经验教训，或者专家判断，或者两者结合所收集的数据。错误推测可由 FMEA 支持。

[d] 现行标准包括 GB/T 28046 和 ISO 11452。

[e] 重要变量的分析包括最恶劣情况分析。

应基于表 6–19 的测试方法，验证硬件安全需求是否被完整、正确地实施。

表 6–19　验证硬件安全要求实施的完整性和正确性的硬件集成测试

方法		ASIL 等级			
		ASIL A	ASIL B	ASIL C	ASIL D
1	功能测试[a]	++	++	++	++
2	故障注入测试[b]	+	+	++	++
3	电气测试[c]	++	++	++	++

[a] 功能测试的目的是验证相关项的规范里定义的特性已经达到。将充分表征预期正常操作的数据输入到相关项，把它们的响应与规范里给定的响应做比较。对与规范不同的异常和规范不完整的迹象，应给予分析。

[b] 有关半导体组件故障注入的更多信息，见 GB/T 34590.11—2022 的 4.8。

[c] 电气测试的目的是验证在规定的电压范围内（静态的和动态的）符合硬件安全要求。现行标准包括 ISO 16750 和 ISO 11452。

应基于表 6–20 的测试方法，验证硬件在环境和运行应力因素下的耐用性和鲁棒性。

表 6-20 验证在应力下的耐用性、鲁棒性和运行的硬件集成测试

方法		ASIL 等级			
		ASIL A	ASIL B	ASIL C	ASIL D
1a	带基本功能验证的环境测试[a]	++	++	++	++
1b	扩展功能测试[b]	o	+	+	++
1c	统计测试[c]	o	o	+	++
1d	最恶劣情况测试[d]	o	o	o	+
1e	超限测试[e]	+	+	+	+
1f	机械测试[f]	++	++	++	++
1g	加速寿命测试[g]	+	+	++	++
1h	机械耐久测试[h]	++	++	++	++
1i	EMC 和 ESD 测试[i]	++	++	++	++
1j	化学测试[j]	++	++	++	++

[a] 在带基本功能验证的环境测试中，硬件安放于多种环境条件下进行硬件要求评估。可采用 GB/T 28046.4。

[b] 扩展功能测试检查相关项在极少发生（例如极端性能值）或者硬件规范之外（例如错误命令）的输入条件下的功能表现。在这些情况下，把观测到的硬件要素性能与特定要求进行比较。

[c] 统计测试的目的是，根据实际运行条件概况的预期统计分布，选定输入数据对硬件要素进行检测。定义验收准则，以便测试结果的统计分布能证明所要求的失效率。

[d] 最恶劣情况测试的目的是测试在最恶劣情况分析时发现的案例。在该测试中，调整环境条件至规范定义的最高允许余量值。检验硬件的相关反应并与特定要求相比较。

[e] 在超限测试中，把硬件要素置于环境或功能约束下，逐渐增加超过特定值直到硬件要素停止工作或者损坏。该测试的目的是确定要素在测试无故障时间所要求性能时鲁棒性的余量。

[f] 机械测试适用于机械特性，例如抗拉强度。可以应用 ISO 16750-3。

[g] 加速寿命测试的目标是通过将产品置于应力大于预期正常操作条件下，预测产品在使用寿命内，正常条件下产品的行为演化。加速测试是基于失效模式加速的分析模型。

[h] 这些测试的目的是研究要素能经受住的平均故障间隔期或者最大循环数。测试可以进行到失效发生或者损毁评估时为止。

[i] GB/T 21437.2、GB/T 21437.3、ISO 11452-2 和 ISO 11452-4 适用于 EMC 测试；GB/T 19951 适用于 ESD 测试。

[j] ISO 16750-5 适用于化学测试。

6.5.3 硬件集成测试示例

下面是针对 6.3 中所述电流传感器电路的硬件集成测试的示例。

（1）测试用例描述

测试用例 ID：T-xxx

测试目标：
电流传感器电路
硬件版本：×××
软件版本：×××

测试目的：
HSR_XXX，电机三相电流传感器量程最高 800 A，误差为 -3% ~ +3%
HSR_YYY，三相电流传感器转换后的输出电压信号须在 0 V ~ 5 V 之间
HSR_ZZZ，三相电流传感器的供电 5 V 由 SBC 的 QVR 提供

测试环境：
室温 20 ℃
海拔 4 m

测试工具

名称	厂家	标定日期
万用表	A	XXX 年 YYY 月 ZZZ 日
直流电流源	B	XXX 年 YYY 月 ZZZ 日
电源	C	XXX 年 YYY 月 ZZZ 日

前提 / 配置

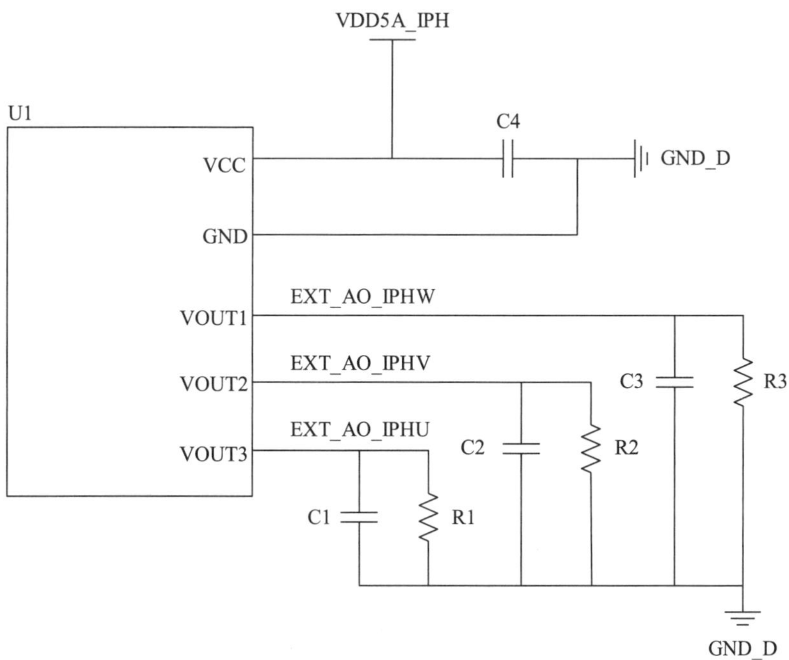

输入数据 / 激励

将图 6-7 中 KL_30 和 EXT_KL_15 接入 8 V ~ 16 V 电压

测试方法

1a	Use	需求分析
1b	Use	内外部接口分析
1c	Use	等价类生成和分析
1d	Not relevant	边界值分析
1e	Not relevant	基于知识或经验的错误猜测法
1f	Not relevant	功能的相关性分析
1g	Use	相关失效的共有限制条件、序列及来源分析
1h	Use	环境条件和操作用例分析
1i	Use	基于标准
1j	Use	重要的变量分析

通过 / 失败条件：

当无电流输出时，TP1、TP2、TP3 的电压为 2.5 V ± 0.045 V；

当接入直流电流源时，实际输出电流与 TP1、TP2、TP3 的电压的关系式满足 U_{sample}=2.5+(0.002 5 × I)，误差小于 3%;

满足以上条件则测试通过，不满足任意一个条件则失败。

检测到异常现象后的下一步行动方案：

停止测试，分析异常原因。

（2）测试结果描述

T–xxx

测试结果：

1. 无三相电流输出时，测试点 TP1、TP2、TP3 的电压值

测试点	电压值 /V
TP1	2.498
TP2	2.499
TP3	2.497

2. 有三相电流输出时，实际输出电流值

U 相电流

电流值 /A	电压值 /V	理论值 /V	误差 /A
–200	1.994	2	1.2
–400	1.488	1.5	1.2
–600	0.983	1	1.1
–800	0.481	0.5	1
200	3.009	3	1.8
400	3.516	3.5	1.6
600	4.019	4	1.3
800	4.51	4.5	0.5

V 相电流

电流值 /A	电压值 /V	理论值 /V	误差 /A
–200	1.995	2	1
–400	1.489	1.5	1.1
–600	0.985	1	1
–800	0.483	0.5	0.9
200	3.009	3	1.8
400	3.515	3.5	1.5
600	4.020	4	1.3
800	4.51	4.5	0.5

W 相电流

电流值 /A	电压值 /V	理论值 /V	误差 /A
–200	1.995	2	1
–400	1.490	1.5	1
–600	0.987	1	0.9
–800	0.489	0.5	0.6
200	3.009	3	1.8
400	3.514	3.5	1.4
600	4.018	4	1.2
800	4.52	4.5	1

评估（通过 / 不通过）：	通过

备注：

无

6.6 硬件要素评估

硬件要素评估是 GB/T 34590.8—2022 中的内容之一，和软件组件的鉴定是同等重要的内容。所谓的硬件要素评估，是为了使那些最初没有按照 GB/T 34590—2022 进行设计和开发的硬件要素，但需要集成到符合功能安全要求的相关项或系统中。所以硬件要素的评估本质是为了复用。如果硬件要素本身是针对应用的相关项，且是基于 GB/T 34590—2022 准则开发的，那就没有对其进行硬件要素评估的必要。

6.6.1 硬件要素的分类

在硬件要素的评估中，所考虑的硬件要素，可根据其特性分为Ⅰ类要素、Ⅱ类要素和Ⅲ类要素，这样分类的目的在于反映安全相关功能验证的难度，以及硬件要素在安全概念中的作用。

6.6.1.1 Ⅰ类要素

定义：该要素没有或有少数几种工作状态，且这几种状态可以从安全的视角被充分地表征、测试和分析。可以在不了解该要素的实现细节和生产过程的情况下，识别并评估该要素的安全相关的失效模式。该要素没有与安全概念相关的控制或探测其内部失效的内部安全机制。

要点：极少数工作状态 + 没有内部安全机制。

特点：硬件要素本身不需要进行评估，直接集成到硬件开发中。只要集成后的硬件满足相关安全需求即可。

Ⅰ类要素示例：电阻、电容、二极管、晶体管、电平转换器 、简单逻辑门 、晶振、谐振器、温度传感器等简单传感器。

6.6.1.2 Ⅱ类要素

定义：该要素具有少数几种运行状态。可以在不了解实现细节的情况下，依靠现有文档（例如，数据表、用户手册、应用说明），从安全的角度对其进行分析。该要素没有与安全概念相关的控制或探测其内部失效的内部安全机制。

要点：少数工作状态 + 没有内部安全机制。

特点：需要评估计划和证据，证明要素的工作性能；可以使用分析和测试的方法对其进行评估。

Ⅱ类要素示例：运算放大器、模数转换器、数模转换器、DC/DC 转换器、CAN/

LIN 收发器、相对简单的传感器（例如，燃油压力传感器、温度传感器）。

6.6.1.3 Ⅲ类要素

定义：该要素具有较多的运行模式。在不了解实现细节的情况下，不能进行分析。该要素具有与安全概念相关的控制或探测其内部失效的内部安全机制。

要点：较多工作状态 + 内部安全机制。

特点：推荐采用 GB/T 34590—2022 中的硬件开发过程对其进行开发，硬件要素评估不是首选方案。需要评估计划和证据，证明硬件要素的工作性能。需要提供额外措施，证明由于系统性失效而违背安全目标或违背安全要求的风险足够低。可以使用分析和测试的方法对其进行评估。

针对Ⅲ类要素需要提供额外的措施来证明，由于系统性失效而违背安全目标或违背安全要求的风险足够低的主要原因。即以下两个方面原因：

1）与Ⅰ类、Ⅱ类要素相比，Ⅲ类硬件要素组成相对复杂，出现系统性失效的概率更高；

2）硬件要素随机失效问题会在更高的集成层面，通过概率度量化指标进行约束。所以硬件要素评估中，对于不同类型的硬件要素，需要提供不同失效数据（FIT，FMD，Pin FMA 等），甚至是安全手册，作为后续 FMEDA 计算的输入，但不会针对硬件要素本身进行单独的随机失效的评估，这部分内容会在更高的集成层面，针对硬件整体，根据硬件概率化度量指标进行度量。

Ⅲ类要素示例：微处理器、微控制器、片上系统、多通道电源管理集成电路、电机驱动器、高功能系统基础芯片。

6.6.2 硬件要素评估

针对Ⅰ类要素，由于其功能较为简单，因此不需要对其本身进行评估；集成了Ⅰ类硬件要素的硬件开发应按照 GB/T 34590—2022 进行。

针对Ⅱ类、Ⅲ类要素，都需要对其进行测试和分析，证明其工作性能，符合功能安全的需求，首先需要明确的是，针对硬件要素评估的测试是功能和性能的测试，具体来讲，体现在两个方面：

1）在特定的工作环境下，硬件要素本身是否能够正常工作，性能、精度是否足够，这部分测试及分析内容为硬件要素本身功能层面的基本测试。

例如，某传感器是否能在特定环境下，正确采集相应的信号，精度是多少；在极端工作环境下，是否还能正常工作等。所以这部分测试实质上属于硬件的功能测试，和安全机制其实没有太多联系。如果硬件要素存在相关测试报告，可直接使用，不需要进行重复测试。

2）在特定项目背景下，该硬件要素是否能够实现分配至该硬件要素的安全需求。既然该硬件要素是应用于具体项目，通过上一阶段的功能安全开发活动，必然会将安全需求进行分解，最终分配至该硬件要素，所以这些安全需求的内容就是硬件要素需要测试的内容，需要制定相应的测试计划、测试用例和验证指标等，形成完整的测试和分析报告。

例如，CAN 收发器，除了功能相关的测试外，还需要测试分配至该要素的安全需求，如 E2E 保护措施是否有效，能否监测不同类型的通信干扰问题（延迟、阻塞、错误等）。当然，如果硬件要素本身比较简单，可以通过分析的方式证明，则也可以接受。

当然，对于Ⅲ类硬件要素，例如，控制器，推荐直接按照 GB/T 34590—2022 开发，在开发过程中会集成Ⅰ类、Ⅱ类要素，其评估内容见上面内容，但如果非要采用要素评估手段，其评估过程基本上和 GB/T 34590.5—2022 硬件开发过程一致，可以直接参考相应的测试手段和方法。

第7章 芯片功能安全开发

7.1 概述

半导体组件根据其复杂程度，可以分为以下几个层级：第一层级（如 ADAS 芯片智驾芯片）整颗半导体芯片，第二层级元器件组合（如 8 个一组的 CPU 组成的 CPU 子系统）即芯片子系统，第三层级元器件（如单个的 CPU）即芯片 IP，第四层级子元器件（如 CPU 中的寄存器组）即芯片 IP 的子模块，继续往下分直到（如二极管、三极管）基础子元器件。本章围绕第一层级——芯片展开。

芯片的功能安全开发分两种方式：第一种，作为定制芯片开发，基于 OEM/Tier1 针对特定系统的特定安全要求的开发，芯片作为相关项的一部分，其安全要求源于相关项的安全目标，逐层分配给芯片；第二种，作为非定制的安全要素，按照独立于环境的安全要素（SEooC）来开发，不受特定系统的约束，对芯片的使用场景进行假设，在它的集成层面上考虑相关项的安全目标导出开发安全要求。现实情况下，独立的芯片公司使用第二种情况居多。

芯片作为硬件实体，其功能安全开发需要考虑系统性故障和随机硬件故障两种故障。系统性故障通过功能安全流程体系来避免，硬件随机故障通过安全措施来探测和控制，安全措施包括安全机制和专用措施。

本章将针对芯片常见故障、功能安全流程、安全分析和安全机制等进行描述，并给出 ADAS 芯片应用案例。

7.2 芯片常见故障

芯片常见故障分为系统性故障和随机硬件故障两种。

7.2.1 系统性故障

系统性故障指以确定的方式与某个原因相关的故障，只有对安全分析、设计验证或生产流程、操作规范、文档或其他相关因素进行变更后才可能排除。

它具有以下三个特征：

1）仅仅进行正确维护而不加修改的情况下，无法消除故障；

2）通过模拟失效原因可以使其重复出现；

3）是人为错误引起，失效原因比如：违背安全要求规范的错误；芯片的设计、验证、制造、集成的错误。

7.2.2 随机硬件故障

随机硬件故障指在硬件要素的生命周期中，非预期发生并服从概率分布的故障，并且它可在合理的精度范围内进行预测。它是偶发的且不可避免的，可以通过可靠性工程来减少，但不能完全消除。随机硬件故障比如：内存数据的位翻转，电阻的开路、短路、阻值漂移等。

芯片随机硬件故障又分为两类，永久故障和瞬态故障，如图 7-1 所示。

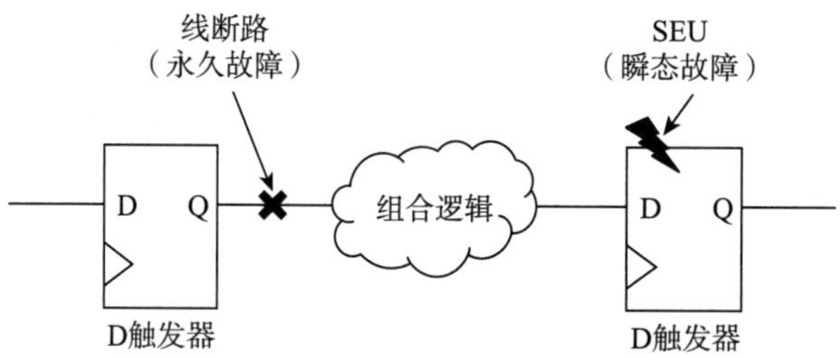

图 7-1　芯片的永久故障和瞬态故障

7.2.2.1　永久故障

永久故障发生后一直持续到移除或修复为止，如卡滞故障（不管激励如何，输出始终卡在高或低）、开路故障（一个节点损坏引发两个或多个节点损坏）、桥接故障（两个不应该相连的信号连到一起了）、单粒子硬错误（单次辐射事件导致运行的不可逆的永久性损坏，栅极氧化物破裂）。

7.2.2.2　瞬态故障

瞬态故障，也称为“软错误”。它又分为瞬态可恢复故障和瞬态不可恢复故障两种。

前者主要是 α 粒子和中子辐射导致的单粒子翻转（Single Event Upset）和单粒子瞬态（Single Event Transient），例如中子撞击使本来稳定的电荷分离，电荷在耗尽区的电场作用下产生漂移，形成一个脉冲的电流短时间的干扰，从而改变电路当前的逻辑状态。

后者主要是 α 粒子和中子辐射导致的配置存储器的单粒子翻转，或是更大的中子辐射导致单粒子锁定（Single Event Latch-up），必须通过重新上下电才能恢复。

7.3 芯片功能安全开发流程

芯片开发分为定制芯片开发和非定制芯片开发两种。

7.3.1 定制芯片功能安全生命周期开发流程

定制芯片功能安全生命周期开发流程如图 7–2 所示。产品功能安全生命周期包括概念阶段、开发阶段和生产阶段三个阶段，功能安全管理、支持过程和软件工具置信度贯穿整个生命周期。因汽车功能安全相关芯片属于整车安全产品中硬件的一部分，此章节扩展介绍芯片产品的整个功能安全生命周期，对整车厂（OEM），一级汽车供应商（Tier 1），二级汽车供应商（芯片供应商）的角色和职责以及各阶段的活动做介绍。另外，对于功能安全管理、支持过程、软件工具置信度以及复用的安全产品涉及安全生命周期的裁剪不在本章展开，本章将重点介绍新产品的开发流程，其中芯片硬件层面硬件开发流程细节见 7.3.2。

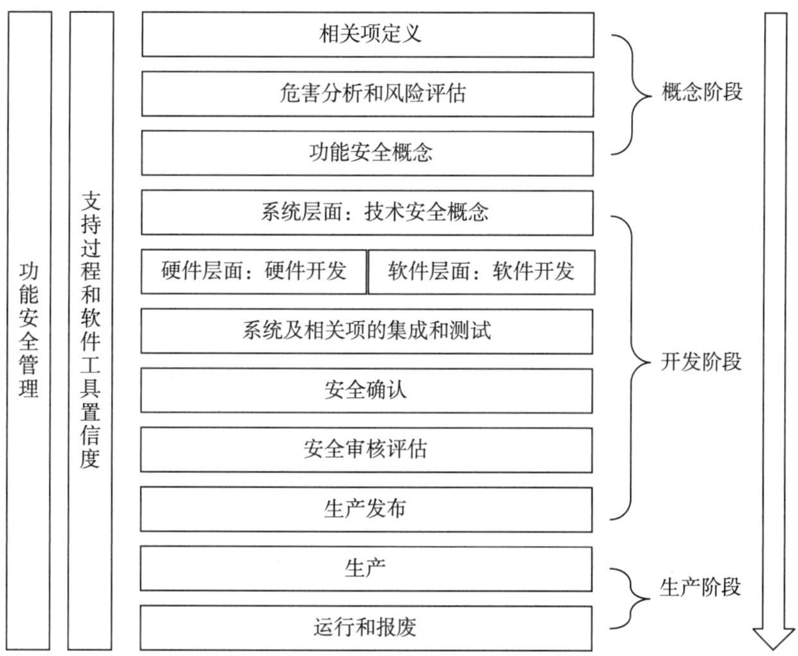

图 7–2 定制芯片功能安全生命周期开发流程

7.3.1.1 概念阶段

概念阶段的活动包括相关项定义、危害分析和风险评估以及功能安全概念。

相关项定义是在整车层面对系统实现某一功能或部分功能进行描述，它包括功能、功能框图、接口、环境条件、法规要求和降低风险的外部措施。因为定义的功能是整车层面的，所以该活动通常由整车厂负责。

危害分析和风险评估的目的是识别并分类相关项中的功能异常表现引起的危害事件，制定防止危害事件发生或减轻危害程度的安全目标及其相应的 ASIL 等级，以避免不合理的风险，该活动通常由整车厂负责。

功能安全概念通常由整车厂或一级供应商负责。基于相关项定义及危害分析和风险评估得出的安全目标，考虑初步的整车系统功能架构导出功能安全概念。功能安全概念的目标是导出功能安全需求并将其分配给整车系统架构要素。

7.3.1.2　开发阶段

开发阶段的活动包括系统层面技术安全概念、硬件层面硬件开发、软件层面软件开发、系统及相关项的集成和测试、安全确认、功能安全审核评估，生产发布。以下重点介绍产品作为一个相关项的系统层面的开发原则，对于相关项的每个硬件和软件组成部分都可以遵守类似的原则。

系统层面技术安全概念通常是一级供应商负责的活动，它从功能安全概念细化而来，是技术安全要求及其对应的系统架构设计的集合。技术安全要求规定了功能安全要求在系统层面各要素的技术实现安全要求，同时考虑相关项定义和系统架构设计并描述潜伏失效的探测、故障避免、安全完整性等级和运行等方面的问题。系统架构设计旨在同时满足所分配的技术安全要求和非安全要求，它是由技术系统实现的所选系统层面解决方案。系统开发可以结合安全分析，如故障树分析（FTA）、失效模式及影响分析（FMEA）和失效模式影响和诊断分析（FMEDA），迭代执行。

系统及相关项的集成和测试通常包含三个子阶段：第一个子阶段是各要素硬件和软件的集成和测试；第二个子阶段是组成一个系统（一个完整的相关项）的要素的集成和测试；第三个子阶段是相关项与车辆内其他系统的集成。系统中的芯片可以是定制芯片的公司来设计，也可以从二级或三级供应商处购买后集成到系统中，故三个子阶段的集成和测试中第一子阶段通常由芯片供应商负责，第二子阶段通常由一级供应商负责，第三子阶段通常由整车厂负责。根据 GB/T34590.4—2022 的规定可使用多样的测试方法执行不同阶段的集成和测试以检查：1）功能安全及技术安全要求的正确实施；2）安全机制正确的功能性能、准确性和时序；3）接口的一致性和正确实施；4）足够的鲁棒性。

安全确认是对集成到目标车辆上的相关项进行的，通常由整车厂执行，它通过在整车上对功能安全要求进行检查和测试来验证安全目标，旨在提供证据，证明所有安全措施在预期使用下是有效的，同时安全目标是正确的且在整车层面上能完全实现。安全确认需考虑安全目标和功能安全概念，可使用以下方法的适当组合：1）已定义了测试流程、测试案例和通过 / 未通过准则的可重复性测试，如功能和安全要求的正向测试、黑盒测试、仿真、边界条件下的测试、故障注入、耐久测试、压力测试、高加速寿命测试、外部影响模拟；2）分析，如 FMEA、FTA、ETA、仿真；3）长期测试，如车辆驾驶日程安排和受控测试车队；4）实际使用条件下的操作用例、抽测或盲测、专家小组；5）评审。

功能安全审核评估是芯片发布量产前需要执行的活动，通常由具有独立性等级要求的内部团队或客户或第三方执行。在开发阶段，功能安全审核评估可以作为一个完整的单一步骤或分几个步骤来完成。审核评估包括以下几个方面：1）跟踪先前功能安全审核评估的建议和纠正措施（如果有）；2）评估工作产品是否符合安全计划的要求；3）审核评估功能安全流程的实施情况；4）审查所实施安全措施的适当性和有效性。审核评估报告的正向结果是产品量产放行的必要条件。

生产发布的前提是：1）根据安全计划完成安全档案；2）功能安全审核评估报告的结果为正向结果；3）生产运营相关的安全要求都已确认落实方式。生产发布需要通过正式的发布批准程序。

7.3.1.3 生产阶段

生产阶段仍然需要进行功能安全的管理。安全相关项的生产需要根据 IATF 16949 汽车质量管理体系要求进行生产管控，并将芯片开发阶段定义出来的生产相关的安全要求落实到实际的生产中，如生产、产品运行和报废阶段，此情况下应采取适当措施加以管理：

1）变更。如果在生产过程中需要对相关项进行更改，则应在更改之前评估对功能安全的潜在影响。

2）客户的退货。现场监测过程应收集数据进行分析以发现任何功能安全问题的存在。客户退货应仔细分析以确定是否存在任何功能安全相关问题及其影响。

3）异常事件。对生产过程中的异常事件进行分析以评价其是否会影响产品的功能安全。

7.3.2 非定制芯片功能安全生命周期开发流程

非定制芯片功能安全生命周期开发流程如图 7–3 所示。同样，功能安全管理、支持过程和软件工具置信度贯穿安全芯片整个生命周期。与定制芯片功能安全生命周期不同的是，非定制芯片采用独立于环境的安全要素（SEooC）开发方式，整个功能安全生命周期开发从SEooC技术安全概念开始，硬件层面硬件开发流程与定制芯片一样，芯片供应商仅做系统的集成和测试，不执行整车层面相关项集成测试以及安全确认活动，在生产阶段的要求同定制芯片要求。

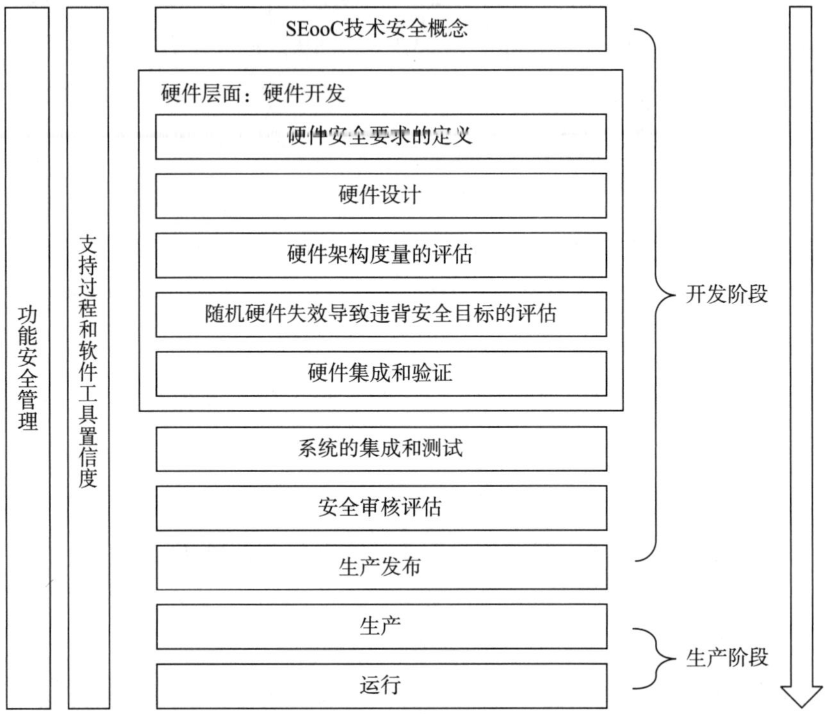

图 7-3　非定制芯片功能安全生命周期开发流程

非定制芯片功能安全开发V模型如图7-4所示，7.3.2.1 ~ 7.3.2.3基于常用的非定制芯片的功能安全V模型展开，7.3.1中相同的活动在此不做重复阐述。

7.3.2.1　SEooC 技术安全概念

独立于环境的安全要素（SEooC）技术安全概念（TSC）作为非定制芯片开发的第一个功能安全技术文档，它基于芯片的应用场景假设，定义芯片的安全目标、功能安全要求和技术安全要求，并根据相应的安全要求制定安全架构并分配安全要求给架构中的要素，同时，制定安全架构也要考虑非安全相关的要求。它是芯片和芯片配套底层软件开发的关键输入，也是系统硬件和软件系统集成和测试的输入，且SEooC TSC中的信息也将被选择纳入芯片安全手册中。需要注意的是，多少个应用场景就需要进行多少个假设，最终合并类似的功能安全要求和技术安全要求。通常SEooC TSC中的安全要求可根据需要进行多级分层，常见分两个层级：顶层安全要求即功能安全要求，芯片层级安全要求即芯片层级技术安全要求。

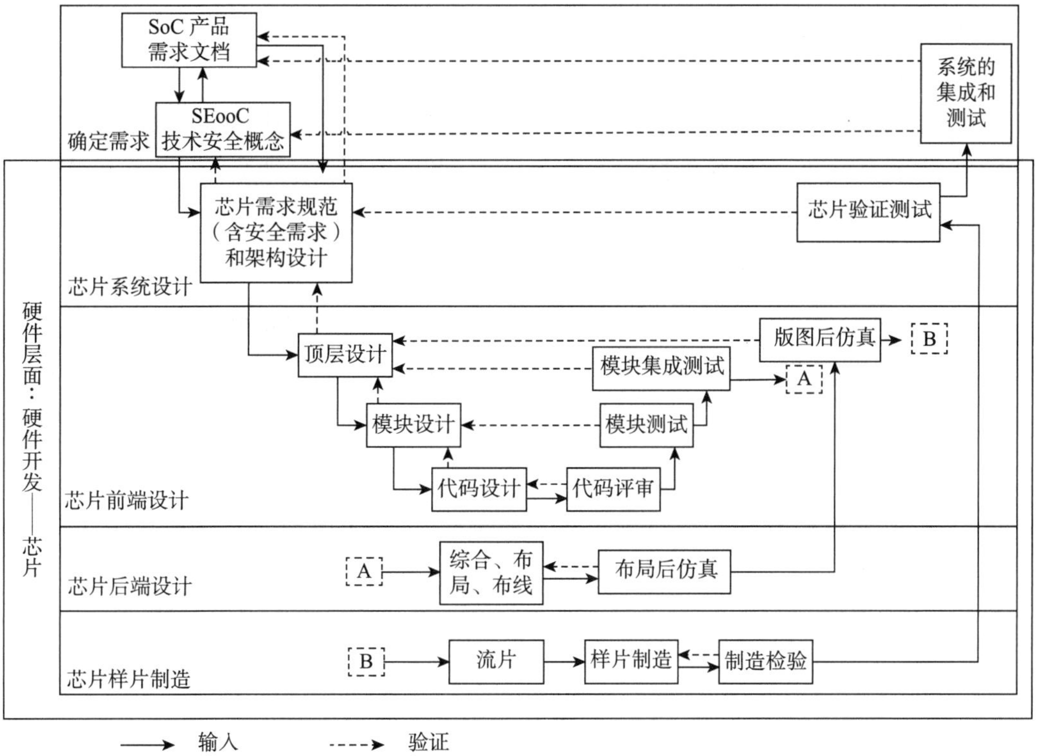

图 7-4　非定制芯片功能安全开发 V 模型

顶层安全要求，其输入为定义和描述产品的功能、性能和特性，以及用户需求和业务目标的芯片产品需求文档以及假设的初版芯片应用系统的架构。顶层安全要求的定义主要通过以下几个步骤：

1）基于芯片应用场景假设，对芯片产品需求文档中芯片基本功能的进行分析，确认哪些是功能安全相关的要求，此类要求可描述为“× × × 要实现 × × 功能，具备 × × 性能，ASIL 等级为 ASIL ×”。

2）分析可能的失效，制定安全策略，如诊断、冗余或保护（限压、限流等），可描述为“对导致违反 × ×（安全目标）的失效应进行诊断 / 冗余设计 / 保护”。该步骤可参考 GB/T 34590.5—2022 的附录 D 和 GB/T 34590.11—2022 的第 5 章中相关的失效模式以及对应的安全机制定义和对应的安全要求。

3）确定芯片的安全状态及故障容错时间间隔（FTTI），安全状态如芯片发送故障码出去或通过引脚报告出来，芯片设计时重点关注 FTTI 中的故障探测时间间隔（FDTI）和故障处理时间间隔（FHTI）。

4）假设外部的安全措施，如 E2E 通信保护。

5）确定非功能要求，如芯片的任务剖面（Mission Profile），硬件架构度量的要求单点故障度量（SPFM）和潜伏故障度量（LFM），随机硬件故障安全目标违反故障率要求（PMHF）以及法律法规的要求等。

顶层安全要求定义后更新假设的初版芯片应用系统架构，对初版系统架构考虑采取的安全措施（如冗余、附加信号通路、附加诊断电路等安全要素等）进行扩展，将其细化为“安全”的系统架构设计，并将顶层安全要求分配给系统架构要素，之后通过安全分析，如 FTA、FMEA 对顶层安全设计进行迭代优化，直至安全风险可接受。

芯片层级安全要求的定义和架构设计的步骤和方法与顶层安全要求的定义和架构设计的步骤和方法类似，它是在顶层安全要求的基础上，专注于芯片进行安全要求的和架构设计的细化。

芯片层级功能安全要求的定义主要通过以下几个步骤：

1）细化分配给芯片的顶层安全要求，根据芯片需要实现的安全相关功能，导出芯片层级安全要求；

2）通过安全分析芯片可能的失效，迭代细化芯片对应的安全策略；

3）确定芯片故障诊断处理能力要求，包括故障检测、故障定位和故障处理等方面；

4）假设芯片外部的安全措施，包括系统层级实现的安全措施以及芯片配套软件可实现的安全措施。

芯片层级功能安全要求定义后同样需要更新芯片初版架构设计，通过安全分析对芯片层级安全设计进行迭代优化，直至安全风险可接受。

7.3.2.2 硬件层面硬件开发——芯片

芯片硬件层面硬件开发主要分为四个大的阶段：芯片系统设计，芯片前端设计，芯片后端设计和芯片样片制造。每个阶段的每个子过程都有相应的验证测试过程，构成闭环的 V 模型开发流程，以确保证每个阶段的设计结果能被充分验证，提高了开发过程的可靠性。对于不同阶段的验证测试，针对不同 ASIL 等级的安全要求需考虑 GB/T 34590.5—2022 中所描述的对应 ASIL 等级要求的验证测试方法。芯片作为集成电路通常分为模拟电路和数字电路两类，本节主要介绍芯片用得较多的数字电路。

7.3.2.2.1 芯片系统设计

此阶段对产品需求文档中的芯片要求以及 SEooC TSC 中的芯片安全要求进行分析，明确整个芯片的设计需求规范，如芯片功能、性能、物理尺寸、制造工艺、封装等，将安全和非安全的要求进行融合，为芯片架构设计提供基础。因为 SEooC TSC 通常较芯片产品需求文档晚些产出，故芯片设计需求规范中安全的部分也会晚些融入整个芯片的设计需求规范。当芯片设计需求规范已完成从产品需求文档中的要求产出时，则可以对芯片的整体架构进行设计，此时需论证各种可行的架构方案，选择最佳架构。待芯片安全要求导入后，再持续细化芯片的整体架构设计直至为安全的架构设计。通过安全分析，如 FTA、FMEA、FMEDA 等，可对芯片整体架构设计迭代优化。在此阶段，将安全与非安全要求全部纳入芯片设计需求规范完成整体架构设计，之后，在开发过程中将安全要求当成芯片需要实现的功能特征进行开发。

7.3.2.2.2 芯片前端设计

芯片前端设计关注的是功能和逻辑，确保芯片的功能正确性和性能满足要求。根据芯片的复杂程度，可分为顶层设计、模块设计和代码设计几个层级。在设计中集成需按芯片设计需求规范导出的硬件安全机制，如冗余电路、错误检测和纠正代码等，以提高系统的可靠性和安全性。通常前端设计的步骤如下：

1）功能定义：明确定义芯片的功能和性能需求，包括安全和非安全的要求，根据应用场景确定所需的功能单元。

2）逻辑设计：逻辑设计阶段涉及将高层次的架构转化为具体的逻辑电路。这包括使用硬件描述语言（如 Verilog 或 VHDL）编写电路的功能描述。

3）逻辑仿真：在逻辑设计后，需要对电路进行验证和仿真，以确保设计的正确性和性能。这可以通过仿真工具来模拟电路的行为。

4）综合和优化：综合是将逻辑设计映射到物理门级电路的过程，并且进行优化以满足性能、功耗和面积等要求。

5）时序分析：对电路进行时序分析，以确保电路满足时序要求，以防止信号的不稳定性和冲突。

7.3.2.2.3 芯片后端设计

后端设计关注物理实现，将逻辑映射到实际的硅片上，并优化电路的布局、时序和功耗等物理方面的特性。通常后端设计的步骤如下：

1）物理设计：后端设计阶段涉及将逻辑电路的功能映射到实际的物理布局，包括各个逻辑元件的放置和连线。此阶段需考虑硬件的安全性，包括硬件隔离、电路层次分离的措施。

2）时序优化：后端设计也包括时序优化，以确保电路在满足时序要求的情况下最小化延迟和时钟抖动。

3）布局与布线：在这个阶段，电路的物理布局和连线被设计出来，以满足电路的性能和可制造性要求。

4）样片制造准备：后端设计完成后，需要为芯片样片的制造做准备，包括生成制造掩膜和准备制造流程。

7.3.2.2.4　芯片样片制造

芯片样片制造是设计完成后的一个步骤，它将设计转化为实际的芯片样片。此阶段的步骤如下：

1）掩膜设计：在生产之前，需要制作掩膜，它是用于定义芯片结构的模板。掩膜设计包括制定每一层的图案，包括逻辑门、连线、电源等。此阶段需要严格遵守版图布局布线要求，并留合理的裕度；对易串扰模块进行物理隔离；合理设计电源线、信号线的线长和线宽。

2）样片制造：一旦掩膜设计完成，就需要使用掩膜将芯片图案转移到硅片上，并且封装成实际的封装器件。芯片制造优先选择成熟的车规工艺和代工厂。

3）制造检验：芯片样片在生产过程中和完成后需要经过严格的检验和测试，以确保其性能和功能正常。

7.3.2.3　芯片生产和运行

7.3.2.3.1　芯片制造过程

芯片制造过程通常为以下步骤（如图 7–5 所示）：

1）晶圆制造：用沙子（二氧化硅），通过高温、纯化、过滤等操作，可以得到由硅单质组成的硅锭（类似于圆柱形）。将硅锭切割成薄片，这就形成了所谓的晶圆。

2）晶粒制造：将芯片设计的版图信息，加工到硅片上，最终得到带有晶粒的晶圆。主要有氧化、光刻、刻蚀、薄膜沉积、互连等步骤。

3）晶圆测试：也叫探针测试，用于检验芯片晶粒的质量是否达到一定标准，从而消除不良产品。另外，经测试有缺陷的产品不会进入后续封装步骤，利于节约成本。

4）封装：用于建立晶粒与 PCB 的电路连接，使得小小的晶粒与外界电路导通，包裹晶粒，抵御外部温湿环境变化，减少机械振动摩擦等对晶粒的功能寿命的影响，晶粒经过封装可得到芯片。封装形式很多，如 SOP、QFP、BGA 等，目前 ADAS 芯片用得比较多的是 FCBGA（Flip Chip Ball Grid Array）封装。FCBGA 的封装主要包括晶圆减薄（可选）、晶圆切割、贴阻容元器件（可选）、倒装上芯、底部填充、上散热盖、激光正印、植球、目检等步骤。

5）终测：即封装后的芯片测试，它利用专业自动化测试设备，对芯片产品进行功能、性能以及外观的测试。其测试内容比晶圆测试更全面，可保证出厂产品的合格率。

6）包装：将产品包装出货。防止产品在运送过程中以及上板前因震动、摩擦、温度、湿气等对产品造成损坏。

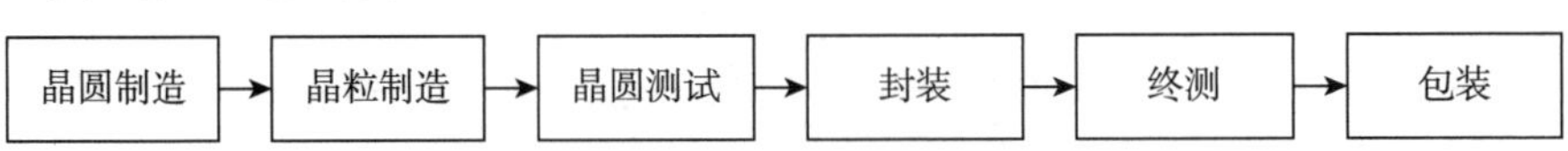

图 7–5　芯片制造过程

7.3.2.3.2 芯片生产的功能安全

安全芯片的生产需要根据 IATF 16949 汽车质量管理体系要求进行生产管控，并将产品开发阶段定义出来的生产相关的安全要求落实到实际的芯片生产中。

通常芯片设计公司将芯片制造进行外包代工，芯片设计公司需要将芯片开发中定义的对生产的要求、安全相关的特性，以及配置要求等分发给相关代工厂，协助代工厂一起制定 PFMEA 和控制计划。如芯片开发过程中识别出的常见安全专用措施有：

1）设计导入的措施，如物理隔离；

2）对原材料的样品测试；

3）老化（burn-in）测试；

4）专用控制模块；

5）分配安全相关的特殊特征。

7.3.2.3.3 芯片功能安全常见交付物

芯片功能安全常见交付物有 FMEDA 报告、安全手册等。安全手册可以包含以下信息：

1）产品开发的生命周期裁剪的描述。

2）产品的使用假设，例如：产品的假定安全状态；关于最大故障处理时间间隔和多点故障探测间隔（MPFDI）的假设（如适用）；关于产品集成环境的假设，包括接口；建议的产品配置。

3）安全架构的描述，包括：故障探测和控制机制；故障报告能力；自检能力和关于潜伏故障的自检的附加要求（如果适用）；故障恢复机制（如果适用）；配置参数对上述相关项的影响（如果适用）。

4）用于支持产品安全机制，以及探测后以控制失效所需的软硬件接口（HSI）。

5）用于探测产品组件故障的基于软件的测试例程的规范（如果适用），也可作源代码或二进制库。

6）产品安全分析结果的描述。

7）产品认可措施的描述。

7.4 芯片安全分析

芯片安全分析的目的是支持系统和芯片设计的定义，并能用于相关设计验证。

表 7-1 列出了不同 ASIL 所需的芯片安全分析方法。

表 7-1　芯片的安全分析

芯片安全分析方法		ASIL			
		ASIL A	ASIL B	ASIL C	ASIL D
1	演绎分析：故障树分析（FTA）	o	+	++	++
2	归纳分析：设计失效模式与影响分析（DFMEA）	++	++	++	++
3	失效模式影响和诊断分析（FMEDA）	o	++	++	++
4	相关失效分析（DFA）	++	++	++	++
注： 分析的详细程度与设计的详细程度相对应。在某些情况下，每种方法都可在不同的细节层面上执行。					

7.4.1　故障树分析

故障树分析（FTA）是一种自上而下的演绎分析方法，表示为一种特殊的倒立树状逻辑因果关系图，它用事件符号、逻辑门符号和转移符号描述系统中各种事件之间的因果关系。它可作为 DFMEA 的补充，并可用于交叉检查。故障树分析从顶事件开始，这是促成或启动系统的基本事件组合的结果失效，它的逻辑由表示基本事件和逻辑关联这些事件的门的符号显示。在构建芯片故障树时，通常将导致违反安全目标的危害作为顶事件，其后第一步是找出直接导致顶事件发生的各种可能因素或因素组合，第二步再找出第一步中各因素的直接原因。按照此方法，逐级向下演绎，直到找出所有引起顶事件的全部基本事件（即底事件）为止。之后，用逻辑门把各级事件用合适的符号进行连接，最终构建成一棵故障树。通过将失效原因追溯到底事件，安全架构师可以在架构中确定合适的位置设计安全措施以探测和控制底事件。

在构建故障树后，可以进行割集分析以确定安全架构中是否存在单点故障。割集是可以导致顶事件的底事件的组合。具体来说，如果当从集合中删除任何底事件时，其余事件将不再是一个割集，则称该割集为最小割集。割集的阶级是指割集中底事件的数目。1 阶最小割集表示安全架构中存在单点故障，应添加安全机制来控制它。虽然 FTA 通常用作定性分析，但 FTA 也可进行定量分析，可以计算顶事件的概率。

在使用故障树进行分析时，强烈建议使用软件工具进行分析，以提高建树效率，并自动生成最小割集。

7.4.2　设计失效模式与影响分析

设计失效模式与影响分析（DFMEA）是一种自下而上（归纳）的定性的分析方法。

当前流行芯片根据 AIAG VDA FMEA 手册七步法执行 DFMEA，七步法的七个步骤可参考 4.4.1，它提供了一个系统的方法来执行故障模式和效果分析，并作为技术风险分析的记录参考。与系统 FMEA 不同的是，芯片 DFMEA 的分析团队为芯片项目的开发团队。芯片 DFMEA 的结构分析通常根据芯片的复杂程度，可以分芯片应用系统、整颗半导体芯片、芯片子系统、子系统中的 IP 等几个层级。

7.4.3 失效模式影响和诊断分析

对于芯片来说，失效模式影响和诊断分析（FMEDA）的执行可根据以下步骤：

（1）准备 FMEDA 分析

成立 FMEDA 分析团队。小组成员需具备相关的专业知识和能力，成员可包括功能安全架构师、系统工程师、芯片开发人员和芯片验证人员、封装设计人员。

搜集分析需要信息来源文档，如 SEooC TSC，标准手册（如 GB/T 34590、SN 29500、IEC/TR 62380、IEC 61709 等），芯片 /IP 设计文档，芯片封装设计文档。

准备满足功能安全置信度等级的 FMEDA 分析的工具。

（2）确定要分析的目标

因为 FMEDA 分析是围绕安全目标来做的，对于芯片来说，定制开发通常将技术安全概念中分配给它的系统层级安全要求作为芯片 FMEDA 分析目标，或非定制开发通常将假设的顶层安全要求作为芯片 FMEDA 分析目标。

（3）列出所有部件或子部件

对于芯片裸片（die），在列出部件或子部件的所有分区之前，应确定粒度级别，以确定 FMEDA 的范围。根据以下步骤列出部件或子部件的所有分区。

1）芯片框图的目的是帮助理解模块，在模块输入（可交付成果）中执行的过程（功能），以及来自模块的输出（可交付成果）。框图可显示产品各部件之间的物理和逻辑关系。相关信息可从芯片架构或设计文档获得。

2）根据框图列出所有的模块和子模块。模块和子模块名称应与框图名称一致。

3）根据模块清单填写对应模块的配置信息，如模块门电路数量、面积等信息。

对于芯片引脚（Pin），则根据芯片 Ball map 列出芯片所有的引脚。

（4）估算基础失效率

估算基础失效率的方法与来源根据 GB/T 34590.11 的规定，总结如下。

1）从试验测试中得出的失效率，例如：

——温度、偏置和运行寿命测试（TBOL），也称为高温工作寿命（HTOL）测试或延长寿命测试（ELT），用于内在产品运行可靠性；

——可靠性测试芯片和 / 或芯片上测试结构，用于评估硅技术的内在可靠性；

——基于暴露于辐射源的软错误测试；或

——用于筛选的加速测试的收敛特性。

2）由现场事故观测得出的失效率，例如对于作为现场失效返回的材料分析。

3）通过应用行业可靠性数据手册估算出的或从其中推导并结合专家判断得出的失效率：

——IEC 61709、SN 29500 或 FIDES 指南；

——电子组件可靠性预测模型（IEC/TR 62380）；

——通过失效物理学的方法进行可靠性评估。

4）由国际设备和系统路线图（IRDS）维护的文件，例如国际半导体技术路线图（ITRS），提供了针对每一代软错误率的预测值，从而使得当技术数据可用时该信息可用于第一次评估并且可被精确化。

在估算芯片基础失效率时，推荐按照 IEC/TR 62380 进行计算，因为它将基础失效率分为芯片裸片（Die）的基础失效率、封装的基础失效率和由电气过应力导致的失效率三部分。若按照 SN 29500 估算基础失效率，可根据 IEC/TR 62380 估算出来的三部分基础失效率做相应分配。

（5）识别失效模式

芯片的失效模式可通过以下方式识别：

1）标准手册如 GB/T 34590.5 和 GB/T 34590.11 列出的相关的失效模式；

2）芯片 DFMEA；

3）从供应商的 FMEDA、DFMEA 或失效分析文档中获取。

（6）失效率分配

通常有以下几种方法对芯片失效率进行分配。

1）平均分配。简单地给予每种失效模式相同的 FIT。例如，如果一个组件有 6 种失效模式，每种失效模式的失效率占该组件总 FIT 的 16.67%。

2）基于面积。将每种失效模式分配到电路的特定部分，并按面积分布。

3）基于输出信号。将失效分配给一个或多个输出。如果更多的输出受到故障模式的影响，可以增加分布因子。

4）专家判断。没有明确的规则，但基于特定的专业知识或领域的监控的证据。建议优先使用平均分配，之后如果需要，可以与专家报告的数据相结合（需要查阅组织的失效模式数据库）。

（7）失效模式分类

每一个故障模式的影响应被判断并作为下一步故障模式分类的输入。FMEA、DFA、FTA 等安全分析可作为这一步骤的输入。应注意提供合适层级的故障影响。

相关失效和故障分类可参考 6.4.3。

注：在复杂芯片中，非安全相关的模块的基础失效率应作为非安全相关故障，不纳入后续分析。

（8）确定安全机制与诊断覆盖率

针对每一个安全机制，编号、缩略名、详细信息、诊断覆盖率等信息应被提供。

诊断覆盖率通常通过以下方式确认：

1）参考标准，如 GB/T 34590.5—2022 的附录 D 和 GB/T 34590.11—2022 的第 5 章；

2）深度分析，例如故障注入测试、数学分析、仿真；

3）专家判断。

（9）计算度量指标

根据 6.4.3 中的度量指标计算公式计算相关度量指标单点故障度量（SPFM），潜伏故障度量（LFM）和随机硬件失效目标值（PMHF）。

注意：当集成供应商的 FMEDA 结果时，在供应商的 FMEDA 中完成必要的调整后，$\lambda_{SPF}+\lambda_{RF}$，$\lambda_{MPF,\ L}$，和 PMHF 的值可以直接被引用。

（10）确认安全目标是否达成并优化

评估 SPFM 与 LFM 是否可满足设立的目标要求。当涉及瞬态故障时，建议将永久故障与瞬态故障的硬件度量指标分别评估。

评估 PMHF 是否可满足设立的目标要求。当安全目标的安全等级是 ASIL C 或 ASIL D 时，需评估是否有硬件组件仍存在单点故障，残余故障的断覆盖率低于 90%。

如果有目标不能满足，则考虑以下优化措施：

1）优化芯片 /IP 设计，包含芯片 /IP 架构设计与芯片 /IP 原理图设计；

2）增加安全机制或更换更高诊断覆盖率的安全机制，包含硬件安全机制或软件安全机制；

3）当安全目标的安全等级是 ASIL C 或 ASIL D 时，如有硬件组件仍存在单点故障或残余故障的诊断覆盖率低于 90%，可以考虑专用措施。专用措施可包含硬件组件设计、物理隔离、样品检测、老化测试、专用控制与分配特殊特性。但在实际操作中，由于专用措施很难评估其效果，故很少采用。

（11）评审和认可评审

邀请项目中相关角色进行 FMEDA 评审，并给出评审报告。如存在偏差项需根据具体问题进行修改并追踪解决状态。

功能安全评估员应对FMEDA进行认可评审并给出认可评审报告。

7.4.4 相关失效分析

相关失效分析（DFA）旨在识别和分析给定要素之间可能的共因失效和级联失效，评估其违背安全目标（或得出的安全要求）的风险，并在必要时定义安全措施以减轻此类风险。这样做是为了评估潜在的安全概念缺陷，并提供证据证明由ASIL等级分解产生的独立性的要求或在共存分析期间识别的免于干扰的要求得到了满足。它的适用范围是在一个硅裸片内硬件要素之间以及硬件与软件要素之间的相关失效分析。考虑的要素通常是硬件要素及其安全机制。分析范围、分析方法和必要的安全措施可取决于给定要素的性质（例如：仅软件要素、仅硬件要素、硬件和软件相结合的要素）以及所涉及的安全要求的性质（例如：失效－安全）。

相关失效引发源（DFI）是导致多个要素通过耦合因子失效的单一根本原因，它以定性的方式处理那些在标准安全分析中无法处理的相关失效引发源。这些引发源包括：

1）共享资源的失效；

2）单个物理性根本原因；

3）环境类故障；

4）开发类故障；

5）制造类故障；

6）安装类故障；

7）服务类故障。

需要制定不同的安全措施来应对不同类型的相关失效引发源。

具体相关失效分析执行可参考6.4.4。

7.5 芯片安全机制

根据GB/T 34590.1—2022中的定义，安全机制是指“为了保持预期功能或者达到/保持某种安全状态，由电气/电子系统的功能/要素或者其他技术来实施的技术解决方案，以探测并减轻/容许故障，或者控制/避免失效”。

对于芯片来说，安全机制可以理解为“探测并控制预期功能电路发生随机硬件失效的功能或者措施”，其按照实现方式可以分为以下三种类型：

1）硬件安全机制，此类安全机制由芯片内部的硬件模块独立实现，比如双核锁步；

2）软硬件安全机制，此类安全机制由芯片内部的硬件模块及运行于芯片上的软件（可以是功能安全软件库，或者是应用层软件）共同实现，比如模拟信号的双通道采样及软件比对；

3）软件安全机制，此类安全机制由软件独立实现，通常是应用层软件，比如外部通信类接口（CAN、FlexRay、UART 等）的 E2E 保护。

由于芯片大多采用 SEooC 的方式进行开发，因而安全机制还可以按照实现主体分为以下两种类型：

1）内部安全机制，此类型安全机制由芯片内部的硬件模块实现；

2）外部安全机制，此类型安全机制由芯片集成方通过软件或者硬件的方式来实现，通常此种安全机制要在芯片的安全手册中通过使用假设（AoU）的形式体现出来。

无论何种类型的安全机制，在设计时都需要考虑以下几个方面的因素：

1）诊断覆盖率；

2）时效性；

3）可测性。

以上几个因素将在下面的章节中详细描述。

7.5.1 芯片安全机制的诊断覆盖率

在设计芯片安全机制的时候，要能达到与芯片目标 ASIL 等级相匹配的诊断覆盖率，即芯片目标为 ASIL B 的时候要选用 90% 以上诊断覆盖率的安全机制，目标为 ASIL D 的时候，要选用 99% 以上诊断覆盖率的安全机制等。这样更能确保最后计算的 SPFM/LFM 指标满足要求。

安全机制的诊断覆盖率一般通过参考标准或者故障注入测试两种方式来确认。

（1）参考标准：GB/T 34590.5—2022 和 GB/T 34590.11—2022 中已经给出了常见的安全机制，其低、中、高诊断覆盖率可以认为分别对应 60%、90% 和 99%。

（2）故障注入测试：芯片的故障注入测试可以在不同的层级进行，包括设计阶段的仿真以及实际芯片层级，为了更精确，一般芯片是在设计阶段通过 EDA 工具（仿真工具或专用的故障注入工具）来对安全机制进行故障注入测试，以得到诊断覆盖率。对于 ASIL C/D 的芯片，故障注入是必须要做的测试。

芯片安全机制需要同时考虑永久故障及瞬态故障。

7.5.2 芯片安全机制的时效性

安全机制的设计要考虑其时效性，即要保证在危害发生之前有效地控制故障，也就是要满足 FHTI（故障处理时间间隔）的要求，如图 7–6 所示。

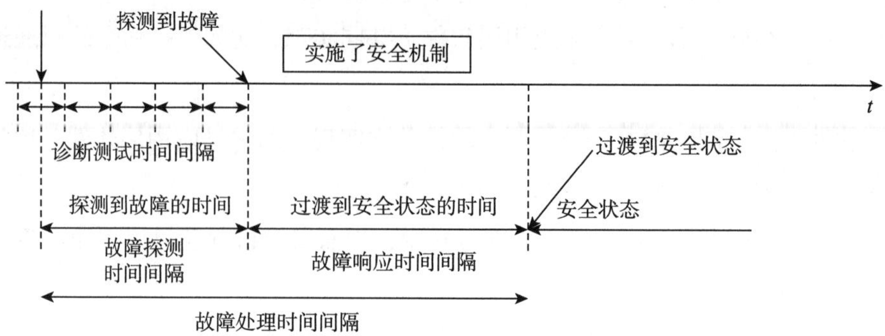

图 7–6　安全机制的诊断时间要求

需要注意的是，尽管通常由于芯片的运行频率很高，硬件的故障诊断及响应时间都很短，一般可以达到毫秒级甚至微秒级，但是芯片的故障诊断及响应还有可能依托于运行其上的软件，所以芯片安全机制的时效性要同时考虑硬件及软件的影响。

7.5.3 芯片安全机制的测试

在芯片的运行过程中，除了要有安全机制对预期功能电路进行故障检测以外，还需要有针对安全机制的诊断以控制潜伏故障的发生，也称为“安全机制的安全机制”，通常采用芯片自检的方式来实现。

芯片的自检周期一般为每个驾驶周期至少一次，自检可以在上电后进行也可以在下电前进行。更推荐采用上电自检的方式，以避免两次驾驶周期间隔过久所带来的潜在失效风险。

芯片常用的自检方式包括模块自检、专用模块检查或者采用逻辑内建自测试（LBIST）的方式来进行，无论何种方式，都需要保证针对安全机制的诊断覆盖率满足相应的 ASIL 等级的要求，即：

1）ASIL B：≥ 60%；

2）ASIL C：≥ 80%；

3）ASIL D：≥ 90%。

7.5.4 典型安全机制举例

7.5.4.1 双核锁步（Dual–Core Lockstep，DCLS）

双核锁步是一种在高功能安全等级（ASIL C/ASIL D）芯片中常用的安全机制，其通过使用两个相同功能的电路做冗余，并将结果进行比较以达到对预期功能电路故障的诊断。典型的双核锁步结构如图 7-7 所示。

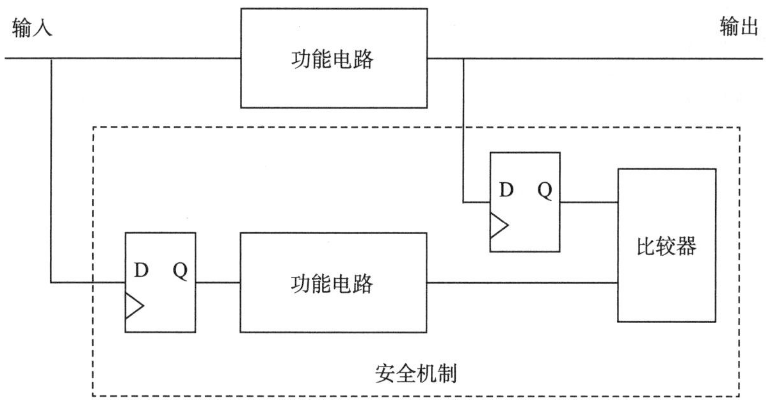

图 7-7　双核锁步结构示例

由于双核锁步也是一种同构冗余，所以要重点解决共因失效的问题，包括但不限于：

1）将两个功能电路在时序上错开 1 ~ 2 个时钟周期；

2）开发时采用与目标安全等级相匹配的措施来避免系统性失效。

虽然双核锁步在结构上是一种具有很高诊断能力的安全机制，但是其实际的诊断覆盖率还受比较信号多少的影响，也就是说除了输入、输出的信号以外，中间的计算结果也同样需要进行比对，通常一款具有双核锁步结构的 CPU 会比较上千根信号线。

7.5.4.2　端到端保护（E2E）

E2E 是一种经常应用在通信类外部接口（CAN、FlexRay、UART 等）上的软件安全机制，其通过在传输的数据上增加冗余信息（校验码、时间戳、序号等）并将传输路径视为黑色通道（Black Channel），从而实现对通信的端到端保护。图 7-8 给出了 E2E 安全机制的示例。

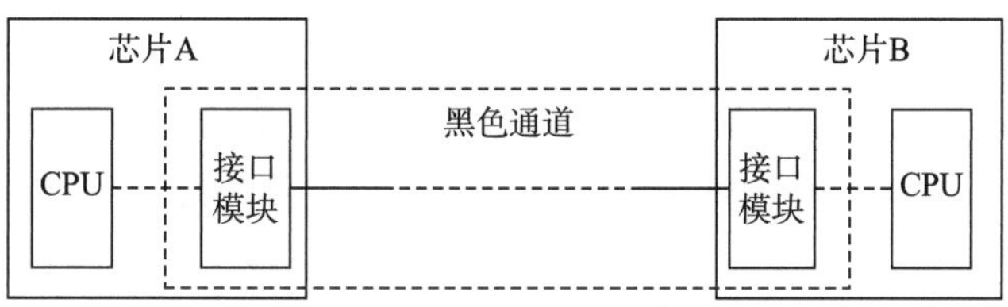

图 7-8　E2E 安全机制示例

GB/T 34590.5—2022 中给出了如下典型的外部通信接口的失效模式。

1）通信节点丢失；

2）消息损坏；

3）消息不可接受的延时；

4）消息丢失；

5）非预期的消息重复；

6）消息顺序错误；

7）消息插入；

8）消息伪装；

9）消息寻址错误。

E2E 安全机制的实际诊断覆盖率与所增加的冗余信息对失效模式的覆盖能力有关，比如校验码可以覆盖“消息损坏”，时间戳可以覆盖“非预期的消息重复 / 消息顺序错误”等。

7.6 ADAS芯片案例

高级驾驶辅助系统（ADAS）芯片是用于汽车安全和自动化驾驶功能的关键组件。ADAS 系统通过集成多种传感器和计算能力，为车辆提供了感知、决策和控制能力，以实现以下功能：

1）环境感知：ADAS 系统通常包括摄像头、激光雷达、毫米波雷达和超声波雷达等多种传感器，用于感知车辆周围的环境，包括其他车辆、行人、道路标志和障碍物。

2）驾驶员辅助：ADAS 系统可以提供驾驶员辅助功能，如自适应巡航控制（ACC）、车道保持辅助系统（LKA）、交通拥堵辅助系统（TJA）等。这些功能可以减轻驾驶员的负担，提高驾驶的舒适性和安全性。

3）碰撞避免和预防：ADAS 芯片可以检测潜在碰撞风险，并采取措施来避免或减轻碰撞的影响。这包括自动紧急制动、盲点监测、交叉路口辅助等功能。

4）自动驾驶：在自动驾驶车辆中，ADAS 芯片起着关键作用。它们处理传感器数据，并采取决策来实现自动导航和控制。这可以包括级别 2 到级别 5 的自动驾驶系统。

5）人机界面：ADAS 芯片还可以支持车内的人机界面，包括显示仪表、触摸屏和语音控制系统，以便驾驶员与系统进行互动。

ADAS 芯片架构市场通常采用外部 MCU（Microcontroller Unit）独立监控或内部集

成的安全岛（Safety Island）监控来增强系统的功能安全性。

（1）外部 MCU 独立监控：

外部 MCU：外部 MCU 是一个独立的微控制器单元，通常与 ADAS 芯片并行工作，但是独立于主芯片。其主要任务是监控 ADAS 系统的硬件和软件的运行状态和性能，以及处理故障情况。如果外部 MCU 检测到任何潜在的故障或安全风险，它可以采取安全决策，例如切换到备用系统、降低系统的性能级别或发出警报，以确保驾驶安全。

（2）内部集成的安全岛监控：

安全岛是嵌入在 ADAS 芯片内部的一个独立的安全子系统，通常由硬件和软件组成，它的任务是监控和保护 ADAS 芯片的核心功能，以确保其正常运行和安全性。如果安全岛检测到任何潜在的故障或安全风险，它可以采取安全决策，例如切换到备用系统、降低系统的性能级别或发出警报，以确保驾驶安全。

7.6.1 外部独立的功能安全监控

在车载功能安全量产项目中，使用一个额外的独立可编程的 MCU 来监控系统的运行是一种常见的做法，其方案如图 7-9 所示。这个独立 MCU 通常被称为“监控 MCU”或“监控器”，其主要任务是监视车辆系统的状态、执行自检和故障检测，并在必要时采取适当的措施来确保车辆系统的安全性和可靠性。

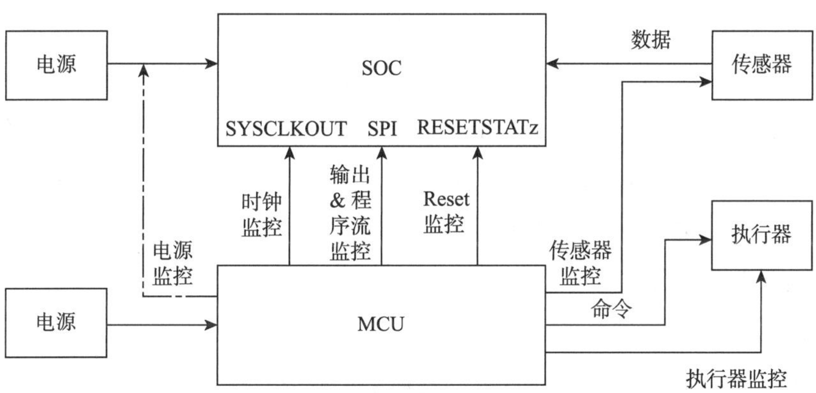

图 7-9　经典的功能安全 ADAS 芯片方案

7.6.1.1 外部独立的功能安全监控的主要特点

（1）双重独立监测（Dual Independent Monitoring）：监控 MCU 与主控制系统 MCU 独立运行，相互监控。这意味着如果主 MCU 发生故障，监控 MCU 可以依然正常运行，确保系统的安全。

（2）自检和故障检测（Self-Check and Fault Detection）：监控 MCU 可以定期执行自

检程序，检查车辆系统的各个组件和传感器是否正常。如果发现故障或错误，它可以触发相应的故障处理策略，例如进入安全模式或通知驾驶员。

（3）故障容忍和安全性增强（Fault Tolerance and Safety Enhancement）：监控 MCU 可以增强系统的故障容忍性，通过控制冗余组件或备用系统来确保车辆的基本功能。这有助于提高车辆的安全性和可用性。

（4）记录和报告（Logging and Reporting）：监控 MCU 通常会记录系统事件和故障信息，以便后续的分析和故障排除。它还可以生成报告，用于诊断和维护。

（5）安全通信（Secure Communication）：监控 MCU 通常与车辆内部和外部的通信模块相互独立，以确保车辆通信的安全性。它可以监视通信的完整性和安全性。

（6）外部监控接口（External Monitoring Interfaces）：监控 MCU 通常与外部传感器、摄像头和其他关键组件相连，以监视其状态和数据。这有助于实现综合的系统监控。

7.6.1.2 外部独立功能安全监控的优缺点

（1）优点

成熟性：经典的功能安全监控架构在各类汽车功能安全系统中广泛应用，经过多年的实践验证，具备高度成熟的安全性和可靠性。

鲁棒性：外部 MCU 可以通过高达 ASIL D 的软件监控芯片，其 MCU 软硬结合的可编程性提高了系统的鲁棒性，减少了软失效误报，特别是单比特翻转等问题。

独立性：外部 MCU 作为独立的微控制器单元运行，不依赖于主芯片的运行状态。即使主芯片发生故障，外部 MCU 仍能继续监控和控制系统，提供冗余和可靠性。

多传感器监控：外部 MCU 具备能力同时监控多个外部传感器和通信链路，能够广泛检测问题，包括传感器故障、通信中断等。

快速响应：外部 MCU 能更快速地响应故障情况，不受主芯片性能限制。这降低了故障对系统性能的影响，提高了安全性。

（2）缺点

通信开销：外部 MCU 与主芯片之间的通信可能引入一定的延迟和开销，这对需要低延迟的 ADAS 功能可能产生一定限制。需要优化通信协议和速度以减小这种延迟。

复杂性：引入外部 MCU 增加了系统的复杂性，需要额外的软件和硬件开发工作。确保外部 MCU 与主芯片之间的协同工作需要仔细设计和测试。

（3）不确定之处

硬件成本：外部 MCU 可能会增加系统的硬件成本，包括额外的微控制器和通信接口。这可能会对产品的总成本产生一定影响。具体实际情况，考虑 DIE 的成本与面积成平方关系，如果复用外部的 MCU，综合成本可能会低。

7.6.2 内部集成功能安全监控

在大算力的 ADAS 芯片领域，内部集成功能的安全监控已经成为一项明显的趋势。系统在不同驾驶情境下的安全性和可靠性。图 7–10 是 ADAS 芯片中应用内部集成功能安全监控 Safety Island 的方案。

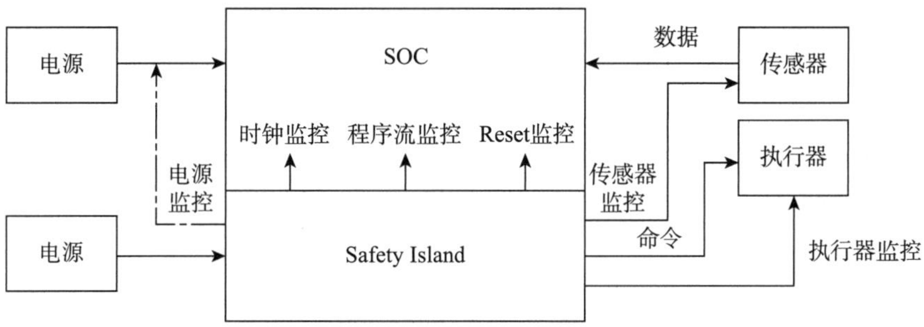

图 7–10 内部集成功能安全监控 Safety Island ADAS 芯片方案

7.6.2.1 内部集成功能安全监控的主要特点

（1）监控和自检模块（Monitoring and Self–Test Modules）：ADAS 芯片通常包含监控和自检模块，用于监测芯片内部各个组件的状态。这些模块可以定期执行自检程序，检查内部电路和功能是否正常运行。

（2）故障处理策略（Fault Handling Strategies）：ADAS 芯片通常具备故障处理策略，可以在检测到错误时采取适当的措施，例如进入安全模式、停止特定操作或通知外部系统。

（3）时钟监控和同步（Clock Monitoring and Synchronization）：ADAS 芯片内部监控模块还可以监控芯片的时钟，确保时钟稳定性，并协调各个部分的时钟同步。

（4）内部通信和数据完整性（Internal Communication and Data Integrity）：ADAS 芯片中的内部通信通常也受到监控，以确保数据完整性和安全性。这包括对内部总线和数据传输的监测。

（5）安全模式（Safe Mode）：在检测到严重故障或错误时，ADAS 芯片可以进入安全模式，以确保不会继续执行可能导致危险的操作。

（6）记录和报告（Logging and Reporting）：ADAS 芯片可能会记录内部事件和错误信息，以便后续的分析和故障排除。这些信息可以用于诊断和维护。

（7）与外部系统的接口（Interfaces with External Systems）：ADAS 芯片的内部监控功能通常可以通过外部接口与车辆的其他控制单元（ECU）或监控系统通信，以共享状态信息和错误报告。

7.6.2.2 内部集成功能安全监控的优缺点

（1）优点

紧密集成：内部安全岛与ADAS芯片内部紧密融合，能够高效地监控和保护核心功能，降低了与外部MCU之间的通信开销。

成本效益和简化设计：内部安全岛通常无需额外的硬件组件，有助于降低成本并简化系统设计，减少物理元件和连接的复杂性。

（2）缺点

单点故障：如果ADAS芯片本身出现问题，内部安全岛也可能受到影响，因为它与主芯片共享硬件资源。这可能导致整个系统更容易受到故障的影响，需要特别关注内部安全岛的冗余和容错机制。

性能依赖：内部安全岛的功能通常受到ADAS芯片的性能限制。如果主芯片性能不足，安全岛可能无法快速响应故障，因此需要确保主芯片足够强大以支持安全监控需求。

总的来说，外部MCU独立监控提供了更高的独立性和灵活性。内部集成安全岛监控更紧密集成，但受到主芯片性能限制。在设计ADAS系统时，需要根据客户的具体的应用需求、成本需求和安全要求来选择适当的监控方案，或者甚至结合两者以综合利用它们的优点。

7.6.3 ADAS芯片功能安全设计示例

在汽车电子系统中，对于功能安全和自动驾驶功能的分层和控制权划分通常遵循GB/T 34590和自动驾驶系统的相关规范。以下是参考GB/T 40429—2021关于控制权和ASIL级别的详细介绍：

（1）L0（应急辅助）：

1）控制权在驾驶员手中。

2）此级别通常涉及基本的驾驶员辅助系统，如巡航控制和车道保持辅助。

3）功能安全级别通常为ASIL B，具体取决于系统的影响级别。

（2）L1（部分驾驶辅助）：

1）控制权仍在驾驶员手中，但系统能够提供更高级别的自动化辅助。

2）这可能包括自适应巡航控制和部分自动驾驶功能。

3）功能安全级别通常为ASIL B。

（3）L2（组合驾驶辅助）：

1）控制权仍在驾驶员手中，但系统可以在特定条件下执行更多的驾驶任务。

2）典型示例是高级驾驶员辅助系统，如高速公路驾驶员辅助。

3）功能安全级别通常为 ASIL B。

（4）L3（有条件自动驾驶）：

1）控制权在系统手中，但需要驾驶员介入以应对某些情况。

2）自动驾驶系统可以在特定情况下全面控制车辆。

3）功能安全级别通常为 ASIL D。

（5）L4（高度自动驾驶）：

1）控制权在系统手中，但可能需要驾驶员介入以应对极端情况。

2）这通常涉及高度自动化驾驶在特定环境下，如城市交通中。

3）功能安全级别通常为 ASIL D。

对于 ASIL D 的 ADAS，通常采用了严格的安全性策略，其中包括将系统设计分解成两个独立的 ASIL B 的子系统。这种设计方法旨在确保系统在面临危险情况时能够提供高度的安全性和可靠性。

注意：本节只是举例，具体的需求设计是一个工程问题，需要和系统的设计目标和技术迭代匹配。

当下主流 ADAS 系统方案是单颗 ASIL B 的 ADAS 芯片实现 L0–L2 自动驾驶，或者两颗以上的 ASIL B ADAS 芯片实现 L3–L4 自动驾驶。接下来主要就 ASIL B 的 ADAS 芯片做设计举例。

对于 ASIL B 级别的 ADAS 芯片，诊断覆盖率通常要求较高，以确保系统在发生故障时能够及时检测并采取适当的措施。ASIL B 的 ADAS 芯片设计要求可能包括以下方面：

1）ADAS 芯片诊断覆盖率要求；

2）ADAS 芯片故障诊断时间要求；

3）ADAS 芯片错误处理和容错机制要求。

7.6.3.1 ADAS 芯片诊断覆盖率要求

为了满足系统的功能安全性要求，需要确保芯片内部的故障能够被及时检测到。这可以通过内建的故障检测机制来实现，例如自检测试（Built–In Self–Test，BIST）和 ECC 等。具体的功能安全指标（SPFM 和 LFM）为 ASIL B，具体参考 7.5 芯片安全机制。

诊断覆盖率是确保 ADAS 芯片系统可靠性的关键因素。它可以通过硬件监控和软件监控两种主要方法来实现。

（1）硬件监控方案

包括以下两种常见策略：

1）自检机制：ADAS 芯片内置自检机制，用于定期检测硬件组件的状态。这包括内部测试模式，可以在系统启动时或按计划执行。一旦自检检测到硬件故障，系统会采取相应措施，例如切换到备用组件，以确保系统功能的安全性。

2）冗余系统：在硬件层面，ADAS 芯片可以采用冗余设计，包括多个关键组件的冗余。例如冗余处理器核心：ADAS 芯片通常使用多个处理器核心来执行不同的计算任务，如感知、决策。如果它们的输出不一致，系统可以检测到故障并采取适当的措施。

（2）软件监控方案

采用以下两种主要策略：

1）故障检测和容错：ADAS 芯片集成了故障检测算法，用于监测系统中的异常情况，如传感器故障、数据异常或计算错误。一旦检测到问题，系统会采取相应的容错措施，例如切换到备用传感器或决策算法。

2）安全监控器：安全监控器是一种特殊的软件组件，负责监控系统的安全性能。它可以检测到与功能安全相关的问题，例如超出规定限制的系统响应时间或错误的决策。安全监控器会采取措施，例如将车辆置于安全状态或提醒驾驶员采取行动。

7.6.3.2 ADAS 芯片故障诊断时间要求

故障诊断时间（FDTI）是指在系统发生故障时，系统能够在合理的时间内诊断出故障的类型和位置，以便采取适当的应对措施。对于 ADAS 芯片来说，这一时间参数非常关键，因为它直接关系到驾驶安全性和系统性能。

在 ADAS 系统中，FDTI 时间的快速性和准确性对于确保驾驶安全至关重要。当系统发生故障时，如传感器失效、计算单元出现错误或通信问题，及时而准确地诊断故障类型和位置可以帮助系统采取适当的应对措施，以最大程度地减少潜在的危险或不准确的决策。

（1）分配到 ADAS 芯片的 FDTI 时间

分配到 ADAS 芯片的 FDTI 时间一般在 100 ms ~ 200 ms 范围。这个时间窗口在 ADAS 应用中是相对合理的。在这个时间内，系统需要执行以下任务：

1）检测故障的类型：确定是传感器故障、算法错误还是通信问题等。

2）定位故障的位置：确定哪个传感器或模块出现了问题，以便进行精确的隔离和修复。

3）采取适当的应对措施：例如，可能需要切换到备用传感器、重新计算路径规划或发送警报给驾驶员。

（2）设计需要考虑的因素

为了实现这样快速的 FDTI 时间，ADAS 系统的设计需要考虑以下因素：

1）快速而可靠的故障检测算法。

2）高效的数据采集和处理，以减少诊断时间的延迟。

3）故障诊断的并行性，允许同时检测多个可能的故障。

4）适当的系统监测和自我诊断机制，以及故障报告的通信渠道。

（3）实时性和驾驶安全性

1）ADAS 系统的实时性对于驾驶安全至关重要。FDTI 时间的迅速响应可以确保系统在关键时刻采取正确的行动，例如自动刹车或转向纠正，以避免潜在的碰撞或危险情况。

2）一般，ADAS 芯片的最长的 FDTI 时间在 100 ms ~ 200 ms 范围，是为了确保系统在发生故障时能够快速而准确地诊断问题并采取适当的措施，从而提高驾驶安全性和系统可靠性。这要求系统设计考虑高效的故障诊断算法和实时性。

7.6.3.3 ADAS 芯片错误处理和容错机制要求

自动驾驶要求 ADAS 芯片具备错误处理和容错机制，能够在检测到故障时采取适当的措施，例如切换到备用系统、重新配置硬件，或者发送警报以通知操作员。

硬件故障处理要求：

在自动驾驶场景中，减少硬件误报导致的接管次数是提高 ADAS 系统安全性的关键问题。

当涉及 ADAS 芯片的硬件故障处理时，确实需要特别考虑模型优化和数据驱动分析，这与其他汽车控制芯片诸如座舱控制、转向控制等在功能安全性方面存在显著不同。

模型优化和数据驱动分析是确保即使在瞬间硬件故障情况下，系统仍然能够提供高度可靠的驾驶辅助功能的关键因素。这些要求不同于传统汽车控制芯片的功能安全要求，因为它们需要处理更复杂的算法和传感器数据。因此，ADAS 芯片的硬件故障处理在保障驾驶安全性方面扮演着关键的角色。

1. 数据驱动分析

利用大数据分析技术，对硬件故障和接管情况进行深入分析，从中提取有价值的洞察，以指导系统改进和优化。ADAS 系统依赖于来自多个传感器的数据，以感知车辆周围的环境并做出决策。硬件故障可能导致传感器数据的不准确性、漂移或丢失。这可能会导致系统误解周围情况，从而采取错误的行动。

为了应对这一问题，硬件故障处理需要支持数据驱动分析。这包括使用传感器健康状态的数据来识别和纠正问题。例如，如果一个摄像头传感器出现硬件故障导致图像畸变，系统可能需要使用其他传感器的数据来校正这种畸变，以确保准确的环境感知。

2. 模型优化

不断优化 ADAS 系统的算法和模型，以提高对硬件故障的容忍度，减少误报的可能性。

ADAS 系统通常使用深度学习模型来实现诸如物体检测、车道保持和自动紧急制动等功能。这些模型在训练后在芯片上运行，但瞬态可恢复硬件故障可能会导致模型性能下降，为了应对这一问题，ADAS 芯片的硬件故障处理模型化。这意味着系统应该能够自动检测硬件故障后，采取适当的恢复和防抖（Debounce）策略措施来校准。这可以包括使用已有数据来调整模型参数，以确保模型在故障情况下仍然能够提供准确的预测和反应。

瞬间失效的硬件故障处理策略如图 7-11 所示。

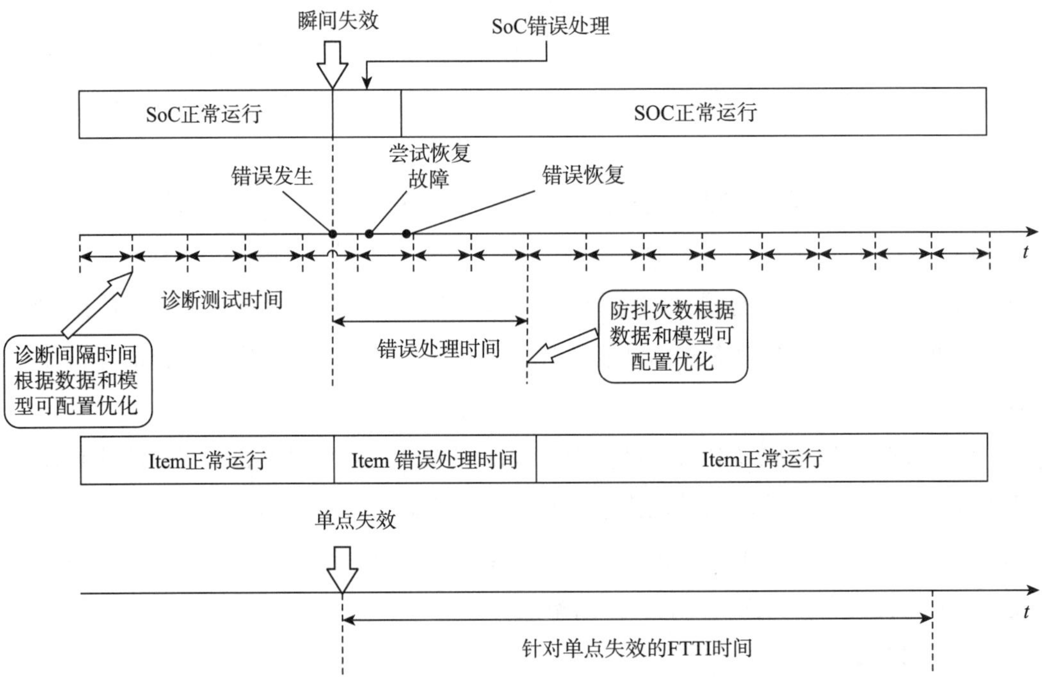

图 7-11　瞬间失效的硬件故障处理策略

针对 ADAS 芯片的功能安全设计要求，需要考虑失效诊断时间可配置和硬件错误诊断防抖次数的可配置性。以下是这两个方面的详细介绍。

（1）单点失效诊断时间设计

为了确保功能安全性，需要对这些单点失效进行诊断和处理。

可配置诊断时间是一个非常重要的设计参数。将诊断时间设计成可配置的好处在于，可以根据不同的应用场景和需求来调整诊断速度。例如，对于某些关键任务，需要非常短的诊断时间，例如 1 μs、1 ms，以最大程度地减少潜在失效对系统的影响。而对于其他任务，可以选择更长的诊断时间，例如 5 ms、10 ms，以降低诊断的计算和功耗开销。

潜在失效一般在上下电周期内进行诊断是汽车功能安全一个通用做法，因为在启动时检测并处理单点失效可以确保系统在最初的运行阶段就具备了良好的安全性。

（2）硬件错误诊断防抖次数可配置性

硬件错误诊断防抖次数是指在检测到硬件错误后，系统允许的重试次数。这是为了应对短暂的硬件故障或干扰，以减少误报或过早地采取紧急措施。

可配置的诊断防抖次数允许根据特定情况进行优化。例如，对于一些硬件错误，重试可能会成功地纠正问题，而不需要立即触发紧急措施。然而，在其他情况下，可能需要更多的重试次数，以确保诊断的准确性。

另一方面，将防抖次数配置为“off”意味着在检测到硬件错误后，系统将立即采取适当的紧急措施，而不进行重试。这适用于那些不允许任何重试机会的关键任务。

7.6.3.4 ADAS 芯片功能安全关键路径安全设计举例

以 ASIL B ADAS 芯片的功能安全路径为例，芯片应用系统架构图如图 7-12 所示。

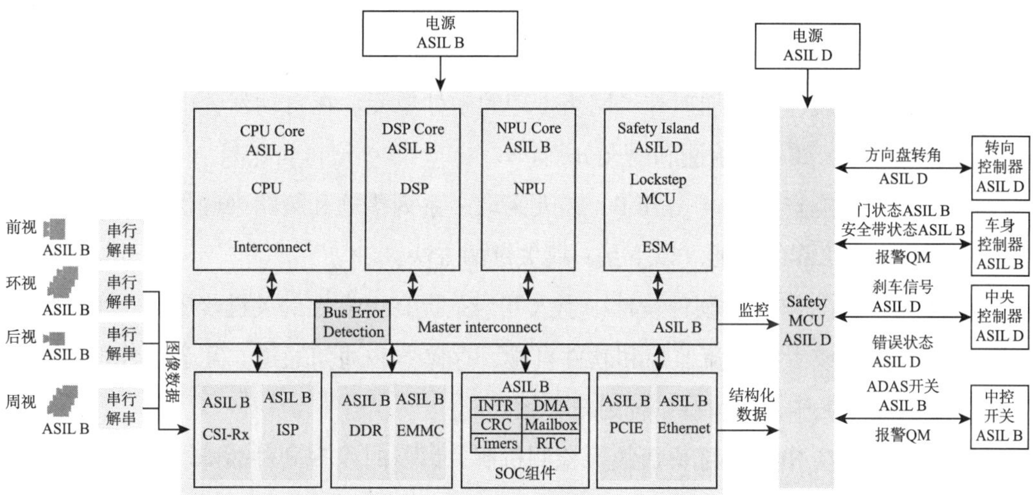

图 7-12　ASIL B ADAS 芯片应用系统架构图

ADAS 芯片的内部硬件结构通常包括以下关键组件：

（1）中央处理单元（CPU）

CPU 是通用计算核心，用于执行通用计算任务和运行操作系统。在 ADAS 系统中，它可以处理控制、管理和数据处理任务。CPU 需要达到 ASIL B。

实现 ASIL B 的 CPU 需要采用一系列严格的安全机制，以确保在面对故障时能够维持系统的安全性和可靠性。以下是实现 ASIL B 的 CPU 的常见安全机制：

CPU 内部应该包括硬件或者软件故障检测和容错机制，以检测和应对硬件故障，例如冗余执行单元或者程序流监控和软件自检、错误检测和纠正码（ECC）内存、比较器等。具体的是在 CPU 运行时，实施监控和自检测机制，以检测硬件故障和软件错误。如果检测到故障，可以采取适当的措施，例如切换到备份核心。

（2）数字信号处理器（DSP）

DSP 专门用于高性能信号处理，如音频和图像处理。在 ADAS 中，DSP 可以用于传感器数据的处理、滤波和处理复杂的信号。

DSP IP 设计成符合 ASIL B 的安全要求需要采取一系列安全机制和措施，以确保在面对故障时能够维持系统的安全性和可靠性。以下是实现 DSP IP ASIL B 安全的一些常见机制：

硬件和软件故障检测和容错：在 DSP IP 内部实施硬件和软件故障检测和容错机制，例如冗余执行单元或者程序流监控和软件自检、ECC 内存、比较器等，以检测和应对硬件故障。

运行时监控和自检测：在 DSP IP 运行时，实施监控和自检测机制，以检测硬件故障和软件错误。如果检测到故障，可以采取适当的措施，例如切换到备份核心。

（3）神经网络处理单元（NPU）

NPU 是专门设计用于加速神经网络推理的硬件单元。在自动驾驶中，NPU 用于处理深度学习模型，如目标检测和语义分割。

NPU 达到功能安全等级 ASIL B，需要采取一系列措施和策略来确保其在面临故障时能够提供高度可靠的性能。以下是一些关键的方法：

硬件冗余：在 NPU 的硬件设计中引入冗余是提高可靠性的关键步骤。这可以包括冗余的处理单元或者程序流监控和软件自检、存储器和通信通道。冗余组件可以在检测到故障时接管工作，以保持系统的正常运行。

故障检测：在 NPU 内部集成故障检测机制，以及时发现硬件故障。这包括内置的自检测试（Built-In Self-Test，BIST）和自检修复（Built-In Self-Repair，BISR）功能。自检测试可以定期运行以检测故障，而自检修复可以在发现故障时尝试修复硬件。

错误检测和纠正（EDAC）：采用错误检测和纠正机制，能够检测和纠正内存中的位翻转错误。这有助于防止内存中的随机错误导致不可预测的行为。

重复计算：采用重复计算策略，即在两个相同的 NPU 核心上运行相同的任务，并将它们的输出进行比较。如果核心之间的输出不一致，系统可以检测到故障并采取相应措施。

（4）摄像头串行接口接收器（CSI RX，Camera Serial Interface Receiver）

CSI RX 模块用于接收来自摄像头的图像数据。这是一个常见的硬件接口，用于将摄像头传感器的数据传输到处理单元以进行分析和处理。

要将 CSI RX 设计和实现成符合功能安全等级 ASIL B 的要求，需要采取一系列策略和措施，确保其在面临故障时能够提供高度可靠的性能。以下是一些关键方法：

1）错误检测和纠正（ECC）：采用错误检测和纠正机制，以便检测和纠正内存中的位翻转错误。这有助于防止存储在 CSI RX 内部的数据在传输过程中受到干扰或损坏。

2）时钟监测：确保 CSI RX 的时钟源稳定并且可靠。引入时钟监测电路，以检测时钟故障，并在必要时切换到备用时钟源，以维持系统的正常运行。

3）数据完整性检查：在接收到摄像头数据后，进行数据完整性检查，以确保数据在传输过程中没有丢失或损坏。如果检测到数据错误，可以采取适当的措施，如请求重传或发出警告信号。可使用端到端的保护，包括丢帧处理。

（5）内存（Memory）

内存用于存储临时数据和程序代码。在 ADAS 芯片中，内存包括高速缓存、RAM（随机访问存储器）和存储器（如 EMMC）。

要将内存设计和实现成符合功能安全等级 ASIL B 的要求，需要采取一系列策略和措施，以确保内存在面临故障时能够提供高度可靠的性能和数据完整性。以下是一些关键方法：

1）硬件冗余：引入硬件冗余是提高内存可靠性的关键步骤。这可以包括冗余的存储器单元和存储控制器。冗余元件可以在检测到故障时接管工作，以保持数据的可用性。

2）错误检测和纠正（ECC）：采用错误检测和纠正机制，能够检测和纠正内存中的位翻转错误。这有助于防止存储在内存中的数据在读取时受到干扰或损坏。

3）故障检测：集成故障检测机制，用于定期检测内存的状态。这包括内置的自检测试（BIST）和自检修复（BISR 比如 ECC）功能。自检测试可以定期运行以检测故障，而自检修复可以在发现故障时尝试修复内存。

（6）通信模块（Communication Module）

通信模块负责处理 ADAS 与其他车辆、基础设施或云服务的通信。它可能包括 PCIe（外部设备连接）、以太网接口（车辆内部通信）等通信接口。

将内通信模块设计和实现成符合功能安全等级 ASIL B 的要求，需要采取一系列策略和措施，以确保通信在面临故障时能够提供高度可靠的性能和数据完整性。以下是一些关键方法：

超时机制：超时机制是一种用于确保通信可靠性的技术，它规定了通信的最大持续时间。如果通信在规定的时间内未完成，系统将视其为失败并采取相应措施，例如重试或通知用户。超时机制有助于防止通信永远不会完成，从而提高系统的可用性。

滚动计数器（Rolling Counter）：滚动计数器是一种在通信中使用的安全机制，用于防止重播攻击。每次通信时，计数器的值都会增加，接收端使用计数器的值来验证通信的唯一性。

CRC（循环冗余校验）：CRC 是一种用于检测数据传输中的错误的技术。它通过在数据中添加冗余位来计算校验值，接收端可以使用这个校验值来检查数据是否在传输过程中被损坏。CRC 有助于确保数据的完整性。

（7）总线（Interconnect）

总线主要用于内部通信，以下是一些关键方法：

1）错误检测和纠正（EDAC）：采用奇偶校验错误检测机制，以便检测的位翻转错误。这有助于防止存储在 Interconnect（总线）内部的数据在传输过程中受到干扰或损坏。

2）时钟监测：确保总线的时钟源稳定并且可靠。引入时钟监测电路，以检测时钟故障，并在必要时切换到备用时钟源，以维持系统的正常运行。

（8）安全岛（Safety Island）

安全岛主要用于内部监控芯片，并处理汇报芯片的内部软硬件错误。

要将 Safety Island 设计和实现成符合功能安全等级 ASIL D 的要求，需要采取一系列策略和措施，以确保内存在面临故障时能够提供高度可靠的性能和数据完整性。以下是一些关键方法：

1）隔离：确保 Safety Island 和芯片的其他模块的电源时钟和 reset 的隔离（包括物理隔离）。

2）硬件冗余：引入硬件冗余是提高内存可靠性的关键步骤。这可以包括冗余的存储器单元和存储控制器。冗余元件可以在检测到故障时接管工作，以保持数据的可用性。

3）错误检测和纠正（ECC）：采用错误检测和纠正机制，能够检测和纠正内存中的位翻转错误。这有助于防止存储在内存中的数据在读取时受到干扰或损坏。

4）故障检测：集成故障检测机制，用于定期检测内存的状态。这包括内置的自检测试（BIST）和自检修复（BISR）功能。自检测试可以定期运行以检测故障，而自检修复可以在发现故障时尝试修复内存。

第8章 生产、运行、服务及报废过程

8.1 综述

产品的功能安全管理是全生命周期的管理，不涉及前文所涵盖的系统、硬件和软件的开发设计与验证阶段。产品的全生命周期如图 8–1 所示。从图 8–1 中可见，产品生命周期前期是 APQP 或者其他产品开发过程所描述的范围，通常包括项目策划、产品设计与开发、过程设计与开发、产品和确认过程，及生产的过程，而产品生命周期后期指的是产品生产出来投放市场的产品运行、产品维护和产品报废的阶段。

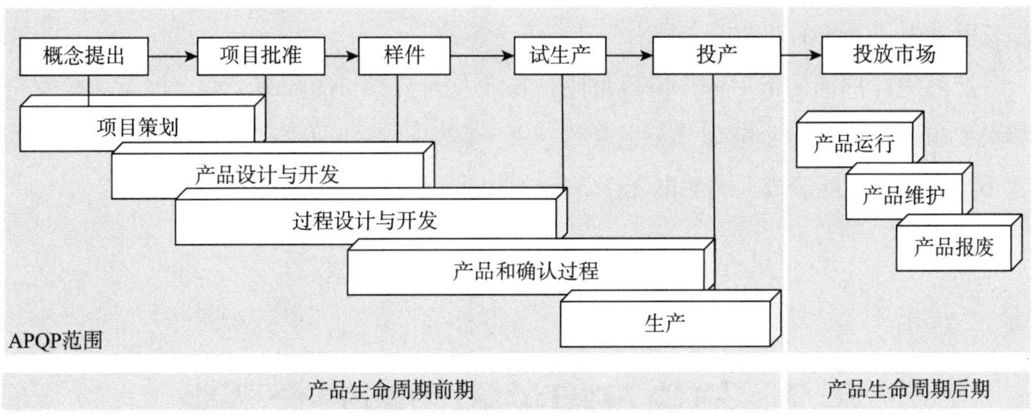

图 8–1　产品生命周期全景图

在产品设计阶段为满足功能安全需求，产品开发团队定义了产品各组件、零件级的安全需求和设计规格，以及其他依赖于外部的安全措施，这些需求、规格和外部安全措施通常会通过产品特殊特性传递给生产过程，要求生产阶段应确保所生产出的产品、组件或零件符合产品特殊特性要求。生产阶段因为所涉及的“人机料法环”（包括工人、工序、工艺、设备、工装、生产环境、物料品质、供应商、存储和运输等环节）非常繁杂，可能导致违背产品功能安全需求的潜在失效因素不胜枚举，例如某安全相关的半导体芯片因为存储环境的湿度和温度不合理，导致芯片引脚氧化而焊接不良，在长期运行过程中温度应力激发失效，违背安全需求，例如驱动电机控制器的电流传感器在产线下线测试进行标定时，由于标定系数错误导致电流检测功能失效，违背安全需求。因此，为确保生产出来的产品满足功能安全需求，应通过系统化的方法对生产过程涉及安全相关组件的部分进行管控。

一些产品的功能安全概念包含告警或者降级运行（参考 GB/T 34590.3—2022 的

7.4.2.3、7.4.2.7 和 GB/T 34590.4—2022 的 6.4.2.1）。在产品生产出来后交付给终端用户使用时，此类告警或者降级运行的概念应告知用户，以便于终端用户采取正确和合理的应对措施。例如，某产品安全相关的概念是失效后发出报警信号或者降级运行的安全机制，终端用户首先应知悉该警示信息的含义而不因慌张无措采取了错误的操作，其次能根据警示信息采取刹车、降速停车或者开到修理店维修等动作，以进一步降低失效后的影响。

汽车及其零部件在定期的维修和保养过程中，同样会涉及功能安全相关要求，应确保维保人员理解和执行相关的功能安全要求。例如，在更换驱动电机后，有可能需要对电机转子位置传感器的初始位置重新进行自学习并写入到驱动电机控制器的存储介质中（如 Flash），如果初始位置学习错误、初始位置信息存储错误，则有可能导致违背驱动电机系统的功能安全需求，造成安全事故。

产品生命周期的最后一个阶段报废，在涉及人员参与的环节，亦会涉及功能安全相关要求。例如，对于电动汽车报废时，由于需要拆解和回收高压动力蓄电池，如处置不当，则有可能造成人员触电受伤等安全问题，严重时甚至引起火灾。

8.2 与生产相关的功能安全要求

8.2.1 生产过程功能安全活动的目标

生产过程可分为两个阶段：过程开发和生产。过程开发阶段的主要目标是设计、实现和验证产品制造方案，主要交付物包括工艺流程图、作业指导书、控制计划、过程失效模式与影响分析（PFMEA）、过程特殊特性、测试方案、工装和设备、量产产线等，为批量化生产产品提供基础；而生产阶段的目标是依据过程开发的输入条件、根据客户交付需求生产出符合产品功能和性能要求的合格产品。图 8-2 给出了一个具有代表性的汽车项目中制造过程设计与验证的主要流程（并不完整，仅作为示例）。

生产过程中的功能安全活动可以嵌入到上述两个阶段，如图 8-3 所示，生产相关功能安全活动的逻辑可以理解为 PDCA 的过程。对于过程开发阶段功能安全活动的主要目标是：

1）定义过程开发阶段的功能安全相关需求，包括对于工艺方案、工艺参数、生产设备、测试设备、工装治具、物料品质管控、检验与测试方案、人员能力等各方面的需求；

2）在过程开发方案设计和详细设计实现上述生产过程功能安全的相关需求；

3）通过工艺验证和小批量生产等方式，验证生产过程功能安全需求被实现。

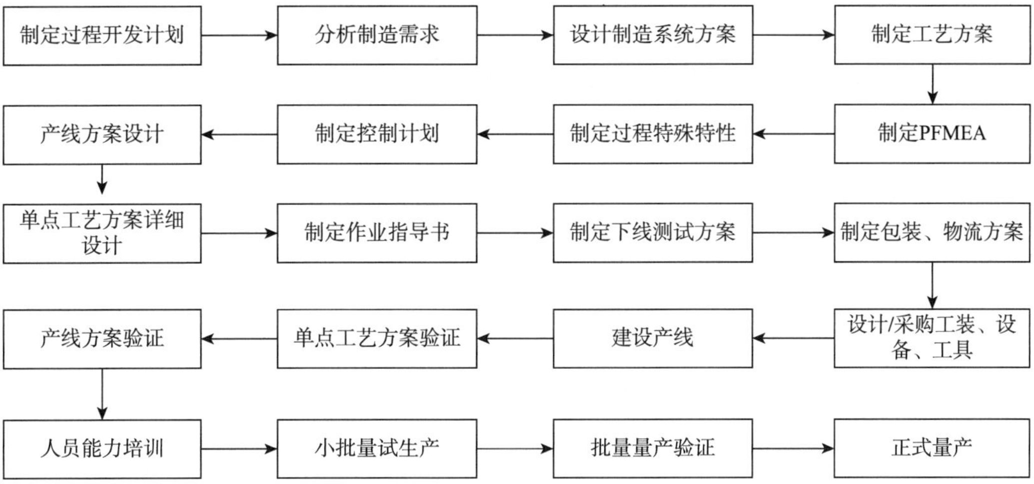

图 8-2　过程设计与验证流程图

生产阶段功能安全活动的主要目标是：

根据控制计划监控并改进生产方案，确保在过程开发阶段识别的生产相关功能安全需求被正确、完整地实施。

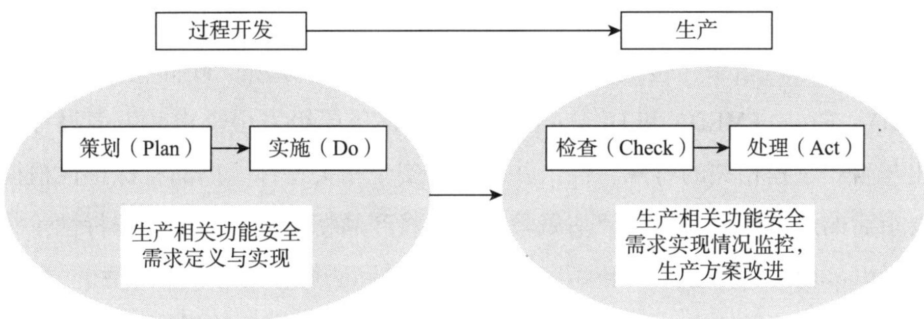

图 8-3　生产过程功能安全活动逻辑

8.2.2　过程开发中的功能安全活动

过程开发中功能安全活动的逻辑步骤依然是需求分析、方案设计和方案验证。

8.2.2.1　输入

在产品开发过程中，系统、硬件、软件和结构的开发过程，会输出生产相关的功能安全需求，作为过程开发的输入，其关联关系如表 8-1 所示。

表 8-1 过程开发功能安全需求的输入

产品开发活动输出	对应的过程开发活动
功能安全需求、技术安全需求、硬件安全需求和软件安全需求中关于生产过程的要求	制造需求分析、过程工艺方案、测试方案和物料品质管控
硬件图纸、结构图纸和工艺要求	过程工艺方案、PFMEA、过程特殊特性、物料品质管控、工装治具和生产设备开发
安全分析报告（包含 DFMEA、FTA、FMEDA 和 DFA 等），产品特殊特性中功能安全相关的特殊特性	PFMEA、过程特殊特性

8.2.2.2 过程开发

无论产品是否具有功能安全要求，其过程开发活动都应以产品开发活动的输出作为输入，比如系统 / 软件 / 硬件需求规格书作为制定产品下线测试方案、PCBA 测试方案的输入，硬件图纸和结构图纸作为制定过程工艺方案的输入，过程工艺方案依据产品设计要求开发过程流程图等。对于具有功能安全要求的产品，过程开发除了包含非功能安全要求产品的活动外，其特殊之处在于针对生产制造过程中潜在违背产品功能安全需求的工艺方案、工艺参数、设备工具、工装治具、物料品控要求、人员能力等因素，应分析其潜在的失效模式并采取有效的控制措施，这些控制措施应纳入到控制计划中。

过程开发中的功能安全需求识别过程如图 8-4 所示，其中最重要的输入是产品开发阶段的安全分析结果，包括不同开发层级（相关项、系统、硬件、结构和软件等）的 DFMEA、FTA、FMEDA 和 DFA，安全分析依据各层级安全需求和方案设计，分析识别出与生产过程相关的特殊特性，并标识为安全相关特性。产品特殊特性根据违背特性要求后的严重度和发生度评估风险高低，将产品特性分为关键特殊特性（一般用☆符号标识，包含了功能安全相关、其他安全相关和法规相关的特殊特性）、重要特殊特性（一般用○符号标识）和一般特性。功能安全相关的产品特殊特性可能包括尺寸、材料、性能或功能要求等。

PFMEA 以功能安全相关的产品特殊特性为输入，分析过程工艺流程图所涉及的“人机料法环”中潜在导致安全相关特殊特性不能满足其功能、性能要求的失效因素，并对潜在的失效因素制定有效的预防措施和探测措施，这些预防和探测措施可理解为生产制造过程应满足的功能安全需求。

过程特殊特性制定是基于 PFMEA 识别出的失效模式，识别出与产品特殊特性具有因果关系的过程变量，并定义这些过程变量的控制方法。过程特殊特性包括工艺参数、操作条件和过程控制规格等。

识别出功能安全相关的产品和过程特殊特性后，即应该制定如何在生产过程中确保这些特殊特性按照要求被满足的具体措施，称之为控制计划。控制计划包含了对于产品 / 过程特殊特性、过程控制、试验和测量系统的全面描述。控制方法是控制计划的核心，针对功能安全相关的产品特殊特性，其控制方法通常包括：首末件检查、批次抽检、100% 测试、多次多道检验、前后道工序检验等；针对功能安全相关的过程特殊特性，其控制方法通常包括：过程能力研究、参数在线控制、受控条件验证、首件鉴定、推移图和控制图等。控制计划亦需定义清晰在出现不合格产品等异常时的处置措施，有必要和功能安全异常管理进行融合。

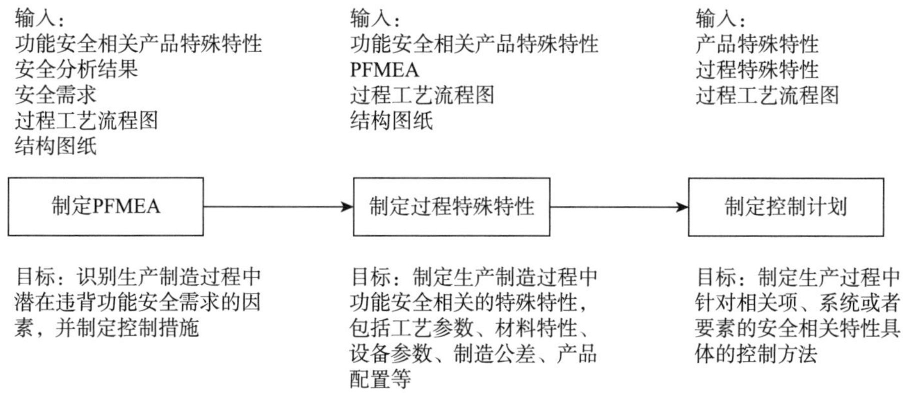

图 8–4　生产过程功能安全活动逻辑

8.2.2.3　过程开发的案例

以某型电动汽车驱动电机系统产品的转矩安全目标为例，来说明过程开发中如何执行功能安全活动。本案例仅作为参考，表 8–2 给出了该产品的典型参数，不代表任何实际车型使用的产品。

表 8–2　驱动电机系统部分规格参数或要求

规格项	规格参数
电机峰值转矩	270 N · m
电机最高转速	18 000 r/min
电机控制器峰值电流	450 A
直流侧工作电压	270 V ~ 420 V
转矩安全目标举例	SG01：防止电机非预期的输出驱动转矩过大 （参考 GB/T 43254—2023 的 7.2）

续表

规格项	规格参数
转矩安全目标阈值，转速为绝对值	80 N · m，0 r/min ~ 1 000 r/min 60 N · m，1 000 r/min ~ 4 000 r/min 45 N · m，>4 000 r/min

对于驱动电机系统这一相关项，其安全目标之一是“SG01：防止电机非预期的输出驱动转矩过大”（GB/T 43254—2023 的 7.2），主要以与此安全目标相关的驱动电机控制器中的电机相电流检测功能为例。

为便于理解，此处简要介绍该功能。影响电机输出转矩的核心元素之一是电机相电流检测精度，对于电动汽车常用的永磁同步电机而言，可以近似理解为相电流幅值越大，电机输出转矩越大，转矩控制需要依据检测反馈的电流信号控制输出转矩，如果电流信号检测值比实际值偏小较多，驱动电机控制器则会错误地控制电机输出过大的驱动转矩。电机相电流检测通常由电流霍尔传感器完成，电流霍尔传感器的构成示意图如图 8–5 所示，由 PCB 板、电流霍尔芯片（安装在 PCB 板上）、磁芯和其他支撑固定部件组成。铜排是承载电机相电流的载体，穿过电流霍尔传感器的磁芯中部。当电机相电流流过铜排时，在空间内感应产生磁场，霍尔芯片基于霍尔效应将检测到的磁感应强度转换为电压信号，进而完成了电流检测功能。磁芯是用于降低磁路的磁阻，增强相电流产生磁场的磁感应强度，便于霍尔芯片更精确地检测电流。此外为了校正每个传感器的个体偏差，在驱动电机控制器产品生产下线时，会针对每个传感器进行标定和校正传感器的增益系数。

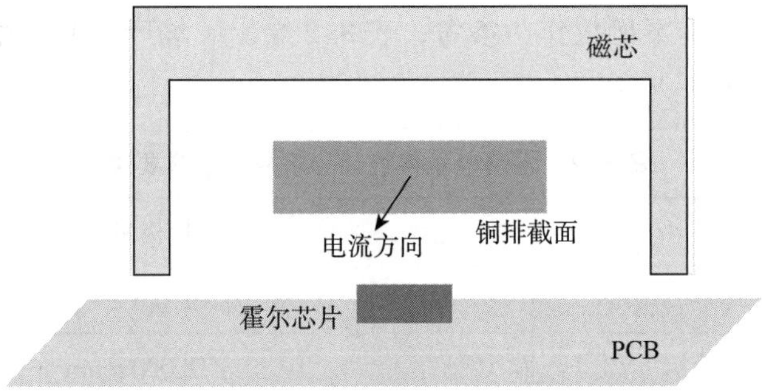

图 8–5　驱动电机系统电流传感器结构简图

电流霍尔传感器部分的简化制造过程工艺流程图如图 8–6 所示，主要包括磁芯来料、磁芯组件和 PCB 安装固定和下线测试标定等环节。

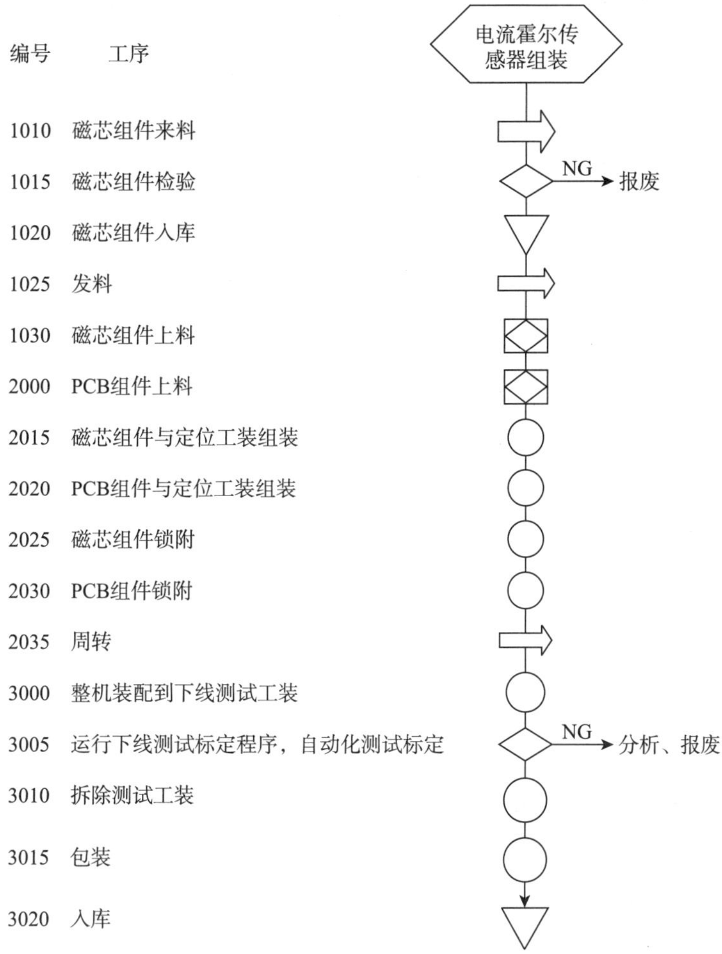

图 8-6 电流霍尔传感器的关键工艺流程图

图 8-7 给出了针对该安全目标 SG01 的安全分析部分结果，可能导致电流检测值偏小的生产相关的因素包括：

1）1.1.2.a.1[2] 磁芯安装位置公差过大，偏离霍尔芯片中心；该失效原因对于生产制造过程中磁芯的安装位置度提出了要求；

2）1.1.2.a.2 磁芯锈蚀脱落，磁阻偏大；该失效原因对于原材料、物料存储提出了要求；

3）1.1.2.a.3 磁芯受包塑应力过大，磁阻偏大；该失效原因对于原材料品质提出了要求；

4）1.1.3.a.1 生产下线标定的电流增益系数偏小；该失效原因对于生产制造过程中标定过程提出了要求。

2） 1）~ 4）中此类序号与图 8-7 中标识序号相对应。

结构分析（输出）功能分析（输出）	失效分析					风险分析					
关注要素/接口/功能/要求	潜在失效模式	潜在失效后果	严重度	特性分类	潜在失效原因/机理	频度	现行设计控制–预防	现行设计控制–探测	探测度	风险顺序数	行动优先级
电机相电流检测功能：检测电机相电流，检测精度要求 ±3%(≥100 A)或者 ±3 A（<100 A）	相电流检测值偏小	输出驱动转矩过大，违背安全目标	10	☆	磁芯安装位置公差过大，偏离霍尔芯片中心	5	公差分析	1）振动仿真验证； 2）依据 ISO 16750 标准进行振动测试	3	150	H
			10	☆	磁芯锈蚀脱落，磁阻偏大	2	设计参考《××设计规范》	依据 ISO 16750 标准进行高温高湿环境可靠性测试	5	100	M
			10	☆	磁芯受包塑应力过大，磁阻偏大	8	应力仿真分析	依据 ISO 16750 标准进行耐久测试	5	400	H
			10	☆	生产下线标定的电流增益系数偏小	2	1. 标定程序增加标定结果回读和校验； 2. 借用成熟的标定方案	标定功能测试	2	40	L

图 8–7　驱动电动机系统安全分析示例

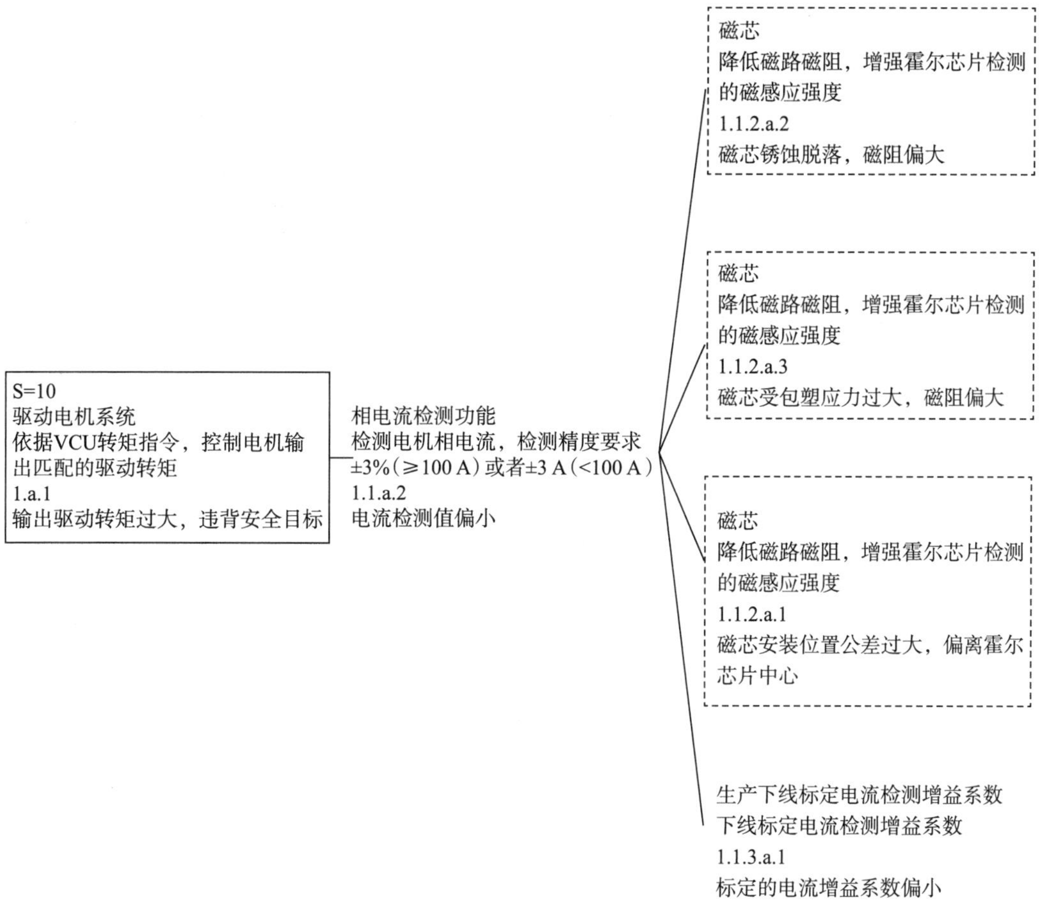

图 8-7　驱动电机系统安全分析示例（续）

基于上面的安全分析结果，可以梳理出功能安全相关的特殊特性如图 8-8 所示。下面简单讲述两个示例。在识别到磁芯安装位置相对于芯片的位置公差是产品特殊特性后，基于此产品特殊特性，通过 PFMEA 分析出哪些过程因素影响该产品特殊特性，此处识别到定位夹持磁芯组件的工装治具的尺寸精度会影响该特性，因而需要采用“每月点检”的控制方法，确保工装治具的尺寸精度不因设计或者磨损等原因导致尺寸偏差过大。在识别到下线测试标定误差是影响电流检测精度的过程特性，因而需要采用 100% 下线测试电流精度的控制方法，防止下线测试标定引入的失效。

结构分析（输出） 功能分析（输出）	失效分析					风险分析					
关注要素 / 接口 / 功能 / 要求	潜在失效模式	潜在失效后果	严重度	特性分类	潜在失效原因 / 机理	频度	现行设计控制 – 预防	现行设计控制 – 探测	探测度	风险顺序数	行动优先级
将磁芯组件安装至图纸位置，磁芯安装位置相对于芯片在 X，Y，Z 三个方向公差， X：± 0.5 mm Y：± 1 mm Z：± 0.8 mm	位置度偏差过大，不满足图纸设计要求	相电流检测值偏小，导致输出驱动转矩过大	10	☆	磁芯组件尺寸超出规格（物料）	5	管控供应商，参照相应设计规范	来料尺寸 100% 检测	2	100	M
			10	☆	PCB 组件尺寸超出规格（物料）	1	采用供应商成熟产品和工艺	来料尺寸批次抽检	2	20	L
			10	☆	定位夹持工具尺寸因为加工、磨损等导致偏差过大（设备、工装治具）	2	参照《× × 工装治具设计规范》	每月检验	2	40	L
			10	☆	磁芯组件放置位置偏离图纸要求（法）	2	采用机械臂操作控制，提升安装精度	首件检验	2	40	L
下线测试标定电流霍尔传感器增益系数	增益系数偏小	相电流检测值偏小，导致输出驱动转矩过大	10	☆	标定电流基准源偏差	2	选用 0.1% 高精度电流基准源	1）MSA 2）每月检验	2	40	L

图 8–8　产品和过程特殊特性、PFMEA 和控制计划示例

特性描述						控制方法					
功能	产品 / 组件 / 零件	特性									
要求 / 条件	名称	产品特性	过程特性	规范 / 公差	特性符号	评价 / 检验方法	设备工具	检验频率	检验容量	控制方法	反应计划
估算驱动转矩	驱动电机系统	转矩估算精度	NA	±8 N·m，转矩 <100 N·m；±8%，转矩≥100 N·m	☆	下线测试	下线测试台架	每班检测	100%	100% 测试，测试不良设备报警并记录至制造系统	通知测试技术人员分析处理
电流检测功能	电流霍尔检测磁芯	磁芯不能出现任何锈蚀	来料包装	参考《××× 包装规范》	☆	来料检验	—	100% 全检	100%	目检	不良品隔离，通知 SQE 处理
			存储温度和湿度	存储温度：25 ℃ ±2 ℃；存储湿度：≤ 10%	☆	点检	恒温恒湿存储柜	每班检测	100%	巡检点检表	通知仓库主管处理，异常物料隔离
		磁芯安装位置相对于芯片在 X，Y，Z 三个方向公差，X：±0.5 mm Y：±1 mm Z：±0.8 mm	位置度	工装尺寸加工精度：≤ ±0.1 mm	☆	点检	定位夹持工装	每月	100%	巡检点检表	使用备用工装，通知产线组长
	下线标定	电流检测精度：±3%，电流≥ 100 A 或 ±3 A，电流小于 100 A	标定误差	±3%，电流≥ 100 A 或 ±3 A，电流小于 100 A	☆	下线测试	下线测试台架	每班检测	100%	100% 测试，测试不良设备报警并记录至制造系统	通知测试技术人员分析处理

图 8–8　产品和过程特殊特性、PFMEA 和控制计划示例（续）

8.2.3 生产过程中的功能安全活动

在过程开发活动完成后，通过对于制造方案的样件生产验证和试生产验证过程，产品进入批量生产阶段。批量生产阶段的功能安全活动主要是针对控制计划中定义的控制方法实施进行监控，并在出现偏差（比如违背安全相关的特殊特性）时进行相应的纠正和优化措施。

与非功能安全产品相比，功能安全产品的生产过程对于控制方法的监控并没有特殊的要求，按照通用的质量体系管控标准化文件比如 IATF 16949-2016 执行即可。如下是 IATF 16949-2016 中 9.1.1.1 对于制造过程的监视和测量的描述：

> 组织应对所有新的制造（包括装配和排序）进行过程研究，以验证过程能力，并为过程控制提供附加的输入，包括有特殊特性的过程。
>
> **注：**在一些制造过程中，可能无法通过过程能力证实产品的符合性。对于这些过程，可采用替代方法，如：批次对规范的符合性。
>
> 组织应保持由顾客零件批准过程要求所规定的制造过程能力或绩效。组织应验证已实施了过程流程图、PFMEA 和控制计划，包括遵守规定的：
>
> a）测量技术；
>
> b）抽样计划；
>
> c）接收准则；
>
> d）计量数据实施测量值和 / 或试验结果的记录；
>
> e）当不满足接收准则时的反应计划和升级过程。
>
> 组织应对统计能力不足或不稳定的特性启动已在控制计划中标识，并且经过规范符合性影响评价的反应计划。这些反应计划应包括适时的产品遏制和 100% 检验。为确保过程变得稳定且有统计能力，组织应制定并实施一份显示明确进度、时程安排和指派责任的纠正措施计划。当被要求时，此计划应由顾客评审和审批。

从 IATF 16949-2016 的要求可以看出，生产阶段的监视和测量即是根据控制计划中的要求，对产品生产过程所涉及的“人机料法环”维度的控制方法实施情况进行监控，即对于操作人员的培训是否到位、设备能力是否稳定且达标［临界机器能力指数（CmK）］、工艺能力是否稳定且达标［例如开展统计过程分析，以短期过程能力指数（PPK）或者长期过程能力指数（CPK）衡量过程能力］、来料抽检或全检是否执行到位、生产场地环境是否满足要求等实施监控，输出相应的培训记录、能力评估报告和检验报告。

8.3 运行、服务和报废阶段的功能安全要求

如 8.1 所述，运行、维护和报废阶段有很多涉及的功能安全要求案例，本节介绍如何在产品开发中执行相关的功能安全活动。

产品运行过程中的功能安全相关要求主要包含如下两方面：

1）通过车联网等方式监控产品运行过程中的相关数据，利用后台云计算等方式，基于产品开发过程中建立的相关模型探测产品运行过程是否存在潜在违背功能安全需求的失效，针对此类潜在失效，可以提前通知服务商或者终端用户提前采取一些规避措施。主机厂或零部件供应商应针对该产品在运行过程中的功能安全相关特性制定监控计划和详细的实施策略。以驱动电机系统为例，驱动电机系统将监控实际输出转矩与转矩指令值的差值周期性地通过车联网上传到整车厂后台，后台可以根据差值的变化趋势判断是否存在潜在的失效，如果差值有越来越大的趋势或者超过某个预先设定的阈值，则可以判断该产品某些零件性能可能出现退化，此时可以通知终端用户去服务门店维修保养。

2）运行过程中产品出现的一些影响功能安全的故障信息，应告知用户，以便于用户采取正确的处置措施，这些处置措施应在产品使用手册中明确标注和阐释，包括各类故障的警示符号、警示语含义和建议的处置措施。

产品维护和报废过程中的功能安全相关要求应主要根据产品系统、硬件开发阶段识别到的安全需求，在产品使用手册或者维保手册中明确标注和阐释。例如 8.1 中提到的维修驱动电机案例，对于重新写入初始零点位置信息，维修人员应采用上位机设备对写入的初始位置零点信息进行回读测试校验，确认写入成功，这个操作要求必须在维保手册中注明。

第9章

功能安全支持过程

9.1 概述

为了确保功能安全产品开发过程的质量，GB/T 34590.8—2022 的第 8 章针对支撑产品开发过程管理的各部分提出了明确要求，包括分布式开发的接口、安全要求的定义和管理、配置管理、变更管理、验证、文档管理、使用软件工具的置信度、软件组件的鉴定、硬件要素评估、在用证明、GB/T 34590 适用范围之外应用的接口、未按照 GB/T 34590 开发的安全相关系统的集成，如图 9–1 所示。此章是对功能安全开发的支持和补充部分，如开发接口协议 DIA 在 OEM 和 Tier1 之间起到了纽带的作用，变更 / 配置管理补充说明了在功能安全流程及开发管控过程中对于版本变更、需求变更迭代和可配置项的相关要求。

8.支持过程		
8-5分布式开发的接口	8-9验证	8-13硬件要素的评估
8-6安全要求的定义和管理	8-10文档管理	8-14在用证明
8-7配置管理	8-11使用软件工具的置信度	8-15GB/T 34590适用范围之外应用的接口
8-8变更管理	8-12软件组件的鉴定	8-16未按照根据GB/T 34590开发的安全相关系统的集成

图 9–1 功能安全支持过程活动概览

9.2 分布式开发管理

本节的目的是定义客户和供应商在进行产品协作开发活动时的交互和依赖关系、职责分配，以及识别相关项及其要素在进行分布式开发时需要交换的工作成果。

客户和供应商需要共同遵守分布式开发要求。在安全生命周期中的概念、开发、生产、运行、服务和报废阶段，客户和供应商就责任达成一致。客户内部具有关于相关项开发的计划、执行和文档化的安全相关流程，因此，类似的流程适用于与供应商在分布式相关项开发中的合作。这同样也适用于供应商对功能安全负有全部责任的相关项开发。开发接口协议（DIA）旨在描述客户和供应商之间的角色和责任。因此，客户和供应商的安全计划应符合开发接口协议。

分布式开发要求适用于每个按照功能安全要求开发的相关项和要素，但不适用下述之一的商业成熟的且不是为了满足特定安全要求而定制生产的要素：

1）按照基于质量标准的公认流程（如：电子元器件的 AEC 标准），鉴定商业成熟的硬件要素，且按照硬件要素评估的要求进行评估；

2）商业成熟的软件组件按照软件组件的鉴定要求经鉴定合格的；

3）商业成熟的硬件要素或软件组件作为 SEooC 来开发。

非定制生产的商业成熟的硬件要素或软件组件可能是独立于客户的 SEooC，其项目特定的修改已被要素规范所覆盖，例如通信堆栈、操作系统或软件库是商业现成的要素。

应将有关客户与供应商关系（接口和交互）的要求，用于客户与供应商关系的每个层面。这包含顶层供应商采取的分包、分包商采取的分包等。对内部供应商的管理可以采取与管理外部供应商相同的方法。

表 9-1 展示了客户与供应商间的分布式开发接口协议的案例。对于分布式开发的启动和计划，客户和供应商应定义开发接口协议，应关注如下方面：

1）客户和供应商安全经理的任命及进行安全活动的联合裁剪；客户需开展的安全生命周期的活动和供应商需开展的安全生命周期的活动；活动的联合计划是需要考虑的，包含功能安全评估和功能安全审核的职责。供应商关于功能安全评估报告的计划，及开发接口协议包含报告的最低限度内容、版本和里程碑节点。客户与供应商之间达成的允许客户指定审核人员在供应商的场所进行功能安全审核的协议。

2）需共享的信息和工作成果，包含分配和评审；这包括对需提供的文档达成一致（有些文档涉及技术机密，双方可以协商交付方式如加密提供文档、仅提供会议展示评审等），以完成客户及供应商的安全档案；交换的信息包含安全相关的特殊特性；对所涉及开发方的活动所必须的工作成果相关部分，可进行识别和交换。每项活动分配给每一方的责任；责任可以描述为“负责”（R）、“批准”（A）、“支持”（S）、“通知”（I）、“咨询”（C）。

3）目标值的沟通或确认，这些目标值由系统层面的目标导出，再分配给相关方，目的是使这些相关方满足单点故障度量及潜伏故障度量的目标值。

4）在客户和供应商合作中所需要的接口相关的流程、方法及工具；流程、工具及工具配置的版本和修订可以是相关的。

5）哪一方（供应商或者客户）执行安全确认所达成的协议；如果由供应商执行整车集成和确认，对供应商所需的能力和资源达成一致是重要的，因为安全确认工作需要集成后的车辆。

6）概念阶段的责任方应制定功能安全概念。如果供应商执行危害分析和风险评估，那么危害分析和风险评估应提供给客户进行验证和批准。

对于分布式开发的执行，客户应确保供应商按时收到所需的用于执行开发接口协议中安全活动的信息和数据。供应商应向客户报告可能增加不符合开发接口协议条款的风险的问题。供应商应向客户报告在其责任范围内和其分包商责任范围内的开发活动中发生的安全异常。客户应分析已识别出的潜在影响供应商交付成果的安全异常，并采取措施予以解决，双方应就谁来执行所需的行动达成协议。供应商应确定客户的安全要求是否可行以及要求是否满足。若不可行或不满足，客户应重新检查安全要求并做适当的修改，以确保安全要求定义的正确性。供应商应向客户传达其职责范围以外又认为为确保实现功能安全所必要的相关项的要素的安全要求。在导出用于当前开发的安全要求时，双方都应考虑从之前相似开发中所获得的经验。供应商应向客户报告安全计划中制定的各项任务和里程碑节点上所取得的进展。供应商和客户应就报告的内容和提交的日期达成一致。

表 9-1　DIA 开发接口协议

序号	活动	ISO 26262 各部分条号	工作成果	项目适用性	责任分配		交付方式	供应商意见	客户意见
					客户	供应商			
01	HARA	ISO 26262-3：2018 的 6.5.1	HARA 报告	Yes	R	S	按需查阅	同意	同意
02	FSC	ISO 26262-3：2018 的 7.5.1	功能安全概念	Yes	R	S	文档交付	同意	同意
……	……	……	……	……	……	……	……	……	……
05	TSC	ISO 26262-4：2018 的 6.5.2	技术安全概念	Yes	C、A	R	文档交付	同意	同意
……	……	……	……	……	……	……	……	……	……

9.3　安全要求的定义和管理

安全要求（需求）是方案设计和实现的源头，包括了最高层级的安全目标、系统层级的技术安全需求和软硬件层级的安全要求，甚至可以细分至针对架构方案设计后导出的对于详细设计的安全要求。因为需求是源头，所以保证需求的正确性、完整性和一致性尤为重要。本节针对安全要求的管理提出详细的要求。

安全要求应能被明确地识别为安全要求，为了符合该要求，可将安全要求列在一个单独的文件中。如果在同一文件中管理安全要求和其他要求，则可通过使用特殊属性而明确地识别出安全要求。安全要求应继承将其导出的原安全要求的 ASIL 等级，但运用了 ASIL 分解的安全要求除外。因安全目标是顶层的安全要求，故 ASIL 等级的继承始于安全目标层。应将安全要求分配给实施这些要求的相关项或要素。

（1）安全要求应具有的特性

1）明确性，如果对要求的意思存在共同的理解，那么要求是明确的。系统层级的安全要求描述方法应尽量以自然语言描述为主，而软硬件层级的安全要求建议以半正式或者非正式的标记法进行描述，以降低理解的歧义。

2）可理解性，如果要求的相关人员或要求的使用者理解要求的意思，那么要求是可理解的。

3）单一性，当一个层面的安全要求在所考虑的层面上不能被分解为至少两个独立的安全要求，那么这些要求是不可分割的。此特性的实现可能与安全要求的其他基本特性的实现相矛盾。在这种情况下，不可分割的重要性可以降低。

4）内部一致性，如果要求不包含自相矛盾的内容，则要求是内部一致的。

5）可行性和可实现性，如果某个要求在相关项的开发限制（资源、当前技术水平等）内可被实现，则其是可行的。一项要求在技术上可以实现，它不需要重大的技术进步，并且在成本、进度、技术等可接受范围内符合相关项限制。

6）可验证性，如果在定义要求的层面上有方法检查这些要求是否得到了满足，则要求是可验证的。收集到有关相关项的证据表明相应的要求已得到满足。如果要求是可测量的，可验证性会更强。

7）必要性，要求中定义了基本能力、特性、约束和 / 或质量因素。如果移除或删除，则将存在产品的其他能力或流程无法满足的缺陷。要求在当前是适用的，且没有随着时间的推移而改变。对于具有计划失效日期或适用日期的要求进行清晰地识别。

（2）安全要求应具有的属性

1）在整个安全生命周期中，具有唯一识别并保持不变；如可通过不同的方法实现对要求的唯一识别，如对每个词“应”标注下脚标，例如：“系统应 9782 检查……”，或者对含有词“应”的每个句子进行连续的编号，例如：“9782 在……情况下，系统应检查……”。

2）状态，安全要求的状态可以是“已建议”“已假设”“已接受”“已评审”“已交付”或“已验证”等或其他统一规定的状态。

3）ASIL 等级。

安全要求是旨在达到并确保所需功能安全等级的要求。在安全生命周期过程中，安全要求通过分层结构进行定义和细化。图 9–2 中给出了安全要求的结构和相关性，安全要求被分配给要素或在要素间分布。安全要求的管理包括对要求达成一致、从安全要求的执行方取得承诺和保持追溯性。为了支持对安全要求的管理，推荐使用合适的需求管理工具例如 Doors 或者 ALM 等，从而确保正确地定义安全要求及其属性和特性，以及确保在整个安全生命周期内对安全要求的一致管理。

从一个或多个安全目标导出的相关项或要素的安全要求集应具备分层结构、完整性、外部一致性、可维护性、可追溯性等特性。安全要求应进行验证，其验证规范可使用各种追溯记录类型，如需求管理系统、电子材料等；可追溯性支持，包括要求、其实现及验证间的一致性，对特定的安全要求更改后，影响分析的有效性，以及认可措施的执行。

应将验证方法的恰当组合用于验证安全要求是否符合要求，及是否符合得出安全要求的相关部分中关于验证安全要求的特定要求。安全要求应置于配置管理下来维护整个安全生命周期的一致性。当较低层面的安全要求与较高层面的安全要求相符合时，配置管理可以定义一个基线作为安全生命周期后续阶段的基础。

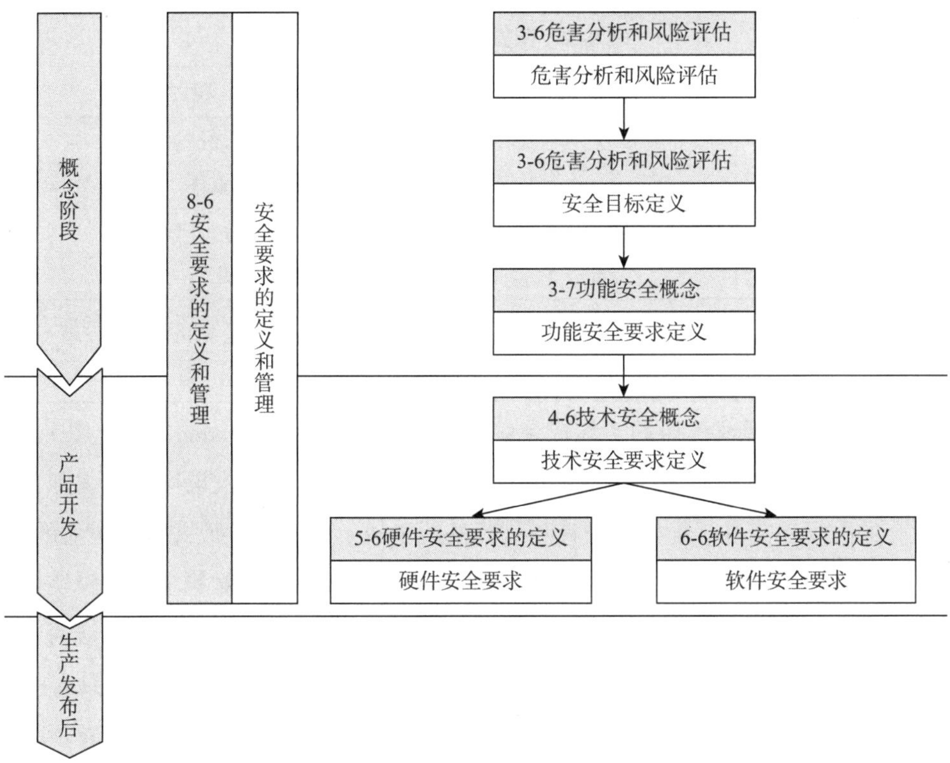

图 9–2 安全要求的结构

9.4 配置管理

配置管理过程，通过制定配置管理计划并基于配置管理计划执行配置管理及配置验证，从而确保功能安全相关工作成果及其产生的原理和一般条件，在任何时间以可控的方式可被唯一识别和重生成，同时，确保当前版本和较早版本的关系及区别是可追溯的。为提高配置管理的效率，一般会设置配置管理员并成立配置控制委员会（Configuration Control Board，CCB），同一产品可设置一个公共 CCB，CCB 是决策者其对配置管理的各项活动拥有决策权，如审批计划、审批变更请求等，CCB 的决策一般采用“少数服从多数”原则，配置管理员是执行者。

配置管理计划一般包括如下要素：人员及职责、用于配置管理的软硬件资源、存储库、配置项的识别和命名、访问权限、基线计划、发布及批准程序等。

根据配置管理计划的角色定义，确定配置管理员、CCB 成员，CCB 的人数根据项目规模而定，一般项目经理或安全经理是 CCB 的负责人。人员及职责示例如表 9–2 所示。

表 9–2 配置管理人员及职责

角色	人员	职责
配置管理员	×××	1）制定《配置管理计划》 2）创建和维护配置库
CCB 负责人	×××	1）审批《配置管理计划》 2）审批重大的变更
CCB 成员	×××	例如：审批某些配置项或基线的变更
……		

凡是纳入配置管理范畴的工作成果统称为配置项（Configuration Item，CI），安全计划中要求的工作成果及再次生成相关项和要求所需要的工作成果均需被识别为配置项。所有的配置项需基于配置管理计划进行基线生成、命名、存放并设定对应的权限。基线（Baseline）由一组配置项组成，这些配置项构成了一个相对稳定的逻辑实体。基线中的配置项被“冻结”了，不能再被任何人随意修改（见变更控制）。基线通常对应于开发过程中的里程碑（Milestone），一个产品可以有多个基线，也可以只有一个基线。基线的主要属性有名称、标识符、版本、日期等。配置管理员标识配置项，并预估每个配置项的正式发布时间，示例如表 9–3 所示。

表 9-3 配置项识别及发布计划

阶段	主要配置项	标识符	预计正式发表时间
管理过程	项目计划	×××	×××
	安全计划		
	......		
系统阶段	系统安全需求		
	系统架构设计规范		
	......		
......	......		

9.5 变更管理

通过变更管理，使得安全相关工作成果、相关项和要素的变更在整个安全生命周期中进行了系统性计划、控制、监控、实施和记录。变更管理主要包括变更申请、变更需求分析及评估、变更实施和记录。

变更申请中至少包括变更日期、变更内容、变更理由、所需变更基于的配置等信息。在进行变更需求分析及评估过程中，可从对功能、性能、功能安全的影响，对开发工作量、项目日程、人力资源的影响，对成本、交付日期、质量的影响等几个方面对变更进行分析，并考虑法律法规因素。基于变更的原因及分析结果决定是否执行变更，变更的决定一般包括“接受变更”“拒绝变更”“搁置变更”三类，该决定必须被清晰地记录并具有可追溯性。变更的实施、评审及验证，应满足功能安全开发、测试及配置管理的相关过程。

9.6 文档管理

文档管理过程，主要是制定文档管理计划用于整个安全生命周期的文档管理策略，并基于文档管理计划在项目生命周期中进行文档管理的过程。

在文档管理计划中，应策划：

1）识别待管理的对象和文档；

2）每个文档的负责人；

3）文档的存储路径；

4）文档的归档文件夹；

5）文档版本的变更；

6）遵循的文档管理指南。

文档的负责人等如果在其他计划中已进行了定义，那么文档管理计划可以引用其他计划，例如项目管理计划、安全计划。

文档管理指南包含文档格式规则、文档变更的记录、内部审核、不合格文档的控制、纠正措施、预防措施等相关规则。

文档格式规则中需定义文档的必要属性，包括文档作者、评审者、批准者、版本号、创建日期、版本历史列表、文档状态、保密等级、页码、最值名称、文档识别号、文档目的、内容。文档的状态一般包括初版、批准、有效及作废4个阶段。在初版阶段，文档还处于构建中，未经文档干系人允许，不得将文档初版用作任何活动的输入。当使用文档初版作为输入时，应在输入文档得到批准后验证所创建文档的有效性。若文档处于批准状态，表明文档已评审通过并得到批准，可以用作其他活动的输入。若文档创建者即为审批者，则此类文档不要求得到正式批准，其就绪后，即可与已批准的文档等效使用。若文档状态为作废，则表明文档达到生命周期的最后阶段，不允许使用作废的文档作为任何活动的输入。

应该对文档进行版本控制并进行版本记录，示例如表9–4所示。

表9–4　文档版本控制

文档的生命周期阶段	初版		批准				作废
版本的阶段	初版	初版	批准	初版	批准	初版	作废
版本示例	0.1	0.2	1.0	1.1	2.0	2.1	OBS 2.1

应在文档内部标示其保密等级，常用的保密等级及处理策略示例如表9–5所示。

表9–5　文档保密等级定义及处理策略

保密等级	描述	处理	邮件
公开	不属于其他保密等级的所有文档	可自由分发	可发送
内部	对整个组织可见的文档	可在组织内部自由分发	可发送

续表

保密等级	描述	处理	邮件
机密	仅对受限的组内人员可见的文档，例如，项目组成员	仅在信息所有者同意的情况下分发和复制	可发送
绝密	高度敏感信息，仅对严格受限的组内人员可见	仅分发给分发列表中的指定人员。仅供获得授权者处理	仅加密时

所有文档应进行归档并存储在相应的位置（例如，档案柜、文档管理系统）。文档用户只能使用当前版本的文档，且只有读访问权限。当前版本不应以可编辑的格式提供给用户。已发布的文档，在达到文档的保存期限后，应对其进行作废处理。文档管理工程师应定期监控文档的状态，根据项目管理计划，进行文档的状态的汇总及报告。

9.7 验证

本节的目的是确保功能安全相关工作成果符合功能安全相应的要求。验证不仅指测试，还包括评审、仿真、原型机验证等方式，且在功能安全生命周期的多个阶段均涉及验证工作。

在概念阶段，需要对功能安全概念进行验证，确保功能安全概念是正确的、完整的，并符合相关项的边界条件，同时确保定义的边界条件本身是正确的、完整的和一致的，以使功能安全概念能得到实现。

在产品开发（包括系统阶段、硬件阶段及软件阶段）的设计阶段，以不同的方式对需求规范、架构设计、模型或软件编码进行评审，从而确保它们与之前建立的要求在正确性、完整性和一致性方面相符合，评估可通过评审、模拟或分析技术开展，并以系统化方式计划、定义、执行和记录，相关评估需符合对应阶段功能安全对验证的要求。在产品开发的测试阶段，验证是在测试环境下对工作成果、相关项和要素的评估，以确保其满足要求。测试以系统化的方式进行计划、定义、执行、评估和记录，测试工作的开展需符合对应阶段功能安全对测试的要求。

在生产和运行阶段，需要对以下方面开展验证：

1）生产过程中恰当地满足安全相关的特殊特性；

2）在用户手册、维修和维护指导中恰当地提供了安全相关的信息；

3）通过在生产流程中应用控制措施，相关项的安全相关特性得到了满足。

对安全生命周期的每个阶段及子阶段，应制定验证计划及验证规范，并基于验证计划及验证规范开展验证工作的执行。

验证计划一般至少包含如下要素：需验证的工作成果内容、验证的目的、用于验证的方法、验证通过和不通过的准则、验证环境及设备（如需要，可以是测试环境或模拟环境）、验证所需的资源、当探测出异常时需采取的行动、回归策略、时间节点等。

回归测试策略是用来确定新的相关项 / 要素 / 系统相对旧版本未改变的功能（但是直接或者间接地受变更功能的影响）符合安装需求工作。从现有的测试库中选择回归测试案例。不同阶段的回归测试策略可能略有不同。对于软件单元验证阶段的回归测试策略可定义如下：

1）软件详细设计的变更导致软件单元的变更。在这种情况下，需要对变更后的软件详细设计的测试案例进行调整。因为单元测试采用自动测试，调整后的测试案例和未调整的测试案例，都应该执行并测试通过。同时，需要重新进行静态分析和代码评审。

2）由于缺陷或评审结果导致软件编码的更新。因为单元测试采用自动测试，调整后的测试案例和未调整的测试案例，都应该指向并测试通过。同时，需要重新进行静态分析和代码评审。

验证规范应对用于验证的方法进行细化，并应包含：评审或分析的检查清单、模拟场景或测试用例、测试数据和测试目标。对于测试，每条测试用例的定义应至少包括：测试用例 ID、前置条件、测试步骤、期望结果、与需求的追溯、测试方法（需符合功能安全针对各测试阶段对测试方法的要求，详见 GB/T 34590.4—2022 的第 7 章和第 8 章，GB/T 34590.5—2022 的第 10 章，GB/T 34590.6—2022 的第 9 章 ~ 第 11 章）、测试用例导出方法（需符合功能安全针对各测试阶段对测试用例导出方法的要求，详见 GB/T 34590.4—2022 的第 7 章和第 8 章，GB/T 34590.5—2022 的第 10 章，GB/T 34590.6—2022 的第 9 章 ~ 第 11 章）、测试用例通过与不通过的准则。软件安全需求验证检查项示例如表 9-6 所示。

表 9-6　软件安全需求验证检查项

序号	描述
1	软件安全要求的得出是否基于安全相关的软件功能和特性？如果嵌入式软件除了执行 GB/T 34590.6—2022 中 6.4.1 定义的安全要求的功能外，还执行了其他功能，是否按照所应用的质量管理体系的要求提供了这些功能及其特性的规范

续表

序号	描述
2	软件安全要求的得出是否继承于技术安全要求、技术安全概念和系统架构设计规范？软件安全要求的得出是否包含如下内容： a）安全要求的定义和管理，按照 GB/T 34590.8—2022 的第 6 章规定； b）已定义的系统和硬件的配置； c）软硬件接口规范； d）硬件设计规范的相关要求； e）时间约束； f）外部接口； g）对软件有影响的车辆、系统或者硬件的每个运行模式及运行模式之间的转换
3	若对软件安全要求进行了 ASIL 等级分解，其分解原则是否满足 GB/T 34590.9—2022 中第 5 章的要求
4	软硬件接口规范在软件开发阶段是否进行了细化？细化程度是否足以支持软件正确控制使用硬件
5	软硬件接口规范是否描述了硬件和软件间每个与安全相关的依赖性
6	是否建立了软件安全要求与技术安全要求、技术安全概念和系统架构设计规范之间的双向追溯性
7	是否为每个软件安全要求制定了验证准则
8	是否基于 GB/T 34590.8—2022 的第 6 章和第 9 章执行了软件安全要求、细化后的软硬件接口规范的验证？其验证结果是否能证明如下要求得到了满足？ a）软件开发的适用性； b）与技术安全要求的一致性和符合性； c）与系统设计的符合性； d）与软硬件接口的一致性

9.8 软件工具置信度的评估

在产品开发过程中需要使用丰富的工具链用以支撑各开发活动的高效、高质量开展，软件工具涵盖系统或软硬件要素开发过程中使用的软件工具，如软件开发工具、需求管理工具、系统设计工具、测试工具、静态分析工具等。但这些软件工具所支持的功能是否和产品功能安全相关，是否会因为一些工具自身缺陷而违背产品安全要求，是产品开发过程中需要关注的。本节基于软件工具的功能和所使用的产品开发场景，提供一种软件工具置信度的鉴定方法，通过提供证据证明软件工具适用于支持功能安全开发要求。

本节提供软件工具准则评估报告和软件工具鉴定报告的示例。

首先，根据项目准备软件工具使用清单，涉及自研软件和外购软件，内容至少应包含供应商、工具名称、版本 / 构建、运行环境、使用说明、已有证据等。

其次，根据已获得的信息进行 TI/TD/TCL 的等级评估，TI 指特定软件工具功能异常可引入或不能探测开发中安全相关项或要素中错误的可能性；TD 指用于预防软件工具功能异常并产生相应错误输出的措施的置信度，或用于探测软件工具存在功能异常并已产生相应错误输出的措施的置信度；TCL 指软件工具的置信度水平，工具置信度水平的确定如表 9–7 所示，出具软件工具准则评估报告并进行评审，示例如表 9–8 所示。

最后，针对软件工具准则评估报告中评估得到的 TCL2 和 TCL3 等级进行软件工具的鉴定，软件工具鉴定的方法包括使用中积累置信度、工具开发流程评估、软件工具确认、按照安全标准开发。根据项目中要求的 ASIL 等级选择不同方法或组合。分别对外购软件工具和自研软件工具进行鉴定，针对外购软件工具根据供应商提供的软件工具评估准则报告、安全手册、认证证书 / 评估报告（如有）等进行软件工具鉴定；针对自研软件工具根据软件工具评估准则报告、软件工具开发过程审核报告、软件工具测试报告、安全手册进行软件工具鉴定，出具软件工具鉴定报告并进行评审，示例如表 9–9 所示。

表 9–7　软件工具置信度水平（TCL）的确定

工具异常影响度	工具异常探测能力		
	TD1	TD2	TD3
TI1	TCL1	TCL1	TCL1
TI2	TCL1	TCL2	TCL3

表 9-8　软件工具准则评估报告示例

序号	供应商	工具名称	版本 / 构建	运行环境	工具使用者	项目中要求的 ASIL	使用用例	TI	选择 TI 的理由	TD	选择 TD 的理由	TCL	TCL>1？链接到鉴定报告	证据链接（安全手册 / 认证证书 / 评估报告等）	确认评估准则对项目是否有效
1	Microsoft	Microsoft Office	2010	Windows 7	×××	ASIL D	设计，撰写报告	TI 1	软件工具功能异常不会导致安全相关要素失效或不能探测失效	TD 1	按照标准开发，并对源代码进行了验证，具有高置信度	TCL 1	否	×××	Yes

（1）方法 1：使用中积累置信度

该软件工具用于相同的目的，具有相似的使用案例、相似的运行环境和相似的功能约束。

表 9-9　软件工具鉴定报告示例

工具名称	版本 / 构建	预期目的	工具配置要求	运行环境要求	使用用例	功能约束	以前案例中功能异常和相应错误输出	以前案例中对已知缺陷的安全保护、避免措施、应急措施或探测措施	结论
Microsoft Office	2010	本项目：撰写开发过程中文档	本项目：无	本项目：Windows 7	本项目：设计，撰写报告	本项目：无	—	—	该软件工具在之前案例中与本项目一致，已知缺陷采取的措施满足本项目要求
		经验案例 1：撰写开发过程中文档	经验案例 1：无	经验案例 1：Windows 7	经验案例 1：设计，撰写报告	经验案例 1：无	供应商提供的版本历史及发布的勘误表	检查故障并采用软件工具提示	
		经验案例 2：撰写开发过程中文档	经验案例 2：无	经验案例 2：Windows 7	经验案例 2：设计，撰写报告	经验案例 2：无	供应商提供的版本历史及发布的勘误表	检查故障并采用软件工具提示	

（2）方法 2：工具开发流程评估

软件工具开发的流程应满足标准，可基于国内或国际标准对软件工具开发流程进行评估，同时提供软件开发流程被应用的证据，鉴定示例如表 9-10 所示。

表 9-10　基于开发流程的鉴定示例

工具名称	版本 / 构建	工具开发流程	采用的标准	证据链接	评估结果
Microsoft Office	2010	描述已执行评估的目标和实践，如 ASPICE 应描述哪些过程已经完成评估（ENG1.–ENG.9）	Automotive SPICE / IEC 33000/CMMI 等	×××	符合 ××（标准）要求

（3）方法 3：软件工具确认

软件工具确认提供评估的工具不会发生错误或将被检测到的证据，针对软件工具功能异常及其相应错误输出应进行避免或探测它们的措施分析，检查软件工具对异常运行条件的响应，鉴定示例如表 9–11 所示。

表 9–11　基于软件工具确认方法的鉴定示例

工具名称	版本 / 构建	确认方法	确认标准	测试用例	测试结果（Pass/Fail）	问题记录
Microsoft Office	2010	1）测试工具是否符合要求 2）可预见的误用 3）不完整输入数据测试 4）不完整的软件工具升级测试 5）使用被禁止的配置设置组合测试	1）未检测到错误 2）检测到错误有响应并不会造成安全影响	通过用户开发或工具供应商开发的自定义测试套件来实施	Pass	×××

（4）方法 4：按照安全标准开发

没有安全标准完全适用于软件工具的开发，可选择安全标准中相关的一组安全要求，鉴定示例如表 9–12 所示。

表 9–12　按照安全标准开发的鉴定示例

工具名称	版本 / 构建	标准名称	工作产物	证据链接
Microsoft Office	2010	ISO 26262/ IEC 61508/ EN 50128/ RTCA DO–178C	×××	×××

9.9　软件组件的鉴定

软件组件的鉴定是针对具有相同功能或特性的现有软件组件在本项目中的复用。软件组件可以是第三方供应商提供的软件库，也可以是已用于电控单元的自研软件组件。软件组件包括源代码、模型、预编译代码，或已编译及链接的软件等。

本节提供了软件组件的文档、软件组件鉴定报告和软件组件鉴定的验证报告的示例。首先，根据项目准备软件组件清单，识别出本项目中需要复用的软件组件，涉及自研软件组件复用和外购软件组件复用，确认需要进行鉴定的软件组件，包括软件组件 ID、名称、版本、ASIL 等级、用途描述和来源等，出具软件组件的文档，示例如表 9-13 所示。本节需要收集复用的软件组件在以前案例中实现的软件需求、用途、配置描述、接口和共享资源、使用环境、异常运行时实现的措施、安全手册、评估报告（若有）、测试报告、软件资源情况等信息，为软件组件鉴定提供基本信息。

表 9-13　软件组件的文档示例

软件组件 ID	软件组件名称	版本	软件组件需求描述	ASIL 等级	用途描述	配置描述	接口和共享资源	使用环境	异常运行条件下的响应	来源（自研 / 供应商）	证据链接（安全手册 / 评估报告 / 测试报告等）
SWC_01	OS	V1.0	固定优先级的调度	ASILB	操作系统，用于任务调用等	××	××	×××	×××	××供应商	×××

其次，确认本项目对软件组件的要求，本节需要收集本项目开发过程中对该软件组件的软件功能安全需求、接口要求、配置要求、使用环境要求、软件资源情况等。将复用的软件组件与本项目要求的软件组件进行比对分析，应明确复用的软件组件的功能符合性、环境符合性、所用资源符合性、功能安全符合性、开发过程符合性，分析结果示例如表 9-14 所示。

表 9-14　分析结果示例

软件组件名称	功能符合性	环境符合性	所用资源符合性	功能安全符合性	开发过程符合性
OS	经过分析比对，功能符合本项目	经过分析比对，环境符合本项目	经过分析比对，所用资源符合本项目	经过分析比对，功能安全符合本项目	经过分析比对，开发过程符合本项目

再次，制定测试计划、测试策略及测试用例对软件组件进行测试，包括对功能的测试、静态和动态测试，以及测试用例对需求的覆盖率应满足 100%，应保证复用的软件组件对应的软件功能安全需求已经全部测试，并出具相应的测试报告。

最后，根据以上的分析过程和测试结果对软件组件进行结论性评估以证明软件组件是符合本项目要求的，并出具软件组件鉴定报告，并根据审核清单验证软件组件的鉴定结果连同这些结果对软件组件预期使用的有效性，出具软件组件鉴定的验证报告。

对于软件组件鉴定的执行，在项目执行过程中应考虑所有复用软件组件的符合性，通过分析本项目对软件组件的要求和复用软件组件的偏差点，并将复用的软件组件在本项目中进行测试验证，证明复用软件组件的功能符合、环境符合、所用资源符合、功能安全符合、开发过程符合，本节提供的指导方法避免了软件组件的重复开发，减少了软件组件的开发周期，促进了商业现成软件的使用。

9.10 硬件要素评估

本节的目的是确保硬件要素的功能表现足以满足分配的安全要求，为后续的功能安全硬件开发、集成和测试活动提供支持信息。

本节中用到的“硬件要素”术语指的是商业成熟的硬件组件或元器件，硬件要素评估的适用性是基于失效模式及影响分析，由被评估硬件要素的集成者在设计集成的下一个更高层面进行确定。ISO 26262 和 GB/T34590 根据硬件要素的复杂程度，将硬件要素可分为三类：Ⅰ、Ⅱ和Ⅲ三类。对于不同类别的硬件要素，硬件要素的评估活动也会有所差异：

对于Ⅰ类：由于要素功能简单，因此不需要单独评估；集成到其中的硬件要素应按照 ISO 26262 或 GB/T 34590 进行开发，例如电阻、电容、二极管等硬件要素。

对于Ⅱ类：要素的评估可以结合测试和分析完成，例如燃料压力传感器、温度传感器等。

对于Ⅲ类：除Ⅱ类要素所需的评估活动之外，还增加了论证，说明违反安全目标或安全需求的风险足够低，例如微控制器、微处理器等。

硬件要素评估旨在实现以下目标：

1）为满足安全概念，组件或元器件应具备足够的功能表现；

2）通过使用适当的测试（例如过极限测试、加速测试）或分析对失效模式和模型（它们分布的量化）进行识别；

3）硬件要素具有足够的鲁棒性；

4）要素使用限制的识别。

硬件要素评估的流程包含：

1）硬件要素评估计划：此阶段旨在精确识别硬件要素，明确硬件要素正常工作时的环境以及预期工作时的环境，对于Ⅱ类和Ⅲ类硬件要素还需要提供鉴定策略与鉴定依据，包括鉴定策略中涉及的工具或设备，策略的实施方、责任方、硬件要素鉴定的通过准则都需要完整定义。以表 9–15 为例进行说明：需明确硬件要素名称、型号、芯片供应厂商，以及要素类别等相关信息，如表 9–15 所示。

表 9–15 识别硬件要素

要素类别	名称	品牌	规格
Ⅱ类要素	IGBT 驱动芯片	罗姆	BM61M41RFV–CE2

硬件要素使用环境的定义：需对硬件要素的预期使用环境进行定义，并对其温度值范围、功能描述等内容进行规定，如表 9–16 所示。

表 9–16 硬件要素使用环境

物料名称	物料号	预期使用的环境
IGBT 驱动芯片	BM61M41RFV–CE2	1）温度：–40 ℃ ~ 125 ℃
		2）功能：驱动 IGBT

硬件要素的鉴定策略及鉴定依据：应明确对硬件要素的鉴定策略和鉴定依据，并完善依据链接，在此阶段主要为定义鉴定计划，并证明鉴定的客观性与科学性，如表 9–17 所示。

表 9–17 硬件要素的鉴定策略和鉴定依据

元器件名称	鉴定策略	依据	依据链接
BM61M41RFV–CE2	1）安全分析，通过进行安全分析识别潜在的失效模式。 2）测试，通过故障注入测试和可靠性测试进行评估	评估之前项目及当前项目所使用的硬件安全需求（HSR）是否一致	HSR–017 HSR–018

鉴定策略的实施方、责任方、策略所使用的工具以及通过准则：在此步骤需明确定义实施方、责任方、策略所使用的工具设备以及明确通过准则，实施示例如表 9–18 所示。

表 9–18 硬件要素的责任方、实施方、工具设备和通过准则

元器件	责任方	实施方	工具设备	通过准则
BM61M41RFV–CE2	××	××	示波器，12 V 电源，评估测试 PCB，上位机	实现预期的功能（分配给该器件的 HSR）

2）评审硬件要素评估计划：此阶段的目标是对硬件要素评估计划进行评审。评审应保证对评估标准的正确应用、对评估方法的选择适用性以及对时间计划的合理性管控。

3）硬件要素分析：此阶段的目标是对硬件要素进行分析。对硬件要素进行分析应基于硬件要素所暴露出的全部环境条件，分析这些条件对硬件要素的限制及其他额外的运行压力。

4）评审硬件要素分析报告：此阶段的目标是对硬件要素分析的完整性和正确性进行确认。

5）准备硬件要素测试计划：此阶段的目标是制定硬件要素测试计划。测试计划应包含硬件要素功能描述、需进行测试的数量以及顺序、组装和连接的要求、加速老化的过程、模拟运行条件和环境条件、通过 / 不通过准则、被测环境参数、对测试设备的要求包括精度以及测试期间允许的维护和更换流程。示例如表 9–19 所示。

表 9–19　硬件要素测试计划示例

硬件组件或元器件	BMXXX
HSR 编号	HSR–017
HSR 描述	需具备 2 路 15 V 电压转化功能，分别为高边及低边 IGBT 驱动电路提供 15 V 供电 电压转化精度：± 1% 输入电压范围：2.7 V ~ 42 V 其中一路为低边 IGBT 驱动电路及高压侧 5 V 转化电路供电，另一路为高边 IGBT 驱动电路供电
测试用例编号	HardWare_Test_Case0015_001
测试用例描述	测试驱动输出（栅极）电压波型及延时，在测试点 TP99 输入 4.25% 占空比 PWM 波，示波器测量测试点 TP100 的波形（频率、占空比、上升时间、下降时间、过冲 / 下冲）及与输入波形的延时时间
测试环境	测试环境温度：–40 ℃，25 ℃和 105 ℃
预期测试结果	PWM 方波占空比为 4.25% ± 1%，高电平电压精度为 15 V ± 0.5 V
通过原则	实测值应在预期测试结果范围之内

6）评审硬件要素测试计划：此阶段的目标是确保硬件要素测试计划的正确性和完整性。

7）定义硬件要素测试规范并执行测试：此阶段的目标是定义硬件要素测试规范、执行测试、生成硬件要素测试报告。

8）评审硬件要素测试规范和测试报告：此阶段的目标是确保硬件要素测试规范和硬件要素测试报告的正确性和完整性。

9）实施硬件要素额外措施：此阶段的目标是实施硬件要素额外措施并确保由于系统性故障违背安全目标或安全需求的风险足够低。

额外措施包括：安全相关功能的可验证性、现场经验、由具有安全相关失效模式探测能力的独立多样性要素进行监视、符合具有完整性等级可比性的不同安全标准的开发等。

10）评审硬件要素额外措施报告：此阶段的目标是确保硬件要素额外措施报告的正确性和完整性。

11）论证硬件要素评估结果：此阶段的目标是论证硬件要素评估结果。硬件要素评估应具备对硬件要素的性能符合其规范的全面论证，如表 9–20 所示。

表 9–20　不同类型硬件要素论证方法

评估方法：

分类	描述
Ⅰ类要素	由于Ⅰ类要素的功能较为简单，因此不需要对其本身进行评估；集成了Ⅰ类硬件要素的硬件开发应按照 GB/T 34590（所有部分）进行
Ⅱ类要素	Ⅱ类硬件要素的评估应使用恰当的分析和测试选择进行。 应按照硬件设计，对硬件要素的功能性能符合其规范且足以满足其预期用途进行全面论证，包括使用的分析方法和假设，来自运行经验的数据、现有测试结果。 评估报告应说明，基于所执行的分析和测试，针对定义并分配给该硬件要素的安全要求（包括其工作范围和条件）、硬件要素是否通过了评估
Ⅲ类要素	应提供额外措施，证明由于系统性故障而违背安全目标或违背安全要求的风险足够低

硬件要素评估论据示例如表 9–21 所示，通过分析、测试、鉴定结论对硬件要素进行评估，得出评估结果。

表 9–21　硬件要素评估论据示例

分析	通过进行 FMEDA/FMEA/DFA 等安全分析得出适用于本项目的硬件安全需求，并根据该硬件的相关分析文档，如 Safety Manual 或 FMEDA 报告，进行差距分析，评估其是否适用于当前硬件安全需求
测试	在满足开发要求后，基于该硬件，针对于项目的硬件安全需求进行测试，测试用例如测试计划所描述，判断产品满足项目要求
鉴定结论	经鉴定，该硬件满足当前项目功能安全需求

12）评审硬件要素评估报告：此阶段的目标是确保硬件要素评估报告的完整性和正确性。

功能安全硬件要素评估是一个全面的过程，涵盖了硬件设计、验证、故障分析等多个方面，旨在确保硬件组件能够在各种环境下安全可靠地工作，以保障系统的安全性能。同时，要结合具体的行业标准和规范进行评估，以确保符合相应的安全要求。

9.11 在用证明

本节的目的是对在用证明进行说明，在用证明指的是在现场数据可以使用的前提下，对相关项或要素进行了复用，这种情况即可使用在用证明。

在用证明可用于与已发布并投入使用的产品的定义及使用条件具有相同或高度通用性的任何类型的产品，也可用于与这类产品相关的任何工作成果，例如，相关项或要素，如系统、功能、硬件或完整的软件产品、技术安全概念等。

在用证明是基于对现有相关项或要素的分析，结合数据判断是否可将资源进行复用，若可复用，则需根据上述流程，先建立计划，确定候选项的描述即确认复用元素，然后分析差距和现场数据，考虑在用证明的目标值，结合现场问题进行综合考量，得出在用证明报告，达成相同数据源的复用，在用证明对新产品的开发并不适用。

第10章 功能安全审核、评估及发布

审核和评估是功能安全活动中的关键环节，然而它们通常被初次接触功能安全的个人和企业所忽视。本章首先梳理了这一环节涉及的关键概念，详细阐述了功能安全审核、评估、认可评审等活动的区别、联系和侧重点，以及对于活动开展阶段、人员能力、独立性的不同要求，并对企业内部开展的审核评估和第三方机构开展的活动间做了比较。其次，对不同层面的审核和评估工作，从共性方面、硬件层面、软件层面、系统层面、概念层面等，分别阐述了关注要点。通过本章的内容，读者将了解到审核和评估工作对于功能安全实现的重要作用。

10.1　功能安全审核、评估概述

本节详细解释了审核、评估、认可评审、认可措施、验证、验证评审等容易混淆的重要概念。并对上述各项功能安全活动的区别、联系、要求、侧重点进行了阐述。

本章关键术语：

审核（audit）：针对过程目标对已实施过程的检查。

评估（assessment）：对相关项或要素的特性是否实现 GB/T 34590 目标的检查。

认可评审（confirmation review）：确认工作成果能够提供充分且具有说服力的证据，证明其促成了考虑 GB/T 34590 相关目的和要求的功能安全的实现。

认可措施（confirmation measure）：与功能安全相关的认可评审、审核或评估。

验证（verification）：确定检查对象是否满足其特定要求。

验证评审（verification review）：确保开发活动结果满足项目要求和 / 或技术要求的验证活动。

审核和评估在 GB/T 34590—2022 和 ISO 26262-1：2018 中具有明确定义，且在 ISO 26262-2：2018 的 6.4.9 认可措施、6.4.11 功能安全审核、6.4.12 功能安全评估、附录 D 认可措施指南，ISO 26262-8：2018 的 5.4.3 分布式开发的启动和计划，ISO 26262-10：2018 的 5.2 认可措施中分别阐述了这两项工作的区别、联系、侧重点、分布式开发时的考虑、对功能安全实现的贡献，以及执行的时间。

概括地说，两者都是重要的安全活动，是功能安全认可措施的一部分，以判断企业实施的流程和工作成果是否实现了 GB/T 34590—2022。除审核、评估外，认可措施还包括认可评审。三者分别作为认可措施的一种方式，共同支撑了对相关项是否实现功能安全，或对实现功能安全的贡献的判断。三者最主要区别是各自的目的和侧重点不同：

认可评审：认可评审的目的是评判关键工作成果（见表 10–1）是否提供了充分和令人信服的证据，证明其对实现功能安全的贡献。需注意，认可评审只对表 10–1 中罗列的工作成果进行展开，并非功能安全所有的功能成果。

功能安全审核：功能安全审核的目的是评估安全活动所要求的流程的执行情况。审核的核心是流程。需注意，功能安全审核开展的适用条件是：相关项和要素的安全要求的最高等级是 ASIL B、ASIL C 或 ASIL D。也就是说，ASIL A 等级不用执行功能安全审核。对于 ASIL B，审核是推荐活动而非要求。而对于 ASIL C 和 ASIL D，审核是必须进行的，且参与审核的人员需要满足表 10–1 的独立性要求。

功能安全评估：功能安全评估的目的是根据安全计划，判断相关项是否实现了功能安全，或判断对功能安全实现的贡献（例如要素的开发），并为功能安全的实现提供接受、有条件接受或拒绝建议。评估的核心是相关项，是安全计划要求的、按照功能安全流程开发的各项工作产物。需注意，同审核工作的适用性类似，对于相关项和要素的安全要求的最高 ASIL 等级是 ASIL B、ASIL C 或 ASIL D 时，执行功能安全评估工作。同理，ASIL A 等级不用执行功能安全评估。对于 ASIL B，评估是推荐活动而非要求。而对于 ASIL C 和 ASIL D，评估是必须进行的，且参与评估的人员需要满足表 10–1 的独立性要求。

审核有助于发现文档、流程的缺陷及其不一致，而评估则侧重验证设计是否满足要求。审查和评估，这两个过程的结合有助于最大程度地提高车辆的功能安全。

需要说明的是，在开展工程安全评估时，同样会考虑功能安全要求的流程。因此，在实际开展审核和评估工作时，两者可以同时开展，也可以先进行审核再进行评估工作。功能安全审核以及认可评审的结果是功能安全评估的输入。负责评估的人员可根据其判断进行评估，包括如何使用功能安全审核与认可评审的结果。例如，如果功能安全审核的结果令人满意，负责功能安全评估的人员可决定信赖审核结果，而不对功能安全所要求的过程的实施做进一步判断。 因此，对于刚执行功能安全工作的企业或功能安全评估专家人数有限的企业，建议先开展审核工作，再进行评估工作。由于审核人员和评估人员的能力要求不同，这两项工作可以分开进行，先开展审核，可以在流程上先进行纠正。在项目早期阶段执行的功能安全审核对于识别流程中的不足是有益的。再进行评估工作时，对已实施的流程的评估可基于功能安全审核的结果以及由此所产生的纠正措施。对于技术实力有条件的企业，认可措施和功能安全审核，可以与功能安全评估合并、联合进行。

需要注意的是，无论是审核、评估还是认可评审，所有的认可措施的执行在资源、管理和发布权限上均有独立性的要求，见表 10–1。

表 10-1　认可措施的执行要求（包括独立性等级要求）

认可措施	应用于以下的独立性程度					范围
	质量管理 QM	ASIL A	ASIL B	ASIL C	ASIL D	
相关项层面对于影响分析的认可评审； 独立于影响分析的责任者和项目管理	I3	I3	I3	I3	I3	判断按照 GB/T 34590.2—2022 的 6.4.3 进行的影响分析是否正确识别了相关项是新相关项、对现有相关项的修改或是环境变化的现有相关项。 判断按照 GB/T 34590.2—2022 的 6.4.3 进行的影响分析是否充分地识别了各种变化引发的功能安全影响，以及要执行的安全活动
危害分析和风险评估的认可评审（见 GB/T 34590.3—2022 的第 6 章）； 独立于相关项开发人员、项目管理和工作成果责任者	I3	I3	I3	I3	I3	判断与危害事件相关的运行场景的选择和危害事件定义是否适当。 判断已确定的 ASIL、对于相关项识别的危害事件的质量管理（“QM”）评级和导致没有 ASIL 的参数（例如 C0/S0/E0）是否正确。 判断定义的安全目标是否涵盖已识别的危害事件

续表

认可措施	应用于以下的独立性程度					范围
	质量管理 QM	ASIL A	ASIL B	ASIL C	ASIL D	
安全计划的认可评审（见 GB/T 34590.2—2022 的 6.5.3）； 独立于该相关项的开发人员、项目管理和工作成果责任者。 **注 1**：安全计划的认可评审包括由于现有要素复用而执行的要素层面影响分析的评审（见 GB/T 34590.2—2022 的 6.5.2）。 **注 2**：安全计划包含候选项在用证明（分析、数据和可信度）及相应的剪裁，若适用（见 GB/T 34590.2—2022 的 6.4.6 和 GB/T 34590.8—2022 的第 14 章）。 **注 3**：安全计划包括因使用软件工具而引起的剪裁，若适用（见 GB/T 34590.2—2022 的 6.4.6 和 GB/T 34590.8—2022 的第 11 章）。	—	I1	I1	I2	I3	依照全部安全要求中的最高 ASIL 等级执行
功能安全概念的认可评审（见 GB/T 34590.3—2022 的第 7 章），由相应安全分析和相关失效分析的结果支持（见 GB/T 34590.9—2022 的第 8 章和 GB/T 34590.9—2022 的第 7 章）； 独立于该相关项的开发人员、项目管理和工作成果责任者	—	I1	I1	I2	I3	依照相关项全部安全目标中的最高 ASIL 等级执行
技术安全概念的认可评审（见 GB/T 34590.4—2022 的第 6 章），由相应安全分析和相关失效分析的结果支持（见 GB/T 34590.9—2022 的第 8 章和 GB/T 34590.9—2022 的第 7 章）； 独立于该相关项的开发人员、项目管理和工作成果责任者	—	I1	I1	I2	I3	依照导出技术安全要求的全部功能安全要求的最高 ASIL 等级执行。 如果已对功能安全概念执行了 ASIL 分解，则应考虑分解的 ASIL 结果

续表

认可措施	应用于以下的独立性程度					范围
	质量管理 QM	ASIL A	ASIL B	ASIL C	ASIL D	
集成和测试策略的认可评审（见 GB/T 34590.4—2022 的第 7 章）； 独立于该相关项的开发人员、项目管理和工作成果责任者	—	I0	I1	I2	I2	依照全部安全要求中的最高 ASIL 等级执行
安全确认规范的认可评审（见 GB/T 34590.4—2022 的第 8 章）； 独立于该相关项的开发人员、项目管理和工作成果责任者	—	I0	I1	I2	I2	依照全部安全要求中的最高 ASIL 等级执行
安全分析和相关失效分析的认可评审（见 GB/T 34590.9—2022 的第 8 章和 GB/T 34590.9—2022 的第 7 章）； 独立于该相关项的开发人员、项目管理和工作成果责任者	—	I1	I1	I2	I3	依照全部安全要求中的最高 ASIL 等级执行
安全档案的认可评审（见 GB/T 34590.2—2022 的 6.5.4） 独立于安全档案的责任者	—	I1	I1	I2	I3	依照全部安全要求中的最高 ASIL 等级执行
按照 GB/T 34590.2—2022 的 6.4.11，进行功能安全审核； 独立于相关项开发人员和项目管理	—	—	I0	I2	I3	依照全部安全要求中的最高 ASIL 等级执行
按照 GB/T 34590.2—2022 的 6.4.12，进行功能安全评估； 独立于相关项开发人员和项目管理	—	—	I0	I2	I3	依照全部安全要求中的最高 ASIL 等级执行
表中符号含义如下： —：对于认可措施无要求和建议； I0：宜执行认可措施；但如果执行，应由与负责创建工作成果的人员不同的人员执行； I1：认可措施应由与负责创建工作成果的人员不同的人员执行； I2：认可措施应由独立于负责创建工作成果的团队的人员执行，即由不向同一个直接上级报告的人员执行； I3：认可措施应由在管理、资源和发布权限方面与负责创建对应工作产品的部门独立的人员执行。						

表 10–2 详细列出了审核、评估、认可评审三种不同认可措施的特点和重点。包括：不同的目的，评估内容，输出结果，开展时间和完成时间，人员要求，人员应获得的支持，人员独立性要求和 GB/T 34590.2—2022 与 GB/T 34590.2—2017 的对比。

值得提及的是，在实际执行的过程中，特别是对于刚建立功能安全体系的企业，验证评审也是常被问及的概念，即认可评审（confirmation review）和验证评审（verification review）的区别。

验证评审是验证的一种方式。验证（verification），目的是确定检查对象是否满足其特定要求。典型的验证活动可以分为以下几类：

1）验证评审、走查、检查，都是相关人员对工作产物的检查，但独立性、深入程度不同。

2）验证测试，根据上游设计需求来设计并执行测试用例，也是最容易理解的验证方法。

3）仿真模拟，如硬件电路 EDA 的仿真，因后期难以再进行验证测试。

4）原型机制造。

5）分析（安全分析、控制流分析、数据流分析等）。

验证评审：确保开发活动结果满足项目要求和 / 或技术要求的验证。验证评审的目标是确认相关项或要素的技术正确性和完整性。也就是说，验证评审更偏重技术层面。

只要评审根据按照表 10–1 以足够的独立性进行，认可评审和验证评审就可以合并进行。

不同认可措施的特点和重点对照见表 10–2。

由于功能安全的活动是伴随企业开发的进度而进行，时间跨度往往可达 1 年到 4 年不等。因此，企业在实际撰写安全计划和开展审核评估工作时，往往会设置几个里程碑来进行。如：将开发过程分为以下 5 个里程碑逐步进行，并在每个阶段分别开展审核和评估活动：

1）里程碑 M1——“概念”（相关项定义、危害分析和风险评估、功能安全概念等）；

2）里程碑 M2——“计划”（安全计划、系统设计、技术安全概念等）；

3）里程碑 M3——“开发”（硬件 / 软件设计 & 实施，测试计划 / 规范等）；

4）里程碑 M4——“测试”（相关项 / 系统 / 硬件 / 软件测试报告等）；

5）里程碑 M5——“生产”（计划生产过程等）。

对于分布式开发，主机厂和供应商均会针对各自的安全活动制定安全计划，包括审核和评估。供应商进行的功能安全评估可判断是否满足其客户（多为主机厂或层级更高的供应商）的安全要求，并判断已开发的要素或工作成果对实现功能安全的贡献。供应商按里程碑节点并以开发接口协议中定义的形式向客户提供功能安全评估报告。

客户进行的功能安全评估会考虑供应商的安全评估报告。对于主机厂，功能安全评估则包括对集成在目标车辆中的相关项已实现功能安全的判断。可参考 GB/T 34590.8—2022 的第 5 章分布式开发的介绍。

企业内部的审核评估以及第三方的审核评估，也是大家常常关心的话题。这里需要指出，对于企业来说，审核和评估是安全活动的一部分，可以由企业根据表 10–1 的独立性的要求和开发节点的要求自行完成，并不一定需要第三方机构的介入。第三方机构的介入往往是因为以下两种情况：1）企业没有足够的人手、能力或独立性来完成，需要第三方机构的支持；2）企业需要出具有公信力的证书时，第三方机构的审核评估以及后续出具的证书可以起到一个背书的作用。

表 10–2　不同认可措施的特点和重点对照表

项目	功能安全审核	功能安全评估	认可评审
目的	评估安全活动所要求的流程的执行情况，如果适用（根据 ASIL 等级判断适用性）	评判相关项是否实现了功能安全，或判断对功能安全实现的贡献（例如要素的开发），如果适用（根据 ASIL 等级判断适用性）	评判关键工作成果是否提供了充分和令人信服的证据，证明其对实现功能安全的贡献
评估内容	a）根据安全计划中定义或参考的活动定义，评估过程实施情况； b）基于组织的专门的规则和流程，对安全计划成果的评估； c）如果提供论证，对其为什么实现了 GB/T 34590 中流程相关目标进行评估； d）对安全计划要求的工作成果是否可用的评估； e）对安全计划要求的工作成果是否符合 GB/T 34590.8—2022 的 10.4.3 以及工作成果彼此间的一致性的评估； f）组织建立、执行并维护的持续改进的流程	在功能安全评估范围内，安全活动及其结果的广度和深度需被评估，包括： a）安全计划及安全计划要求的所有工作成果； b）功能安全要求的流程； c）在相关项或要素开发过程中，可评估已执行或实施的安全措施的恰当性和有效性； d）考虑到 GB/T 34590 的相关目标的实现，关于为什么实现功能安全的论证（如果可以提供）； e）安全档案中提供的论据； f）安全异常关闭的理由	评审员对照 GB/T 34590 的相应要求，检查以下工作成果的正确性、完整性、一致性、充分性和内容： a）相关项层面的影响分析； b）危害分析和风险评估； c）安全计划； d）功能安全概念； e）技术安全概念； f）集成和测试策略； g）安全确认规范； h）安全分析和相关失效分析； i）安全档案

续表

项目	功能安全审核	功能安全评估	认可评审
输出结果	功能安全审核报告	功能安全评估报告	关键工作成果的认可评审报告
开展时间和完成时间	所需流程的实施期间，生产发布前完成	a）按照安全计划输入进行计划； b）最迟宜在系统级产品开发之初进行规划； c）宜在产品开发过程中逐步执行； d）应在生产发布前完成	相关安全活动完成后，生产发布前完成
人员要求	符合能力管理要求和独立性要求	一位或多位被授予权力的满足能力要求和独立性要求的评估员； 评估员可委派一位或多位助理，助理独立性至少达到 I1	一位或多位被授予权力的满足能力要求和独立性要求的负责人； 评估员可委派一位或多位助理，助理独立性至少达到 I1
人员应获得的支持	实施人员应有足够的权限开展实施	a）实施人员应有权限获取相关信息和工具； b）获得必需支持，例如负责相关工作成果的人员要在场	实施人员应有权限获取相关信息和工具
独立性要求	参见表 10–1	参见表 10–1	参见表 10–1
GB/T 34590.2—2022 与 GB/T 34590.2—2017 对比	增加了功能安全审核者应提供的报告的要求，详见 GB/T 34590.2—2022 的 6.4.11.4。细化了审核报告的内容和目的，更具指导和实操性	增加了功能安全评估的阶段、范围、人员要求，更改了评估的接受条件等，详见 GB/T 34590.2—2022 的 6.4.12	增加了认可评审的要求，详见 GB/T 34590.2—2022 的 6.4.10

10.2 不同层面的功能安全审核与评估

10.2.1 功能安全整体的审核及评估

本节列举了功能安全审核评估过程中经常遇到的问题，同时也是待审方和审核方均需要关注的点。

（1）文档成熟度

文档的成熟度在功能安全的审核及评估中起着至关重要的作用。因为文档作为证据体现了功能安全开发的水平。常见的问题有：在工作产物未完成或不完整的情况下进行审核和评估，包括没有开发完就开始审核评估，导致部分内容没达到功能安全要求，审核评估不通过；或材料根本不足以支撑评审工作，导致时间的浪费。因此，要求文档相对完整和内容足够正确是确保功能安全顺利完成审核评估的必要条件。

文档成熟度的要求涉及以下几个方面：

完整性：文档必须包含所有必要的信息，以便审核和评估人员能够全面了解设计、开发和验证过程。未完成的文档可能会导致安全要求的遗漏，或安全要求没有被正确验证。

正确性：文档中的信息必须准确反映了实际的系统状态和设计，包括功能安全要求、架构、硬件和软件规格等，不准确的信息可能会导致不恰当的审核和评估决策。

一致性：文档应与相关文件和标准一致，不一致的文档可能会引发混淆和误解。

及时更新：文档应随着系统开发的进展而及时更新，以反映最新的设计和验证信息，过时的文档可能会导致过时的安全要求，这些要求可在配置管理和变更管理中进行约定。

（2）初审和复审

审核的重要性在10.1“功能安全审核、评估概述”已经充分说明。这里主要介绍复审的作用和重要性。

复审的作用和重要性主要包含以下几点：

问题追踪和解决：复审是确保初审中发现的问题得到妥善解决的关键环节。通过对初审中提出的问题进行再次审查，复审团队能够确保开发团队已经采取了适当的措施来解决这些问题。这有助于防止问题被忽视或被搁置，因而提高系统的安全性和合规性。

问题闭环：通过复审闭环过程，确保初审中提出的问题被追踪和验证。这意味着问题被解决后，其解决情况需要再次审查并验证，以确保问题得到彻底解决。这有助于消除潜在的漏洞和遗漏。

无论是初审还是复审，首先要保证文档的成熟度。在审核评估的过程中，要遵循人员完整性和独立性要求，避免出现一言堂，或是出现参与审核评估人员对项目不了解的情况。

记录和证据的保留是不可忽视的。当初审或复审中的问题被发现时，相关的记录和证据是问题被明确记录的保障，以便后续跟踪和解决。这有助于避免问题被遗漏或被忽视。

（3）接受准则

1）在功能安全审核和评估过程中，制定接受准则是至关重要的，因为这有助于指导工程师开发符合安全要求的系统，并确保设计决策与安全目标一致。常见问题有接受准则模糊、不一致或不适当。

接受准则模糊：接受准则可能模糊或抽象，导致不明确的安全性要求。这使得开发团队和审核人员难以准确判断是否满足了要求。

不一致：不同部分的接受准则可能相互矛盾或不一致，这可能会引发对要求的多种解释，从而导致混淆和不确定性。

不适当：接受准则可能与实际的应用场景不相符，导致不切实际的要求。这可能会增加开发的成本和复杂性。

2）给待审方和审核方的建议：

明确性和可测性：接受准则应具有明确性，以便开发团队和审核人员可以清晰地理解。此外，它们还应是可测量的，以便验证和确认是否达到了要求。

一致性：确保接受准则在整个文档中保持一致，以避免混淆和不一致性。

与实际应用的相关性：接受准则应与具体应用场景相关。以确保其在实际相关项开发中是可行的、有用的和合理的。

明确的审核和评估流程：明确规定接受准则的审核和评估流程，以确保它们能够在审核和评估中得到适当的执行。

持续改进：持续关注接受准则的应用，并根据经验和反馈进行调整和改进。这有助于不断提高准则的质量和适用性。

10.2.2 概念阶段的功能安全审核、评估和发布

概念层面的功能安全审核及评估，主要涉及以下内容：

1）相关项定义；

2）危害分析和风险评估报告；

3）危害分析和风险评估验证报告；

4）功能安全概念；

5）功能安全概念验证报告。

（1）概念层面的功能安全审核及评估的启动

概念阶段作为整个功能安全开发活动中的第一阶段，是功能安全开发的起始阶段，

该阶段的输出成果是作为后续功能安全产品开发各阶段的重要输入，是后续开发阶段活动执行的必备条件。该部分交付产物的完整性和有效性的评估非常重要。

（2）相关项定义的审核及评估要点

相关项定义是否包含了相关项的约束以及执行器能力的假设。在进行危害分析和风险评估的过程中，执行器的能力参数的值或其估算值，对于确定影响的程度是必要的。在确定严重度等级和可控性等级时，需要将这些影响程度考虑在内。例如：输出扭矩、所受的力、运行速度、亮度、音量等。

（3）危害分析和风险评估的审核及评估要点

1）评估所写的相关项的功能异常表现导致的危害是否合理

应在整车层面定义由相关项的功能异常表现导致的危害。通常，每一个危害有多种与相关项的实现相关的潜在原因，但在危害分析和风险评估中对于功能异常表现的分析时，不需要考虑这些原因。仅考虑与相关项功能异常表现相关的危害；假设其他充分独立的系统（外部措施）均正确工作。可从车辆行为或人员感受到的表现出发，描述整车层面的影响。例如：非预期的减速，而不是非预期的制动压力。

2）评估 S、E、C 的取值是否合理

以暴露概率 E 为例。暴露概率 E 的评级原则，需要在评估每一个危害事件的暴露概率之前确定，以便于保证整个危害分析和风险评估的一致性。应制定明确的暴露概率 E 评分标准，包括基于场景的持续时间和基于场景发生的频率两种。可参考 GB/T 34590.3—2022 的表 B.2 ~ 表 B.5，或目标市场运行场景的统计数据等，给出评级标准与 GB/T 34590.3—2022 暴露概率等级 E0、E1、E2、E3 或 E4 的对应关系。针对每一个危害事件，应依据评级标准，给出确定的理由来说明 E0、E1、E2、E3 或 E4 确定的合理性。

（4）危害分析和风险评估验证报告的评估要点

1）是否有危害分析和风险评估验证报告

2）评估验证报告是否包含了以下内容且通过了验证

——对运行场景和危害识别（及 T&B 车辆配置）选择的适用性；

——与相关项定义的符合性；

——与其他相关项相关的危害分析和风险评估的一致性；

——对危害事件覆盖的完备性；

——分配了 ASIL 等级的安全目标与相关危害事件的一致性。

不仅仅是危害分析和风险评估阶段，在功能安全的开发活动中，验证报告的重要性往往被忽视，是需要审核方和被审方重点关注的地方。

（5）功能安全概念的评估要点

1）功能安全要求与安全目标之间是否具有追溯性。需评估是否每一个安全目标至少对应一项功能安全要求。功能安全要求与安全目标是否具有双向追溯性，可以确保对安全目标的覆盖度，避免安全目标分解的缺失。

2）在功能安全要求中，安全要求的属性是否完整。比如，是否定义了功能安全要求的安全状态。如果可以通过过渡到或保持一个或多个安全状态来避免安全目标的违背，那么应定义相应的安全状态。例如，根据不同的故障，EPS 的安全状态可以是关闭助力、降低助力、维持助力到当前点火循环结束、维持助力到一定的点火循环结束、关闭部分辅助功能、关闭主动转向功能等。

3）功能安全要求分配给系统架构设计中的要素时，是否考虑了各要素之间的干扰。对于系统架构中，承接了不同 ASIL 等级安全要求的要素，如果相关要素之间存在干扰，可能导致违背安全要求的级联失效。因此，需要根据功能安全要求与架构要素的双向追溯关系，识别每个架构要素所需满足的最高 ASIL 等级。如果按照 GB/T 34590.9—2022 的第 6 章，无法证明系统架构设计中实施安全要求的各要素之间免于干扰，则这些架构要素应按照所实施安全要求中最高的 ASIL 等级进行开发。

（6）功能安全概念验证报告的评估要点

1）是否对功能安全概念进行了验证，并出具了验证报告

2）评估功能安全概念的验证报告是否可以明确

——其与安全目标的一致性和符合性；

——减轻或避免危害的能力。

功能安全概念是否按照 GB/T 34590.8—2022 的第 9 章进行了验证，包括：制定验证计划，编制验证规范，执行验证，对验证的结果进行评估，总结验证报告等。

10.2.3 系统层面的功能安全审核及评估

系统层面的功能安全审核及评估，主要涉及以下内容：

1）技术安全要求规范；

2）技术安全概念；

3）系统架构设计规范；

4）软硬件接口规范；

5）生产、运行、服务和报废需求规范；

6）安全分析报告；

7）安全分析验证报告；

8）相关失效分析；

9）相关失效分析验证报告；

10）对系统架构设计、软硬件接口规范、生产、运行、服务和报废需求规范及技术安全概念的验证报告；

11）集成和测试策略；

12）集成和测试报告；

13）安全确认规范；

14）安全确认报告。

值得注意的是，相关失效分析和相关失效分析验证报告，并未体现在GB/T 34590.4—2022 系统层面的工作成果中，是属于 GB/T 34590.8—2022 支持过程部分的内容。但在评审过程中，支持过程通常不会单独进行评审。例如，如果评审内容涉及系统阶段，那么支持过程将与系统阶段一同进行评审，软件和硬件阶段的评审也是如此。本节将列举审核及评估中常见的问题点，同时也是关键点。

（1）系统层面的功能安全审核及评估的启动

系统层面将从完整性和有效性两大方面进行审核及评估。完整性评估是根据GB/T 34590—2022 剪裁后的功能安全活动或者双方达成一致的开发接口协议，评估系统层面的功能安全活动是否完善，流程是否完整。有效性评估是评估系统层面的功能安全活动是否符合功能安全开发的需要，已执行或实施的安全措施是否恰当和有效。因此，需注意启动时间、待审材料的成熟度和参与人员的充分性和独立性。

（2）安全分析的评估要点

安全分析是否充分，ASILC 及以上等级的安全分析是否包含了演绎分析。

安全分析的目的是确保由于系统性故障或随机硬件故障而导致违背安全目标的风险足够低。其中归纳分析方法是由下而上的方法，由已知的原因识别可能的影响，主要用于识别单点故障；演绎分析方法是由上而下的方法，由已知的影响探寻可能的原因，可以识别单点故障和多点故障。归纳分析和演绎分析相辅相成，因而增加了结果的覆盖面。对于 ASIL C 以上等级的，需补充演绎分析报告及其验证报告。

（3）相关失效分析的评估要点

是否进行了相关失效分析，以及相关失效分析是否完善。

相关失效分析是通过分析其潜在原因或引发因素，确认设计中充分实现了要求的独立性或免于干扰；如有必要，定义安全措施，以减轻可能的相关失效。只要进行了ASIL 分解，就需要做相关失效分析。图 10-1 描述了相关失效、免于干扰和技术独立性之间的关系。

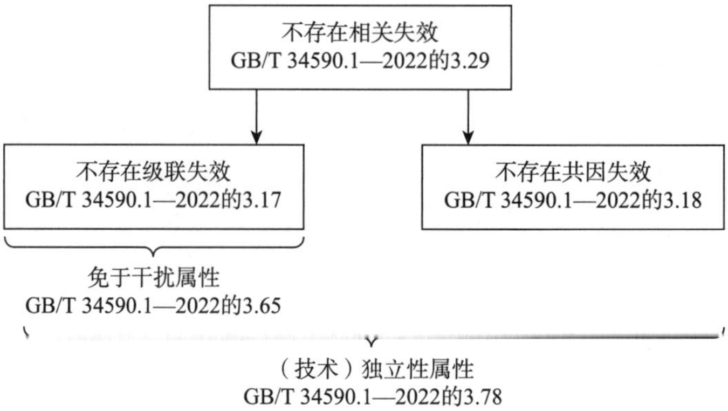

图来源：GB/T 34590.9—2022 的图 3。

图 10-1 不同类型相关失效之间的关系

免于干扰是用于证明分配了不同 ASIL 等级的，或者无 ASIL 等级和有 ASIL 等级的要素可以共存。免于干扰和不存在共因失效，是用于证明在进行 ASIL 等级分解时的独立性。对于在评估中发现未进行此项工作的，需补充相关失效分析及其验证报告。

相关失效分析的完善性，应考虑安全分析的结果，评估每个识别出的相关失效的潜在可能性，以判定其合理性，即是否存在导致相关失效并违背给定要素间所要求的独立性或免于干扰的合理可预见原因。重新完善相关失效分析，可根据 GB/T 34590.9—2022 的附录 C；为了识别级联和共因失效，可以使用以下耦合因素来提高分析的完整性：

1）共享资源：举例使用相同的软件、硬件或系统要素的两个要素，它们会受到共享资源失效或者不可用的影响。

2）共享信息输入：从功能的角度看，即使在没有共享资源的情况下，连接到相同信息源的两个功能也会使用相同的信息。

3）环境抗干扰能力不足：相同或相似的物理特性的要素，可能会受到相同的外部环境干扰的影响。

4）系统耦合：由于共同的系统性的人为错误或工具错误而导致的要素失效。

5）相同类型的组件：由于共因失效，相同或非常相似组件的多个实例可能会共同失效。

6）通信：一个要素通过通信通道从另一个要素接收信息。

7）非预期接口：两个要素通过一个非预期接口直接相互影响。

（4）系统安全要求的评估要点

1）技术安全要求与功能安全要求之间是否具有双向追溯性。技术安全要求与功能安全要求的追溯性可以确保功能安全要求的覆盖度，避免功能安全要求分解的缺失。

但在实际评估过程中发现，追溯性是非常典型的问题。工程师往往知道要进行追溯，但完全依靠手工对应是难以满足的。因此，建议更改体系模板，增加每一条技术安全要求所对应的功能安全要求编号，或采用专业的功能安全开发工具来满足。

2）技术安全要求中安全机制的定义是否合理。安全机制的作用是检测故障并防止或减轻系统输出端出现违反功能安全要求的故障。如果安全机制的定义不合理，那么就意味着对于相关目标实现的论证不充分。对于此问题的解决建议是参考标准要求，重新定义合理的安全机制。包括：

——与系统自身故障的探测、指示和控制相关的安全机制；

——涉及探测、指示和控制与本系统有相互影响的其他外部要素中所发生故障的安全机制；

——使系统实现或者维持在相关项的安全状态的安全机制；

——定义和执行报警和降级策略的安全机制；

——防止故障变为潜伏故障的安全机制。

如果适用，在定义每一个安全机制时，应考虑如下方面：

——故障的探测，可定义探测何种故障，采用何种方法进行故障探测；

——故障的指示，描述当出现何种现象时，认为故障发生，包含对时间、周期等的描述；

——故障的控制，当确认故障发生后，系统应如何响应以避免违背安全目标；

——故障的恢复条件，定义在什么条件下，可认为故障恢复；

——安全机制的有效性评估；

——技术安全要求的分配和分区决策是否合理。

技术安全要求的分配和分区决策应符合系统架构设计，以确保实现独立性和避免失效传播。

为了实现独立性和避免失效传播，系统架构设计可以采用功能分区和组件分区，技术安全要求的分配和分区应与系统架构设计采用功能分区和组件分区保持一致。

每个系统架构设计要素都应继承其实现的技术安全要求的最高的 ASIL 等级。如果有多项技术安全要求分配到同一个系统架构设计中软件或硬件要素，则这个软件或硬件要素按照 ASIL 等级最高的技术安全要求的 ASIL 等级开发。

如果系统架构设计要素由指定为不同 ASIL 等级的子要素组成，或由安全相关和非安全相关的子要素组成，那么每个子要素都应按照最高 ASIL 等级进行处理，除非满足共存标准，在证明子要素之间满足共存原则后，这些子要素可以按照各自分配的 ASIL 等级开发。

（5）集成测试策略的评估要点

集成测试案例中是否体现了测试案例导出方法，并且按照标准要求选择测试案例导出方法。

集成测试用例编写时的常见问题包括测试案例导出方法不明确或选择不当，导致测试覆盖度不足和与实际工作环境不符。这可能导致测试得不充分。此问题的建议措施是按照 GB/T 34590.4—2022 的 7.4.1.6 的方法导出集成测试案例。表 10–3 给出了集成测试案例模板的示例。

表 10–3　集成测试案例模板

集成测试案例编号	上游需求编号	集成测试案例导出方法	测试方法	先决条件	测试步骤	期望结果
1	……	……	……	……	……	……
……	……	……	……	……	……	……

10.2.4　硬件层面的功能安全审核及评估

10.2.4.1　硬件层面整体的功能安全审核及评估

硬件层面的功能安全审核及评估，主要涉及以下内容：

1）硬件安全要求的定义；

2）硬件设计；

3）硬件架构度量的评估；

4）随机硬件失效导致违背安全目标的评估；

5）硬件集成和验证；

6）硬件要素评估。

审核和评估的目的，主要是基于证据判断硬件层面的功能安全开发是否符合以下几个要点：

1）硬件安全要求需求规范是恰当和完整的；

2）通过设计、验证保证硬件能实现硬件功能安全要求并满足软硬件接口规范；

3）提供基于硬件架构度量的证据，并证明相关项的硬件架构设计在探测和控制安全相关的随机硬件失效时的适用性；

4）通过硬件集成和验证，确保所开发硬件符合硬件安全要求；

5）确保硬件要素的功能表现足以满足分配的安全要求。

（1）硬件层面的功能安全审核及评估启动

如 10.1 所述，审核主要是针对功能安全的开发流程，不限于特定项目，所以有些企业通常会结合每年企业内部对流程体系的年度审核（例如 IATF 16949 的审核，或者由第三方审核机构提供的所授予的功能安全认证的年度审核）进行。

评估主要是针对所开发的产品，所以在每个项目启动时，就会对是否需要进行功能安全评估、功能安全评估的时间节点进行规划，根据需要形成相应的功能安全评估计划。

硬件评估的启动，理论上应该在硬件开发及对应的测试完成之后，但由于硬件的部分测试需要成熟软件的支持，所以也可以分为两个阶段进行。第一个阶段，主要对硬件设计阶段功能安全的符合性进行评估，第二个阶段，主要对硬件集成测试阶段功能安全的符合性进行评估。

硬件评估的启动，需要在硬件对应的验证评审完成之后。需要注意的是，如 10.2.1“功能安全整体的审核与评估”中关于文档成熟度的要求所述，评估仅针对成熟的已发布工作成果开展，如仍为草稿版本，或没有对应的硬件验证评审，则评估推迟或仅针对部分成熟工作成果开展评估。但一般不建议仅针对部分成熟工作成果的评估，因为可能导致评估结果的偏差和不充分。

硬件评估的启动，一般是由项目经理基于项目计划发起的，而硬件功能安全的评估人员，一般建议提早 1 周的时间发布本阶段的功能安全评估计划，以便迎审人员做好准备，包括评估的范围、评估的工作成果及具体时间安排（建议详细到每日的具体行程）。

（2）硬件开发阶段的评估要点

在该阶段的评估中，主要关注几个方面：硬件安全要求的定义、硬件设计、硬件架构的度量，以及随机硬件故障对安全目标的影响。通常，这一阶段围绕着硬件设计展开，并对其他相关工作成果进行综合评估。

1）硬件开发阶段的评估要点包括：

——硬件安全要求是否都可在硬件设计上实现，具体可以检查该安全要求是否都有对应的硬件架构元素，硬件架构元素是否继承了所分配到的最高 ASIL 等级；

——软硬件接口规范内对硬件的接口定义及硬件安全机制的要求是否也在硬件架构设计上体现；

——硬件架构是否考虑了硬件相关失效影响分析的输入，例如 ASIL 等级的分解是否合理，要求导入的硬件安全机制是否导入（比如备份的电源或者外部看门狗的机制）；

——硬件安全分析的结果是否导入，例如硬件 FMEA 的预防措施活动项；

——硬件架构度量以及随机硬件失效导致违背安全目标的评估所得出的硬件安全

机制的补充，是否在硬件设计中加以体现。

2）硬件安全要求的评估，还需要注意确认以下几点：

——非功能要求是否包含在硬件安全要求规范或其他对应文件内，并且有对应的测试计划（可以作为遗留项在对硬件测试进行评估时确认）；

——是否可以覆盖及对应系统层面的技术安全要求；

3）对硬件架构度量以及随机硬件失效导致违背安全目标的评估，一般是针对FMEDA或硬件FTA进行的，关键考虑以下几点：

——硬件FTA或FMEDA是否针对每个安全目标都进行了分析（此要求主要针对ASIL A以上的安全目标）；

——硬件FTA或FMEDA的生命周期剖面是否符合产品的相关项定义；

——硬件FTA或FMEDA的失效率来源是否一致，如来源不同，比如一部分来自工业手册（例如：SN29500），一部分来自供应商，那需要确认是否进行了合理的换算，当然还有一种情况，即供应商也采用了相同的工业手册，这种情况下可以不进行换算；

——硬件FTA或FMEDA的失效率置信度是否一致并可用（一般要求置信度不低于70%），如失效率置信度不同，也需依据统计学进行换算，统一置信度；

——硬件FTA或FMEDA的失效率是否依据生命周期剖面进行了合理换算；

——硬件FTA或FMEDA中安全相关的硬件元素失效率是否都统计入了安全相关的失效率总和；

——硬件FTA或FMEDA中的安全机制诊断覆盖率是否都是合理有依据的（例如参考GB/T 34590.5—2022的附录D），特别是在多个安全机制共同针对同一失效进行合并使用时。

4）对硬件要素的评估，主要结合硬件要素评估计划进行，一般考虑以下几点：

——是否针对所有安全相关的硬件要素都进行了评估（未参照GB/T 34590开发的，或开发时所假设的ASIL等级未满足现有项目开发要求的）；

——硬件要素的分类是否合理；

——对于属于非I类要素的硬件要素，是否都规划了合理有效的测试；

——对于属于I类要素的硬件要素，不需要进行评估，但需要检查是否有有效的可靠性测试结果的支持，例如AEC-Q100的测试报告。

（3）硬件集成测试阶段的评估

在该阶段，我们通过评估硬件集成和验证的成果来确认硬件安全要求的实施是否全面且准确。

硬件集成测试阶段的评估，关键考虑以下几点：

1）硬件集成是否有对应的集成策略（包含集成的步骤、集成的方法等，例如接插件的组装顺序、多 PCBA 的集成方式）；

2）硬件测试是否有对应的测试策略，包含准入准出原则，方法论的选用及合理性说明等；

3）硬件安全测试用例是否与硬件安全要求对应，至少可以保证一条要求有一条测试用例可以覆盖；

4）硬件安全测试用例是否参考了硬件所对应的最高 ASIL 等级，应用了 GB/T 34590.5—2022 中所定义的导出硬件集成测试案例的方法（硬件安全分析的过程可覆盖方法论 1e、1f 的应用，例如硬件 FMEA 分析得出的控制措施通常是执行某项测试用例）；硬件安全测试用例是否参考了硬件所对应的最高 ASIL 等级，应用了 GB/T 34590.5—2022 中表 11 和表 12 所定义的硬件集成测试方法；

5）硬件安全测试环境的搭建是否合理，比如在进行硬件集成测试时，是否已有成熟的底层软件，可以支持测试的进行；

6）硬件测试报告中是否有测试结论，以及对不通过项的跟踪措施及关闭时间要求。

10.2.4.2 芯片的功能安全评估

芯片的功能安全是道路车辆功能安全的一个重要组成部分，芯片的功能安全评估遵循硬件层面的评估方法，但又有其独特性。本节将重点介绍芯片层面评估的要点，具体内容包括 SEooC、DFA、FMEDA、第三方 IP 以及芯片开发过程中产出物的评估要点。

（1）关于 SEooC 的评估要点

芯片大多采用 SEooC 的方式进行开发，也就是将假设的上层安全要求（通常为 TSR）作为芯片的顶层要求来开展后续的安全活动，图 10-2 描述了假设与 SEooC 之间的关系。但是假设的上层安全要求并不是凭空而来，需要评估其定义是否合理。评估要点包括：

1）SEooC 中的假设的上层安全要求是否合理。

在 SEooC 的开发流程中，假设的安全要求是作为整个芯片的顶层安全要求存在的，因此其合理性会直接影响后续导出的硬件安全要求，进而影响芯片的安全架构、安全设计等。

SEooC 应该从芯片的应用场景分析开始根据应用场景导出功能安全假设，进而导出上层安全要求（TSR）。

2）SEooC 中的对于外部设计的假设是否合理。

根据 SEooC 开发的芯片对外部的使用环境也会有所假设，包括对外部硬件设计的假设（比如，外部的电源监控设计、外部看门狗的设计等）和对系统软件的假设（比如，由系统软件所实施的软件层级的安全机制等）。

假设的外部设计要具有可实施性，并且要以 AoU 的形式体现在芯片的安全手册中。

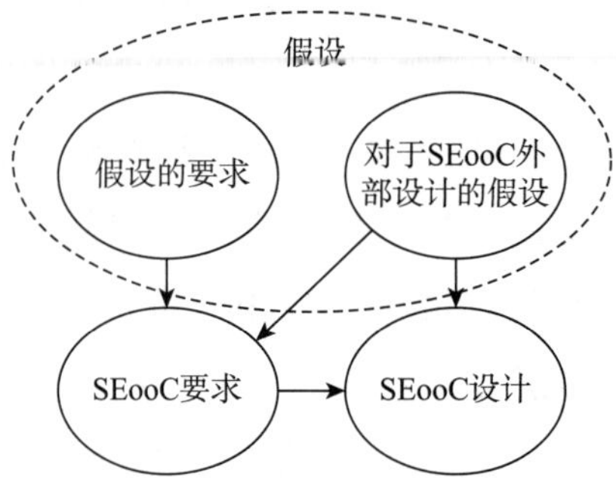

图 10-2　假设与 SEooC 之间的关系

（2）关于 DFA 的评估要点

由于芯片设计及产品本身都具有很高的复杂度，因此其相关失效分析需要考虑多种因素，包括不同安全等级模块所带来的级联失效以及由多种引发源所带来的共因失效等。评估要点包括：

1）相关失效引发源（DFI）是否全面。

2）相关失效引发源识别是否全面，对于相关失效分析至关重要，相关失效引发源要涵盖下面几个方面：

——共享资源的失效；

——环境类故障；

——开发类故障；

——制造类故障；

——安装类故障；

——特定工况下的压力、老化和磨损。

对于芯片来说，建议参考 GB/T 34590.11—2022 的表 21 ~ 表 26 中所列的相关失效引发源。

（3）关于芯片层面 FMEDA 的评估要点

作为衡量是否满足 GB/T 34590.5—2022 对于控制随机硬件失效的定量化指标，SPFM/LFM/PMHF 通常是通过 FMEDA 计算得来，因此要对 FMEDA 中所使用的数据、所体现的内容进行评估。评估要点包括：

1）FMEDA 中基础失效率计算所使用的数据库是否满足要求。

基础失效率是硬件度量指标（SPFM/LFM/PMHF）计算的基础，因此 GB/T 34590.5—2022 要求采用的数据库要具有 70% 以上的置信度。在实际项目中，芯片的基础是效率来源一般有以下两种：

——采用公认的数据库，比如 IEC/TR 62380，SN 29500；

——采用半导体芯片生产代工厂商（foundry）提供的实测数据。

需要注意的是通过 IEC/TR 62380 计算得到的是永久故障（permanent fault）的失效率，对于瞬态故障（transient fault）的失效率，一般采用 SN 29500 的数据或者半导体芯片生产代工厂商（foundry）提供的数据。对于代工厂商提供的数据要达到 70% 以上的置信度。

2）FMEDA 计算的时候是否考虑了封装的失效。

芯片是由裸片（die）和封装（package）构成，因而在 FMEDA 计算的时候除了要计算裸片的失效率，还需要考虑封装相关的失效情况。芯片封装的失效率可以通过 IEC/TR 62380 中 $\lambda_{package}$ 计算得到，具体可以参考 GB/T 34590.11—2022 的 4.6.2.1.1.3。

（4）关于第三方 IP 的评估要点

芯片的开发中通常会采用第三方供应商所提供的 IP，当这些 IP 被用在功能安全相关的应用场景的时候，就需要对其进行评估。评估要点包括：

芯片中使用到的第三方 IP 的评估可以采用 GB/T 34590.8—2022 的第 13 章所介绍的方法进行，即根据 IP 的分类情况分别进行相应的评估。需要特别关注的是Ⅲ类 IP，此类 IP 通常会由 IP 供应商先行进行功能安全产品评估或认证，因此要重点考察其所提供的评估报告或认证证书的有效性。与芯片一样，功能安全相关的第三方 IP 的评估或认证也需要考虑以下两个方面：

1）控制和避免系统性失效；

2）控制随机硬件失效。

（5）关于芯片开发过程中的产出物的评估要点

除了 GB/T 34590.11—2022 中要求的工作产出物，芯片开发过程中的关键工作产出物也需要进行相应的评估。评估要点包括：

芯片开发过程中的工作产出物；

为了控制和避免系统性的失效，芯片开发过程中的关键工作产出物也需要作为支撑材料提交审核，包括但不限于：

——芯片设计、验证文档（包括整个芯片层级和 IP 层级）；

——静态时序分析报告（STA）；

——设计规则检查（DRC）；

——布局与原理图对比检查（LVS）；

——AEC-Q100。

对于芯片来说，建议参考 GB/T 34590.11—2022 的表 31（数字组件）和表 41（模拟和混合信号组件）所列内容来进行开发。

10.2.5 软件层面的功能安全审核及评估

软件层面的功能安全审核及评估，主要涉及以下内容：

1）软件开发环境；

2）软件安全要求；

3）软件架构设计；

4）安全分析；

5）相关失效分析；

6）软件单元设计及实现；

7）软件单元验证；

8）软件集成和验证；

9）嵌入式软件测试；

10）软件配置；

11）软件组件鉴定。

（1）软件层面的功能安全审核及评估启动

从功能安全开发流程的角度，评估前工作产物均应经过验证，比如评审（Review）。安全分析报告与相关失效分析报告还需要进行认可评审（Confirmation Review），根据不同 ASIL 等级，认可评审应满足独立性要求。

启动过程中的其他注意事项，可参考 10.1 和 10.2.2.1a），此处不再赘述。软件层面的评估关键点繁多，建议参考 GB/T 34590.6—2022 和 GB/T 43253.3—2023 的要求。本节将重点介绍在软件层面阶段，功能安全审核及评估过程中常见的问题，这些问题也是评估的关键点。

（2）软件安全要求的评估要点

1）软件安全要求与技术安全要求之间是否具有双向可追溯性。

软件安全要求继承了技术安全要求、技术安全概念和系统架构设计规范，应与技术安全要求保持双向可追溯性和一致性。

针对需求双向可追溯性，可以使用需求管理工具保证软件安全要求 ID 与技术安全要求 ID 的追溯链接，或维护需求追溯表格。

针对需求内容的一致性，软件安全要求的需求描述、ASIL 等级、时间约束、安全状态、运行模式等，应符合技术安全要求。例如，时间约束中，软件功能执行或响应时间应满足技术安全要求定义的 FTTI。

2）软件安全要求是否满足了芯片功能安全的假设（Assumption），以保证实现芯片安全机制。

芯片达到某一 ASIL 等级，需要在软件层面完成相关配置，否则芯片可能无法达到其声明的 ASIL 等级。芯片是比较重要的底层模块，容易导致共因失效，从而影响安全目标的实现。

应参考芯片安全手册说明，在软件层面满足芯片假设（有些假设需要硬件层面实现）。芯片厂商一般会提供安全库软件包（SafetyLib），示例如图 10-3 所示。其中包含的相关检测机制，需要在软件层面调用。例如，架构核自检（Structural Core Self Test，SCST），可以进行上电自检和在线检测。

图 10-3　SafetyLib

（3）软件架构的评估要点

1）软件架构是否包含了静态架构与动态架构。

软件静态架构和软件动态架构的侧重点有所不同。静态架构更关注模块功能划分、处理逻辑、接口等静态信息，动态架构更关注软件控制流、数据流、时序与调度等动态信息。因此在架构设计中，动态架构和静态架构均不可缺少，并明确呈现不同侧面的架构设计信息。

针对软件静态架构设计，层次应该清晰合理，例如电子节气门（EGAS）三层架构，是一种比较典型的软件架构。另外，软件模块复杂性不应太高，接口数量不应太多，遵循高内聚低耦合的原则。比如要求软件模块的圈复杂度小于 10，接口数量少于

10。软件静态架构图可以采用显示功能要素及其接口 / 关系的框图表示。

针对软件动态架构设计，需要关注各个模块的执行时间、模块间的运行顺序、整体运行周期、模块优先级调度等。尤其需要考虑 FTTI 在各个软件模块间的分配。软件动态架构图可以采用顺序图、时序图、调度图或状态图表示。

2）软件架构设计是否考虑了模块之间的独立性。

如果将 ASIL 需求分解给不同的软件模块，要求软件模块必须具有独立性。软件安全机制如果涉及冗余模块，软件架构设计必须考虑冗余模块的独立性。此外，不同的 ASIL 等级的软件模块之间，要免于干扰。

独立性可以考虑以下方面：

——硬件资源独立，包括电源独立、时钟独立等；

——内存独立或内存保护，低 ASIL 等级的软件模块不允许访问高 ASIL 等级模块的内存，冗余软件模块之间不能互相访问内存；

——底层软件独立或具备未分解前的 ASIL 等级，避免发生共因失效；

——时序调度上，防止低 ASIL 等级的软件模块影响高 ASIL 等级软件模块的调度。

（4）软件安全分析的评估要点

1）软件 FMEA 分析是否综合考虑了软件架构的静态属性和动态属性以及软件运行环境。

软件 FMEA 分析通常应用于软件架构层级，目的在于识别架构中潜在失效，还会覆盖一部分影响接口的故障。因失效模式比较复杂，软件架构 FMEA 分析需要综合考虑软件架构的静态属性和动态属性以及软件运行环境，通常不需要进行代码级别的 FMEA 分析。

软件架构静态属性包括功能逻辑和接口，软件架构动态属性包括执行时序和内存使用，软件运行环境包括中间件、操作系统、外设驱动、CPU 等。

——针对功能逻辑的分析，可考虑使用 FMEA 分析关键词，FMEA 分析引导词如图 10-4 所示。

——针对接口的分析，需要考虑接口数据类型，数据范围，数据有效性和完整性，数据延迟等。

——针对执行时序，需要考虑软件模块的执行时间、执行顺序、整体时间周期（例如，多个 task 完成一个功能，其整体时间周期需要满足要求）、调度优先级等。

——针对内存使用，需要考虑内存溢出、内存地址错误、访问权限等。

——针对运行环境，需要考虑 CPU 负载、外设驱动输入错误、操作系统异常、中间件延迟等。

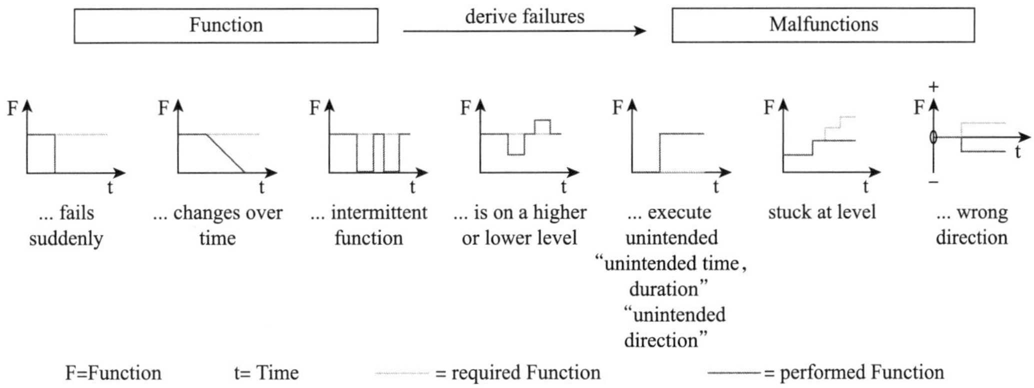

图 10-4　FMEA 分析引导词

2）是否进行了软件相关失效分析 DFA。

软件层面的 ASIL 等级分解，软件安全机制和软件架构要素共存，通常需要进行 DFA 分析，以证明软件架构要素之间的独立性或免于干扰，避免要素之间存在共因失效或级联失效，正确实现软件安全要求。此外，软件层面需要继承系统层面的独立性要求。

软件 DFA 分析常见的耦合因素和比较典型的 Dependent Failure Initiators（DFI）如表 10-4 所示。通过分析相关失效，提出相应安全措施。

表 10-4　软件 DFA 分析常见的耦合因素和比较典型的 DFI

耦合因素	软件层面的 DFI
共享资源	· 软件标准库，如数学库 · 动态链接库 · 中间件 · 基础软件（BSW），如底层驱动 · 操作系统（OS）
共享信息输入	· 全局变量或常量 · 接口函数及参数 · 配置文件
环境抗干扰能力不足	不适用，一般在系统和硬件层级考虑软件行为的影响
系统耦合	· 编译器，如自由操作系统（GNU）C 语言编译器（GCC） · 链接器 · 编程、建模语言 · 相同算法
相同类型的组件	· 同一段代码使用两次，如 C 语言宏 · 软件库

续表

耦合因素	软件层面的 DFI
通信	· 全局变量 · 接口函数及参数 · 通信物理层失效 · 应用层或协议层通信失效 · 软件信息交换
非预期接口	· 内存踩踏 · 内存泄漏 · 缓存溢出 · 错误读写内存 · 死锁 · 软件模块同步错误

（5）软件各层级验证的评估要点

软件各层级的验证是否完整、充分。

功能安全软件验证包括单元验证、系统验证和嵌入式软件验证。不同层级的验证目标各不相同，不能缺省。部分软件集成测试，考虑到目标测试环境要求，可以在嵌入式测试阶段执行。

软件单元测试包括动态测试和静态测试。应评估静态测试是否满足了编码规范或建模规范。动态测试是否根据 ASIL 等级，满足了软件单元层面的结构覆盖率度量要求，包括语句覆盖率、分支覆盖率和 MC/DC。

软件集成测试中是否根据 ASIL 等级，满足了软件架构层级的结构覆盖率度量要求，包括函数覆盖率和调用覆盖率。

嵌入式软件测试是否验证了软件安全要求在目标环境下的实现，是否明确了测试环境，包括硬件在环、电子控制单元网络环境和整车环境。

（6）软件开发环境的评估要点

对于基于模型开发自动生成代码的验证，是否考虑了代码生成器的置信度。

通过使用 MBD，可以直接从模型中生成代码并进行集成。此种情况下，仅有模型层面的软件单元验证，还不足以保证实现安全相关的代码特性，可能引入错误。

如代码生成器能够提供置信度证明（参考 GB/T 34590.8—2022 的第 11 章所使用软件工具的置信度），则生成的代码可以直接使用，认为通过了验证。否则，应该进行背靠背测试，以确保模型与自动生成的代码行为是一致的。

（7）软件组件鉴定的评估要点

需评估是否考虑了软件组件鉴定及其结果。

软件开发中可能引入以前开发的软件组件或者商业软件，需要考虑如果软件组件执行错误时，是否违反安全要求以及安全要求中最高的 ASIL 等级，并考虑是否需要进行相关验证。其目的是证明软件组件的引入，不影响功能安全的实现。对于这种情况，需评估开发过程中是否基于 GB/T 34590.8—2022 的第 12 章软件组件的鉴定中的要求，对软件组件进行识别和分析，并进行软件组件验证，满足相关覆盖率要求。

10.2.6 整车层面的功能安全发布

在开发阶段结束时，综合考虑安全档案、认可措施报告的结果，参照整车功能安全发布策略，判断是否有信心实现功能安全，相关项或要素是否能够生产发布。因此，整车功能安全发布策略十分重要，它不仅仅是判断功能安全信心的尺度，同时还包括确保整车功能安全发布符合相关法规要求、监控整车功能安全发布后的运行情况和反馈等信息。

（1）整车功能安全发布策略

根据 GB/T 34590.9—2022 的规定，仅当有足够证据证明对功能安全实现有信心时，才可批准相关项或要素的生产发布。

可以通过以下方式提供实现功能安全的信心证据：

1）认可措施的结果；

2）安全档案。

整车功能安全发布检查表如表 10–5 所示。

表 10–5　整车功能安全发布检查表

<table>
<tr><th>序号</th><th colspan="2">功能安全成果名称</th><th>版本号</th><th>状态</th><th>遗留问题</th><th>结论</th><th>备注</th></tr>
<tr><td>1</td><td colspan="2">安全档案</td><td>× ×</td><td>评审并通过</td><td>无</td><td>满足</td><td></td></tr>
<tr><td>2</td><td rowspan="3">认可措施报告</td><td>认可评审</td><td>× ×</td><td>评审并通过</td><td>无</td><td>满足</td><td></td></tr>
<tr><td>3</td><td>功能安全审核</td><td>× ×</td><td>评审并通过</td><td>某方面不满足要求，预计多少日更改完成</td><td>不满足</td><td></td></tr>
<tr><td>4</td><td>功能安全评估</td><td>× ×</td><td></td><td>无</td><td>满足</td><td></td></tr>
<tr><td>……</td><td>……</td><td>……</td><td>……</td><td>……</td><td>……</td><td>……</td><td></td></tr>
</table>

表 10–5 所述要求全部满足后，才可进行整车的生产发布，生产发布的功能安全文档应包括以下信息：

1）负责发布的人员的名字和签名；

2）发布相关项或要素的版本；

3）发布相关项或要素的配置；

4）发布日期。

（2）监控整车功能安全发布后的运行情况和反馈

1）根据 GB/T 34590.9—2022 的规定，组织应按照要求指定具有相关责任和权限的人员，以实现并维护相关项在生产、运行、服务和报废阶段的功能安全。

2）在相关项及其要素的生产、运行、服务和报废过程中，确保相关项的功能安全活动：

——应按照 GB/T 34590.7—2022 的第 5 章进行计划；

——应按照 GB/T 34590.4—2022 在系统层面的产品开发期间启动；

——应按照 GB/T 34590.7—2022 的第 6 章和第 7 章执行。

3）组织应建立、执行并维护流程以实现和保持相关项在生产、运行、服务和报废阶段的功能安全。

注：这包括与相关项功能安全相关的现场监控流程，参考 GB/T 34590.7—2022。

4）如果在生产、运行、服务或报废期间相关项有变更，应对生产发布进行相应变更。

注：变更需符合变更管理的要求（见 GB/T 34590.8—2022 的第 8 章）。

第11章
其他功能安全开发技巧

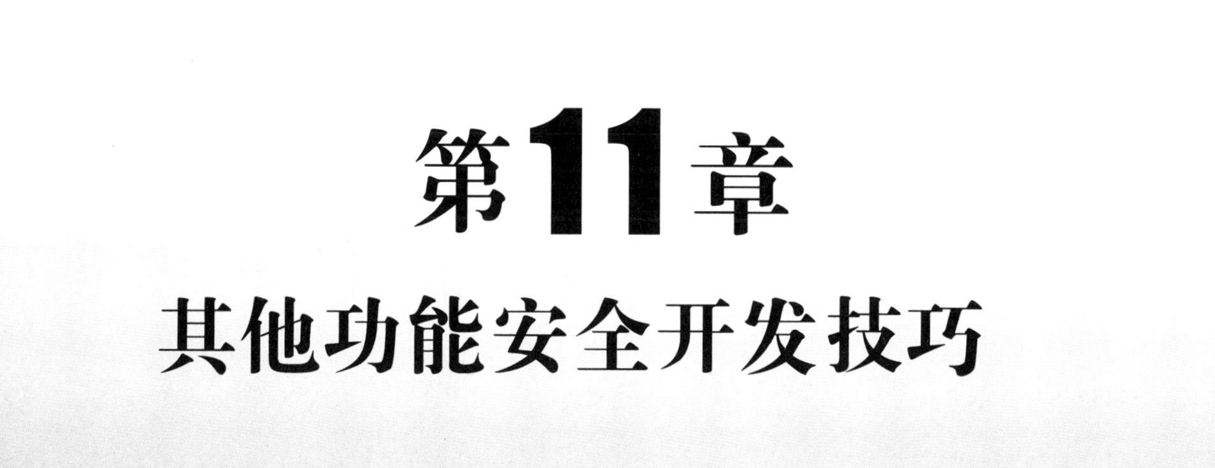

11.1 基于在用证明的功能安全开发

基于在用证明的功能安全开发，实际上是通过现场数据的分析论证，在新的应用场景里，对已有相关项或要素进行复用，来满足功能安全要求的一种开发手段。在用证明可用于与已发布并投入使用的产品的定义及使用条件具有相同或高度通用性的任何类型的产品。它也可用于与这类产品相关的任何工作成果。

基于在用证明的功能安全开发的候选项一般包括：

1）相关项或要素，如系统、功能、硬件或完整的软件产品，可作为在用证明的候选项；

2）工作成果，如技术安全概念。

一般选择在用证明的功能安全的开发的理由有复用已有的产品来缩减产品研发开销，或沿用已经在现场使用多年且没有安全相关故障的产品来显著降低风险。涉及基于在用证明功能安全开发的应用场景主要有以下几种：

1）将商业使用的“汽车应用”部分地或完全地沿用到另一个目标；

2）为已量产的电控单元（ECU）增加一个新功能；

3）在 GB/T 34590 发布前已在现场使用的候选项；

4）在其他安全相关工业中使用的候选项；或

5）候选项是广泛使用的商业现成产品（COTS），不一定必须用于汽车应用。

在用证明主要是通过候选项适当的文件、配置管理和变更管理的记录，以及安全相关事故的现场数据来证实的。具体开发准则将在下面阐述。

11.1.1 基于在用证明的功能安全开发的流程

11.1.1.1 基于在用证明的功能安全开发的准备

在正式的开发之前，需要对候选项的信息做一些梳理，并为基于在用证明的功能安全开发安排合理的计划。

11.1.1.2 在用证明候选项的识别

首先是根据 GB/T 34590.8—2022 中第 14 章的相关要求，识别出需要使用在用证明功能安全开发的候选项类型，通常来讲会是软 / 硬件组件或系统。

候选项的最低限度信息，应具备对候选项及其之前使用的描述，以及包括：

1）如有，候选项的识别和追溯，及内部要素或组件的目录；

2）相应的配合要求、形式要求和功能要求，若适用，并描述候选项的接口和环境特性、物理和尺寸特性、功能和性能特性；

3）如果适用，候选项之前使用时的安全要求及相应的 ASIL 等级。

11.1.1.3 在用证明相关的安全计划

在产品实际开发过程中，需要按照 GB/T 34590.2—2022 的 6.4.5 安全活动的剪裁来计划需要用于生成在用证明可信度的安全活动，并为其分配相应的资源和人员。

相关安全计划的内容应当与实现功能安全的活动计划和流程计划一致。

11.1.1.4 在用证明候选项的定义

对于在用证明候选项未来应用案例的定义，主要是确认新的应用案例的引入，导致的安全要求和可能的变更，主要包括以下：

关于候选项的预期使用：

1）候选项定义（包括候选项本身的性能参数、配置、标定等）；

2）适用的安全目标或安全要求及相应的 ASIL 等级；

3）可预见的运行场景和预期的运行模式及接口。

对于候选项先前应用案例的识别，主要是确认先前使用案例的情况及能提供的现场数据，及涉及安全相关开发的论证材料：

关于候选项之前的使用：

1）来自服务期的现场数据（来自外部）。

2）安全档案，按照 GB/T 34590.2—2022 中 6.5.4 的规定。

3）此外，根据 GB/T 34590.8—2022 中 14.2 的规定，在准备在用证明时，需要考虑两个要点：

——自从上一评估周期以来可能影响候选项的变化（如果有）；

——在候选项上一评估期内的现场数据的相关性。

11.1.2 基于在用证明的功能安全开发的分析

11.1.2.1 在用证明候选项的修改分析

根据 GB/T 34590.8—2022 中 14.4.4.1 的规定，候选项的修改是指设计变更和实施方式变更。要求更改、功能性加强或性能加强可导致设计变更。实施方式的变更一般不影响候选项的定义或其性能，仅影响其实施特性。常见的软件更正、开发工具或生产工具更新可导致实施变更。

配置数据或标定数据的更改只有在影响了候选项的表现并与违背安全目标相关，才认为这些更改是对候选项的修改。

将候选项用于具有不同安全目标或要求的新型应用、将候选项安装于新的目标环境（如车辆变种、环境条件范围）、与候选项存在相互作用的组件升级或位于候选项附近的组件升级都可导致候选项环境的变更。最常见的用例为部分工业的半导体器件因为其独特的性能，适配某些车辆新增功能的要求，需要在车规环境下运行使用。

在基于在用证明的功能安全开发生命周期初始，对于候选项，以未来应用引入的相关项的修改，应按照 GB/T 34590.2—2022 中 6.4.3 进行影响分析，以识别出：设计、实施方式和运行环境的修改，对安全要求与在用证明的匹配程度，以及基于修改需要执行的安全活动。

同样，对于候选项，以未来应用引入的要素的修改，应按照 GB/T 34590.2—2022 中 6.4.4 进行影响分析，来确认基于修改需要执行的安全活动以对要素加以复用。

在候选项评估期后引入的、独立于未来应用的候选项修改，应评估与复用要素有关的现有安全相关文档，判断其是否支持：将要素集成到相关项；或将要素集成到另一个要素，并提供在用证明状态仍然有效的证据。

11.1.2.2 在用证明候选项的配置管理和变更管理

在基于在用证明的功能安全开发生命周期里，应提供候选项在其服务期内及评估期结束后处于配置管理和变更管理管辖下的证据，以便于在需要的时候建立候选项的当前状态。

11.1.2.3 在用证明功能安全开发的信息收集

根据 GB/T 34590.8—2022 中 14.4.4 和 14.4.5 的要求和建议，以下数据会作为在用证明可信度的输入：

1）生产开始的时间；

2）相关项或要素，例如：轮速传感器或电源芯片；

3）截至开始评估时间前的出货量；

4）自候选项生产开始以来的现场故障统计数量［仅发生在现场的故障（> 0 km）并且不在车辆测试和验证期间考虑］。

11.1.2.4 在用证明功能安全开发的数据分析

通常由于现场数据统计的时效性和有效性问题，不一定所有的安全相关失效事件能被正确地记录和统计，通常在实际工程应用中，在用证明功能安全开发的接受准则定义通常会根据 GB/T 34590.8—2022 的 14.4.5.2.4，在用证明的目标值参见表 11-1 和表 11-2 进行估算与比较。

候选项在用证明的事故率目标一般会按照表 11-1 执行。

表 11-1　可观察到的事故率的限制

ASIL	可观察到的事故率
ASIL D	$<10^{-9}$/h
ASIL C	$<10^{-8}$/h
ASIL B	$<10^{-8}$/h
ASIL A	$<10^{-7}$/h

对于最短评估期的定义，如果未观察到安全相关失效事件，则最短评估期可根据不同的 ASIL 等级，参见表 11-2。

表 11-2　候选项最短服务期目标

ASIL	可观察到的事故率
ASIL D	1.2×10^{-9}/h
ASIL C	1.2×10^{-8}/h
ASIL B	1.2×10^{-8}/h
ASIL A	1.2×10^{-7}/h

如果在样本的采集数据中发现安全相关的失效事件，则候选项最短评估期的计算见公式：

$$t_{\text{service}} = t_{\text{MTTF}} \times \frac{(\chi_{CL,2f+2})^2}{2}$$

式中：

χ_{CL}——置信度的绝对值（例如，0.7 对应了 70%）；

t_{MTTF}——平均失效间隔（1/ 失效率）；

f——安全相关事件的数量；

$(\chi_{\alpha,v})^2$——误差概率 α 和自由度 v 的卡方分布。

根据输入信息，计算候选项累计的运行时间和失效率，只有当候选项累计运行时间大于或者等于最短评估期、失效率小于目标值时，才能证明候选项满足相应的安全目标要求。

11.1.2.5　在用证明功能安全开发的工作成果

基于在用证明功能安全开发的工作成果主要包括：

1）包含基于在用证明功能安全开发的安全计划；

2）在用证明的候选项描述；

3）在用证明分析报告。

相应的工作成果也应当被评审、记录和保存在相关的安全档案里。

总而言之，基于在用证明的功能安全开发旨在通过现场数据的分析，来解决候选项相关的系统和硬件随机性故障，并不涉及与候选者老化相关的故障。

11.2　对SEooC产品的功能安全集成开发

本节是针对 GB/T 34590.10—2022 的第 9 章关于 SEooC 的讲解说明。根据 GB/T 34590—2022 的定义，独立于环境的安全要素（SEooC），是遵循一定的 ASIL 等级流程，基于通用性的安全要求假设而开发，这也意味着 SEooC 的集成与应用不会局限于某一个特定的使用场景。

11.2.1　SEooC 的定义

（1）有关 SEooC 的定义如下所述。

1）SEooC 可以是系统、系统组合、子系统、软件组件、硬件组件或元器件。SEooC 的示例包括系统控制器、ECU、微控制器、执行通信协议的软件或者 AUTOSAR 软件组件。

2）SEooC 不可以是一个相关项，因为相关项总是需要用于批量生产的整车环境。如果 SEooC 是一个系统，而该系统不是在整车环境中开发的，那么就不是一个相关项。

（2）对比 SEooC 与 GB/T 34590.8—2022 的第 12 章中鉴定的软件组件和 GB/T 34590.8—2022 的第 13 章中评估硬件要素，其区别在于：

1）SEooC 是按照 GB/T 34590—2022 的规定基于假设开发的，设计之初就是为了适用于不同的环境，若在集成 SEooC 过程中可以证实该 SEooC 的假设的有效性，则可用于多个不同的相关项；

2）需要进行软件组件鉴定和硬件要素评估的这些组件和要素从需求设计上不是为了复用性设计的，通常也不是按照 GB/T 34590—2022 流程开发的，需要按照 GB/T 34590—2022 对已有软件组件或硬件要素的使用标准进行全面评估，是否可以复用。

基于以上陈述，对 SEooC 的特点进行总结，如表 11-3 所示。

表 11-3　SEooC 的特点总结

项目	SEooC
安全目标	基于假设
使用环境与限制	基于假设
功能安全要求	基于假设，适用于系统 SEooC
技术功能安全要求	基于假设，从假设的功能安全要求（FSR）得到
开发流程	SEooC 的开发需遵循 GB/T 34590—2022 规定的相关的流程和方法： 1）系统 SEooC——遵守 GB/T 34590.4—2022 的规定； 2）硬件 SEooC——遵守 GB/T 34590.5—2022 的规定； 3）软件 SEooC——遵守 GB/T 34590.6—2022 的规定
安全开发支持材料	安全开发支持材料对于 SEooC 是必须的应用参考材料，其中提供了一系列的使用假设来支持 SEooC 的集成开发，同时也包括安全档案报告等 SEooC 合规性的证据
资格	在基于应用假设和限制的条件下，SEooC 的资格才具有有效性，这也是 SEooC 集成开发应尽量遵循的前提

11.2.2　对 SEooC 产品的功能安全集成开发流程

11.2.2.1　对 SEooC 产品的功能安全集成开发的准备

在正式的开发之前，首先需要对 SEooC 候选项的信息做一些梳理，并根据 GB/T 34590.2—2022 的 6.4.5.7 中对集成 SEooC 开发的安全活动进行裁剪和计划。

首先，需要输入 SEooC 的开发支持材料，相关的信息通常包括：

1）确认 SEooC 能最高支持的 ASIL 等级信息，以检查是否匹配相关项安全等级要求，或是需要调整安全设计；

2）评估 SEooC 的安全手册或安全应用记录，以识别 SEooC 在安全应用中使用的范围与限制，如果存在影响集成相关项顶层架构设计的先决条件，应提取出来做更深入的分析；

3）获取有关 SEooC 的失效或质量信息，例：失效数据报告或 FMEDA（对于 SEooC 为系统或硬件）、软件质量报告或勘误表（对于 SEooC 为软件）；

4）复核 SEooC 相关的安全档案报告，确认 SEooC 是否遵守 GB/T 34590—2022 定义的功能安全流程进行了开发，并确保相应的安全活动、安全交付物与流程的一致性，以及相关的评审结果是否正常通过，若是存在有条件通过的评审结果，对 SEooC 假定的安全目标没有潜在的风险，需要 SEooC 供应商提供官方的说明或证明。

11.2.2.2 对 SEooC 产品的功能安全集成开发的计划

在产品相关项实际开发过程中，需要根据 SEooC 的类型，将相关的集成开发活动安排在功能安全的系统、硬件或软件开发阶段，并为此分配相应的人员和资源。

11.2.2.3 为 SEooC 产品分配功能安全要求

在产品相关项的系统、硬件或软件开发阶段，需要将相关层级的功能安全要求，映射到待集成的 SEooC 上，并为其定义合适的验证手段。

通常这些被分配的安全要求，在后续的开发过程中可以与 SEooC 预先定义的应用假设相匹配，并能最终被 SEooC 的安全特性覆盖和验证。

11.2.2.4 不同类型 SEooC 的集成开发

（1）对于 SEooC 系统的集成开发

根据 GB/T 34590.10—2022 中 9.2.2 的定义，当相关项开发中需要集成一个 SEooC 时，首先需要检查相关项的功能安全要求与 SEooC 所假设的功能安全要求是否匹配，以证明假设的有效性。开发流程参考图 11-1，这里的重点是将客户需求（图中右边“3 概念阶段”的安全目标及功能安全要求）和假设需求（图中左边“3 概念阶段”的安全目标及功能安全要求）进行分析对比。

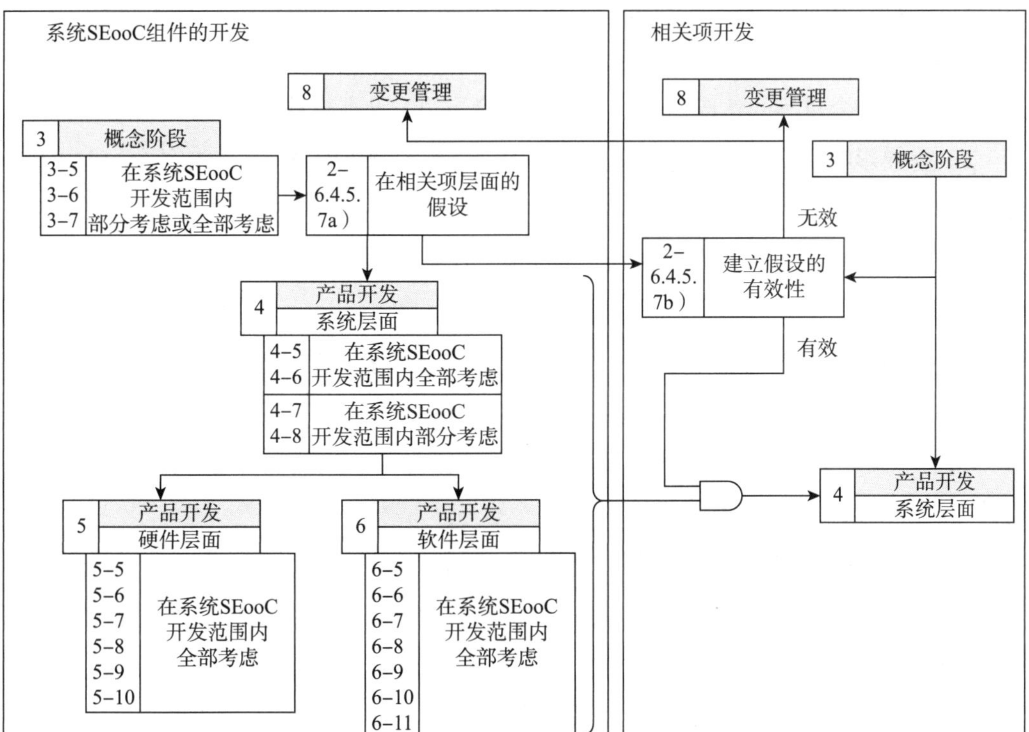

图来源：GB/T 34590.10—2022 的图 22。

图 11-1 SEooC 系统开发

如果发现 SEooC 的假设和客户需求不匹配，需要开展影响分析并启动变更管理活动，如 GB/T 34590.8—2022 的第 8 章（变更管理）所述。可能的结果包括：

1）根据安全目标的达成情况，差异是可接受的，无需变更；

2）差异影响到了安全目标的完成，需对相关项定义或功能安全概念进行必要的变更；

3）差异影响到了安全目标，需对 SEooC 组件进行变更。

如果待集成的 SEooC 的假设与客户需求匹配，则只需按照 GB/T 34590.4—2022 规定的产品系统集成开发条款执行后续开发。

（2）对于 SEooC 硬件组件的集成开发

当作为 SEooC 开发的硬件组件在相关项硬件产品开发阶段的环境中予以考虑时，所有关于 SEooC 的假设，包括假设的技术安全要求和针对 SEooC 外部设计的假设，都需要建立有效性。有可能会出现 SEooC 假设和系统 / 硬件设计要求之间的不匹配。例如，相关项的开发者可以决定不实施假设的外部组件。由此，SEooC 开发者所做的因随机硬件失效而导致的违反安全目标的评估就与相关项不一致了。

如果发现某个 SEooC 的假设不匹配，要开展从影响分析开始的变更管理活动，如 GB/T 34590.8—2022 的第 8 章所述。其开发流程参见 GB/T 34590.10—2022 的图 23。影响分析可能的结果包括：

1）根据安全目标的达成情况，差异是可接受的，没有行动要做；

2）差异影响到了安全目标的完成，要有一个对相关项定义或者功能安全概念的必要的变更；

3）差异影响到了安全目标的完成，要有一个对 SEooC 组件的变更（可能包括组件的一个变更）；

4）差异影响到了安全目标，由此重新计算安全度量，但是这个重新计算的度量表明设计是满足系统目标的，所以无须更改。

如果待集成的 SEooC 的假设匹配，则只需按照 GB/T 34590.5—2022 中定义的产品硬件集成开发条款执行后续开发。

（3）对于 SEooC 软件组件的集成开发

当 SEooC 软件组件与其他软件组件在全新特定环境下进行集成之前，检查 SEooC 所做的全部假设在该环境下的有效性。这包括假设的带 ASIL 能力的软件安全要求，和所有关于软件组件的目的、边界、目标环境、功能及特性的假设（包括对 SEooC 软件组件使用范围的假设，以及软件组件相关安全要求的假设）。

如果发生某个 SEooC 的假设与该新环境不匹配，要开展从影响分析开始的变更管理活动，其开发流程参见 GB/T 34590.10—2022 的图 24。根据 GB/T 34590.8—2022 的第 8 章的规定，启动影响分析，影响分析的可能结果包括：

1）根据软件架构设计层面所适用的安全要求的达成情况，差异是可接受的，无须执行进一步的活动；

2）差异影响到了软件架构设计层面所适用的安全要求的达成，可以根据 GB/T 34590.8—2022 的第 8 章的规定，对这些要求做必要的变更；

3）差异影响到了软件架构设计层面所适用的安全要求的达成情况，需要根据 GB/T 34590.8—2022 的第 8 章的规定对 SEooC 组件进行变更（包括可能的组件变更）。

注：当一个软件组件集成到特定的软件架构设计中，导致分配不同 ASIL 等级的软件安全相关要素的共存，那么需要按照 GB/T 34590.9—2022 的第 6 章中所描述的，满足要素共存的准则，或者作为可选择的处理方式，将低 ASIL 等级的要素升级到高 ASIL 等级。

如果待集成的 SEooC 的假设匹配，则只需按照 GB/T 34590.6—2022 中定义的产品软件集成开发条款执行后续开发。

SEooC 的设计理念适用于前期的平台开发，对上层需求进行假设，从而开发出一套完整的产品默认需求。当集成到客户项目中时，需要按照 GB/T 34590.10—2022 的规定进行客户需求分析管理，其分析流程中的重点是进行假设需求和客户需求的对比，如果不能满足客户需求则需要进行新的开发，并启动变更管理。

11.3 ASIL等级分解的原理和方法

本节将对 ASIL 等级的分解原理及方法进行讲解。在进入主题之前需要读者具备对一些相关基础概念的了解，包括对控制系统的定义、车辆功能安全的层级概念、错误在各层级如何传递、ASIL 在不同层级的实现等。基于这些基础概念，进一步介绍如何进行 ASIL 等级分解，以及分解后对功能安全实现的具体影响。本节内容主要参考 GB/T 34590.9—2022 以及 GB/T 34590.10—2022 的第 11 章。

11.3.1 系统的定义及层级概念

11.3.1.1 系统的定义

系统（System）的定义参见 GB/T 34590.1—2022，系统是一组至少与一个传感器、一个控制器和一个执行器相关联的组件或子系统。其中，相关的传感器或执行器可包含在系统中，也可存在于系统之外。

这个定义中需要注意如下几个要点：

1）一个完整的系统从功能层面需要实现感知、决策、执行几部分，从而在物理层面需要包括至少一个传感器（感知）、一个控制器（决策）和一个执行器（执行）；

2）感知、决策、执行三部分可以是组件也可以是单独的子系统，取决于系统大小和所定义的层级，关于系统层级下一小节将会介绍；

3）传感器和执行单元可以包括，也可以不包括在系统内。

11.3.1.2 车辆功能安全层级概念

前一节对系统定义做了介绍。如果从整车角度来看，随着电控系统的不断发展，整车功能日益复杂。为了满足功能安全设计要求，在 GB/T 34590—2022 中对车辆控制系统分为相关项、系统、组件、软硬件单元几个层级，并对各层级单元赋予专门名称，避免混淆，如图 11-2 所示。

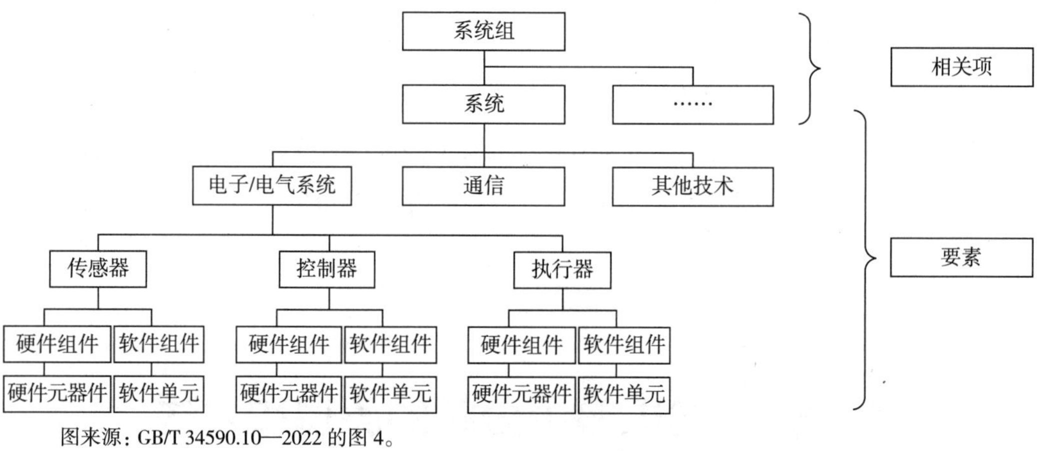

图来源：GB/T 34590.10—2022 的图 4。

图 11-2 车辆控制系统层级分解

功能安全设计将车辆控制系统分为以下几个层级：

1）整车层级的相关项：传统电控系统，如发动机控制系统、制动控制系统、转向控制系统等；新型电控系统，如辅助驾驶和自动驾驶系统；

2）系统层级：不仅包括电子电气系统（E/E System），也包括其他系统（Other technology），比如机械系统、液压系统。各系统通过整车通信或其他交互，共同组成整车级的相关项。

3）要素层级：系统、组件、软硬件都可以作为要素，这些要素在不同层级所承担的角色会不同，比如 E/E 系统本身可以是一个独立的系统，同时又会是上一个层级的子系统。

4）软硬件单元是系统中最小的不可拆分的要素。

一个系统至少与一个传感器、一个控制器和一个执行器相关联。为了满足车辆功能安全设计的需求，在GB/T 34590—2022中将车辆控制系统从上往下分为多个层级，各层级的要素在上下层级中承担的角色有时会发生转换。

11.3.2 错误在不同层级的传递和转换

在上一节中介绍了车辆功能安全层级的概念，之所以在功能安全设计中要定义这些层级，主要因为错误是通过层级逐级向上传递的，而安全要求又是通过层级向下分配的；底层的错误会最终导致上层系统的失效。本节将介绍错误在不同层级之间的传递，主要参考GB/T 34590.10—2022的4.3。

为了更清晰地描述错误属性，功能安全按照错误的不同属性定义三种类型：故障（fault）、错误（error）和失效（failure）。其发生顺序为：故障产生、形成错误、造成失效。这几种错误属性在不同层级会进行转换。

图11-3比较清晰地展示了这种传递过程。

1）底层软硬件单元故障导致组件错误，从而造成组件失效；

2）组件失效进一步向上一层级传递蔓延，作为故障输入系统层级，使系统产生错误，造成系统失效，从而产生非预期车辆行为。

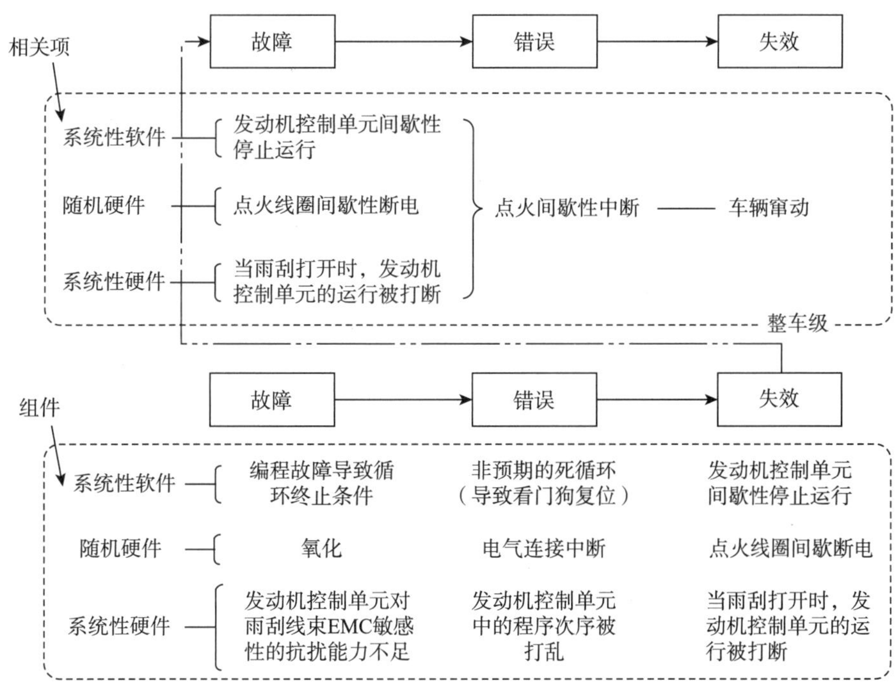

图来源：GB/T 34590.10—2022的图5。

图11-3 故障导致失效的示例

车辆电控系统失效的根源包括随机硬件故障，软件或硬件系统性故障。故障层层向上传递，最终导致上层系统失效，从而对整车行为造成影响，产生对驾驶员或周围人群的危害。

11.3.3 ASIL 等级的分配过程

本节将介绍如何从最上层的车辆失效行为入手，形成对上层系统的安全要求，之后再将这些要求向下层分配，形成对软硬件的需求，最终实施到底层软硬件层级。

11.3.3.1 ASIL 的定义

ASIL 定义参见 GB/T 34590.1—2022 的术语 3.6。

在 GB/T 34590—2022 中通过 ASIL 对最上层的安全要求形成了一个相对量化的分析方法，这也作为 GB/T 20438—2017 规定的 SIL 在车辆控制系统中应用的拓展。SIL 更关注的是随机硬件失效。随着车辆控制系统复杂度的提升，开发过程中的系统性失效不断增加，通过 ASIL 的引入，不仅包含对随机硬件失效的安全标准，也有效地增加了对系统性失效的衡量标准以及控制方法。

E/E 系统失效导致对车辆的错误控制（换而言之就是违背来自驾驶员或驾驶自动化系统的上层控制请求），从而导致车辆非预期行为，产生车辆危害事件（Hazardous event），对驾驶员或者车辆周边人员造成伤害。ASIL 用来评定车辆危害事件可能导致人员受伤的风险等级。

11.3.3.2 ASIL 在不同层级的分配

功能安全开发中，对于相关项、系统、组件、软硬件单元，每个层级都有对应的功能安全要求，如图 11-4 所示。功能安全要求中一个重要属性就是 ASIL 等级。ASIL 等级通过需求端从上往下进行层层分配，最终落实到软硬件单元层面。

系统和组件层级的安全要求主要是基于功能架构，通过自上而下的分析方法（如：FTA）或自下而上的分析方法（如：FMEA）导出，这里不做具体介绍。

11.3.4 ASIL 等级分解原理和方法

ASIL 等级是通过安全要求从上往下逐级进行分配，在往下一层的分配过程中不仅有 ASIL 承接也有分解，本节将讲述 ASIL 分解的原理及方法。内容主要参考 GB/T 34590.9—2022 的第 5 章。

11.3.4.1 ASIL 等级分解原理

首先我们来看一下 GB/T 34590.1—2022 中对 ASIL 分解的定义：

ASIL 等级分解（ASIL decomposition）：为有助于实现同一安全目标，将冗余的安全要求分配给具有充分独立性的要素，以降低分配给相关要素的冗余的安全要求的

ASIL 等级。

需要注意的是：

1）ASIL 等级分解是设计过程中 ASIL 等级剪裁方法的基础（GB/T 34590.9—2022 中定义为关于 ASIL 等级剪裁的要求分解）；

2）根据 GB/T 34590.9—2022 的规定，ASIL 等级分解不适用于随机硬件失效要求；

3）冗余安全要求的 ASIL 等级降低也存在一些例外，如，认可措施保持与安全目标相同的等级；

4）如果安全要求分配到下一层时由冗余的安全要求承接，并且这些安全要求之间具备充分独立性，就可以进行 ASIL 等级分解。

ASIL 分解可以按照图 11-4 的方式进行。

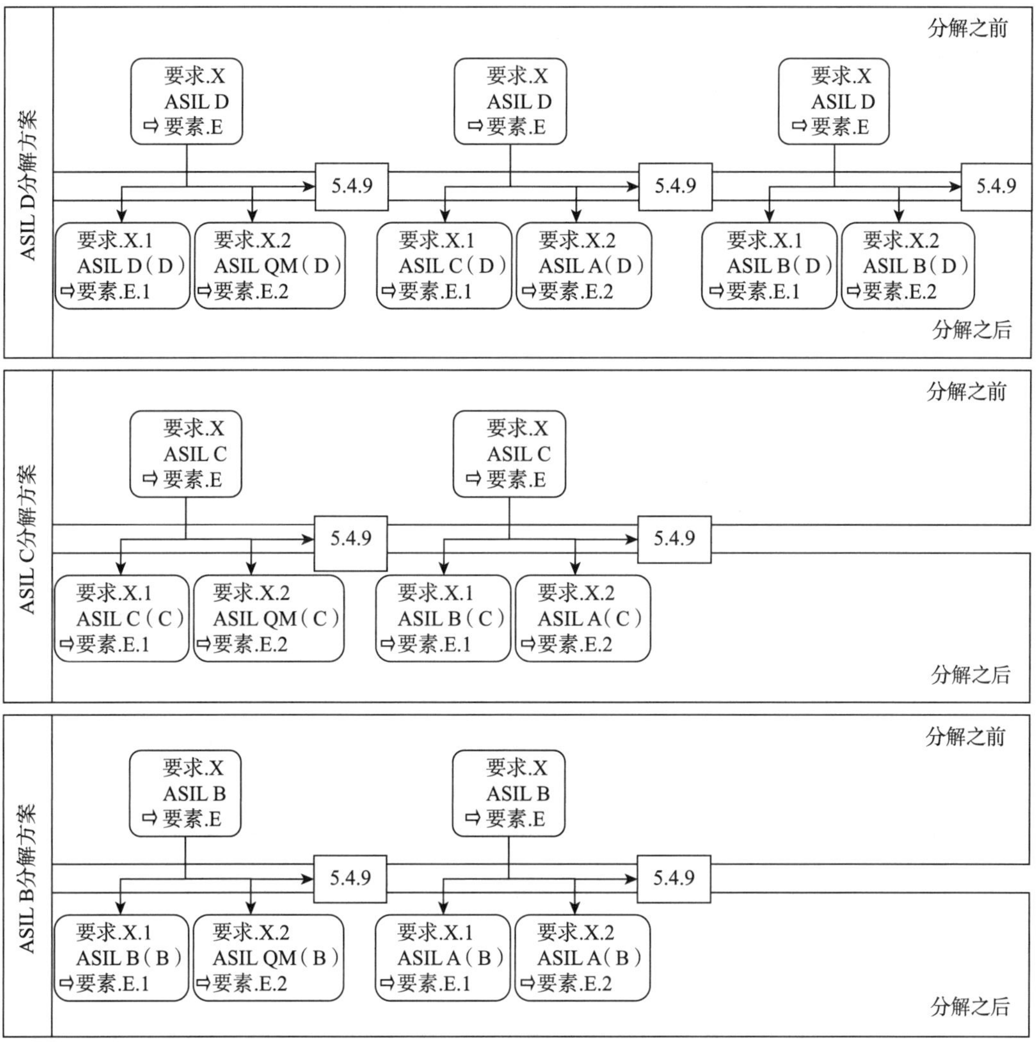

图 11-4 ASIL 等级分解方案

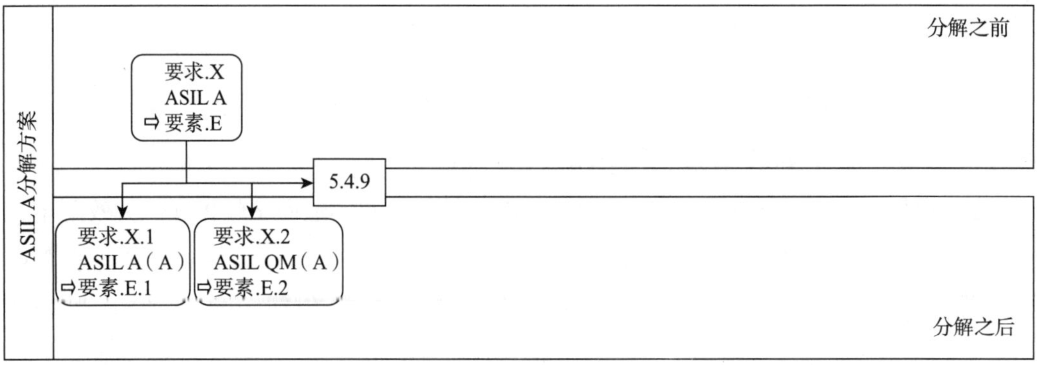

图来源：GB/T 34590.9—2022 的图 2。

图 11-4　ASIL 等级分解方案（续）

分解方案总结如表 11-4 所示。

表 11-4　ASIL 分解方案表

初始等级	分解后的等级组合		
ASIL D	ASIL D（D）+ ASIL QM（D）	ASIL C（D）+ ASIL A（D）	ASIL B（D）+ ASIL B（D）
ASIL C	ASIL C（C）+ ASIL QM（C）	ASIL B（C）+ ASIL A（C）	—
ASIL B	ASIL B（B）+ ASIL QM（B）	ASIL A（B）+ ASIL A（B）	—
ASIL A	ASIL A（A）+ ASIL QM（A）	—	—

（1）ASIL 等级分解针对系统性失效

ASIL 分解的定义明确了 ASIL 等级分解是针对系统设计过程中的系统性失效，不适用于随机硬件失效。换言之，ASIL 等级分解可以降低对开发过程的要求，但不能降低对随机硬件失效的安全要求。

另外，在系统性失效的安全措施中也不是所有措施都可以按照 ASIL 分解进行裁剪。系统性失效可能发生在产品整体开发过程中，具体环节包括设计、实施、集成、验证、认可评审。ASIL 等级分级分解可以降低对这些环节的要求，但不能降低审核部分的要求。因为审核是保证产品整体开发达到原 ASIL 等级的重要保证。验证和认可措施需要按照分解前的要求来执行。

例如：组件或软件层级的两个独立冗余要素经过分解承担 ASIL B（D），代表其对应的功能开发流程满足 ASILB，但系统集成的流程和随机硬件性失效的安全要求仍需满足 ASIL D。

（2）冗余性（Redundancy）

冗余功能中应具备充分的与预期功能（Intended Function）安全状态相关的信息，

以增加对预期功能中错误的探测度。

1）冗余功能可以输出与预期功能相同的信息，或者虽然不同，但是具备与预期功能的输出进行对比校验的可能性；

2）冗余功能中具有判断预期功能状态是否正常的信息，比如独立的状态信号；

3）冗余安全要求落实到软硬件层级，多样性（Diversity）是实现组件层级冗余的一种方式，比如设计不同的硬件组件，软件组件的异构设计。

（3）独立性（Independence）

可以进行 ASIL 分解的要素之间需要具有充分独立性。独立性的含义是避免相关性失效，包括共因失效（Common cause failure）和级联失效（Cascading failure）。

1）要素的独立性需要通过共因失效分析 DFA 进行分析；

2）软硬件层级的独立性重点考虑免于干扰（FFI，freedom from interference）。

11.3.4.2 ASIL 等级分解示例

图 11–4 介绍了 ASIL 等级分解的多种组合。然而在实际应用中，比较普遍实现的是 QM（X）+ASIL X（X），以及平均分配 ASIL 等级的方式。示例如下。

（1）示例 A

预期功能按照 QM（X）开发，增加独立的监控功能承担 ASIL X（X）等级。

这种分解方案中预期功能承担 QM（D），开发过程满足质量体系的要求即可，通过 ASIL X（X）的安全机制实现对功能进行监控。

示例 A 分解方法需要注意的是：安全机制的设计应尽量简单。安全机制在 ASIL 分解过程中承担比预期功能更高的 ASIL 等级。所以在逻辑设计上应比预期功能更简单，以减少系统性故障发生的概率。

另外在分配过程中需要考虑该安全机制是否有能力承担对应的 ASIL 等级。比如将 ASIL D 的安全要求分配给简单的看门狗（watchdog），将 QM 的功能需求分配给微处理器。而 watchdog 没有能力对微处理器的各种失效模式达到 ASIL D 的诊断覆盖率，因而这种分解无法满足原有的 ASIL D 的要求，是不合理的。

（2）示例 B

预期功能和冗余功能共同承担上一层级分配的 ASIL 等级，以 ASIL D 为例，预期功能和冗余功能都承担 ASIL B（D）的要求。这种分配方式通常适用于一路功能达不到 ASIL D，通过增加另一路冗余功能，其输出量和预期功能输出量具有可对比性，通过合理性校验实现 ASIL D 的输出要求。

示例 B 分解方法需要注意的是：ASIL 等级不能通过硬件组件直接进行分解。这是一个很常见的误区：通过设计一套冗余独立的硬件组件，把 ASIL 等级在原硬件组件和冗余硬件组件间进行分解，以降低对硬件组件的安全开发需求。这种分解方法可能是错误的。正确的方法是考虑硬件组件所承担的硬件安全要求（HSR），通过分析确保各组件能满足分解条件。

随机硬件失效的安全标准，包括单点/多点失效诊断覆盖率要求、整体失效率要求，是针对每一个安全目标进行计算的（如：通过 FMEDA 进行计算），以保证 E/E 系统达到对应的 ASIL 等级要求，即 ASIL 分解不能降低对硬件架构度量的评估要求和对由于随机硬件失效导致违背安全目标的评估要求。

综上所述，可以得出：

1）功能安全设计将系统从上往下分为整车相关项、系统、组件、软硬件单元层级；

2）软硬件故障从下往上逐级传递，造成系统层级的失效，从而产生整车层级的危害；

3）ASIL 等级伴随安全要求从上往下逐层分配，在 ASIL 等级向下一层级分配过程中，有可能进行分解，但前提是承担分解的安全要求之间具有冗余性和充分独立性，其独立性需要基于相关失效分析（DFA）证明；

4）ASIL 等级的分解不能降低对硬件架构度量的评估要求和对由于随机硬件失效导致违背安全目标的评估要求。

11.4 针对安全相关系统可用性的开发

对于“可用性”，GB/T 34590.1—2022 给出了明确的定义，即“在定义的生命周期内，产品在给定条件下按照要求提供规定功能的能力”。在具体技术措施上，可以采用故障避免、故障容错和故障预测这三种方法来确保产品具有足够的可用性。其中，故障避免指减少故障发生的措施，主要针对减少系统性故障的发生；故障预测指在导致失效发生之前发现故障或功能降级的能力；故障容错在 GB/T 34590.1—2022 中有着清晰的定义，即“在一个或多个特定故障存在的情况下，实现特定预期功能的能力”。

故障预测方法很多，最常见的可以分为：

1）基于模型的故障预测技术，该方法需要根据目标系统的结构、材料、工作状态等物理参数进行分析和建模，预测故障发生的可能时间和原因，通过对功能损伤的计算来评估关键子系统或零部件的损伤程度，并评估子系统或零部件剩余寿命。随着目标系统故障演化机理研究的深入，可以逐渐修正和调整模型，从而提高故障预测的精度。

2）基于概率统计的故障预测技术。如果无法确定一个输入和输出之间的系统状态方程，那么可以通过从过去故障历史数据的统计特性角度进行故障预测。其核心思想是根据历史故障数据的分布情况，建立概率模型来预测未来故障的发生概率和可能性。其中常用方法有时间序列预测法、回归预测法和聚类预测法等。

3）基于数据驱动的故障预测技术。人工智能（AI）技术的引入，也赋予了故障预测技术更强大的功能。基于数据的故障预测技术不需要目标系统的先验知识，将已知的历史故障数据作为训练集，通过机器学习算法学习其中的规律和特征，并挖掘其中的隐含信息从而进行预测，极大地提高了预测准确率。该方法包括支持向量机、神经网络、决策树等。

11.4.1　故障容错与冗余架构

故障容错的主要实现方式是冗余。冗余设计也称余度设计。它通过增加冗余资源使系统具备多于一种手段执行同一种规定功能的能力，即使系统局部出错或发生故障，其功能仍然能不受影响，从而提高整个系统的可靠性。

对于不同的系统要求，可以采用不同的冗余方式。按照冗余的实现层次，可以分为系统级冗余和部件级冗余。即在系统层面采用冗余设计或者通过冗余部件的形式实现冗余。在具体设计中，需要考虑元器件可靠性与其他可靠性设计方法，从而决定冗余方案的实现形式与层次。

按照冗余的实现载体，可以分为硬件冗余和软件冗余。硬件冗余是指复制硬件（或增加硬件多样性），当工作硬件发生故障时，使用备份硬件来进行替换，或通过表决等形式屏蔽有故障的硬件。软件冗余在技术上的实施方式又可以细分为：

1）程序模块冗余：采用多个独立设计的程序模块，根据冗余方案采用表决等形式决定执行结果；

2）数据冗余：在存储区为软件运行以及数据划分不同的位置，并采用多备份方式，一旦软件运行出错，或数据被破坏或丢失，则自动从备份空间复制；

3）时间冗余：重复执行某一程序，并将执行结果与前次执行结果比较。通过在同一任务周期内进行多次计算的方式，可以很好地判断和分辨瞬态故障；通过在多个任务周期重复执行同一任务的形式，可以初步判断是否为硬件永久性故障。

按照冗余系统或部件的贮备状态，可以分为热备份、冷备份和温备份。当冗余系统或部件在贮备期处于激活工作状态，称为“热备份”；当冗余系统或部件在贮备期处于待机状态时，称为“温备份”；当冗余系统或部件在贮备期处于断电状态时，称为“冷备份”。

按照冗余系统工作状态，可以分为主动冗余和被动冗余。如果冗余系统或部件持续处于激活工作状态，并且负担一部分负载，这样的冗余称为“主动冗余”；如果在工作系统失效前，冗余系统不发挥作用，尤其是不负担任何负载，这样的冗余称为“被动冗余”。

按照冗余架构，可分为平行冗余、开关冗余、表决冗余以及混合冗余。其中，平行冗余指多个相同子系统或部件并联，每个子系统或部件具备和执行相同的功能，只要有一个系统或部件工作，整个系统就能正常工作。平行冗余架构如图 11-5 所示。平行冗余采用并联架构，全系统可靠性高于各个子系统或部件的可靠性，提高了全系统的可用性。平行冗余架构中，冗余系统由于同时处于工作状态，因此是以“热备份”形式存在。

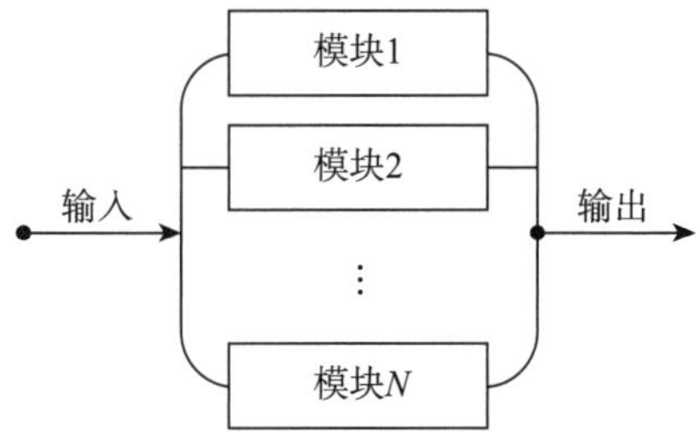

图 11-5　平行冗余架构示意图

开关冗余架构中，各个子系统或部件也需要通过转换开关实现工作激活，即当工作系统或部件失效时，冗余子系统或部件通过开关去逐个顶替，直到所有子系统或部件都失效为止。开关冗余架构如图 11-6 所示。在开关冗余架构中，冗余子系统或部件处于“温备份”或“冷备份”状态。在开关冗余架构中，理想情况下全系统工作寿命是所有子系统或部件的寿命之和，也能极大地提高全系统可用性，但为达到理想状态，开关本身的可靠性需要高于单独子系统或部件，这对开关元器件和设计提出了很高的要求。

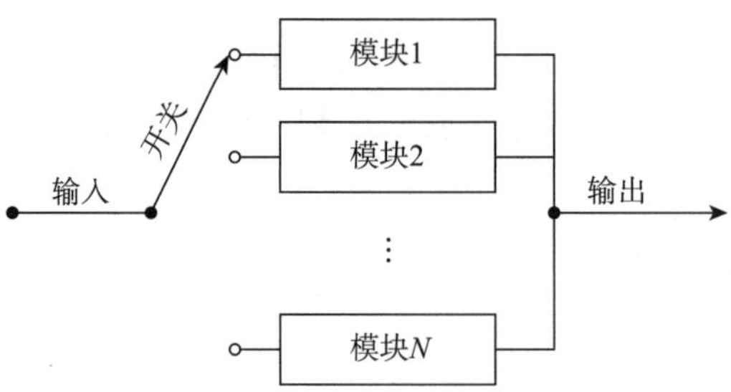

图 11-6　开关冗余架构示意图

在表决冗余架构中，最典型的表决冗余系统是多数表决系统，它将三个及以上并联子系统或部件的输出进行比较，把多数输出结果作为系统的输出。如果并联的子系统或部件的数量为 3，则称为三重冗余系统。三重冗余系统由三个子系统或部件以及一个表决器构成，如图 11–7 所示。三重冗余系统的一般表决原则为当 2 个子系统或部件的输出结果一致，那么系统采用该多数结果，可以容忍一个子系统或部件失效。

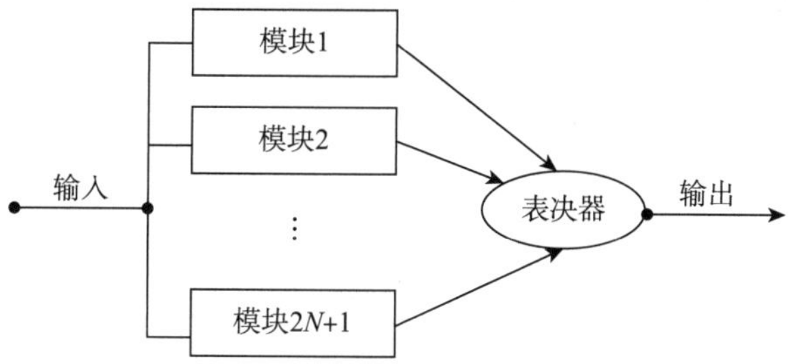

图 11–7　表决冗余架构示意图

表决冗余架构中，单一子系统或部件的可靠性很重要，以三重冗余系统为例，如果单一子系统或部件的可靠性为 R，则全系统可靠性 $R_{3,\ 2}$ 可表示为

$$R_{3,\ 2} = 3R^2 - 2R^3$$

$$R_{3,\ 2}=\begin{cases}3R^2-2R^3 < R, & R < 0.5\\ 3R^2-2R^3 \geqslant R, & R \geqslant 0.5\end{cases}$$

因此，对于三重冗余系统，只有当单一子系统或部件的可靠性较高时，全系统才具有高于单一子系统或部件的可靠性。同时，在表决冗余架构中，表决器的可靠性至关重要，如果表决器的可靠性低于单一子系统或部件的可靠性，那么整个表决冗余架构无论拥有几重冗余，其最终体现在全系统层面的可靠性都将低于单一子系统或部件的可靠性。因此，在搭建表决冗余架构时，需确保表决器的可靠性远高于单一子系统或部件的可靠性，这对元器件选型也构成了挑战。

混合冗余架构，是指在产品设计中，将上述冗余方法组合应用。

在产品设计中，可以将上述冗余方法组合应用。图 11–8 是将开关冗余和表决冗余两种方式组合而成的一个示例。

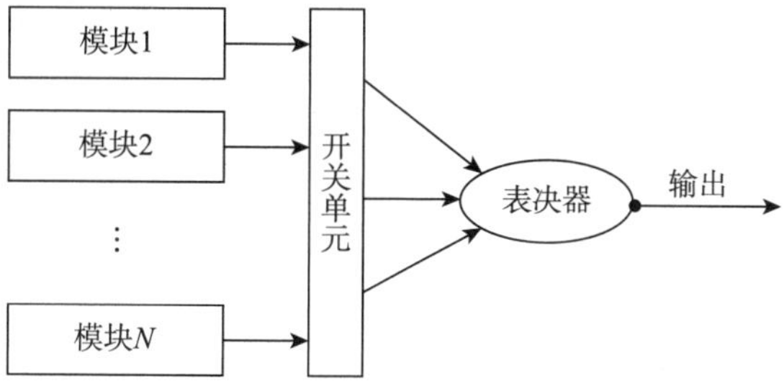

图 11–8　混合冗余架构示意图

在实际使用中，针对可靠性设计目标选取合适的冗余方案是系统设计的重要任务。IEC 61508 给出了两种经典的双重冗余架构：

1）1oo2D（如图 11-9 所示），系统由两个并联的通道构成，在正常工作时，两个通道都要求正常功能。当任意一个通道检测到一个故障，那么整个输出状态按照另一个通道给出的输出状态。如果两个通道同时检测到故障，或者检测到两个通道之间存在差异时，输出转为安全状态。

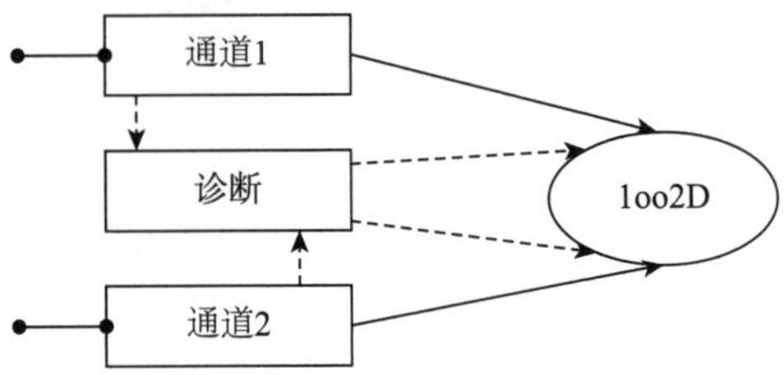

图 11-9 1oo2D 架构示意图

2）2oo2（如图 11-10 所示），系统由两个并联的通道构成，在正常工作时，两个通道都要求正常功能。任何诊断测试发现故障，仅报告故障，并不改变任何输出状态。

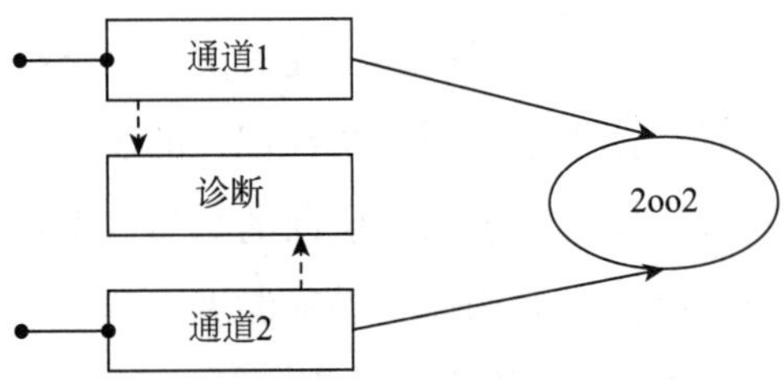

图 11-10 2oo2 架构示意图

11.4.2 双重冗余系统可用性分析

本节将以 1oo2D 架构为例，对双重冗余系统进行详细分析。图 11-11 所示的双重冗余系统由两个硬件结构完全相同的子系统组成，分别为子系统 1 和子系统 2。两个子系统都包含了独立的电源模块、信号输入、计算处理单元、驱动检测单元和负载，都能独立完成规定的安全功能。正常工作时，两个子系统都上电工作，同时采集数据，并驱动各自的负载。负载 1 和负载 2 组成整个系统的完成特定功能所需要的负载。每个子系统都有自检功能，当发现自身出现故障时，就给出控制信号，驱动切换单元进行切换。双重冗余系统在保证系统安全的前提下，使系统的可用性得到极大的提升。而热备份功能可以有效地改善整个系统正常工作的持续能力，即可靠性的有效提升。

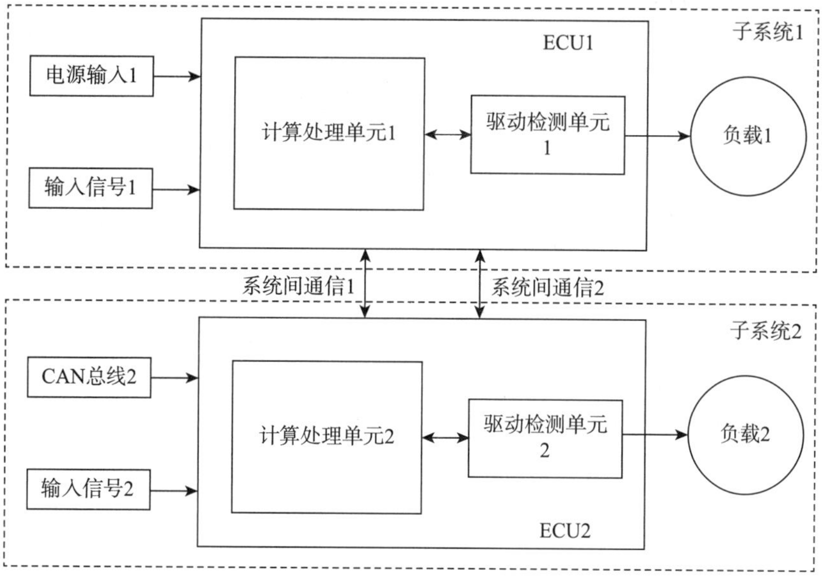

图 11-11　热备份双重冗余系统架构

双重冗余系统通常有如下几种工作状态：

1）两个子系统均无故障，系统输出安全；

2）一个子系统正常工作，另一个子系统故障，系统输出安全；

3）一个子系统停机，另一个子系统故障，但输出失效—安全，系统处于安全降级状态；

4）一个子系统停机，另一个子系统故障，无法坚持工作，系统失效。

基于上述双重冗余系统的结构，下面分别分析在未考虑和考虑故障可用系数的情况下系统的安全度和可用度等指标，并进行比较。首先，作如下定义和假设。

定义：故障可用系数表示系统中工作单元内部出现非系统级故障时该单元仍能坚持安全工作的概率。

假设：

——系统开始工作时处于完好状态；即两个子系统均正常工作；

——某一时刻只有一个子系统发生失效；

——系统各个子系统具有相同的失效率和维修率；

——不计入维修时间。

11.4.2.1　基于单边失效安全的单一通道不可用策略

对于双重冗余系统的失效－可用策略，可以采用“基于单边失效安全的单一通道不可用策略”，即当某一通道检测到故障后将该通道整体关闭，基于此种策略，可建立如图 11–12 所示的 Markov 模型。

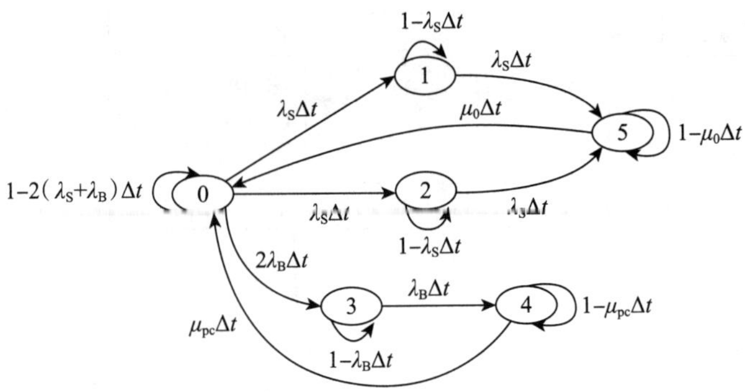

λ_S—子系统 1 或子系统 2 的失效率；

λ_B—系统间通信 1 或通信 2 的失效率；

μ_0—系统更换率；

μ_{pc}—系统退出上电循环后更换率。

图 11–12 “基于单边失效安全的单一通道不可用策略”的 Markov 模型

在“基于单边失效安全的单一通道不可用策略”下，系统状态可做如下划分：

状态 0：子系统 1 和子系统 2 内部单元都未发生故障，整个系统正常工作状态；

状态 1：子系统 1 中任意单元发生可测故障，导致子系统 1 不可用，子系统 2 未发生故障，系统 2 维持功能输出并处于安全降级状态；

状态 2：子系统 2 中任意单元发生可测故障，导致子系统 2 不可用，子系统 1 未发生故障，子系统 1 维持功能输出并处于安全降级状态；

状态 3：子系统间任意通信 1 或通信 2 发生可测故障，不影响整个系统的正常工作状态；

状态 4：子系统间通信 1 和通信 2 同时发生可测故障，整个系统维持功能输出，整个系统处于安全降级状态；

状态 5：单个子系统处于安全降级状态时，执行安全降级工作状态的任一子系统 1 或子系统 2 发生故障，整个系统功能失效；

由图 11–12 可求出“基于单边失效安全的单一通道不可用策略”下的系统可用性。

11.4.2.2 基于单边失效安全的部分可用策略

对于双重冗余系统的失效 – 可用策略，可以采用“基于单边失效安全的部分可用策略”，即当某一通道检测到故障后，不会立即将该通道整体关闭，而是根据具体失效模块来分析，根据受影响情况来决定系统部分可用。基于此种策略，可建立如图 11–13 所示的 Markov 模型。

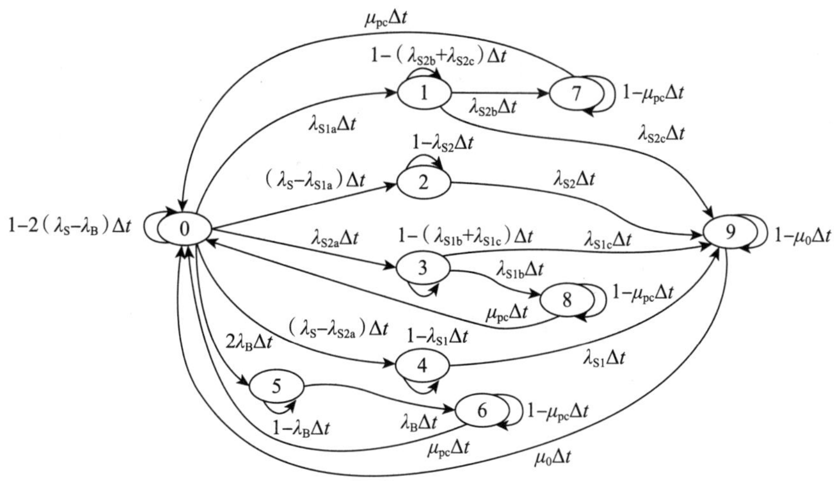

λ_S—子系统 1 或子系统 2 的失效率；
λ_B—系统间通信 1 或通信 2 的失效率；
λ_{S1a}—子系统 1 输入信号失效率；
λ_{S1b}—子系统 1 驱动检测单元或负载失效率；
λ_{S1c}—子系统 1 电源模块或计算处理单元失效率；
λ_{S2a}—子系统 2 输入信号失效率；
λ_{S2b}—子系统 2 驱动检测单元或负载失效率；
λ_{S2c}—子系统 2 电源模块或计算处理单元失效率；
μ_0—系统更换率；
μ_{pc}—系统退出上电循环后更换率。

图 11-13 “基于单边失效安全部分可用策略”的 Markov 模型

在“基于单边失效安全部分可用策略”下，系统状态可做如下划分：

状态 0：子系统 1 和子系统 2 内部单元都未发生故障，整个系统正常工作状态；

状态 1：子系统 1 中输入信号 1 发生可测故障，而其他单元（电源输入 1、计算处理单元 1、驱动检测单元 1、负载 1）未发生故障，并且子系统 2 未发生故障，整个系统保持功能输出正常工作状态；

状态 2：子系统 1 中电源输入 1 或计算处理单元 1 或驱动检测单元 1 或负载 1 发生可测故障，则子系统 1 不可用，子系统 2 未发生故障，子系统 2 维持功能输出安全降级状态；

状态 3：子系统 2 中输入信号 2 发生可测故障，而其他单元（电源输入 2、计算处理单元 2、驱动检测单元 2、负载 2）未发生故障，并且子系统 1 未发生故障，整个系统保持功能输出正常工作状态；

状态 4：子系统 2 中电源输入 2 或计算处理单元 2 或驱动检测单元 2 或负载 2 发生可测故障，则系统 2 不可用，子系统 1 未发生故障，子系统 1 维持功能输出安全降级状态；

状态 5：系统间任意通信 1 或通信 2 发生可测故障，不影响整个系统的正常工作状态；

状态 6：系统间通信 1 和通信 2 同时发生可测故障，整个系统维持安全降级状态；

状态 7：在状态 1 时子系统 2 中驱动检测单元 2 或负载 2 发生可测故障，整个系统维持功能输出，并处于安全降级状态；

状态 8：在状态 3 时子系统 1 中驱动检测单元 1 或负载 1 发生可测故障，整个系统维持功能输出，并安全降级状态；

状态 9：在以下条件时，整个系统功能失效：

——在状态 1 时，子系统 2 中电源输入 2 或输入信号 2 或计算处理单元 2 发生可测故障；

——在状态 2 时，子系统 2 任意单元发生可测故障；

——在状态 3 时，子系统 1 中电源输入 1 或输入信号 1 或计算处理单元 1 发生可测故障；

——在状态 4 时，子系统 1 任意单元发生可测故障。

由图 11-13 可求出“基于单边失效安全部分可用策略”的系统可用性。

由可用性状态方程可知，和“基于单边失效安全的单一通道不可用策略”相比，采用“基于单边失效安全的部分可用策略”后，系统可用性显著提高。

11.5 提升功能安全要求的可实施性——量化安全技术

11.5.1 量化安全技术背景

以 ISO 26262 和 GB/T 34590 等为代表的标准体系，提供了庞大的功能流程体系，以涵盖车辆产品安全生命周期全过程，但落地实施中，经常出现以下困难：

1）功能安全标准侧重定义分析、测试和论证方法论，以广泛适用于车辆各安全关键电子电气系统，但未提供相关具体产品的功能安全要求，导致相关技术人员在面对功能安全技术时，经常存在功能安全是流程方法，没有具体要求，难以落地实施的误解。

2）由于整车安全相关电子电气系统众多，涉及危害数量超过百种，每个系统对应哪些危害、每种危害需要哪些安全指标，无现成标准，所以在制定安全要求时也常常难以具化和量化，导致功能安全要求无法客观落实和评测，这些问题给功能安全技术的落地实施和长远发展带来了困难，必须予以解决。

为了解决这一挑战，2016 年起在有关组织的主导下，行业多家企业联合启动了功能安全量化研究项目——可控性技术研究，以提升功能安全的可实施性。

可控性概念：可控性反映了涉险人员控制危害的难易程度，可分为 C1 ~ C3 三个等级（对应人员控制成功率）。可控性指标的一个示例是，对于 EPS（Electrical Power Steering，电动助力转向）系统的自转向危害，90% 的驾驶员可以控制侧向加速度不超过例如 0.2g 的整车非预期转向行为，则针对非预期转向危害，侧向加速度 0.2g 是评级为 C2（≥ 90%）到 C3（<90%）的可控性指标门限。

量化的可控性指标对于功能安全落地实施非常重要，但可控性技术研究并非易事，这是因为可控性受人、车、环境复杂因素影响，常常需要开展真人、实车、实地测试，才能找到准确结果。此外，即使得到可控性指标的量化定义后，如何将整车层面的可控性指标转化为系统可实施的详细设计要求，并进行有效评测，也是功能安全落地实施的关键。

11.5.2 基于测试的量化安全定义方法

可控性量化安全定义方法首先从整车危害分析和危害分类入手，识别需要研究的典型危害行为，定义针对性的危害场景，如在直行过程中出现非预期转向行为，将导致车辆出现非预期侧向运动的危害，对于车辆转向助力或自动驾驶相关功能，这是非常严重的危害事件。在明确了关注的危害事件后，启动实车测试，明确相关测试准则，如路宽、附着系数等；针对关键电控系统，如 EPS 系统，进行故障模拟测试，注入非预期转向指令，激发非预期转向行为，实车评估普通驾驶员能否克服非预期转向扭矩，将车辆安全地控制在车道线内行驶，避免危害的发生。

图 11–14 展示了一个转向可控性量化指标的测试示例。测试分为 4 个阶段，分别是加速段、稳态段、测试段和结束段。

第 1 阶段，加速段：驾驶员驾驶测试车辆出发，开始加速至预期车速（例如 60 km/h）。

第 2 阶段，稳态段：车辆以预期车速巡航，正常驾驶过程，驾驶员手握方向盘，车辆保持在车道中线行驶。

第 3 阶段，测试段：测试工程师在不提醒驾驶员的情况下，注入恒定的 EPS 自转向扭矩故障（电机扭矩）。驾驶员通过控制方向盘，尽可能使车辆行驶在车道内。为降低测试中驾驶员的适应性，扭矩方向随机选取。若驾驶员能将车辆保持在车道线内行驶，认为驾驶员能控制该故障，则增大扭矩故障注入，开展进一步测试。若车辆超出车道线，认为驾驶员不能控制该故障，无需进一步测试。

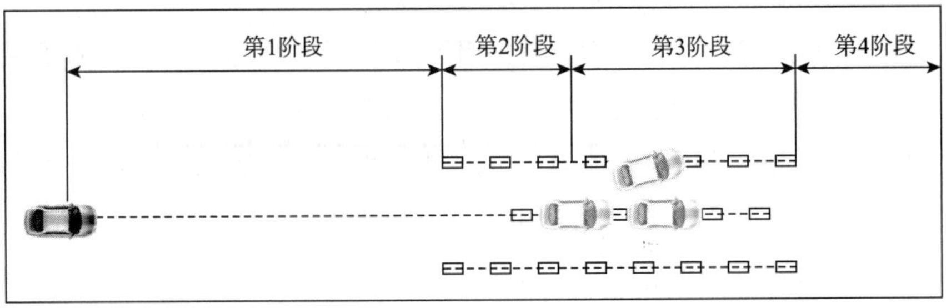

图 11-14 整车可控性指标测试方法

第 4 阶段，结束段：对于注入故障后，车辆能保持在车道线内行驶的情况，在本阶段进行制动以安全停车和返回，等待进一步测试。

通过广泛的驾驶员测试，可得到 C1 ~ C3 的可控性量化分级指标，形成顶层量化安全要求。

基于上述方法，针对传统车、新能源车和自动驾驶汽车的主要电控系统，开展整车危害行为梳理和实车测试，则能得到整车主要量化安全技术指标，实现对整车系统的全覆盖。

对于量化安全指标的研究，除测试方法外，也可以基于仿真、分析计算、数据统计等多种方法，但无论采用哪种方法，核心都是对电子电气系统危害行为及其可控性的研究，这就像给系统的行为设定了一个边界，在边界范围内的，属于精度偏差或性能偏差，一旦超出边界，将构成危害风险，如果不加以控制，极有可能导致人员伤害的严重后果。

11.5.3 量化安全指标的设计应用

在得到可控性量化指标后，可以导出电子电气系统自身对异常行为的约束门限，也可以作为独立的危害行为探测和控制措施门限，以车辆转向行为的可控性指标为例，如图 11-15 所示。根据转向可控性研究，非预期转向的度量门限包括为控制非预期转向行为的转向盘手力矩。

转向盘手力矩，可以直接反映驾驶员掌控车辆方向的难易程度，转向盘手力矩指标越大，表明驾驶员为了克服 EPS 故障行为所需的力越大。该指标值是根据目标市场典型驾驶员的力量分布决定的，因而是对车辆系统的设计约束，并且这种约束可能是双向的：

1）EPS 系统当探测到自身的故障时，例如转向盘扭矩传感器信号异常，则会立即关断电机驱动桥，以避免错误的转向力输出。转向盘手力矩指标可以作为上述探测门限和关断及时性的判定依据，即扭矩传感器信号异常的大小及关断时间窗，不能导致 EPS 输出扭矩超过驾驶员可控的转向盘手力矩。

2）另外，若 EPS 关断助力后，车辆转向系统虽然可以继续依靠机械连接实现驾驶员对行驶方向的控制（这是 EPS 系统常采用的安全状态定义），但如果此时需要的转向盘手力矩超过指标值，则不能认为驾驶员此时具备可控性，即关断助力虽然可能避免了更严重的非预期转向危害，但仍导致了转向沉重危害，此时则需要考虑调整转向系统的机械传动比设计，或选用带有冗余能力的 EPS 系统，避免因单点故障导致直接丢失全部助力。

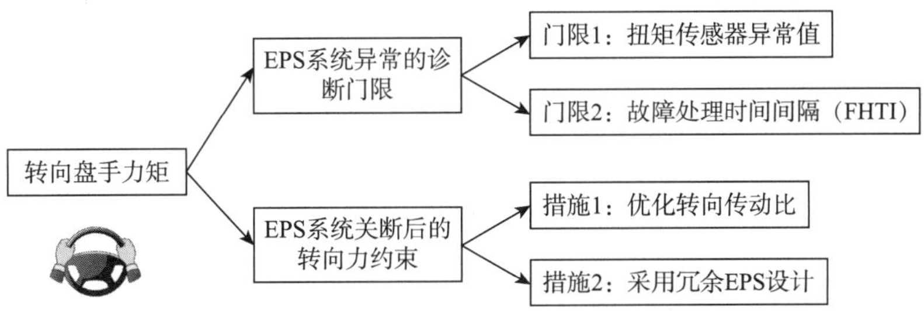

图 11-15　转向可控性量化指标的设计应用

11.5.4　基于量化安全指标的仿真测试

功能安全测试需要进行可控性评估，由于缺少准确的量化安全指标，导致各企业开展最终测试时需要依靠实车开展故障注入，并依赖于有经验的驾驶员进行评分，如图 11-16 所示。

图 11-16　功能安全可控性测试

但这样做的痛点是：

驾驶员的经验难以保障客观，不同人员甚至同一人员不同时间的可控性评估都会存在差异；

实车可控性测试受限于车辆开发状态，通常需要较晚时间开展，这样可能导致在项目后期发现潜在的功能安全问题，给设计更改和产品量产带来较大困难。

基于量化安全指标的定义和研究，可有效解决上述问题。

基于量化安全指标，可以有效规避不同人员评估标准不同的问题，用统一的指标对系统各安全机制的有效性进行评价，科学准确。此外，基于整车量化安全指标，使功能安全仿真测试成为可能。如图 11–17 所示，通过将待测电控系统置于虚拟测试环境下，如硬件在环测试平台（HIL）。HIL 平台实现了对待测电控系统工作环境（如交互接口信号、负载等）的模拟，通过故障注入系统，可以实现对特点接口信号的故障模拟，以激励待测电控系统的故障检测机制。通过数据后处理，可以分析整个故障注入测试过程中的状态信号，以判定是否违背了量化安全指标。

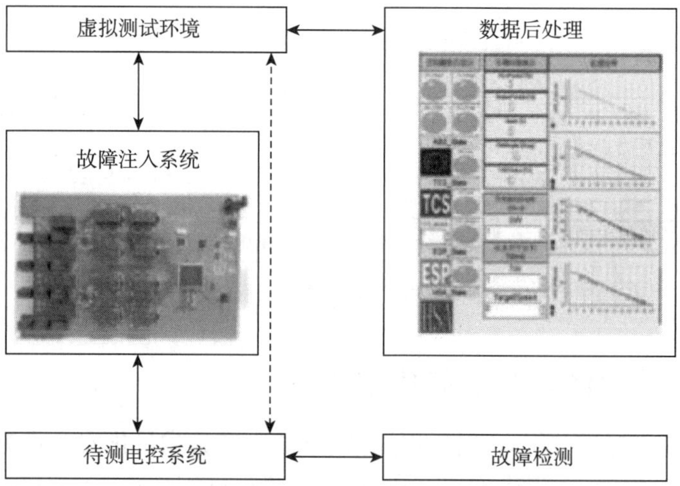

图 11–17　可控性仿真测试系统

同时，通过仿真测试，还可以实现整车量化安全指标向系统及组件设计指标的分解，例如将转向盘手力矩指标分解为 EPS 系统转向扭矩门限，再分解为 EPS 电机驱动电路的电流门限。这样可以实现在开发的前期，用功能安全量化指标指导产品的详细设计。

第12章 自动驾驶汽车的功能安全开发

随着电子电气、芯片和人工智能技术的发展，带动智能网联和自动驾驶技术在汽车领域高速发展，在这一过程中，安全成为最重要的话题之一。这是因为：一方面，安全是用户选择和使用自动驾驶汽车首先关注的重要问题，是自动驾驶汽车走向商业应用的前提条件，如果安全没有得到保障，那么所有的自动驾驶都只能作为试验预研；另一方面，安全技术也是推动自动驾驶技术发展的原动力，人们在开发以设计运行域（ODD）为范围的自动驾驶汽车时，不断追求自动驾驶功能在更大范围、更严苛条件的场景中能安全地使用，发展自动驾驶安全技术，就能使自动驾驶具备更强的能力。本章将首先分析自动驾驶汽车面临的安全风险及其应对介绍，然后介绍功能安全和预期功能安全技术在自动驾驶系统开发中的应用，最后探讨自动驾驶汽车人工智能安全技术，以应对高阶自动驾驶的安全挑战。

12.1 自动驾驶汽车安全风险分析

12.1.1 自动驾驶汽车的安全风险概述

自动驾驶汽车是百年汽车工业的技术明珠，融合了集成电路、人工智能（AI）、芯片、机电一体化、线控、新能源等多项先进技术。如图 12-1 所示，自动驾驶汽车通过传感器探测道路及环境信息，输入给感知融合模块，经过基于规则或基于 AI 的算法处理，完成环境目标分析，结合定位信息，开展轨迹规划，生成车辆横向和纵向控制指令，交由转向、制动和驱动系统完成自动驾驶行为，并且在自动驾驶过程中，需要时刻通过车身灯光系统、座舱系统和人员监控系统保持与车外交通参与者及车内乘员的交互，确保行驶安全。这一功能链路中任何一个环节出现问题，都有可能导致危害事故的发生。可见自动驾驶汽车安全风险极其复杂，必须进行系统性分析和应对。

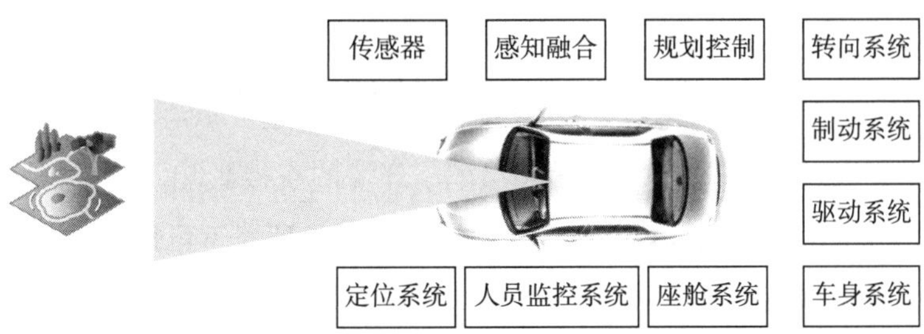

图 12-1　自动驾驶系统组成

依据 GB/T 40429—2021《汽车驾驶自动化分级》中的定义，自动驾驶可分为 0 级 ~ 5 级，其中低于 3 级的可称为驾驶辅助，而 3 级及以上可称为自动驾驶。不同自动驾驶等级对应不同的自动驾驶系统和人员责任，如表 12–1 所示。

表 12–1　驾驶自动化等级与划分要素的关系

等级	名称	动态驾驶任务		动态驾驶任务后援	设计运行范围
		持续的侧向和纵向车辆运动控制	目标和事件探测与响应		
0	应急辅助	驾驶员	驾驶员及系统	驾驶员	有限制
1	部分驾驶辅助	驾驶员和系统	驾驶员及系统	驾驶员	有限制
2	组合驾驶辅助	系统	驾驶员及系统	驾驶员	有限制
3	有条件自动驾驶	系统	系统	动态驾驶任务后援用户	有限制
4	高度自动驾驶	系统	系统	系统	有限制
5	完全自动驾驶	系统	系统	系统	无限制[a]

[a] 排除商业和法规因素等限制。

随着等级升高，人类驾驶员的驾驶控制行为逐步被自动驾驶系统替代，同样地，自动驾驶系统也会受到更多的安全挑战。对于自动驾驶受到的安全挑战来源，可以简单归为人、车和环境三类，如图 12–2 所示。

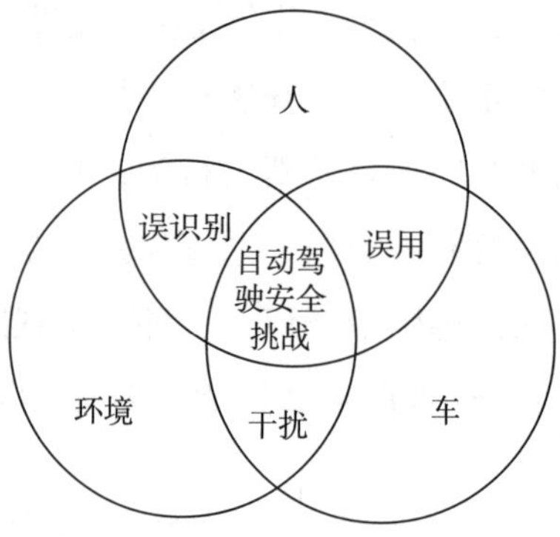

图 12–2　自动驾驶安全挑战的来源

围绕自动驾驶的安全挑战，包括人、车、环境的直接影响，例如：车辆电子电气系统故障、人员滥用（如黑客攻击）、交通设施损坏或环境不可抗力等；也包括三者彼此交互构成的安全挑战，例如：人员对环境的误识别导致的误干预、人对车辆系统的误用、环境对车辆系统的干扰等。每类挑战包括的因素众多，难以穷尽，针对其中主要的影响因素及应对的安全技术如表 12-2 所示。

表 12-2 自动驾驶安全挑战及其应对技术

类别	相关安全技术	标准
电子电气系统故障	功能安全	ISO 26262 等
黑客攻击	网络安全	ISO/SAE 21434 等
交通设施损坏	道路设施规范	JTG D20 等
误识别	预期功能安全 人工智能安全	ISO 21448 ISO/D PAS 8800 等
误用		
环境干扰		

根据传统人类驾驶员交通事故的统计分析，因车辆系统故障或道路设施损坏引发的交通事故占比不到 10%，而因人类驾驶员操作不当、违规驾驶等原因导致的交通事故占比超过 90%。对于自动驾驶而言，当前面对的最大挑战同样是如何准确识别环境、有效应对来自外部环境或车内人员的干扰，提升预期功能安全水平；其次是应对车辆电子电气系统故障带来的风险，通过提升功能安全水平及失效运行能力，保障故障后的运行安全；随着智能网联化的深入，网络安全风险也越来越突出，有效防止黑客攻击，确保数据安全，成为行业关注的焦点；自动驾驶的应用离不开道路设施的安全保障，除传统的道路基建安全保障外，车—路—云协同技术，也成为加速自动驾驶发展的重要方向之一。

12.2 将专门针对自动驾驶功能安全和预期功能安全技术进行详细介绍，12.3 将探讨自动驾驶人工智能的安全保障技术。为此，12.1.2 和 12.1.3 简要介绍自动驾驶网络安全技术和车路云协同自动驾驶技术

12.1.2 自动驾驶网络安全技术

自动驾驶汽车需要借助内外部多个网络通道进行信息的交互，以提升环境感知、自身状态判断和乘坐体验，在这个过程中，可能受到来自网络的攻击。如图 12-3 所示，列举了典型的自动驾驶和智能网联汽车可能受到网络攻击的通信渠道。为此，需要建立网络防护，确保车辆不会被黑客恶意操纵。

ISO/SAE 21434 和 SAE J3061 网络安全标准提供了类似功能安全的 V 模型安全生命周期，从功能定义到威胁分析和风险评估，开展网络安全概念开发和需求定义，然后是系统设计和软硬件实现，在 V 模型的右侧是网络安全的各层级测试及网络安全评估发布。网络攻击漏洞识别及纵深防御手段开发是网络安全技术的核心内容。

图 12-3　网络安全风险来源

网络安全和功能安全也有共同之处，例如：对于通信管道的保护，通过对信号进行端到端（E2E）的校验，可以实现对通信故障（如信息损坏）或黑客攻击（如信息篡改）的识别和减害。

12.1.3　车路云协同提升自动驾驶安全

车路云协同通过多车感知、路端传感器等实现对单车自动驾驶功能的超时空感知提升，通过云端超大算力和综合信息判断，实现对单车自动驾驶功能的处理能力和决策能力提升。通过车路云协同技术对自动驾驶安全的提升，可以分为以下阶段：

1）信息交互协同。通过自车与其他交通参与者间的信息交互，实现碰撞的提前预警、道路危险的提前警示等。在该阶段，协同信息不直接用于自动驾驶车辆行为决策和控制，仅用于辅助决策，即使信息出现错误也不会导致危害事件。

2）感知协同。通过多车传感器、路端传感器及远程通信，实现对自动驾驶单车感知能力的扩充。在该阶段，协同信息可用于支持自动驾驶车辆行为决策，为避免车路云协同信息与自车感知信息不匹配导致的异常风险，可根据置信程度，对协同信息和自车感知信息进行仲裁。

3）决策控制协同。通过云端算力和高速网络通信手段，实现自动驾驶决策控制上移，通过云端大算力对车辆行为进行部分甚至全部控制。在该阶段，自动驾驶正常运行时将部分或主要依靠云端，当云端或通信异常时，可利用车端算力进行备份控制，同时车端也可以进行紧急避撞等事件处理，提升整体安全性。

当前行业自动驾驶仍以单车智能为主，车路云或 V2X 技术主要用于非车控功能。随着国家基建及自动驾驶生态的提升，车路云协同技术将在自动驾驶领域发挥更大的作用，实现多车自动驾驶的安全、效率提升。

12.2 预期功能安全

12.2.1 预期功能安全概述

预期功能安全（SOTIF）是随着智能驾驶的火热被汽车界从业者越来越多提及的一个安全领域的新术语。2018 年国际标准化组织下设的功能安全工作组（ISO/TC22/SC32/WG8）正式启动了全球首个自动驾驶安全国际标准 ISO 21448 的制定工作，旨在为全球自动驾驶车辆的安全开发和测试评价提供技术指导，预期功能安全的概念在全球被正式提出。

什么是预期功能安全呢？预期功能安全是针对驾驶自动化等级为 L1 ~ L5 的系统的功能不足可能引发的安全风险的应对技术，这些系统的一个共同特点是依靠复杂的传感器和处理算法进行态势感知，感知的正确性会对安全产生重要影响。

ISO 21448 对“预期功能安全”的定义是这样的：不存在因预期功能或其实现的功能不足引起的危害而导致不合理的风险。下面我们详细诠释一下这个定义以帮助大家理解，“预期功能”是指一个产品“已定义的功能”。“功能不足”是指规范定义不足或性能局限，而且，规范定义不足是指当被一个或多个触发条件发生时，由于规范定义的不完整导致危害行为或导致无法防止、探测及减轻合理可预见的间接误用。例如在主动变道功能的功能规范中对变道空间的横纵向阈值定义不够完整充分，未与目标车道的车辆保持适当的距离因而存在潜在碰撞风险。“性能局限”指的是技术能力的局限性，其在一个或多个触发条件发生时，促成危害行为或无法防止、探测及减轻合理预见的间接误用。例如超大路口的红灯超出了车辆摄像头的 FOV（视场角）范围，无法被检测到，从而导致自车闯红灯。

图 12-4 展示了因智能驾驶系统无法识别红绿灯，导致车辆闯红灯而发生碰撞风险的过程，该例子说明了 SOTIF 相关危害事件的发生机理。

12.2.2 预期功能安全与功能安全的区别和联系

通过上一节我们了解到什么是预期功能安全，大家可能会有疑问，预期功能安全是不是功能安全的一个新分支，与功能安全有什么关系呢？下面我们阐释一下这两个领域的区别和联系。

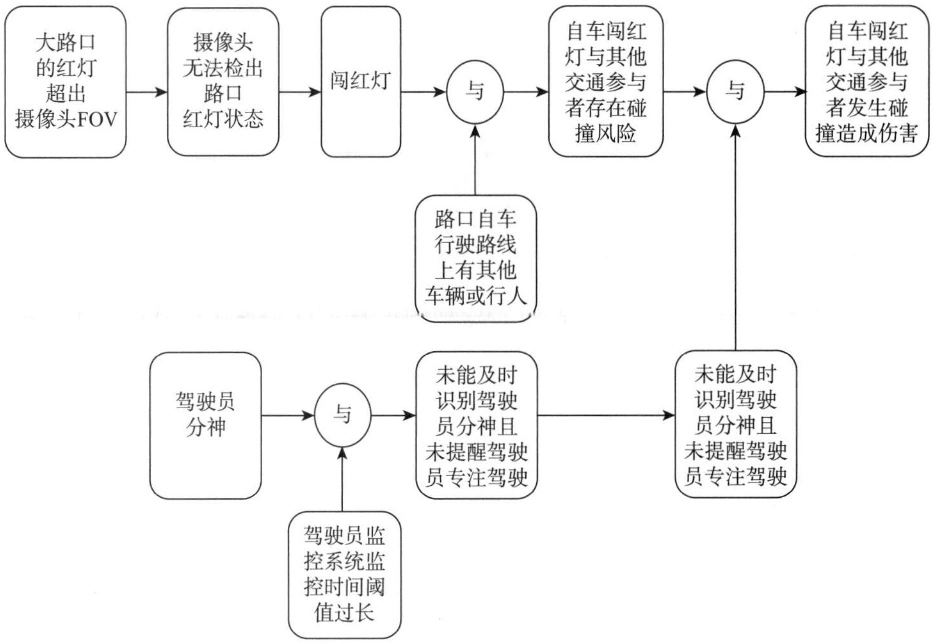

图 12-4　SOTIF 危害发生与无法控制导致伤害示例分析

首先，从范围方面讲，预期功能安全是特别适用于智能驾驶系统（组合辅助驾驶或自动驾驶系统）的，而功能安全适用于安全相关的电气 / 电子系统，除适用于智能驾驶系统之外，还适用于制动、转向等电气 / 电子系统，适用范围更广。

其次，从危害来源方面讲，二者的对象是不同的，对于智能驾驶系统，功能安全研究的是如何减轻、避免或控制电气 / 电子系统的失效导致的功能异常（malfunction）所带来的危害，预期功能安全研究的对象不是失效，而是设计中的规范不足或系统本身固有的局限性在触发条件发生时所产生的危害，以及这些危害如何被识别、减轻、控制和避免。二者解决的问题不同，预期功能安全的规范不足与功能安全的系统性失效在某些情况存在交叉，但这两个领域无法相互取代。

综上所述，预期功能安全立足对智能驾驶安全影响更广泛的非故障安全领域，重点关注智能驾驶汽车的行为安全，解决因自身设计不足或性能局限在遇到一定的触发条件（如环境干扰或人员误用）时导致的整车行为危害，是区别于功能安全的新的安全领域，既不是功能安全的新分支，也不能被功能安全所取代。如图 12-5 所示，预期功能安全与功能安全，二者有本质区别，但又互为补充，智能驾驶系统要达到比较高的安全水平，既需要在全生命周期中实施功能安全又需要实施预期功能安全来达到越来越高的安全水平，降低事故率。

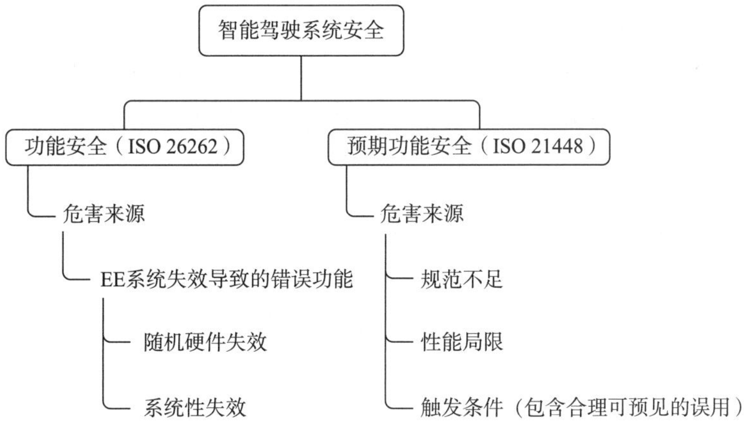

图 12-5　功能安全与预期功能安全的区别

12.2.3　预期功能安全技术的核心逻辑与实施要点

通过上文我们已经知道预期功能安全的目的是识别、减轻、控制和避免因预期功能或其实现的功能不足引起的危害和导致的风险，在本节我们探讨一下预期功能安全的核心逻辑和实施关键。

预期功能安全的核心逻辑是通过建立一套方法论和流程系统化地、充分地识别功能不足导致的风险，包括识别危害行为、功能不足和触发条件等（ISO 21448：2022 的第 6 章、第 7 章），实施优化改进措施降低风险（ISO 21448：2022 的第 8 章），通过验证和确认证明风险足够低（ISO 21448：2022 的第 9 章 ~ 第 11 章），对 SOTIF 工作成果进行评估以确保 SOTIF 工作过程满足完整性、正确性和一致性并进行发布推荐，在功能发布市场后对现场运行期间的 SOTIF 风险进行监控和安全优化，形成闭环并进一步迭代（ISO 21448：2022 的第 13 章）。

在预期功能安全的落地实施过程中有一些关键点需要进行充分考量。

（1）Who：谁来负责预期功能安全的落地实施，从了解的公司实施现状来看，负责预期功能安全的落地实施，有以下几个团队：

A. 功能安全团队；

B. 功能 / 系统设计开发工程师团队；

C. 算法团队；

D. 质量团队等。

这几种实施方式的形成和各公司智能驾驶开发的流程和方式有关，预期功能安全范畴的问题在大家接触 ISO 21448 或成立独立的团队之前已经有一定的机制处理这些问题，例如 B、C、D 或这三者合作推进。对于想要把这块业务实施落地的功能安全从业者来说，面临两大挑战：

1）自身技术实力，功能安全从业者的优势在于熟悉 ISO 26262 和 ISO 21448 的方法论和流程，但劣势在于对系统、功能开发的技术积累可能没有 B 功能 / 系统设计开发工程师那么全面，对算法的理解没有 C 算法团队那么深入；

2）和整个开发交付的过程融入渗透程度可能没有 B 功能 / 系统设计开发工程师团队、C 算法团队，甚至 D 质量团队那么紧密，不少功能安全团队甚至只是形式上建立了流程，输出了需求也进行了一些测试，但实际对开发和交付的影响力非常弱。

功能安全从业者如果想要从传统的功能安全领域跨度到预期功能安全领域必须要建立智能驾驶领域扎实全面的技术基本功，又需要对所在公司智能驾驶开发的流程、合作机制有深入、充分的思考，找准切入点和与其他团队的合作方式，充分利用预期功能安全标准和方法论背书的优势，找到一条预期功能安全落地实施的最佳路径。

（2）How：功能安全从业者如果想实施预期功能安全，需要结合功能安全团队智能驾驶方向技术能力的水平先考虑并定义清楚角色定位：

A. 总体负责，包括流程、技术实现、验证确认和评估发布；

B. 负责流程搭建、实施推进和验收、评审发布，不负责技术方案与实现；

C. 流程的参与搭建者和过程的赋能者，不主要负责预期功能安全的实施，提供预期功能安全方法论的导入、培训，参与部分过程，提供过程支持等。

角色定位的不同决定了预期功能安全工作开展方式和目标、侧重点的不同。

这几种方式也不是固定不变的，可能最开始只能从 C 介入，随着安全团队的影响力和与核心开发过程的紧密度提升可以慢慢转变为 B，再随着安全团队智能驾驶技术能力的提升逐步转变为 A。或者安全团队从一开始技术能力和影响力就很强，即一开始就是 A 的方式，但也有可能安全团队一直没有办法形成强大的技术能力和影响力，一直处于 C 的方式或完全无法开展落地实施。无论哪种方式，都对安全从业者的能力有很高的要求：不仅要求对预期功能安全的理论有深入的理解，还要求有很好的表达沟通能力，能够深入浅出地向其他成员阐释清楚预期功能安全方法论，也需要有很强的管理、组织和执行能力，能够找到将预期功能安全与核心开发紧密结合在一起的路径并进行坚实的落地实施。

（3）What：通过艰难探索，如果有幸找到了预期功能安全落地的实施方式和路径，接下来就要面临做什么的问题。

首先是发现问题，预期功能安全的核心基础就是把未知变成已知，充分减少未知，扩大已知。

A. 通过对功能规范、算法逻辑的分析识别危害行为、功能不足和触发条件也可以通过测试识别，分析识别的优势在于可以在设计早期发现，减少试错成本，节省测试资源，但需要有比较完整和充分的功能规范和算法设计文档，也需要安全团队成员有比较强的技术能力，分析识别的劣势在于需要有强有力的证据说服其他团队认同分析结果并驱动改进。

B. 通过充分的测试将未知风险转变为已知，优势在于测试结果具有强大的事实说服力，便于推动优化，劣势在于需要较多的测试资源，要求测试用例的设计合理、有全面的覆盖率，这也是为什么智能驾驶会特别重视仿真测试，以节省测试资源和提高覆盖率。安全从业者要结合这两种方式的优势，充分发挥预期功能安全识别危害行为、功能不足和触发条件方法论的能力，在发现问题这一环节将风险充分识别出来。

其次是解决问题，针对分析和测试发现的安全问题，通过：

A. 优化系统设计和算法的方式降低风险，例如对使用更高精度、识别距离更远的传感器，或 Lidar 激光雷达的遮挡检测和自清洁设计，或感知算法识别距离的提升等；

B. 通过功能限制的方式，避免功能在风险条件下使用；

C. 在识别到风险的情况下，主动将控制权交给驾驶员 / 动态驾驶任务（DDT）后援接管；

D. 防止合理可预见的误用，通过产品使用说明书、培训等方式进行客户教育，尽可能让客户对功能的边界理解得更清楚以避免误用，通过驾驶员监控机制保障驾驶员始终在执行动态驾驶任务等方式对合理可预见的误用进行预防。

再次是验证和确认安全达到了可接受的水平，这包含了：

A. 对于已知危害场景和合理可预见的误用，要保证充分的仿真、测试验证覆盖率，并评估测试结果达到了可接受的水平（目标水平），已知危害场景的残余风险合理可接受；

B. 验证和确认未知危害场景的残余风险以足够的置信度满足接受准则，例如可以通过仿真、车队测试等方式实现；

C. 最后要对 SOTIF 活动工作成果的完整性、正确性和一致性进行评审，确保 SOTIF 的活动被充分、正确地实施，并根据各项实施证据给出安全发布的建议，这一点与功能安全的认可措施有些类似。

以上活动保证了 SOTIF 在发布时具有足够低的风险水平，在产品发布前还要制定现场监控流程，以保证在产品发布后，可以对运行阶段的预期功能安全（SOTIF）风险进行识别并实施临时安全措施快速响应和进一步的优化迭代。

12.2.4 挑战与展望

功能安全经过十几年的实践，已经在全世界形成了一套相对普遍认同的实施方式和实施范例，虽仍有不少精进的空间，但对于大多数从业者来说已经不那么陌生。对比功能安全，预期功能安全还是一个较新的领域，不少从业者还处于仅知道这个名称、初步学习、理解标准，或进一步进行流程制定和实施的探索阶段。目前在全世界还没有形成一套普遍认同的实施方式或实施范例。有一些实施过程中还存在如：接受标准或目标如何定义，道路测试的里程如何选取合适的置信度水平等实操层面的问题。这些问题还需要进一步探索，也需要越来越多的安全从业者贡献自己的智慧和经验。

多起因智能驾驶汽车引发的致命交通事故表明，依靠传统的功能安全以失效风险的预防、探测和消除为核心的车辆安全体系，已经不能完全满足智能驾驶车辆的安全保障需求，全球汽车工业领域亟需建立全新的智能驾驶安全评判准则体系，以指导正向设计开发和测试评价工作。对于安全从业者而言，单一考虑功能安全或预期功能安全都是不够的，而是需要把二者有机地结合起来，形成一套行之有效的、能够落地的车辆安全体系，为智能驾驶系统的安全保驾护航。

从国际标准化组织 2018 年正式启动预期功能安全标准的制定工作，到 2022 年 ISO 21448 正式发布，中国专家代表团全程参与了 ISO 标准的制定并提出了很多重要的意见并贡献了多项提案，为完善智能驾驶预期功能安全方法论作出了有利补充，也为 SOTIF 方法论在我国市场的落地研究和应用探索起到了很好的推动作用。目前联合国（UN/WP.29）、欧盟及美国等相关组织和国家陆续将功能安全和预期功能安全理念及管理体系引入相关技术法规，特别是自动驾驶汽车安全相关法规。我国国家层面相继出台的多项政策和规划已将功能安全和预期功能安全技术及标准研究上升至国家战略层面。对于安全从业者来说存在挑战，更是前所未有的机遇，希望大家在智能化浪潮中充分发挥才智与能力，坚守安全底线，共同保障车辆的运行安全。

12.3 AI 安全

12.3.1 AI 安全国际标准概述

人工智能（AI）是通过一组方法或字符，建立、优化和应用一个模型，使该模型对于一组预定义的任务，可以计算预测、推荐或决定，以 AI 技术中常见的机器学习（ML）为例，是通过计算技术优化模型参数的过程，以使模型表现反映数据或经验。

当前针对道路车辆 AI 安全的国际标准划分如图 12-6 所示，按照汽车及自动驾驶专用情况进行划分。

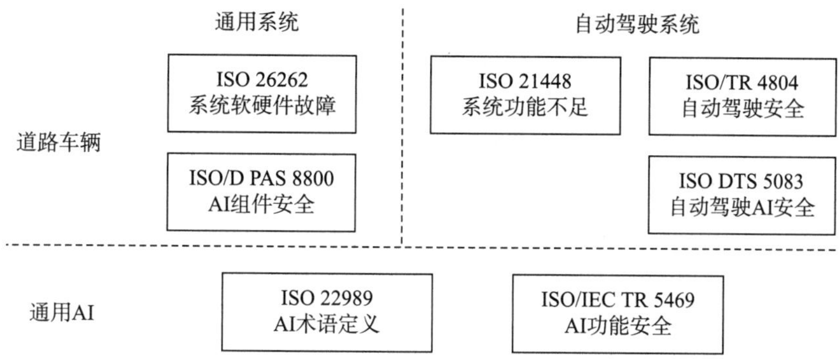

图 12-6　道路车辆 AI 安全国际标准划分

其中：

ISO 26262 并非针对 AI 系统开发，但其中包含的对软硬件故障的要求，适用于 AI 系统；

ISO 21448：2022 的附录 D 包含了专门的针对 ML 的 SOTIF 要求；

ISO/D PAS 8800 是国际标准化组织（ISO ）新成立的 AI 安全工作组的首部标准，其主要针对车辆 AI 组件，给出了类似 ISO 26262 和 ISO 21448 的、适用于 AI 的安全生命后期定义，该标准可以视为 AI 组件层级的 SOTIF 标准，2024 年已完成起草；

ISO/TR 4804 是 ISO 自动驾驶安全工作组的重要标准，于 2020 年发布，主要针对车辆自动驾驶系统的功能安全、网络安全的设计及验证确认活动；

ISO DTS 5083 是 ISO 自动驾驶安全工作组的另一部重要标准，于 2023 年发布，主要针对 L3 和 L4 级自动驾驶系统，给出安全开发、验证确认和论证的要求。

此外，非道路车辆专门的 AI 安全标准也为上述标准提供了重要支撑，如 ISO/IEC 22989 系统性的定义了 AI 术语概念，ISO/IEC TR 5469 给出了 AI 安全分级和 AI 安全属性的定义。

12.3.2　AI 安全属性及安全措施

AI 安全属性是表征 AI 安全性的重要指标，在设计、验证和评价 AI 的安全性时，主要围绕安全属性。参考 ISO/D PAS 8800，AI 主要安全属性如表 12-3 所示。

表 12-3　AI 安全属性

AI 安全属性类别	属性含义
鲁棒性	在语义上合理预期的输入变化的情况下保持可接受的性能水平的能力
泛化能力	推理过程中，模型对以前未见过的数据进行适应并表现良好的能力
可靠性	AI 要素在指定时间内维持 AI 任务的能力
韧性	AI 要素从事件中恢复的能力
可控性	外部控制 AI 要素及其输出或受 AI 输出影响的相关项行为，以防止伤害的能力
可解释性	以人类能够理解的方式表达对 AI 系统有重要影响的因素
可预测性	AI 系统的预测是可信的，即预测是准确的并且具备统计证据支持
避免倾向性	倾向性：由于错误的学习假设，AI 系统对特定类别输入的预测与其他系统相比存在不希望的系统性差异

ISO/D PAS 8800 中还给出了上述安全属性的主要提升措施建议，如表 12-4 所示。

表 12-4　AI 安全属性的提升措施

AI 安全属性类别	安全提升措施
鲁棒性	· 故障识别训练； · 对于超出合理分布的输入进行探测； · 对抗性训练，降低对外部恶意扰动的敏感性； · 迁移学习，依赖于给定 AI 模型在其源输入域内显示的鲁棒性，以在目标输入域内利用这种鲁棒性； · 采用多样性冗余模型； · 训练数据多样性
泛化能力	· 正则化方法，有助于模型更好地适应域内的小位移和拒绝分布外的输入； · 迁移学习，利用基础模型对目标应用的泛化能力； · 超参数标定，帮助减少欠拟合或过拟合，从而提高泛化
可靠性	· 参见鲁棒性、泛化能力和韧性的措施
韧性	· 部分和有针对性地更新，简化回归测试并加快问题的解决； · 对 AI 架构的安全分析，有助于确定是否需要冗余系统，在检测到主系统性能不足的情况下，将 AI 系统维持在初始或降级的性能； · 同时使用 AI 组件和非 AI 组件，非 AI 组件可用于探测 AI 错误并切换到冗余或后备系统
可控性	· 对 AI 架构的安全分析； · 对于超出合理分布的输入进行探测； · 同时使用 AI 组件和非 AI 组件； · 采用监控和限制逻辑

续表

AI 安全属性类别	安全提升措施
可解释性	· 注意 / 显著性图，有助于理解强烈影响机器学习系统预测的输入特征； · AI 组件的结构覆盖率分析，这是一个白盒方法，通过识别哪些输入特征对 AI 模型的决策 / 预测很重要来建立信心
可预测性	· 对 AI 模型的不确定性进行校准，提高其预测的可信度； · 监测重训准则，例如分布移位，有助于识别 AI 模型预测正确输出的性能下降（这种监控还有助于检测鲁棒性、韧性和泛化能力的下降）； · AI 组件的结构覆盖率分析； · 使用模型集成，以增加预测的准确性，从而促进可预测性； · 在训练期间监测模型的性能指标，如精度、召回率，可以提供模型预测正确性和一致性能力的证据
避免倾向性	测量跨等价类的数据分布，该方法可以帮助识别和减少数据集中的偏差

通过上述措施改善 AI 相关安全属性，实现对 AI 整体安全水平的提升。分析相关措施不难发现，数据是 AI 安全措施关注的核心。

12.3.3 数据驱动的 AI 安全

数据是智能网联和自动驾驶汽车的“细胞”，承载了功能、性能、安全等诸多属性。数据集是 AI 实现的基础，是系统功能、性能和安全的重要支撑，如图 12–7 所示。

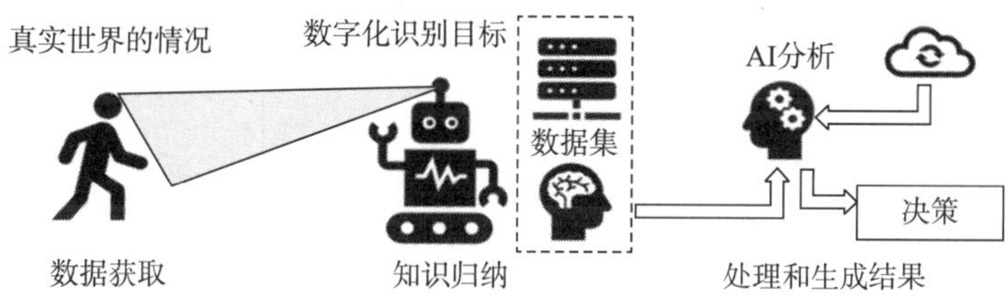

图 12–7　AI 数据链路

广义数据贯穿汽车开发、验证、生产、运行、售后等环节，是产品核心技术、功能、性能等的数字化体现。数据应作为核心资产。典型的例子是，对于自动驾驶汽车（企业为客户提供机器驾驶员服务）、数据的规模和质量，等同于机器驾驶员的驾驶熟练程度。AI 正在引领智驾、座舱等智能网联汽车关键领域的发展，AI 开发不仅是模型和算法，更重要的是数据。为此，汽车企业建立以数据为中心的工作方式。表 12–5 列举了当前汽车企业在 AI 数据方面的典型不足，应得到关注，以针对性地改进完善。

表 12-5　当前汽车企业在 AI 数据方面的不足分析

典型不足	举例
数据开发环节不完整	侧重数据采集和分析，而缺少数据集设计和验证确认
数据来源不一致	AI 训练数据单独采集
数据不全面	总线数据采集为主，真实场景感知数据匮乏，缺少数据合成
数据工作的重视度不足	数据作为附属品，非直接开发对象
系统性不强	数据与产品开发的关联性较弱

为解决上述不足，应将数据作为开发对象，建立与现有产品开发体系紧密关联的数据生命周期，促进数据发展。图 12-8 给出了数据生命周期的定义。

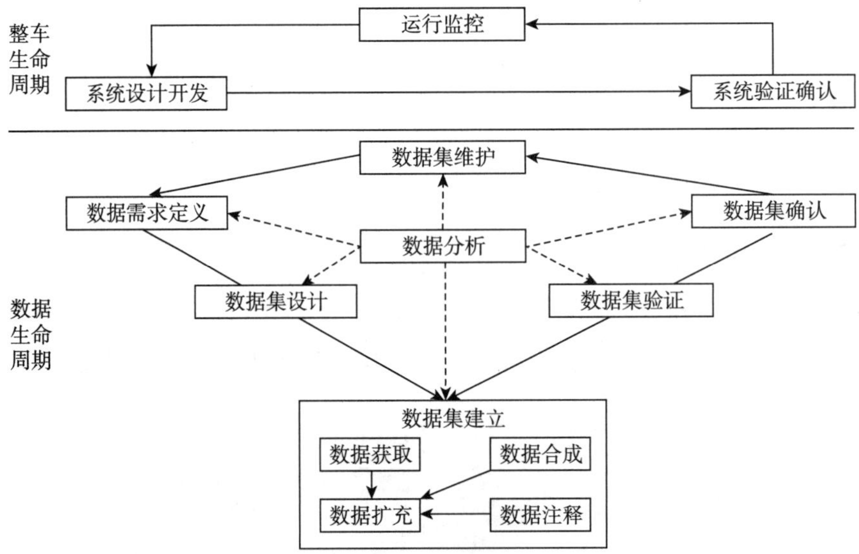

图 12-8　AI 数据链路

数据需求定义：定义数据安全属性和开发要求；作为数据验证和 AI 确认的输入。

数据集设计：定义数据集结构、数据要素、元数据。在设计活动中，确定要在实现级别采取的安全措施。

数据集建立：创建数据集相关的活动，包括数据获取、数据合成、数据预处理和扩充（包括用标签注释数据）。在数据集建立阶段，将执行在设计阶段确定的安全措施。

数据集验证：包括分析和测试，以验证数据集的内部一致性和正确性，以及检查数据集是否满足安全要求。

数据集确认：通常在数据集与 AI 模型的集成阶段进行，检查数据集是否符合 AI

系统的安全要求。涉及数据集需求与相应 AI 系统需求的追溯，评估数据集需求实现 AI 系统需求的完整性。

数据集维护：基于数据集确认结果和 AI 运行阶段现场收集的数据，创建新的数据集或更改现有的数据集。

数据分析：确定与数据相关的风险、属性、错误、来源、影响、验证和确认策略、缓解 / 预防措施等。

通过上述活动，将数据作为开发对象，而不是附属品，建立与现有产品开发体系紧密关联的数据生命周期，将极大促进数据的完备性，驱动 AI 技术不断发展，保障 AI 安全。

第13章

摩托车的适用性

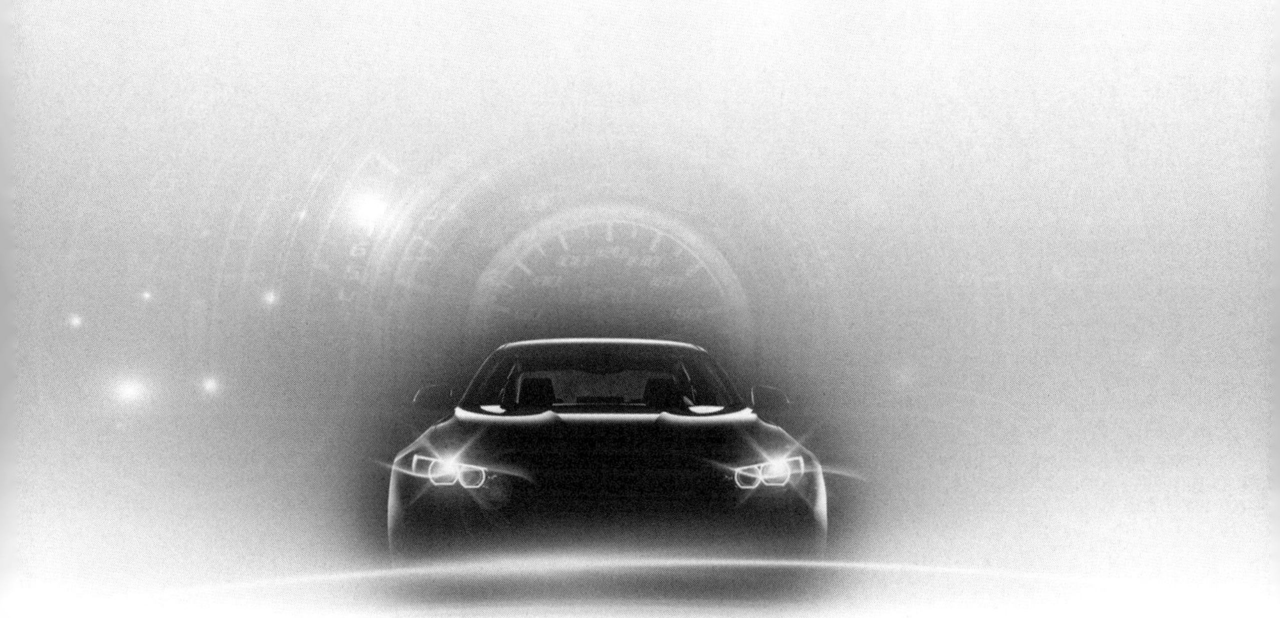

13.1 摩托车功能安全的特殊要求背景

ISO 26262-1 ~ 26262-11：2011《道路车辆 功能安全》编制过程中，摩托车相关行业的专家也参与了该系列标准的起草工作，并提出与乘用车相比，摩托车电气/电子系统功能安全开发有其特殊性。ISO 26262：2011 适用范围为 3.5t 以下的乘用车，不涉及摩托车。2011 年起，在 JAMA（日本汽车工业协会）、JSAE（日本汽车工程师协会）推动下，联合 ACEM（欧洲摩托车制造商协会）、VDA（德国汽车工业协会）等机构及摩托车行业专家开展了 ISO 26262：2011 对于摩托车功能安全的适用性研究和国际标准预研工作。2014 年，由日本作为牵头方提出的 ISO/PAS 19695 摩托车功能安全新项目提案获批通过，归口在新组建的 ISO/TC 22/SC 38/WG 3（国际标准化组织/道路车辆技术委员会/摩托车及轻便摩托车分技术委员会/摩托车功能安全工作组），该标准于 2015 年底正式发布。ISO/TC 22/SC 32/WG 8（国际标准化组织/道路车辆技术委员会/车辆电气、电子部件及通用系统分技术委员会/功能安全工作组）和 ISO/TC 22/SC 38/WG 3 以此标准为蓝本，联合开展了 ISO 26262：2011 的修订工作，将摩托车（轻便摩托车除外）技术纳入 ISO 26262 适用范围，并单独增加了 ISO 26262-12：2018（ISO 26262 对摩托车的适用性）这一部分，该标准于 2018 年 12 月正式发布。我国基于实际情况，发布了 GB/T 34590.12—2022《道路车辆 功能安全 第 12 部分：摩托车的适用性》（修改采用 ISO 26262-12：2018）。

13.2 对摩托车适用性的一般要求

随着摩托车电控技术的快速发展，搭载的如电子油门、定速巡航、防抱制动（ABS）、联动制动（CBS）、稳定性控制、辅助换挡、电控悬架等电气/电子系统及功能逐渐复杂和高度集成，和其他道路车辆一样需要考虑硬件随机失效和系统性失效所带来的安全风险。对于摩托车的电气/电子系统，需要满足 GB/T 34590.2 ~ 34590.9—2022 规定的功能安全相关要求。但由于摩托车行业及产品的特殊性，上述标准中的全部要求并非全部适用于摩托车，因此某些要求可能需要一定程度的剪裁。

图 13-1 给出了 GB/T 34590.12—2022 和其他部分的关系，下面各节具体阐述了对摩托车的特殊要求。

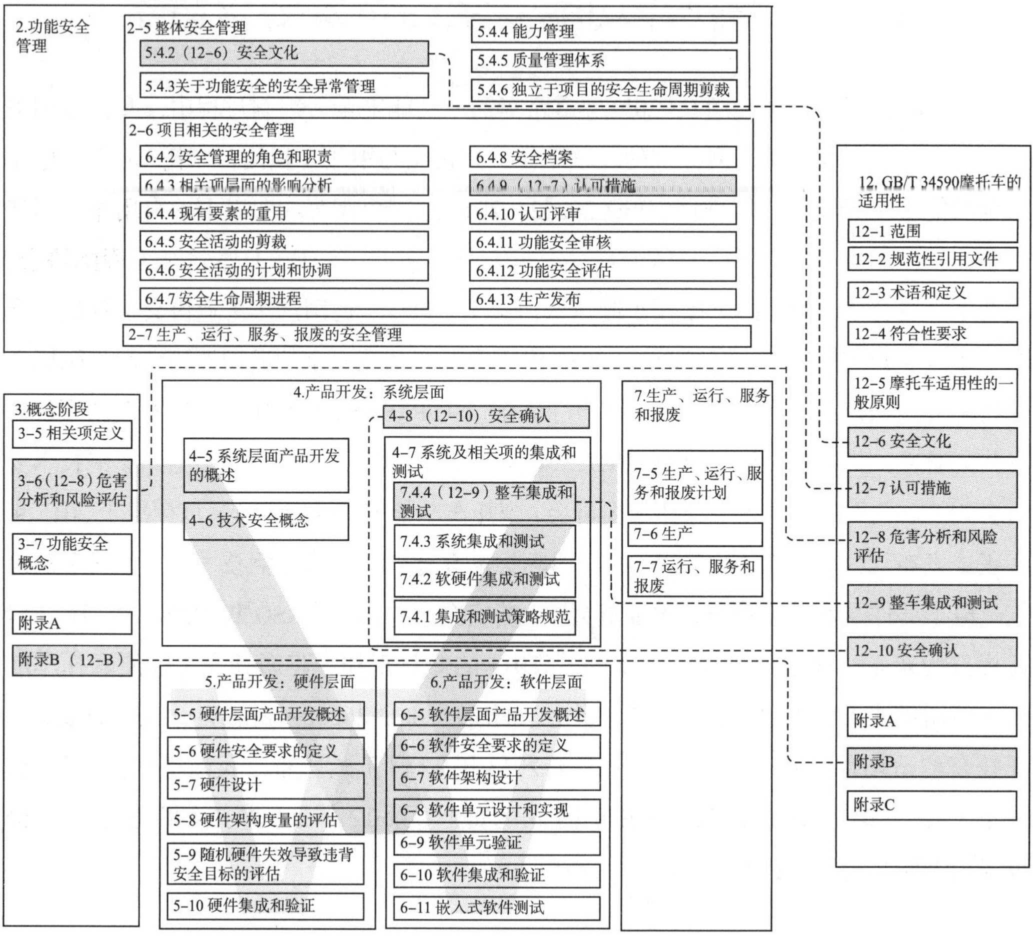

图来源：GB/T 34590.12—2022 的图 2。

图 13-1 GB/T 34590.12—2022 与其他部分间关系概述

13.3 摩托车行业安全文化和认可措施

安全文化指组织中持久的价值观、态度、动机和认知，建立良好的安全文化是在企业中更好地实施功能安全的前提和保障。在企业管理者的决策和行为中，安全要优先于与之冲突的目标。GB/T 34590.2—2022 的第 6 章规定了对于组织如何建立安全文化的要求，对于摩托车行业，在建立安全文化方面的要求基本一致，并强调了需要建立和维护功能安全和信息安全之间的有效沟通渠道的要求，对于摩托车功能安全和信息安全开发的交互也是未来需要重点关注的方向。

在相关项开发的安全生命周期不同阶段，需要通过实施认可措施来判断相关项是否实现了功能安全或对实现功能安全的贡献，认可措施包括认可评审、功能安全审核和功能安全评估。对于执行认可评审、功能安全审核和功能安全评估的人员和组织需要具有一定的独立性，以确保客观、公正的观点，避免利益冲突。对于具有不同ASIL等级的相关项开发，其认可措施的独立性要求不同。针对摩托车认可措施的独立性，I3的要求变更为由来自不同的部门或组织的人员执行，即不向负责发布工作成果的部门领导汇报。这也意味着单个企业可以在企业内部满足I3的独立性要求，见图13-2。图例解释参见GB/T 34590.12—2022的图3。

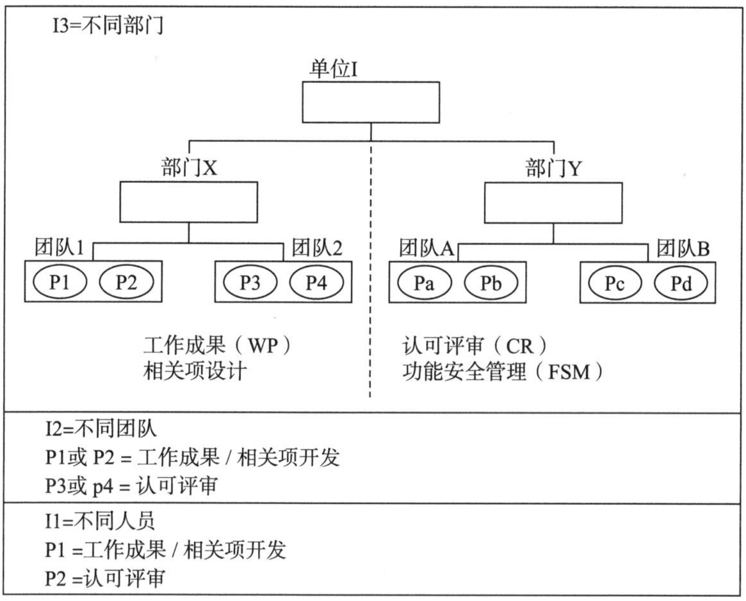

图来源：GB/T 34590.12—2022的图3。

图 13-2 认可评审独立性等级

13.4 摩托车危害分析和风险评估

由于摩托车的动态行为与GB/T 34590—2022范围内的其他车辆差别很大，且摩托车特定危害事件的可控性可能更强调驾驶员的处置，因此，公认的风险评估方法需要进行一定程度的剪裁，以最大程度地适应摩托车特定的危害事件。

摩托车相关危害事件的危害分析和风险评估同样需要进行严重度（S）、暴露概率（E）和可控性（C）分级，GB/T 34590.12—2022 与 GB/T 34590.3—2022 的第 6 章中的要求相比，增加了基于摩托车运行场景、人员操纵等因素的评级参考。其中关于可控性评级方法，提出一种基于可控性评级专家组（CCP）进行可控性技术评估的示例，可控性常规评估技术包括：由一组具有代表性的驾驶员来评估、由专业摩托车驾驶员来评估、使用驾驶模拟器进行评估使用数学建模及仿真技术进行评估等不同方式。对于摩托车危害分析和风险评估的结果，使用了摩托车安全完整性等级（MSIL）来代替汽车安全完整性等级（ASIL），其映射关系见表 13-1。安全目标作为相关项最高层面的安全要求，其 ASIL 等级将分配至概念、系统、软硬件等不同层面。对于摩托车而言，需要满足的 MSIL 等级意味着比其他车辆的安全要求有一定程度的降低。

表 13-1　MSIL 与 ASIL 的对应

MSIL	ASIL
QM	QM
A	QM
B	ASIL A
C	ASIL B
D	ASIL C

表来源：GB/T 34590.12—2022 的图 6。

13.5　摩托车功能安全验证与确认

对于摩托车的整车集成和测试要求，与 GB/T 34590.4—2022 的第 7 章基本一致，但部分测试方法可能不适用于摩托车，例如：长期测试、实际使用条件下的用户测试。因为对于摩托车产品，其用户对车辆的使用情况和测试数据的收集，与其他车辆（例如乘用车）相比更为困难。

对于摩托车的安全确认要求，与 GB/T 34590.4—2022 的第 8 章基本一致，但部分测试方法可能不适用于摩托车，例如：针对目标用户的长期测试。另外该标准强调了对于可控性的安全确认评估，单一的可接受准则可能不足以验证某个安全状态。在该标准的附录中，也给出了对具有代表性的驾驶员的可控性分级的评估需要考虑车辆响应与性能、感知、控制行为等不同因素。

13.6 未来发展趋势

随着功能安全方法论的不断发展以及在摩托车行业的普及和应用，国际标准和国际法规方面也会不断更新和完善，并从技术引领、型式认证等不同层面规范摩托车行业的电控系统开发。国际标准方面，ISO/TC 22/SC 38/WG 3 目前制定发布了两项技术报告：ISO/TR 3152：2022《道路车辆　ISO 26262-12 及 ISO 26262 其他部分对摩托车的适用性》、ISO/TR 5340：2023《摩托车　ISO 26262-12 MSIL 分级的用例指导》，旨在为 ISO 26262（第 3 版）关于摩托车部分内容的修订打下基础。在国际法规层面，联合国世界车辆法规协调论坛自动驾驶与网联车辆工作组（WP.29/GRVA）目前正在讨论针对 UN R78（关于制动方面批准 L1、L2、L3、L4 和 L5 类车辆的统一规定）提出修正案，参考 UN R13、UN R13-H 等制动法规新增关于“对复合电子车辆控制系统安全方面的特殊要求”附录，对摩托车电控系统的功能安全提出相关强制性要求。

从全球范围来看，摩托车电动化和智能化将是未来的主要发展趋势，摩托车也由代步工具进化到娱乐工具，在兼顾驾驶体验的同时更应该保障行车安全。作为摩托车保有量大国，我国摩托车生产企业与国外相比，从技术和管理上仍存在一定程度的差距，而 GB/T 34590 针对摩托车整车及电控系统在全生命周期（设计、开发、生产、运行、报废）内提出了功能安全要求，对于有效降低由于电子电气系统的随机硬件失效和系统性失效所带来的风险，提升车辆安全运行、企业安全管理水平，促进摩托车产业健康可持续发展发挥了重要作用。

参 考 文 献

［1］GB/T 34590—2022（所有部分）道路车辆　功能安全

［2］GB/T 43267—2023 道路车辆　预期功能安全

［3］GB/T 43253—2023（所有部分）道路车辆　功能安全审核及评估方法

［4］GB/Z 42285—2022 道路车辆　电子电气系统 ASIL 等级确定方法指南

［5］全国汽车标准化技术委员会（SAC/TC 114）道路车辆功能安全标准研究制定工作组，ISO/TC 22/SC 32/WG 8 中国专家组．预期功能安全国际标准 ISO 21448 及中国实践白皮书（2020-12-31）.https：//www.catarc.org.cn/upload/202101/06/202101061225092793.pdf.

［6］Road vehicles-Safety and artificial intelligence，ISO/PAS 8800：2024［S/OL］.［2024-12］. https：//www.iso.org/standard/83303.html.

［7］Hans-Leo Ross. New Challenges and Solutions for E-mobility and Automated Driving-Functional Safety for Road Vehicles，Springer Cham，2016. https：//link.springer.com/book/10.1007/978-3-319-33361-8.

［8］李波，尚世亮，郭梦鸽，等．自动驾驶预期功能安全（SOTIF）接受准则的建立［J］．汽车技术，2020（12）：1-5.

［9］付越，李波，尚世亮，等．乘用车转向系统功能安全标准研究［J］．中国汽车 .2019（08）：43-46.

［10］尚世亮，童菲，郭梦鸽，等．基于驾驶员信心度的 SOTIF 评价模型建立与试验研究［J］．机械设计与研究．2020，36（02）：119-123.

［11］毛向阳，尚世亮，崔海峰，等．自动驾驶汽车安全影响因素分析及应对措施研究［J］．上海汽车．2018（01）：33-37.

［12］EGAS Workgroup_en. Standardized E-Gas Monitoring Concept for Gasoline and Diesel Engine Control Units，Version 6.0，（2015-07-13）.

［13］Wen Chen，Jayanta Bhadra. Practices and Challenges for Achieving Functional Safety of Modern Automotive SoCs. IEEE Design & Test（Volume：36，Issue：4，August 2019），Page（s）：31-47. https：//ieeexplore.ieee.org/document/8678692.

［14］童菲，尚世亮，李波．GB/T 34590.9—2017《道路车辆　功能安全　第 9 部分：以汽车安全完整性等级为导向和以安全为导向的分析》解读［J］．中国标准化，2019.94-98.

［15］Majdi Ghadhab，Sebastian Junges et al. "Safety Analysis for Vehicle Guidance Systems with Dynamic Fault Trees." ArXiv（2019）.. Majdi Ghadhaba，Sebastian Jungesb，Joost-Pieter Katoenb，Matthias Kuntza，Matthias Volkb; BMW AG，RWTH Aachen University.

［16］潘公宇．故障树分析法在汽车设计中的应用［J］．陕西汽车，1995.11-14.

［17］FMEA Handbook 5th［M］. Automotive Industry Action Group，2019. https：//webshop.vda.de/

QMC/en/aiag-vda-fmea-handbook_eng.

[18] W E Vesely, F F Goldberg, N H Roberts, D F Haasl. Fault Treee Handbook [M] . U.S Nuclear Regulatory Commission, 1981.

[19] Dr.Michael Stamatelatos, Dr.William Vesely, Dr.Joanne Dugan, Mr.Joseph Fragola, Mr.Joseph, Mr.Jan Railsback. Fault Tree Handbook with Aerospace Applications [M] . U.S Nuclear Regulatory Commission, August 2002.

[20] Howard M, Lipner S. 软件安全开发生命周期 [M] . 李兆星，原浩，张铖，译 . 北京：电子工业出版社，2008.

[21] 凯 · 博格斯特（Kai Borgeest）. 汽车电子系统电磁兼容与功能安全（M）. 胡兴煜，王远腾，译 . 北京：机械工业出版社，2020.

[22] OWASP 基金会 . 软件安全开发指南——应用软件安全级别验证参考标准（M）. 北京：电子工业出版社，2018.

[23] 张琛 . 物联网 RFID 安全协议设计与验证研究（项目研究成果）. 中国人民解放军国防科技大学，2025.

[24] AUTOSAR. AUTOSAR C++14 [S] . AUTOSAR，2014.

[25] Stephen R. Schach. 面向对象与传统软件工程：统一过程的理论与实践（原书第 6 版）韩松，邓迎春，译 . [M] . 北京：机械工业出版社，2006.1.

[26] 汉斯 - 莱奥 · 罗斯 . 汽车功能安全 [M] . 傅翀，李晓华，支音，译 . 北京：机械工业出版社，2022.

[27] 郭建，王高翊，赵涌鑫，蒲戈光 . 基于 ISO 26262 的汽车电子功能安全方法与应用 [M] . 北京：机械工业出版社，2023.

[28] 薇拉 · 格布哈特，格哈德 · M. 里格尔，克里斯蒂安 · 吉塞尔巴赫 [M] . 中德教育与科技合作促进中心，程威为，张律，张亮，杨青等，译 . 北京：机械工业出版社，2021.

[29] A George, J Nelson. Managing Functional Safety（ISO 26262）in Projects [J] . SAE Technical Paper，2017-01-0064. DIO：10.4271/2017-01-0064.

[30] Christof Ebert. Functional Safety Industry Best Practices for Introducing and Using ISO 26262 [J] . SAE International，2013-01-0191. DIO：10.4271/2013-01-0191.

[31] BIRRCH J，RIVETT R，HABLI I，et al. Safety cases and their role in ISO 26262 functional safety assessment [C] //International Conference on Computer Safety，Reliability，and Security. Berlin：Springer，2013：154-165.

[32] ISO 9001　Quality management systems—Requirements

[33] IATF 16949　Quality management system requirements for automotive production and relevant service parts organizations

[34] Automotive SPICE Process Assessment/Reference Model. VDA QMC Working Group 13/Automotive SIG.

[35] 黄琳森，杨智宇，李建华 . 智能网联汽车功能安全和预期功能安全 [M] . 武汉：华中科技

大学出版社 . 2024.

[36] Stuart R Nunns Ceng. Functional safety handbook. ABB Ltd.2024.

[37] Ravindra Reddy Sabbella，Maheswaran Arunachalam.Functional Safety Development of Motor Control Unit for Electric Vehicles. IEEE Transportation Electrification Conference（ITEC–India）. 2019.

[38] Jeroen Ploeg，Erwin de Gelder，Martin Slavik，Eley Querner，Thomas Webster，Niels de Boer. Scenario–Based Safety Assessment Framework for Automated Vehicles. TNO Singapore（ITEC–India）. 2021/12/17.

[39] 段金亮，丁娜 . 汽车功能安全概念阶段开发实践 [J] . DOI：10.16638/j.cnki.1671–7988. 2022.011.005.

[40] 纪宏岩，崔书超，孙灿等 . 基于 ISO 26262 的道路车辆功能安全开发流程解读 [J] . 汽车电器，2016.57–59.

[41] E Bagalini，J Sini，M Sonza Reorda，M Violante. An automatic approach to perform the verification of hardware designs according to the ISO 26262 functional safety standard [C] . 2017 18th IEEE Latin American Test Symposium，2017.

[42] Hong Peng Li，Yan wen Li. The Research of Electric Vehicle's MCU System Based on ISO 26262 [C] . 2017 2nd Asia–Pacific Conference on Intelligent Robot Systems，2017：336–340.

[43] 伍理勋，陈建明，陈磊，等 . 电动汽车电机驱动控制器功能安全架构研究 [J] . 控制与信息技术，2018（3）：1–16.

[44] 阳琳琳，陈磊，陈建明，等 . 电动汽车电机驱动控制系统缺相故障诊断策略 [J] . 控制与信息技术，2018（5）：56–61.

[45] 邬肖鹏，刘飞，熊璐，等 .ISO 26262 标准下永磁同步电机故障对整车安全性的影响分析 [J] . 汽车技术，2013（2）：13–18.

[46] 庄兴明，张琴 . 基于 ISO 26262 标准的车用驱动电机系统设计研究 [J] . 汽车零部件，2016（12）：18–21.

[47] 尚世亮，王雷雷，赵向东 . 基于 ISO 26262 的车辆电子电气系统故障注入测试方法 [J] . 汽车技术，2015（12）：49–58.

[48] 刘佳熙，郭辉，李君 . 汽车电子电气系统的功能安全标准 ISO 26262 [J] . 上海汽车，2011（10）：57–61.

[49] 李益丰，彭俊，符敏利，等 . 基于最大转矩电流比控制的永磁同步牵引电机电流的精确计算 [J] . 机车电传动，2016（5）：1–3.